图解视频版

PLC编程入门与实践案例全图解

李传波◎编著

中国铁道出版社有限公司
CHINA RAILWAY PUBLISHING HOUSE CO., LTD.

内容简介

PLC 在工控和配电系统中应用十分广泛，从简单的电动机控制到复杂的过程控制，都会用到 PLC。本书系统地讲解了西门子 / 三菱 PLC 的相关专业知识、PLC 编程语言、编程方法，同时还给出了丰富的编程案例，为工程技术人员提供了大量可借鉴的实践经验。

本书可供广大电气工程技术人员学习 PLC 技术之用，也可作为高等院校和职业院校自动化、电气、机电一体化、电子信息等相关专业 PLC 教学的参考用书。

图书在版编目（CIP）数据

PLC 编程入门与实践案例全图解 / 李传波编著 .— 北京：中国铁道出版社有限公司，2023.11

ISBN 978-7-113-30517-8

Ⅰ. ① P… Ⅱ. ①李 … Ⅲ. ① PLC 技术 – 程序设计 – 图解 Ⅳ. ① TM571.61-64

中国国家版本馆 CIP 数据核字（2023）第 162560 号

书　　名：PLC 编程入门与实践案例全图解
　　　　　PLC BIANCHENG RUMEN YU SHIJIAN ANLI QUANTUJIE
作　　者：李传波

责任编辑：荆　波　　编辑部电话：（010）63549480　　电子邮箱：the-tradeoff@qq.com
封面设计：高博越
责任校对：刘　畅
责任印制：赵星辰

出版发行：中国铁道出版社有限公司（100054，北京市西城区右安门西街 8 号）
印　　刷：北京盛通印刷股份有限公司
版　　次：2023 年 11 月第 1 版　2023 年 11 月第 1 次印刷
开　　本：787 mm×1 092 mm　1/16　印张：17.5　字数：311 千
书　　号：ISBN 978-7-113-30517-8
定　　价：79.00 元

前　言

为什么写这本书

随着自动化应用的发展，PLC 已成为基本自动化技术，PLC 编程是电工电子领域人员在工作中必须掌握且经常使用的专业基础技能。除此之外，在招聘岗位要求方面，PLC 编程技术的掌握也是重要的加分项，因此想从事电工电子方面工作的读者，务必掌握常用的 PLC 编程语言，以及专业编程方法。

基于上述 PLC 在技能需求和职业提升方面的重要性，为了让大家扎实地学会 PLC 编程基本技能并初步了解 PLC 编程的实践应用，笔者编写了本书。全书较为全面、系统地讲解了 PLC 编程语言、编程方法以及西门子 PLC 和三菱 PLC 的相关专业知识；除此之外，为体现图书的实用性，行文之中和最后一章都给出了丰富的编程案例，以期为本书读者提供了大量的可借鉴实践经验，帮助其快速成长为专业的 PLC 编程技术人员。

全书学习地图

本书秉承零基础入门的写作特点，开篇介绍了电气控制元件基础知识，对电源开关、接触器、热继电器和熔断器进行了简要描述，帮助读者初步了解电气控制基本原理。接下来笔者安排了西门子 PLC 和三菱 PLC 的结构原理及接线方法，这些内容虽然不是 PLC 编程知识，但是没有这些知识的扎实掌握，后面的 PLC 编程就无从谈起了。

本书从第 3 章开始，我们正式进入 PLC 编程的世界，笔者用 6 个章节的篇幅分别对目前主流的西门子 / 三菱 PLC 编程进行了详细阐述，具体包括 PLC 编程软件安装使用方法、梯形图特点、编程方法等，并精心挑选了经典示例融入知识点讲解过程中，帮助读者缩短理论到实践的距离。在本书的最后，为了提升读者对 PLC 编程实践的理解程度，笔者从 PLC 基本控制和电动机 PLC 控制两个方面总结了 25 个编程实战案例。

本书特色

1. 本书从零基础开始，通过大量实战案例，讲解了西门子 PLC 和三菱 PLC 的编程方法，内容全面、系统，讲解循序渐进，通俗易懂。

2. 本书总结的实战案例都配有通俗、详细的解析，帮助读者理解代码的含义。

3. 本书讲解过程中使用了直观图解的讲解方式，图文搭配紧凑，上手更容易，学习更轻松，使读者能快速掌握所学知识。

读者定位

本书旨在帮助广大电气工程技术人员扎实学习 PLC 技术并初步掌握操作技能，积累实践经验。除此之外，本书中翔实的理论讲解和实践案例也可为高等院校、职业院校自动化、电气、机电一体化、电子信息等相关专业的学生提供有益的学习参考。

整体下载包

为了帮助读者更加扎实地掌握 PLC 编程的重点和难点，笔者特地制作了 28 段相关视频随书附赠。除此之外，在本书的整体下载包中还有 13 个实践案例的电子档，包括两台电动机顺序停止 PLC 控制程序、万能铣床 PLC 控制程序等，以期帮助读者积累更多实践经验。读者可通过下载链接 http://www.m.crphdm.com/2023/0925/14647.shtml 获取使用。

编 者

2023 年 4 月

目 录

第1章 电气控制元件基础

1.1 电源开关……2

1.1.1 按钮开关……2
1.1.2 刀开关……2
1.1.3 断路器……4

1.2 接触器……6

1.2.1 接触器的结构及符号……6
1.2.2 接触器是如何工作的……8
1.2.3 交流接触器与直流接触器的特点与区别……8
1.2.4 接触器的接线方法……10
1.2.5 接触器的检测方法……11

1.3 热继电器……12

1.3.1 热继电器的结构与工作原理……12
1.3.2 热继电器接线方法……13
1.3.3 热继电器检测方法……14

1.4 熔断器……15

第2章 PLC结构原理及接线方法

2.1 PLC 的组成原理……18

2.1.1 PLC 的作用与特点……18
2.1.2 PCL 的组成结构……18
2.1.3 PLC 的工作原理……20

2.2 西门子 PLC 结构与接线方法……21

2.2.1 西门子 PLC 的组成结构图解……21

2.2.2 西门子 PLC 接线方法图解 ……………26

2.3 三菱 PLC 结构与接线方法 ……………………27

2.3.1 三菱 PLC 的组成结构图解 ……………28
2.3.2 三菱 PLC 接线方法图解 ………………30

第 3 章 西门子 PLC 编程软件安装使用实战

3.1 PLC 编程软件汇总 ………………………………33

3.2 西门子 PLC 编程软件安装方法 ……………35

3.2.1 下载西门子 PLC 编程软件 ……………35
3.2.2 西门子 PLC 编程软件的安装方法 ……36

3.3 西门子 PLC 编程软件的使用操作 …………38

3.3.1 启动西门子 PLC 编程软件 ……………38
3.3.2 西门子 STEP 7–MicroWIN SMART 编程软件操作界面……………………………39
【实例 3–1】西门子 PLC 如何自定义快速访问工具栏………………………………41
【实例 3–2】如何改变一段程序中元件显示的符号和地址 ……………………………48
3.3.3 系统块的设置方法………………………52
【实例 3–3】西门子 S7–200 PLC 如何设置 VW150～VW160 范围的断电保持 …58
3.3.4 如何建立通信和下载程序………………62
3.3.5 程序监视和调试方法……………………66

3.4 创建第一个完整的编程项目实战案例…………72

3.4.1 启动编程软件并配置硬件………………72
3.4.2 在编程软件中编写梯形图程序…………73
3.4.3 编译程序…………………………………76
3.4.4 建立编程软件与 PLC 主机间的通信 …77
3.4.5 设置计算机 IP 地址 ……………………77
3.4.6 下载程序…………………………………79
3.4.7 运行并监控程序…………………………81

第 4 章 西门子 PLC 梯形图

4.1 西门子 PLC 梯形图的组成结构 ……………… 83
4.1.1 梯形图的基本编程要素……………… 83
4.1.2 西门子 PLC 梯形图的母线 ……………… 84
4.1.3 西门子 PLC 梯形图的触点 ……………… 84
4.1.4 西门子 PLC 梯形图的线圈 ……………… 85
4.1.5 西门子 PLC 梯形图的功能框 ……………… 85
4.2 西门子 PLC 梯形图的编程元件 ……………… 86
4.2.1 PLC 的基本数据结构 ……………… 86
4.2.2 输入映像寄存器（I） ……………… 87
4.2.3 输出映像寄存器（Q） ……………… 88
4.2.4 位存储器（M） ……………… 89
4.2.5 特殊标志位存储器（SM） ……………… 90
4.2.6 定时器（T） ……………… 91
4.2.7 计数器（C） ……………… 91
4.2.8 累加器（AC） ……………… 92

第 5 章 西门子 PLC 编程

5.1 西门子 PLC 位逻辑指令 ……………… 94
5.1.1 触点指令的应用……………… 94
5.1.2 置位 / 复位指令的应用……………… 98
5.1.3 边沿触发指令的应用……………… 98
5.1.4 逻辑堆栈指令的应用……………… 100
5.1.5 取反指令的应用……………… 102
5.1.6 空操作指令的应用……………… 102
5.2 西门子 PLC 定时器指令的应用 ……………… 103
5.2.1 PLC 定时器指令图形符号含义 …… 103
5.2.2 通电延时定时器指令的应用……… 104
【实例 5–1】实现灯泡闪烁效果……… 105
5.2.3 有记忆接通延时定时器指令的应用… 106
【实例 5–2】实现灯泡定时点亮和受控制熄灭……………… 106
5.2.4 断电延时定时器指令的应用……… 107
【实例 5–3】实现机床散热风扇延迟关闭（10s） ……………… 108

5.3 西门子 PLC 计数器指令的应用 ………………… 108
5.3.1 加计数器指令的应用……………………… 108
【实例 5-4】一个按钮控制鼓风机启动和关闭……………………………… 109
5.3.2 减计数器指令的应用……………………… 110
5.3.3 加 / 减计数器指令的应用………………… 111
5.4 西门子 PLC 比较指令的应用 ………………… 113
5.4.1 数值比较指令的应用……………………… 113
【实例 5-5】货场货物进出管理系统……… 115
5.4.2 字符串比较指令的应用………………… 116
5.5 西门子 PLC 数学运算指令的应用 ………… 117
5.5.1 加法指令的应用………………………… 117
【实例 5-6】按下启动按钮灯泡是否被点亮… 118
5.5.2 减法指令的应用………………………… 118
【实例 5-7】通过数字控制信号灯………… 120
5.5.3 乘法指令的应用………………………… 121
【实例 5-8】按下启动按钮控制灯泡点亮… 122
5.5.4 除法指令的应用………………………… 123
【实例 5-9】判断灯泡是否被点亮………… 125
5.5.5 递增指令的应用………………………… 125
【实例 5-10】按下启动按钮灯泡是否被点亮 ………………………… 127
5.5.6 递减指令的应用………………………… 127
【实例 5-11】按下启动按钮，加热器是否加热 ………………………… 128
5.6 西门子 PLC 逻辑运算指令的应用 ………… 129
5.6.1 逻辑与指令的应用……………………… 129
5.6.2 逻辑或指令的应用……………………… 130
5.6.3 逻辑异或指令的应用…………………… 131
5.6.4 逻辑取反指令的应用…………………… 133
5.7 西门子 PLC 数据传送指令的应用 ………… 134
5.7.1 单数据传送指令的应用………………… 134

5.7.2 数据块传送指令的应用………………… 135
5.7.3 字节立即传送指令的应用………… 137

5.8 西门子 PLC 移位 / 循环指令的应用 ……… 137
5.8.1 移位指令的应用……………………… 138
5.8.2 循环移位指令的应用………………… 140
5.8.3 移位寄存器指令的应用……………… 142

5.9 西门子 PLC 数据转换指令的应用 ………… 143
5.9.1 数据类型转换指令的应用…………… 143
5.9.2 编码指令和解码指令的应用………… 148

5.10 西门子 PLC 程序控制类指令的应用 ……… 149
5.10.1 跳转指令和标号指令的应用 ……… 149
5.10.2 循环指令的应用 …………………… 150
5.10.3 子程序指令的应用 ………………… 151
5.10.4 中断指令的应用 …………………… 152
5.10.5 有条件结束指令和暂停指令 ……… 154

第 6 章 三菱 PLC 编程软件安装使用实战

6.1 三菱 PLC 编程软件安装方法 ………………… 156
6.1.1 下载三菱 PLC 编程软件 …………… 156
6.1.2 三菱 PLC 编程软件的安装方法 …… 157

6.2 三菱 PLC 编程软件的使用操作 …………… 159
6.2.1 启动三菱 PLC 编程软件 …………… 159
6.2.2 三菱 GX Developer 编程软件操作界面………………………………… 159
6.2.3 编写程序…………………………… 160
6.2.4 程序变换 / 编译…………………… 170

6.3 案例：创建第一个完整的编程项目………… 171
6.3.1 创建新工程………………………… 171
6.3.2 编写梯形图程序…………………… 172
6.3.3 编译程序…………………………… 172

6.3.4 梯形图逻辑测试…… 173
6.3.5 下载程序…… 175
6.3.6 运行并监控程序…… 176

第 7 章 三菱 PLC 梯形图

7.1 三菱 PLC 梯形图的组成结构 …… 179
7.1.1 三菱 PLC 梯形图的基本编程要素 … 179
7.1.2 三菱 PLC 梯形图的母线 …… 179
7.1.3 三菱 PLC 梯形图的触点 …… 180
7.1.4 三菱 PLC 梯形图的线圈 …… 180
7.2 三菱 PLC 梯形图的编程元件 …… 181
7.2.1 输入继电器（X）…… 181
7.2.2 输出继电器（Y）…… 182
7.2.3 辅助继电器（M）…… 182
7.2.4 定时器（T）…… 184
【实例 7–1】仓库的排气扇控制开关…… 184
【实例 7–2】车间电动机控制系统…… 185
7.2.5 计数器（C）…… 186
【实例 7–3】礼堂观众超限报警系统…… 186
【实例 7–4】仓库货物超额报警系统…… 187

第 8 章 三菱 PLC 编程

8.1 三菱 PLC 基本逻辑指令的应用 …… 190
8.1.1 输入指令与输出指令的应用…… 190
8.1.2 置位与复位指令的应用…… 193
8.1.3 脉冲输出指令的应用…… 194
8.1.4 脉冲触点指令的应用…… 195
8.1.5 逻辑栈存储器指令的应用…… 196
8.1.6 取反指令的应用…… 198
8.1.7 空操作指令与结束指令的应用…… 198
【实例 8–1】在给定程序中短路触点 X3 … 198
【实例 8–2】在给定程序中结束线圈输出 M0 后面的程序 …… 199

8.2 三菱 PLC 比较指令的应用 …………………… 200
8.2.1 数据比较指令的应用…………………… 200
【实例 8-3】使用数据比较指令控制温度监测系统不同报警灯………… 200
8.2.2 区间比较指令的应用…………………… 201
【实例 8-4】用温度监测系统检测锅炉温度……………………………… 201
8.3 三菱 PLC 数据处理指令的应用 …………… 202
8.3.1 区间复位指令的应用…………………… 202
8.3.2 解码指令的应用………………………… 203
8.3.3 编码指令的应用………………………… 204
8.3.4 浮点整数转换指令的应用……………… 204
8.4 三菱 PLC 四则运算指令的应用 …………… 205
8.4.1 加法指令的应用………………………… 205
8.4.2 减法指令的应用………………………… 206
8.4.3 乘法指令的应用………………………… 206
8.4.4 除法指令的应用………………………… 207
8.4.5 加 1 指令的应用………………………… 208
8.4.6 减 1 指令的应用………………………… 208
8.5 三菱 PLC 逻辑运算指令的应用 …………… 209
8.5.1 逻辑字与指令的应用…………………… 209
8.5.2 逻辑字或指令的应用…………………… 210
8.5.3 逻辑字异或指令的应用………………… 211
8.5.4 求补指令的应用………………………… 212
8.6 三菱 PLC 浮点数运算指令的应用 ………… 213
8.6.1 二进制浮点数比较指令的应用……… 213
8.6.2 二进制浮点数区间比较指令的应用… 214
8.6.3 二进制浮点数加 / 减法指令的应用… 215
8.6.4 二进制浮点数乘 / 除法指令的应用… 216
8.6.5 二进制浮点数和十进制浮点数转换指令的应用………………………… 217

8.7 三菱 PLC 传送指令的应用 ······················ 217
8.7.1 数据传送指令的应用 ······················ 218
8.7.2 块传送指令的应用 ························ 218
8.7.3 多点传送指令的应用 ······················ 219
8.8 三菱 PLC 移位 / 循环指令的应用 ············ 220
8.8.1 循环移位指令的应用 ······················ 220
8.8.2 位移位指令的应用 ························ 221
8.9 程序流程指令的应用 ························· 222
8.9.1 条件跳转指令的应用 ······················ 222
8.9.2 子程序调用与返回指令的应用 ·············· 223
8.9.3 程序循环指令的应用 ······················ 224

第 9 章 PLC 基础编程实战案例

9.1 PLC 基本控制程序编程实战 ················· 227
【案例 9–1】自锁 PLC 控制程序 ············ 227
【案例 9–2】点动、连续运行互换 PLC 控制程序 ························ 228
【案例 9–3】按钮互锁 PLC 控制程序 ······ 229
【案例 9–4】两地控制 PLC 控制程序 ······ 230
【案例 9–5】有条件启动 PLC 控制程序 ··· 231
【案例 9–6】有条件启动、停止 PLC 控制程序 ······························ 232
【案例 9–7】按时间控制的自动循环 PLC 控制程序 ························ 233
【案例 9–8】终止运行保护 PLC 控制程序··· 234
【案例 9–9】利用行程开关控制的自动循环 PLC 控制程序 ················· 235
【案例 9–10】延时启动 PLC 控制程序······ 237
9.2 电动机 PLC 控制程序编程实战 ·············· 239
【案例 9–11】电动机间歇循环运行 PLC 控制程序 ······················· 239

【案例 9-12】电动机零序电流断相保护 PLC 控制程序 …………………… 240
【案例 9-13】电动机电容制动 PLC 控制程序 ………………………………… 242
【案例 9-14】笼型异步电动机的 Y- △启动 PLC 控制程序（手动）…… 244
【案例 9-15】笼型异步电动机的 Y- △启动 PLC 控制程序（自动）…… 247
【案例 9-16】电动机自耦降压启动 PLC 控制程序（自动）……………… 249
【案例 9-17】双速电动机接触器调速 PLC 控制程序 …………………… 251

9.3 日常 PLC 控制应用程序编程实战 ………… 253

【案例 9-18】停电保护系统 PLC 控制程序 ………………………………… 253
【案例 9-19】工厂水箱水位监测系统 PLC 控制程序 …………………… 254
【案例 9-20】矿井地下水水位监测系统 PLC 控制程序 ………………… 256
【案例 9-21】工厂仓库门自动开关系统 PLC 控制程序 ………………… 257
【案例 9-22】小区照明系统 PLC 控制程序… 259
【案例 9-23】工厂产品加工流水线上步进电动机 PLC 控制程序……… 261
【案例 9-24】计数电路 PLC 控制程序…… 262
【案例 9-25】除尘风机运转监控系统 PLC 控制程序 …………………… 264

第1章 电气控制元件基础

电气控制元件是一种能根据外界的信号和要求，手动或自动地接通、断开电路，以实现对电路或非电对象的切换、控制、保护、检测、变换和调节的元件或设备。在 PLC 控制电路中会用到像电源开关、接触器、热继电器、熔断器等电气控制元件，本章将详细讲解这些电气控制元件的相关知识。

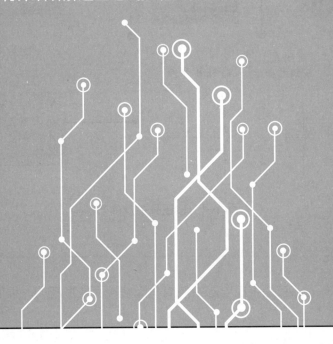

1.1 电源开关

常用的电源开关主要包括手动控制开关和自动控制开关，其中手动控制开关主要有按钮开关、刀开关等，自动控制开关主要是断路器。

1.1.1 按钮开关

按钮开关是一种应用十分广泛的控制元件。在电气控制电路中，其主要用于手动发出控制信号，如图 1-1 所示。

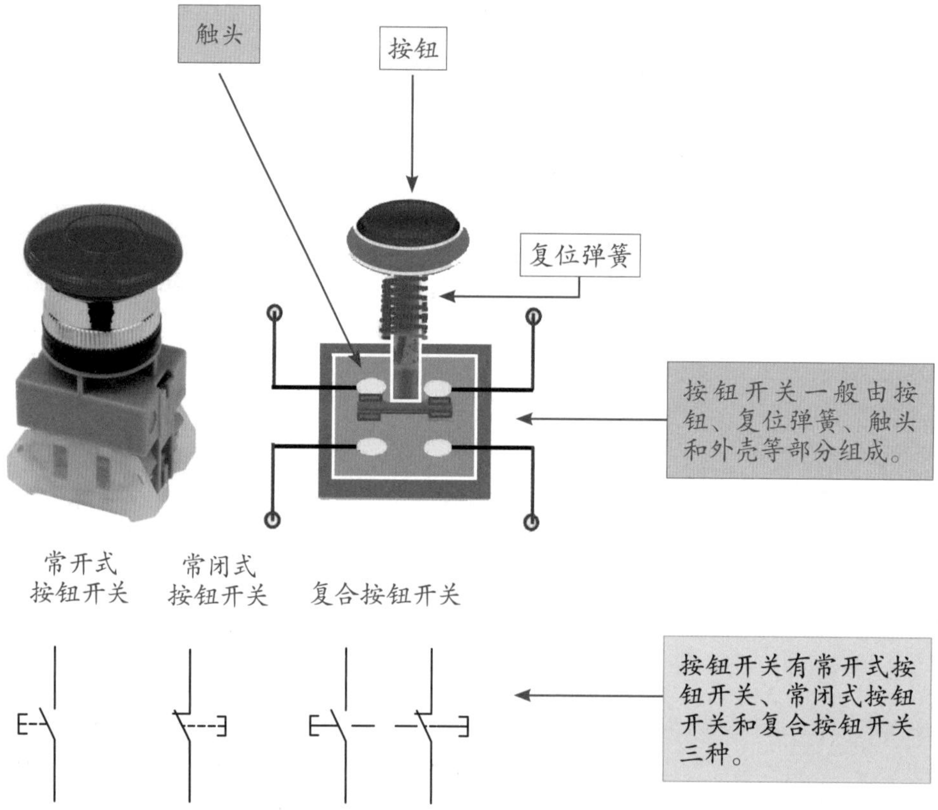
触头
按钮
复位弹簧
按钮开关一般由按钮、复位弹簧、触头和外壳等部分组成。
常开式按钮开关
常闭式按钮开关
复合按钮开关
按钮开关有常开式按钮开关、常闭式按钮开关和复合按钮开关三种。

图 1-1　按钮开关及内部结构

1.1.2 刀开关

刀开关又称闸刀，它是手控电器中最简单而使用又较广泛的一种低压电器（电压不大于 500V），通常用作隔离电源的开关，以便能安全地对电气设备进行检修或更换熔断丝。刀开关的符号为“QS”，图 1-2 所示为刀开关的基本知识与图形符号。

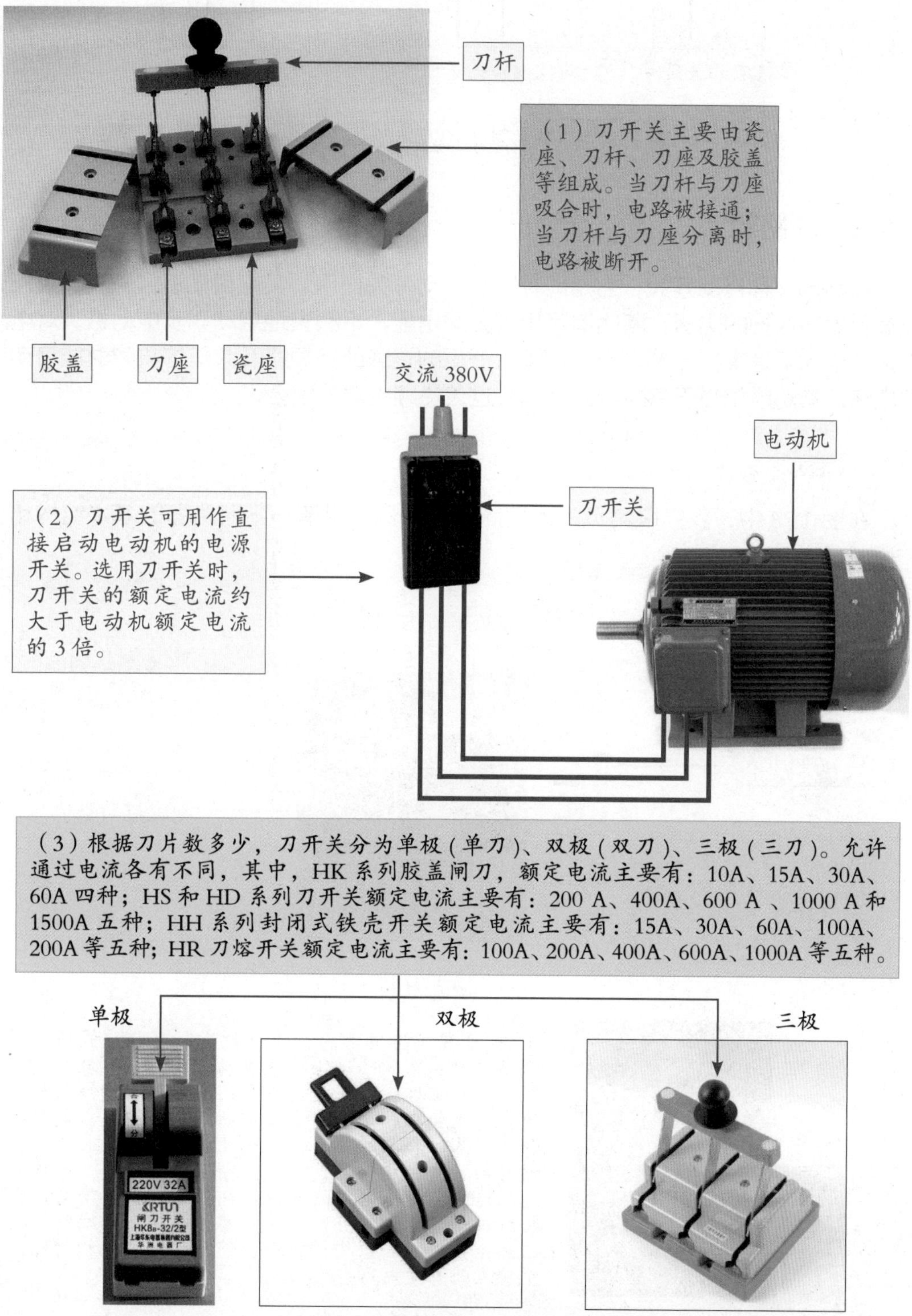
刀杆
（1）刀开关主要由瓷座、刀杆、刀座及胶盖等组成。当刀杆与刀座吸合时，电路被接通；当刀杆与刀座分离时，电路被断开。
胶盖
刀座
瓷座
交流 380V
电动机
刀开关
（2）刀开关可用作直接启动电动机的电源开关。选用刀开关时，刀开关的额定电流约大于电动机额定电流的 3 倍。
（3）根据刀片数多少，刀开关分为单极（单刀）、双极（双刀）、三极（三刀）。允许通过电流各有不同，其中，HK 系列胶盖闸刀，额定电流主要有：10A、15A、30A、60A 四种；HS 和 HD 系列刀开关额定电流主要有：200 A、400A、600 A 、1000 A 和 1500A 五种；HH 系列封闭式铁壳开关额定电流主要有：15A、30A、60A、100A、200A 等五种；HR 刀熔开关额定电流主要有：100A、200A、400A、600A、1000A 等五种。
单极
双极
三极
220V 32A
闸刀开关
HK8a-32/2型

图 1-2　刀开关基本知识与圆形符号

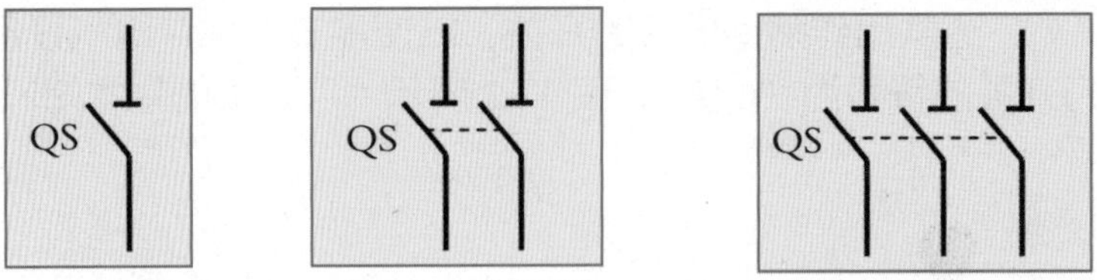
QS
QS
QS

单极刀开关符号　　双极刀开关符号　　三极刀开关符号

图1-2　刀开关基本知识与图形符号（续）

1.1.3　断路器

断路器又称自动开关，它是一种既有手动开关作用，又能自动进行失压、欠压、过载和短路保护的电器。断路器可用来分配电能，不频繁地启动异步电动机，对电源线路及电动机等实行保护，当它们发生严重的过载或者短路及欠压等故障时能自动切断电路，其功能相当于熔断器式开关与过欠热继电器的组合。

1. 断路器的组成结构

在图 1–3 中，我们以常见的家用断路器为例，讲解一下断路器的基本结构和工作原理。

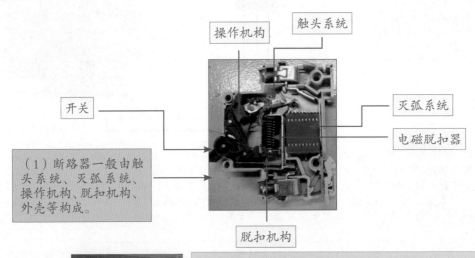

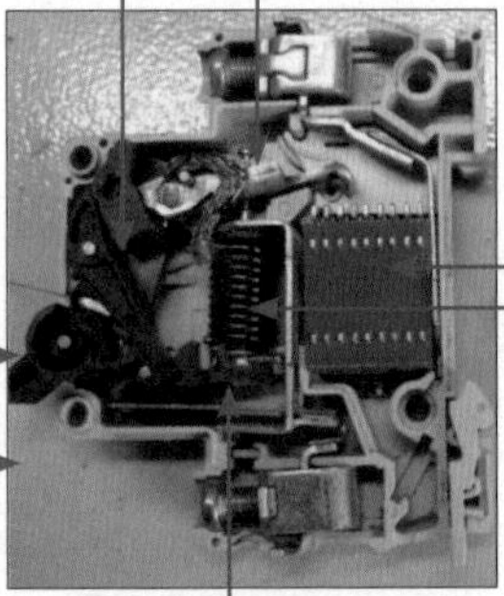
操作机构
触头系统
开关
灭弧系统
电磁脱扣器
脱扣机构

（1）断路器一般由触头系统、灭弧系统、操作机构、脱扣机构、外壳等构成。

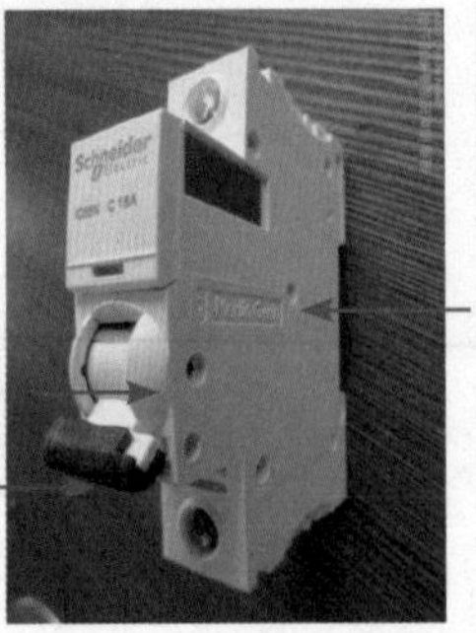
断路器外壳
开关

（2）日常家用断路器主要是低压断路器。低压断路器的主触点是靠手动操作或电动合闸的。当电路发生短路或严重过载时，过电流电磁脱扣器的衔铁吸合，使自由脱扣机构动作，主触点断开主电路。当电路过载时，热脱扣器的热元件发热使双金属片上弯曲，推动自由脱扣机构动作，主触点断开主电路。当电路欠电压时，欠电压电磁脱扣器的衔铁释放，也使自由脱扣机构动作，主触点断开主电路。当按下分励脱扣按钮时，分励脱扣器衔铁吸合，使自由脱扣机构动作，主触点断开主电路。

图1-3　断路器的基本结构与工作原理

2. 断路器的分类及符号

断路器按结构主要分为塑壳断路器和框架（万能）断路器，如图 1–4 所示。

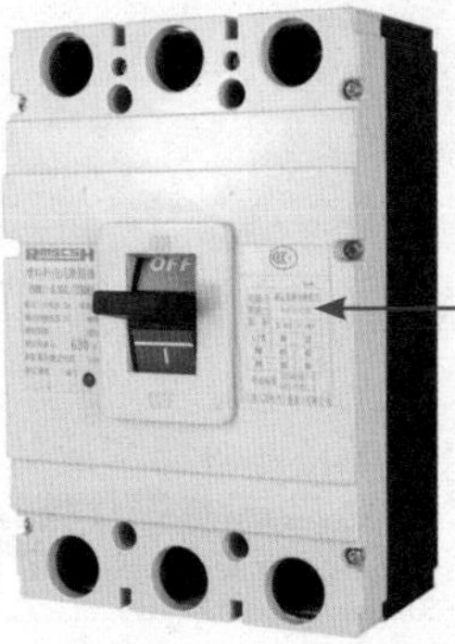

（1）塑壳断路器是指用塑料绝缘体作为装置的外壳，用来隔离导体之间以及接地金属部分。塑壳断路器能够在电流超过跳脱设定后自动切断电流。塑壳断路器通常含有热磁跳脱单元，而大型号的塑壳断路器会配备固态跳脱传感器。

（2）框架断路器也称万能式断路器，主要适用于交流 50Hz，额定电压 380V、660V 或直流 440V、电流至 3900A 的配电网络，用来分配电能和保护线路及电源设备的过载、欠电压、短路等。在正常条件下，可作为线路的不频繁转换之用。

图 1–4　断路器的分离

在电气图中断路器的文字符号为“QF”，图形符号如图 1–5 所示。

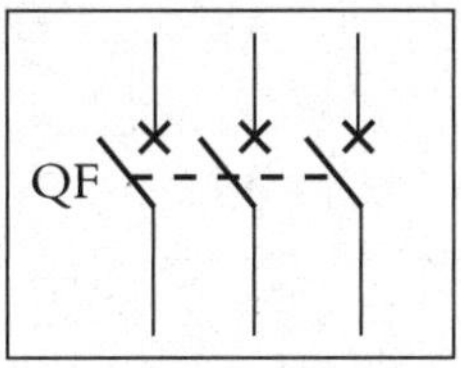
QF

图 1–5　断路器的符号

3. 断路器好坏的检测方法

断路器的检测方法如图 1–6 所示。

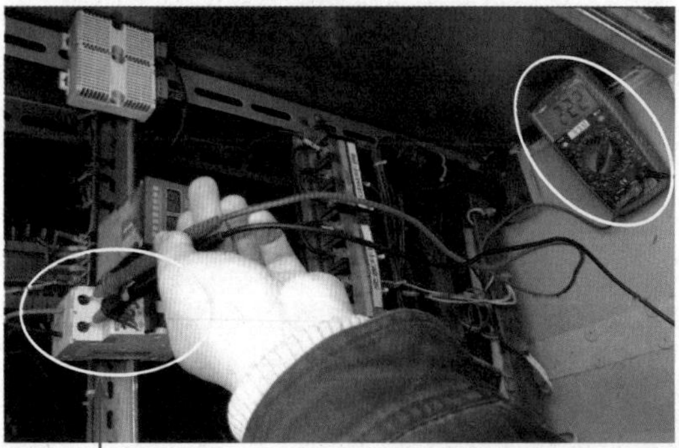

（1）将万用表挡位调到交流750V挡，用红、黑表笔接断路器的上端接线端。如果电压正常（与接入电压接近），则说明电源进线端正常，那么就可以判断电源回路没有问题。

（2）用红、黑表笔接断路器下端的接线端。如果下端测量的电压正常（与接入电压接近），则可以综合判断断路器正常。

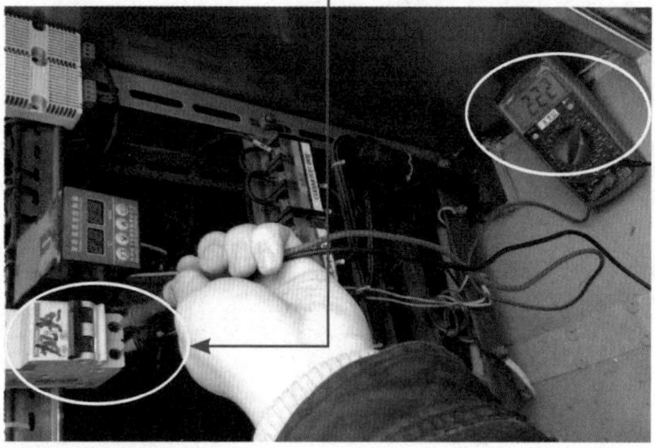

图 1–6　断路器好坏的检测方法

1.2 接触器

接触器是一种由电压控制的开关装置，在正常条件下，可用来实现远距离控制或频繁的接通、断开主电路。接触器主要用于工业控制，一般负载以电动机居多。接触器本身不具备短路保护和过载保护能力，因此必须与熔断器、热继电器配合使用。

1.2.1　接触器的结构及符号

接触器由电磁机构、触点系统、灭弧装置、弹簧机构、支架和底座等元件构成，如图 1–7 所示。

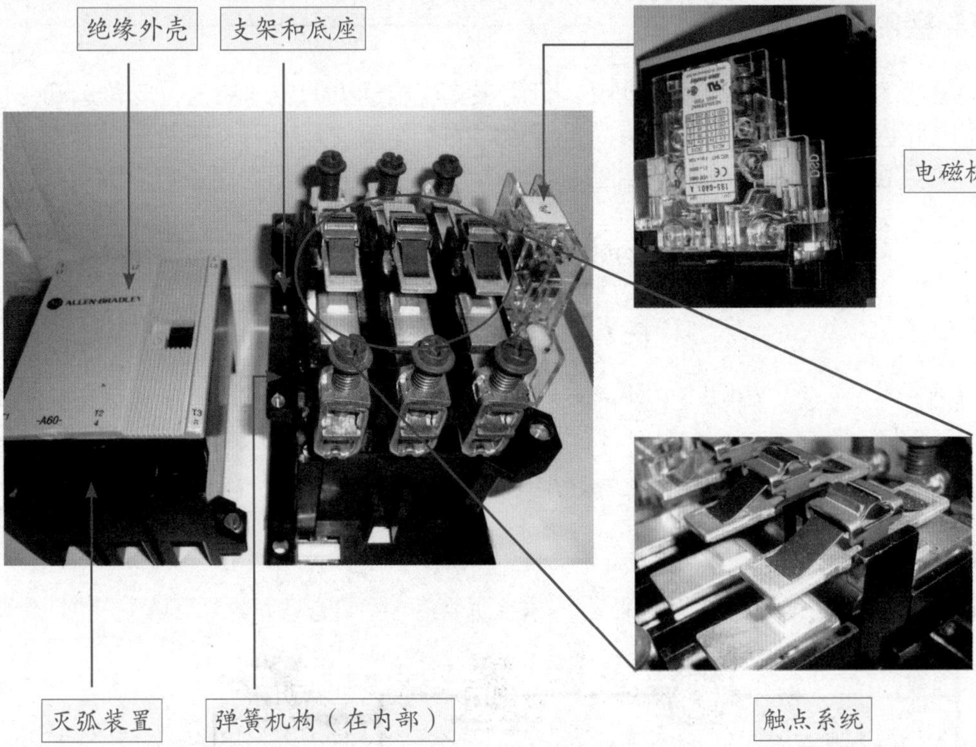

绝缘外壳
支架和底座
电磁机构
ALLEN-BRADLEY
-A60-
灭弧装置
弹簧机构（在内部）
触点系统

图 1-7　接触器的结构

在电气图中接触器的文字符号为 KM，图形符号如图 1-8 所示。

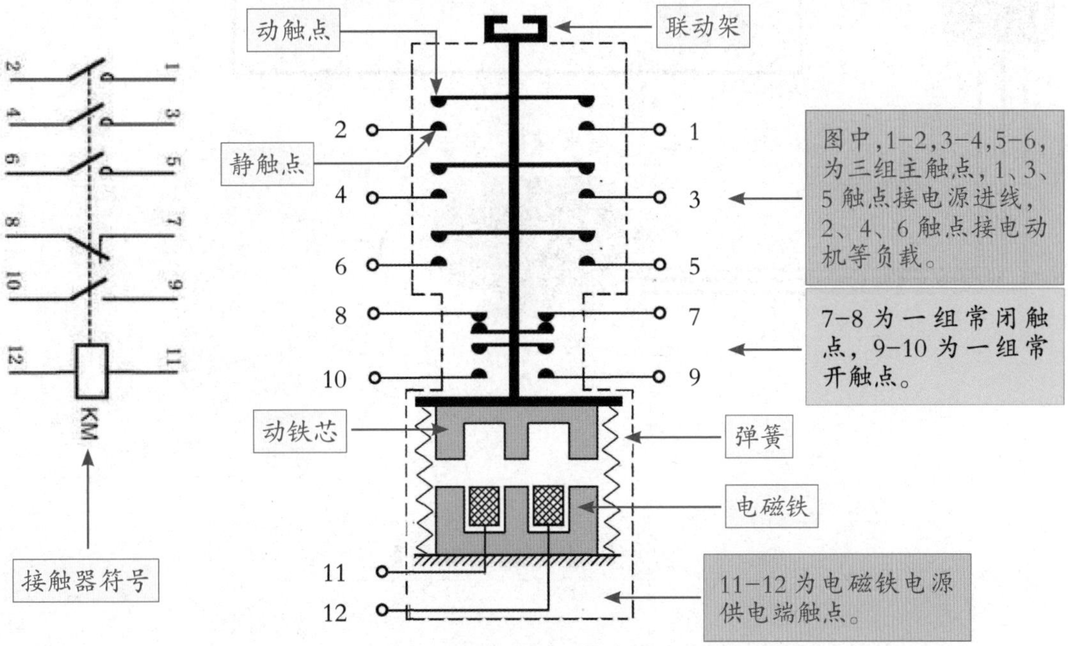

KM
接触器符号
动触点
联动架
静触点
1
2
3
4
5
6
7
8
9
10
11
12
动铁芯
弹簧
电磁铁
图中，1-2，3-4，5-6，为三组主触点，1、3、5 触点接电源进线，2、4、6 触点接电动机等负载。
7-8 为一组常闭触点，9-10 为一组常开触点。
11-12 为电磁铁电源供电端触点。

图 1-8　接触器的符号

1.2.2 接触器是如何工作的

接触器的主要控制对象是电动机，可用来实现电动机的启动和正、反转运动，也可控制电焊机、照明系统等电力负荷。接触器的工作原理是利用电磁力与弹簧弹力相配合，实现触头的接通和分断，如图 1–9 所示（以交流接触器为例进行讲解）。

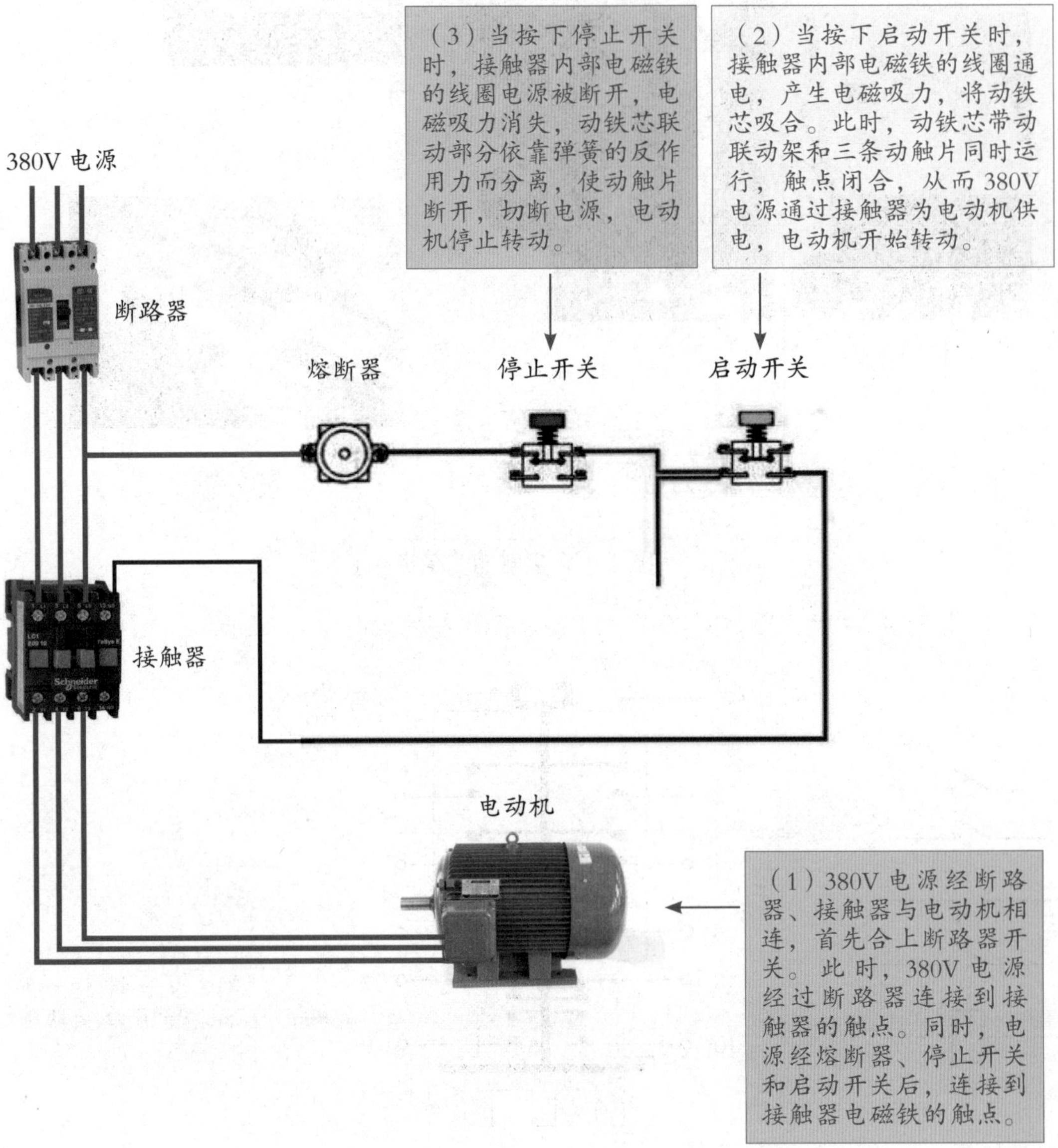
（3）当按下停止开关时，接触器内部电磁铁的线圈电源被断开，电磁吸力消失，动铁芯联动部分依靠弹簧的反作用力而分离，使动触片断开，切断电源，电动机停止转动。
（2）当按下启动开关时，接触器内部电磁铁的线圈通电，产生电磁吸力，将动铁芯吸合。此时，动铁芯带动联动架和三条动触片同时运行，触点闭合，从而 380V 电源通过接触器为电动机供电，电动机开始转动。
380V 电源
断路器
熔断器
停止开关
启动开关
接触器
Schneider
电动机
（1）380V 电源经断路器、接触器与电动机相连，首先合上断路器开关。此时，380V 电源经过断路器连接到接触器的触点。同时，电源经熔断器、停止开关和启动开关后，连接到接触器电磁铁的触点。

图 1–9 接触器工作原理

1.2.3 交流接触器与直流接触器的特点与区别

接触器分为交流接触器（电压 AC）和直流接触器（电压 DC），二者的区别主要在于铁芯和线圈上，具体如图 1–10 所示。

1/L1
3/L2
5/L3
13 NO
CJX2
3210
10
2/T1
4/T2
6/T3
14 NO

（1）交流接触器利用主接点来开闭电路，用辅助接点来执行控制指令。主接点一般只有常开接点，而辅助接点常有两对具有常开和常闭功能的接点。交流接触器的动作动力来源于交流电磁铁，电磁铁由两个“山”字形的幼硅钢片叠成，并加上短路环。交流接触器在失电后，依靠弹簧复位。20A 以上的接触器加有灭弧罩，以保护接点。交流接触器的接点由银钨合金制成，具有良好的导电性和耐高温烧蚀性。

（2）直流接触器一般用在直流回路中，主要用来控制直流电路（主电路、控制电路和励磁电路等）。直流接触器采用直流电磁铁，一般用软钢或工业纯铁制成圆形。由于直流接触器的吸引线圈通以直流，所以没有冲击的启动电流，也不会产生铁芯猛烈撞击现象，因而它的寿命长，适用于频繁启停的场合。

1 L1
3 L2
5 L3
21 NC
CJX2
1201
2 T1
4 T2
6 T3
22 NC

（a）交流接触器与直流接触器的特点

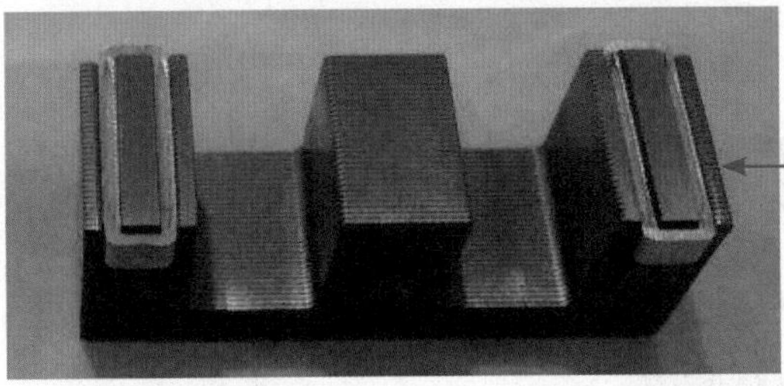

（3）交流接触器电磁铁芯存在涡流，所以电磁铁芯做成一片一片叠加在一起，且一般做成 E 型。过零瞬间防止电磁释放，在电磁铁心上加有短路环，线圈匝数少电流大，线径粗。

（4）直流接触器电磁铁芯是整体铁芯，线圈细长，匝数特别多。如果用直流电接交流接触器，线圈马上烧坏。交流电接直流接触器，接触器无法吸合。

（b）交流接触器与直流接触器的区别

图 1–10　交流接触器与直流接触器的特点和区别

1.2.4 接触器的接线方法

交流接触器的内部一般有 3 对主触点（1、3、5 和 2、4、6 或 L1、L2、L3 和 T1、T2、T3）、1 对常开触点（13NO 和 14NO）、1 对常闭触点（21NC 和 22NC）以及 1 对控制线圈的接线端（A1 和 A2）。其中，主触点中的 1、3、5 或 L1、L2、L3 为 A 相、B 相、C 相电源进线，主触点中的 2、4、6 或 T1、T2、T3 为 A 相、B 相、C 相电源出线，如图 1-11 所示。

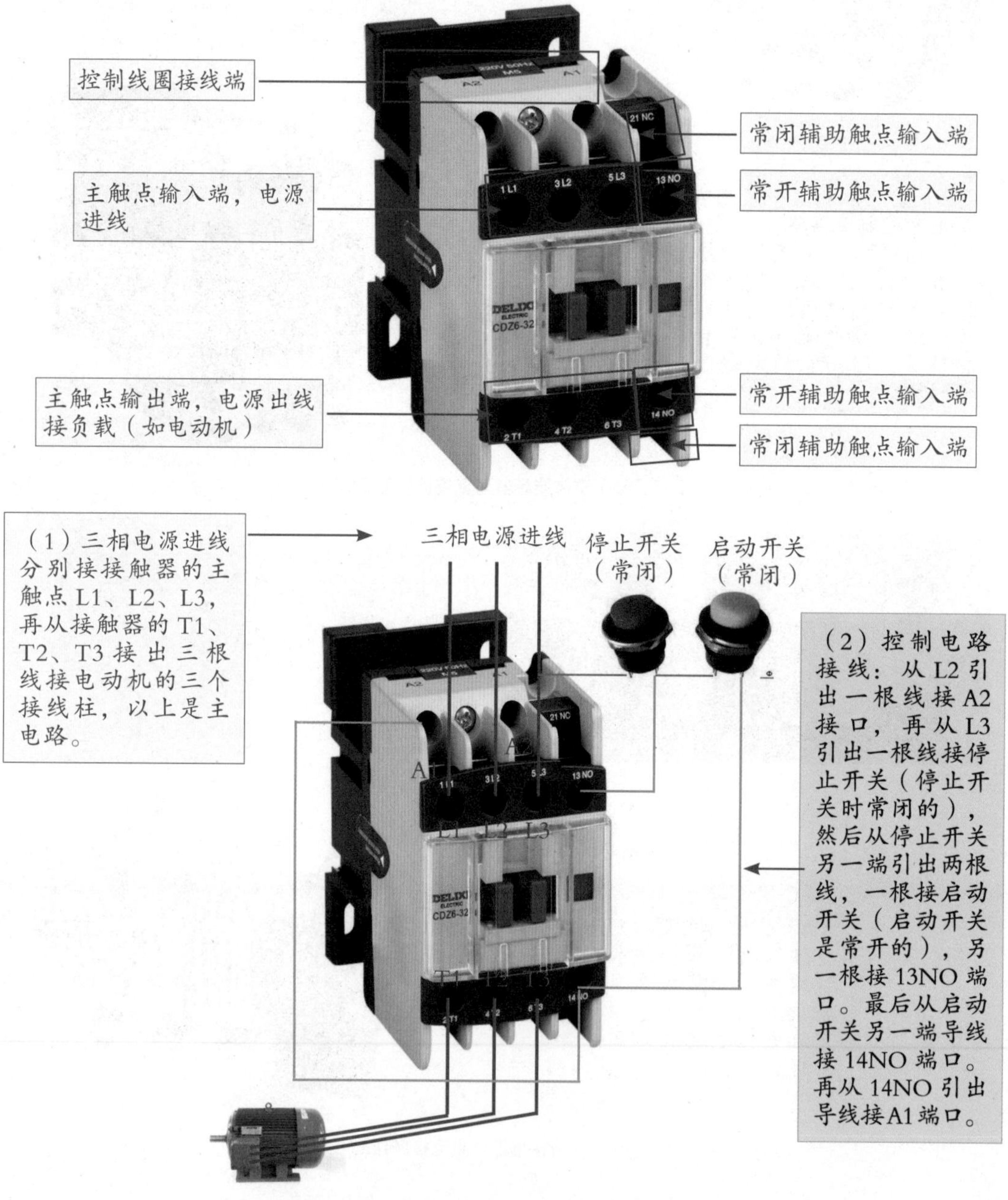
控制线圈接线端
主触点输入端，电源进线
主触点输出端，电源出线接负载（如电动机）
常闭辅助触点输入端
常开辅助触点输入端
常开辅助触点输入端
常闭辅助触点输入端
（1）三相电源进线分别接接触器的主触点 L1、L2、L3，再从接触器的 T1、T2、T3 接出三根线接电动机的三个接线柱，以上是主电路。
三相电源进线
停止开关（常闭）
启动开关（常闭）
（2）控制电路接线：从 L2 引出一根线接 A2 接口，再从 L3 引出一根线接停止开关（停止开关时常闭的），然后从停止开关另一端引出两根线，一根接启动开关（启动开关是常开的），另一根接 13NO 端口。最后从启动开关另一端导线接 14NO 端口。再从 14NO 引出导线接A1端口。

图 1-11 接触器的接线方法

1.2.5　接触器的检测方法

接触器的好坏通常使用万用表的电阻挡进行检测，检测方法如图 1–12 所示。

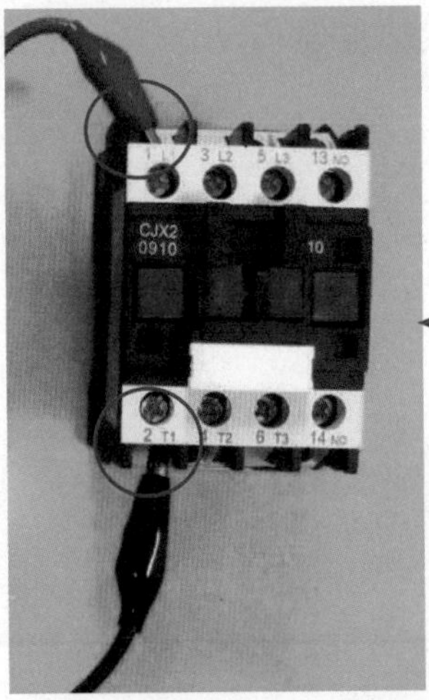
CJX2
0910
10

（1）常态下检测接触器常开触点和常闭触点的电阻。因为常开触点在常态下处于开路状态，故电阻应为无穷大，数字万用表检测时会显示“1”。在常态下检测常闭触点的电阻时，正常测得的电阻值应接近 0Ω。对于带有联动架的交流接触器，按下联动架，内部的常开触点会闭合，常闭触点会断开，这时可用万用表检测触点闭合后和断开后的电阻是否为无穷大和 0。检测时采用万用表电阻挡的 200Ω 挡。

（2）检测控制线圈的电阻。控制线圈的电阻值正常应在几百欧，一般来说，交流接触器功率越大，要求线圈对触点的吸合力越大（要求线圈流过的电流大），线圈电阻更小。若线圈的电阻为无穷大则线圈开路，线圈的电阻为 0 则线圈短路。检测时用万用表电阻挡的 2000Ω 挡检测。

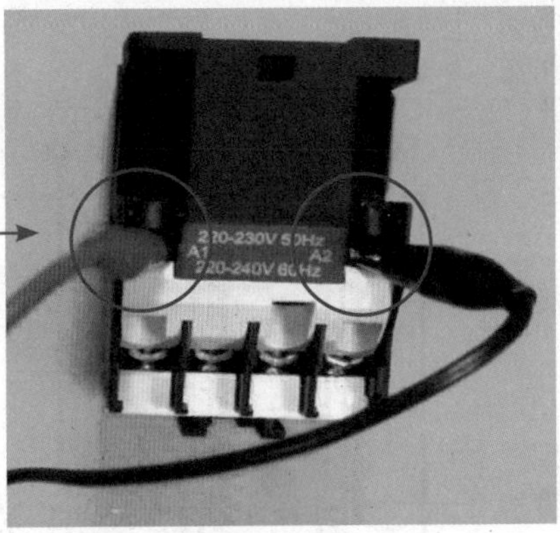
A1
A2

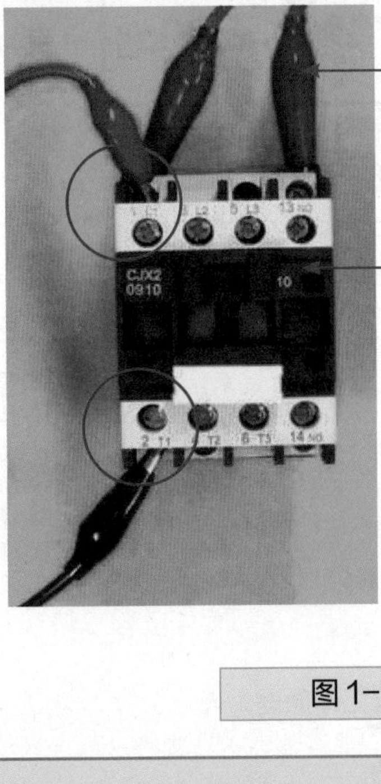
CJX2
0910
10

控制线圈通电线

（3）给控制线圈通电来检测常开触点、常闭触点的电阻。在控制线圈通电时，若交流接触器正常，会发出“咔哒”声，同时常开触点闭合、常闭触点断开，故测得常开触点电阻应接近 0Ω、常闭触点应为无穷大。如果控制线圈通电前后被测触点电阻无变化，则可能是控制线圈损坏或传动机构卡住等。检测时采用万用表电阻挡的 200Ω 挡。

图 1–12　接触器的检测方法

1.3 热继电器

热继电器是利用电流通过发热元件时产生热量而使内部触点动作的。热继电器主要用丁电气设备发热保护，如电动机过载保护。

1.3.1 热继电器的结构与工作原理

热继电器的结构与工作原理如图 1–13 所示。

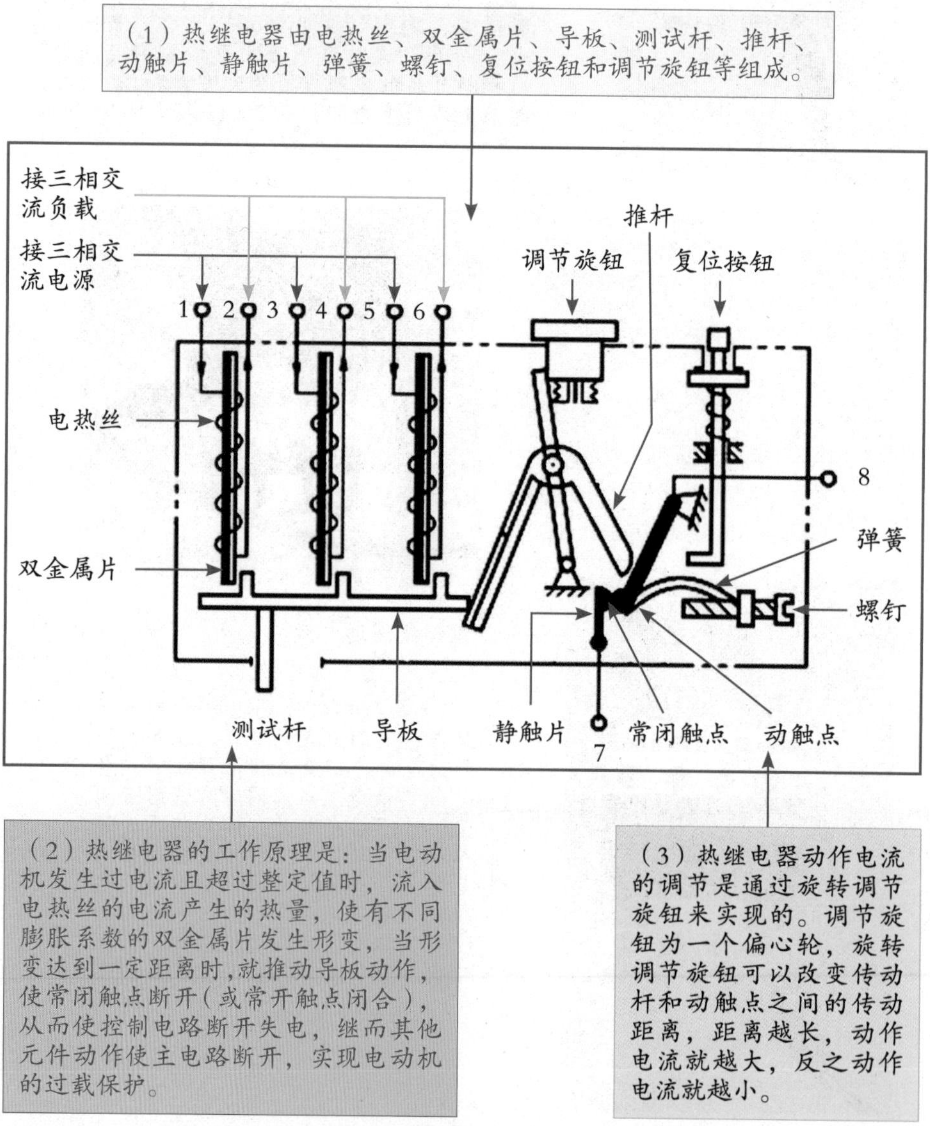

（1）热继电器由电热丝、双金属片、导板、测试杆、推杆、动触片、静触片、弹簧、螺钉、复位按钮和调节旋钮等组成。
接三相交流负载
接三相交流电源
1 2 3 4 5 6
推杆
调节旋钮
复位按钮
电热丝
8
弹簧
双金属片
螺钉
测试杆
导板
静触片
常闭触点
动触点
7
（2）热继电器的工作原理是：当电动机发生过电流且超过整定值时，流入电热丝的电流产生的热量，使有不同膨胀系数的双金属片发生形变，当形变达到一定距离时，就推动导板动作，使常闭触点断开（或常开触点闭合），从而使控制电路断开失电，继而其他元件动作使主电路断开，实现电动机的过载保护。
（3）热继电器动作电流的调节是通过旋转调节旋钮来实现的。调节旋钮为一个偏心轮，旋转调节旋钮可以改变传动杆和动触点之间的传动距离，距离越长，动作电流就越大，反之动作电流就越小。

图 1–13　热继电器的结构与工作原理

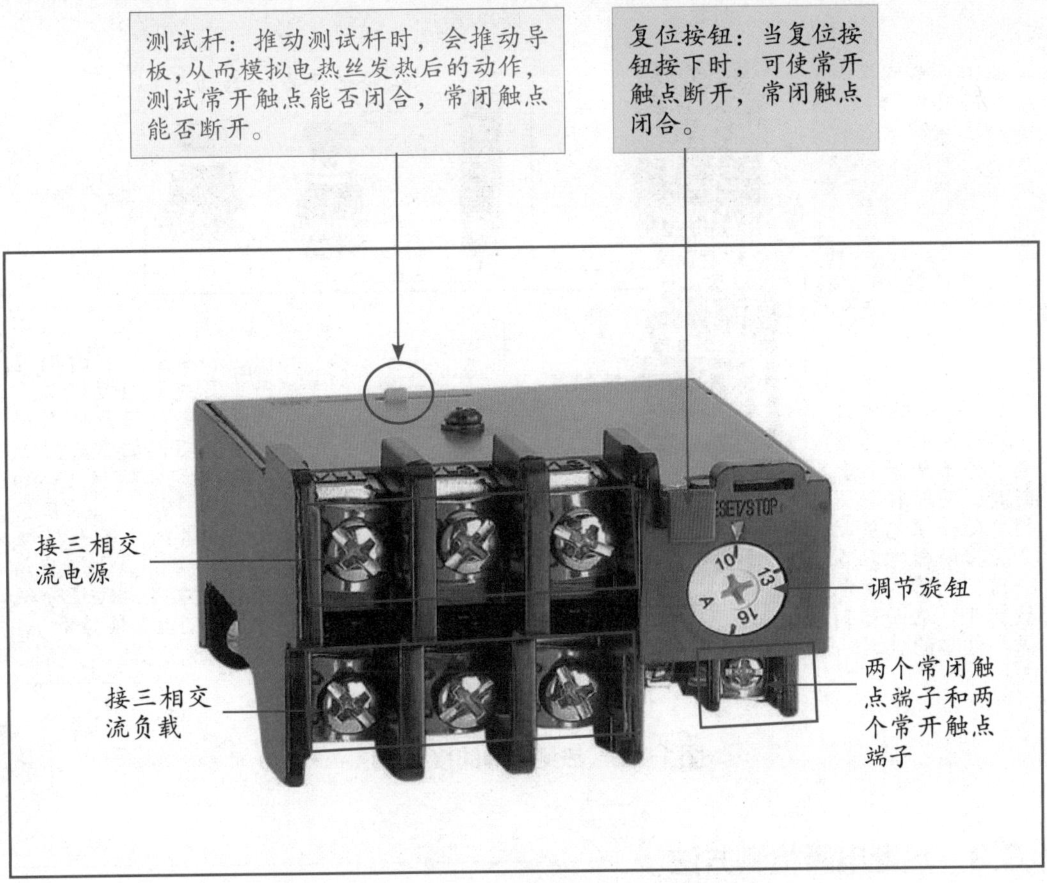
测试杆：推动测试杆时，会推动导板，从而模拟电热丝发热后的动作，测试常开触点能否闭合，常闭触点能否断开。
复位按钮：当复位按钮按下时，可使常开触点断开，常闭触点闭合。
接三相交流电源
调节旋钮
两个常闭触点端子和两个常开触点端子
接三相交流负载

图 1–13　热继电器的结构与工作原理（续）

在电气图中，热继电器的文字符号为“FR”，图形符号如图 1–14 所示。

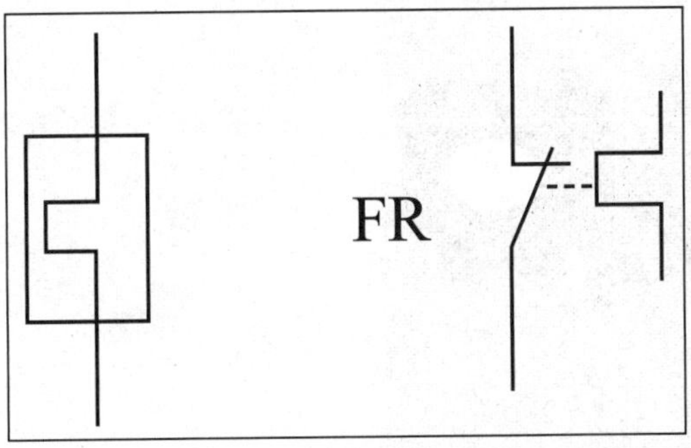
FR

图 1–14　热继电器符号

1.3.2　热继电器接线方法

热继电器接线方法如图 1–15 所示。

（1）首先，三相电源进线分别接断路器、接触器，最后接入热继电器的 1/L1、3/L2、5/L3 电源线进线端，最后从 2/T1、4/T2、6/T3 出线端接电动机等负载。

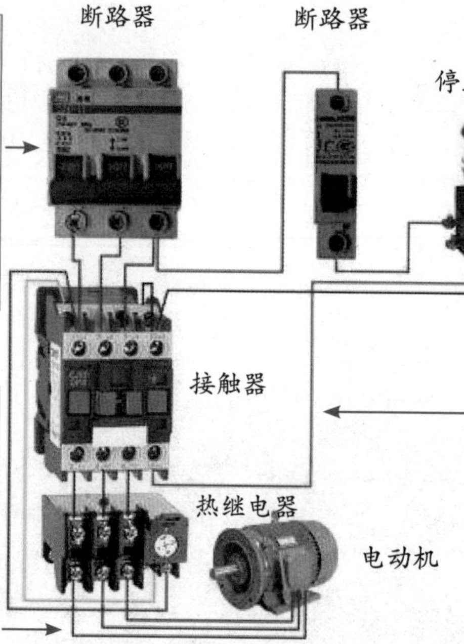
断路器
断路器
停止开关
启动开关
接触器
热继电器
电动机

（2）从断路器出来的电源线接停止开关和启动开关，并从启动开关的进线端引出一根线接接触器的常开触点 14NO 接口，然后从 13NO 接口引出两根线，一根接接触器的 A2 端口，另一根接启动开关出线端。从热继电器的常闭接口引出的线分别接接触器的 1/L1 接口和 A1 接口。

（3）当电路出现短路过流时，热继电器的常闭触点会断开，同时接触器的电磁铁供电被断开，接触器主触点分离，电路的供电被断开，从而起到保护电路的作用。

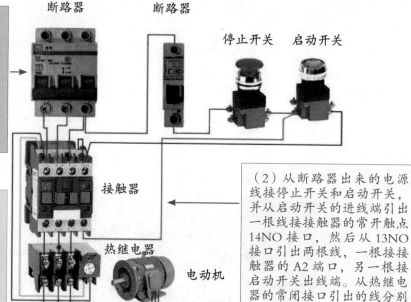

图 1-15　热继电器的接线方法

1.3.3　热继电器检测方法

热继电器检测方法如图 1-16 所示。

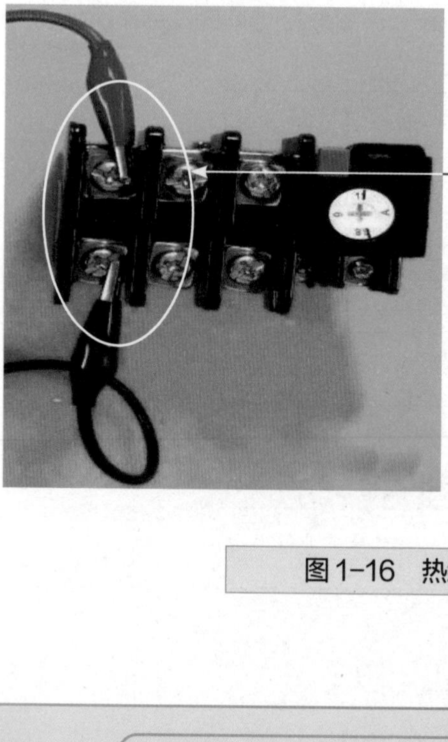

（1）首先检测发热元件。发热元件由电热丝或电热片组成，其电阻值很小（接近 0Ω）。测量时使用万用表电阻挡的 200Ω 挡，如果电阻值无穷大，则判定发热元件开路损坏。

图 1-16　热继电器检测方法

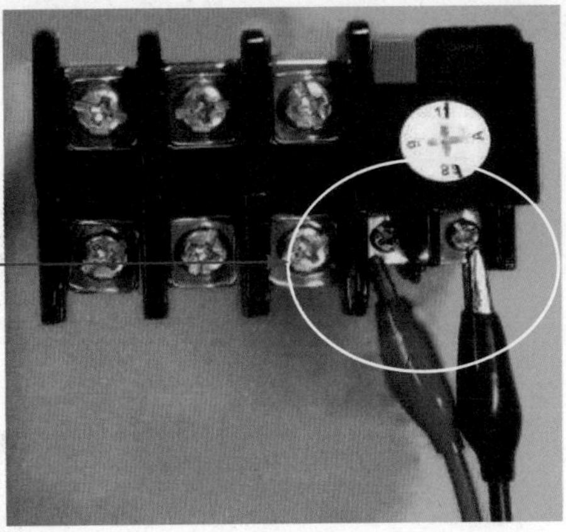

（2）检测未动作时的常闭触点。检测时使用万用表电阻挡的 200Ω 挡，未动作时的常闭触点电阻值应接近 0。

（3）拨动测试杆的情况下检测常闭触点。检测时使用万用表电阻挡的 200Ω 挡，模拟发热元件过流发热弯曲使触点动作，此时常闭触点应变为开路，电阻为无穷大。

图 1–16　热继电器检测方法（续）

1.4 熔断器

熔断器是一种广泛用于电气系统和电气设备的短路保护电器。熔断器由熔体和外壳等组成，熔体通常用熔点较低的铅锡合金、铜、银等材料制成，如图 1–17 所示。

熔断器通常串接在电路中，当通过熔断器的电流超过额定的数值经过一段时间后，电流流过熔体产生的热量使熔体熔断而断开电路，电流值越大，熔体熔断越迅速，从而起到保护电气回路及元件的作用。

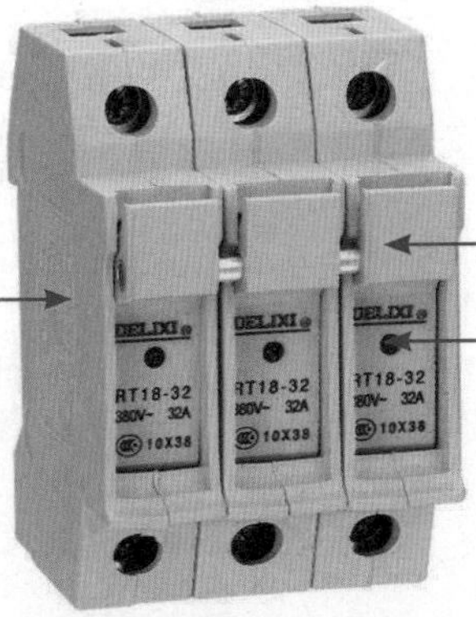
外壳
熔体
DELIXI
RT18-32
380V~ 32A
10X38

图 1–17　熔断器

在电气电路图中，熔断器的文字符号为“FU”，图形符号如图 1-18 所示。

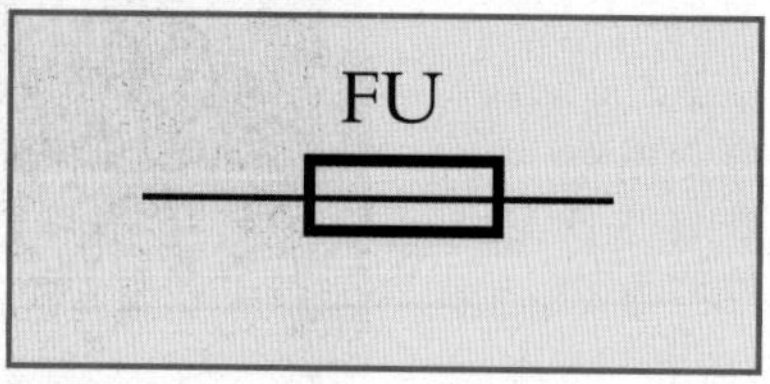
FU

图 1-18　熔断器的符号

第 2 章

PLC 结构原理及接线方法

PLC 是专门为工业环境下的应用而设计的计算机，用来根据需要控制电磁阀、接触器、中间继电器、指示灯、蜂鸣器、数码显示管等设备，从而实现控制各种类型的机械或生成过程。在各行各业中 PLC 被广泛应用来实现工业自动化。本章中，我们主要了解 PLC 的组成结构及接线方式，为后续的 PLC 编程学习夯实基础。

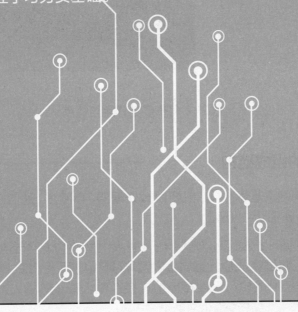

2.1 PLC 的组成原理

PLC（Programmable Logic Controller，可编程逻辑控制器）是一种具有微处理器的数字电子设备，用于自动化控制的数字逻辑控制器，可以将控制指令随时加载至内存中存储与执行。

2.1.1 PLC 的作用与特点

PLC 是在传统的顺序控制器的基础上引入微电子技术、计算机技术、自动控制技术和通信技术而形成的新型工业控制装置，其作用与特点如图 2-1 所示。

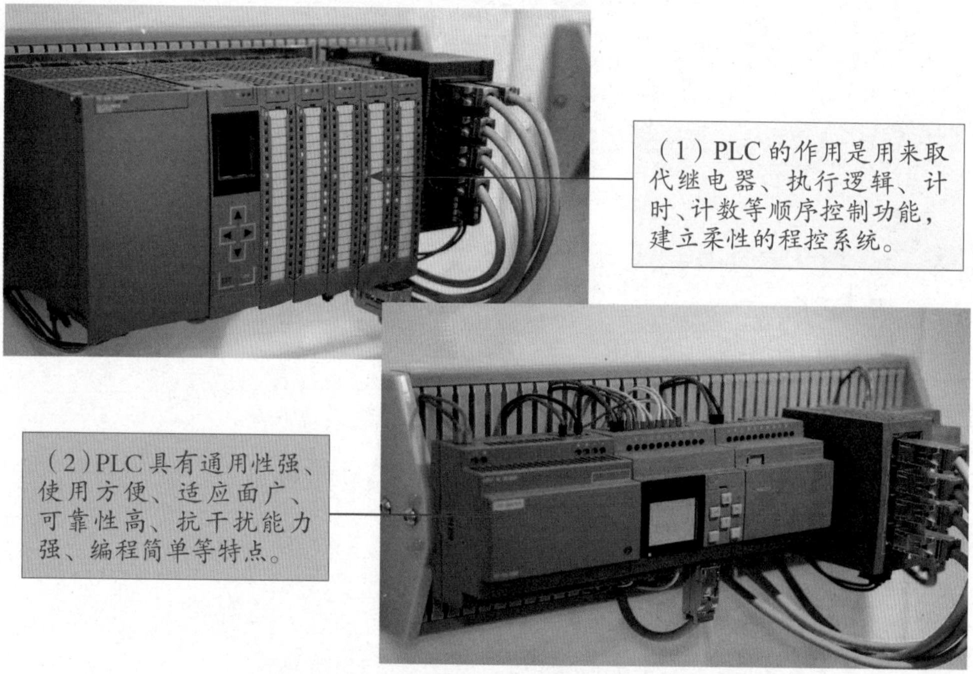
（1）PLC 的作用是用来取代继电器、执行逻辑、计时、计数等顺序控制功能，建立柔性的程控系统。
（2）PLC 具有通用性强、使用方便、适应面广、可靠性高、抗干扰能力强、编程简单等特点。

图 2-1　PLC 的作用与特点

2.1.2 PCL 的组成结构

大多数 PLC 的结构基本相同，主要由微处理器、存储器、通信接口、I/O 扩展接口、电源电路等组成，如图 2-2 所示。

PLC 一般采用循环扫描工作方式，在一些大中型的 PLC 中增加了中断工作方式。当用户将用户程序调试完成后，通过编程器将其程序写入 PLC 存储器中，同时将现场的输入信号和被控制的执行元件相应地连接在输入模块的输入端和输出模块的输出端，然后将PLC工作方式选择为运行工作方式，后面的工作就由PLC根据程序去完成。

（1）微处理器是 PLC 的核心。微处理器通过地址总线、数据总线、控制总线与存储器、输入接口、输出接口、通信接口、I/O 扩展接口相连。它不断采集输入信号，执行用户程序，刷新系统输出。

（2）电源电路主要为 PLC 的微处理器、存储器等电路提供 5V、12V、24V 直流电压。

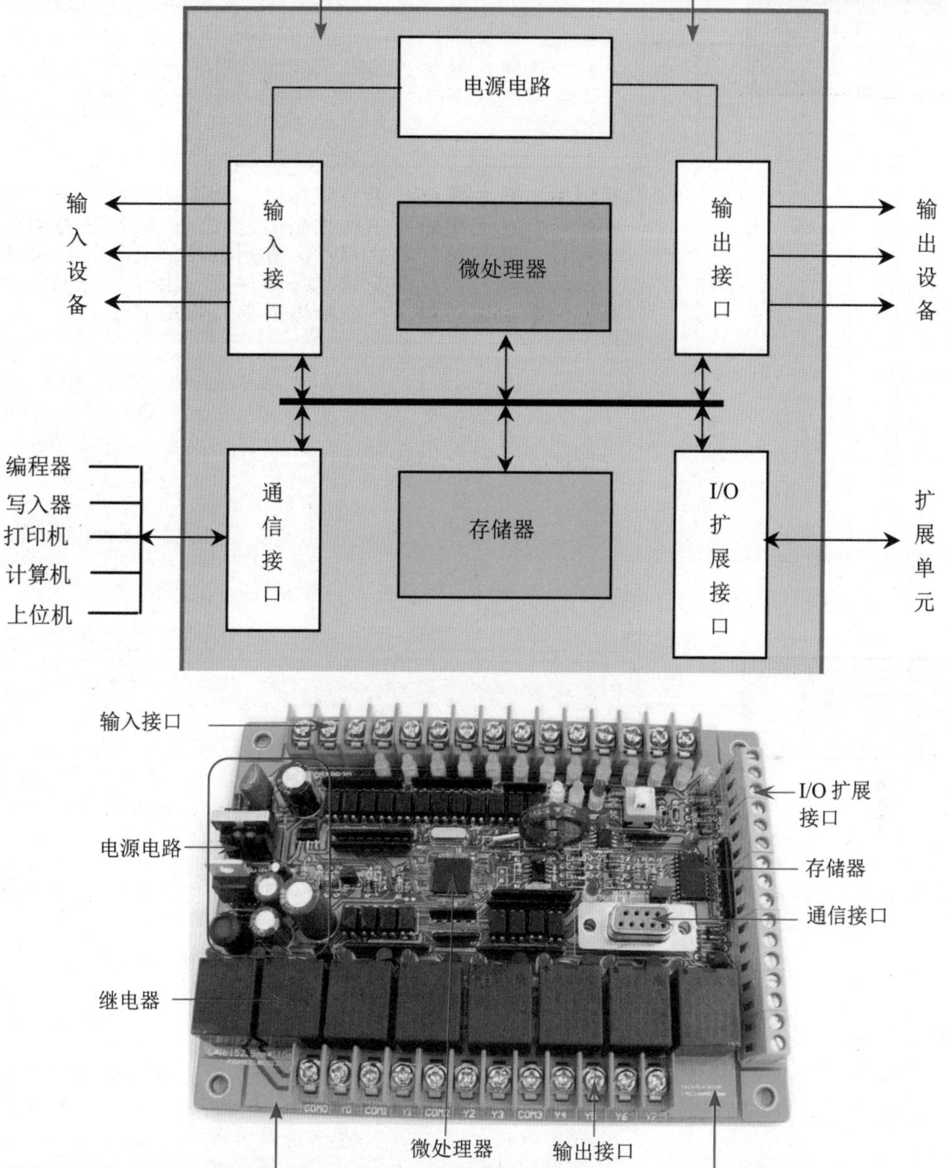
电源电路
输入设备
输入接口
微处理器
输出接口
输出设备
编程器
写入器
打印机
计算机
上位机
通信接口
存储器
I/O 扩展接口
扩展单元
输入接口
电源电路
继电器
I/O 扩展接口
存储器
通信接口
微处理器
输出接口

（4）输出接口电路通常分为继电器输出型、晶体管输出型和晶闸管输出型三种类型。继电器输出接口可驱动交流负载或直流负载，但其响应时间长、动作频率低；而晶体管输出和双向晶闸管输出接口的响应速度快、动作频率高；但前者只能用于驱动直流负载，后者只能用于交流负载。

（3）PLC 的存储器内包括系统存储单元和用户存储单元两种。前者用于存放 PLC 的系统程序，后者用于存放 PLC 的用户程序。

图 2-2　PCL 组成原理

2.1.3 PLC 的工作原理

PLC 的工作过程如图 2-3 所示。

1. 用户程序扫描

当 PLC 运行时，用户程序中有许多操作需要执行，但 CPU 不能同时执行多个操作，只能按分时操作（串行工作）方式每一时刻执行一个操作，按顺序进行。由于 CPU 的运算处理速度很快，因而从外部宏观来看几乎是同时（并行）完成的。这种分时操作的工作过程称为 PLC 的扫描工作方式。

用扫描工作方式执行用户程序时，扫描是从第一条用户程序开始，在无中断或跳转控制的情况下，按程序存储顺序的先后，逐条执行用户程序，直到程序结束。然后再从头开始扫描执行，周而复始。每扫描完一次程序所用的时间称为一个扫描周期，一个扫描周期只有几毫秒。

PLC 的扫描工作方式与电气控制的工作原理明显不同。电气控制装置采用硬逻辑的并行工作方式，如果某个继电器的线圈通电或断电，那么该继电器的所有常开触点和常闭触点不论处在控制线路的哪个位置上，都会立即同时动作；而对 PLC 扫描工作方式（串行工作方式），如果某个软继电器的线圈被接通或断开，所有的触点不会立即动作，必须等扫描到该触点时才会动作。但由于 PLC 的扫描速度快，所以 PLC 与电气控制装置在 I/O 的处理结果上并没有什么差别。

2. 程序执行过程

PLC 程序执行过程可分为输入采样阶段、程序执行阶段和输出处理阶段三个阶段。

（1）输入采样阶段。CPU 将全部现场输入信号（如按钮、限位开关、速度继电器等）的状态（通 / 断）经 PLC 输入端子读入映像寄存器，这一过程称为输入采样或扫描阶段。进入下一阶段即程序执行阶段时，输入信号若发生变化，输入映像寄存器也不会反应，只有等到下一个扫描周期的输入采样阶段时才被更新，这种输入工作方式称为集中输入方式。

（2）程序执行阶段。CPU 从 0000 地址的第一条指令开始，依次逐条执行各指令，直到执行到最后一条指令。PLC 执行指令程序时，要读入输入映像寄存器的状态（ON 或 OFF，即 1 或 0）和其他编程元件的状态，除输入继电器外，一些编程元件的状态随着指令的执行不断更新。CPU 按程序给定的要求进行逻辑运算和算术运算，运算结果存入相应的元件映像寄存器，把将要向外输出的信号存入输出映像寄存器，并由输出锁存器保存。程序执行阶段的特点是依次顺序执行指令。

（3）输出处理阶段。CPU 将输出映像寄存器的状态经输出锁存器和 PLC 的输出端子传送到外部去驱动接触器、电磁阀和指示灯等负载。这时输出锁存器的内容要等到下一个扫描周期的输出阶段时才会被刷新，这种输出工作方式称为集中输出方式。

图 2-3　PLC 的工作过程

2.2 西门子 PLC 结构与接线方法

在使用西门子 PLC 之前，需要对其组成结构及接线方法有一定的了解，否则会因为接线错误造成 PLC 或输入 / 输出设备的损坏。下面将重点讲解西门子 PLC 结构与接线方法。

2.2.1　西门子 PLC 的组成结构图解

西门子 PLC 的类型繁多，功能和指令系统也不尽相同，但结构与工作原理则大同小异，西门子 PLC 通常由电源模块（PS）、CPU 模块（主机）、扩展模块等组成，如图 2–4 所示（以西门子 S7 系列为例进行讲解）。

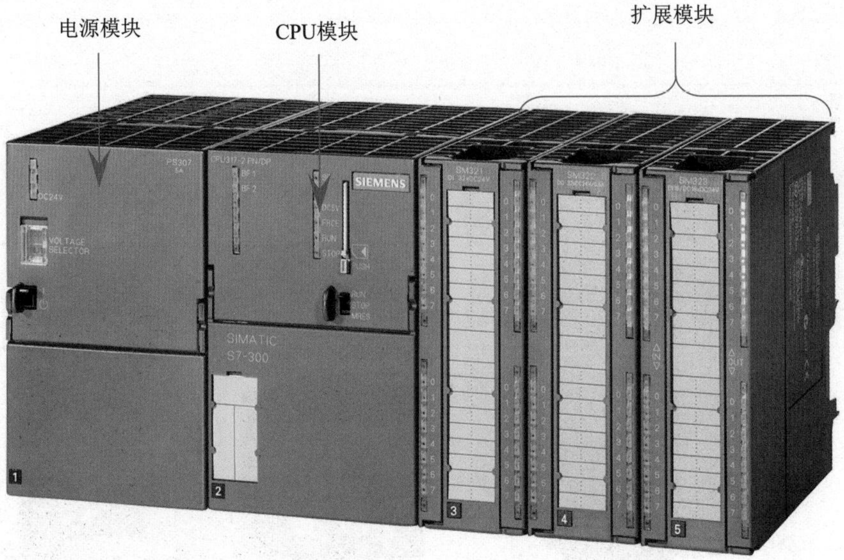

电源模块
CPU模块
扩展模块
SIEMENS
SIMATIC
S7-300

图 2–4　西门子 PLC 组成

1. 电源模块（PS）

西门子 PLC 电源模块主要用于将 120V/230V 交流电源转换为 24V 直流电源，为 CPU、信号模块、传感器、执行机构供电。

PS 的输出功率必须大于其所供电的所有模块消耗功率之和，输出功率必须大于其所供电的所有模块消耗功率之和，并且要留有 30% 左右的富余量。

西门子 PLC 包括两种形式的电源模块：和 CPU 集成在一起的一体化电源模块以及独立的电源模块，如图 2–5 所示。

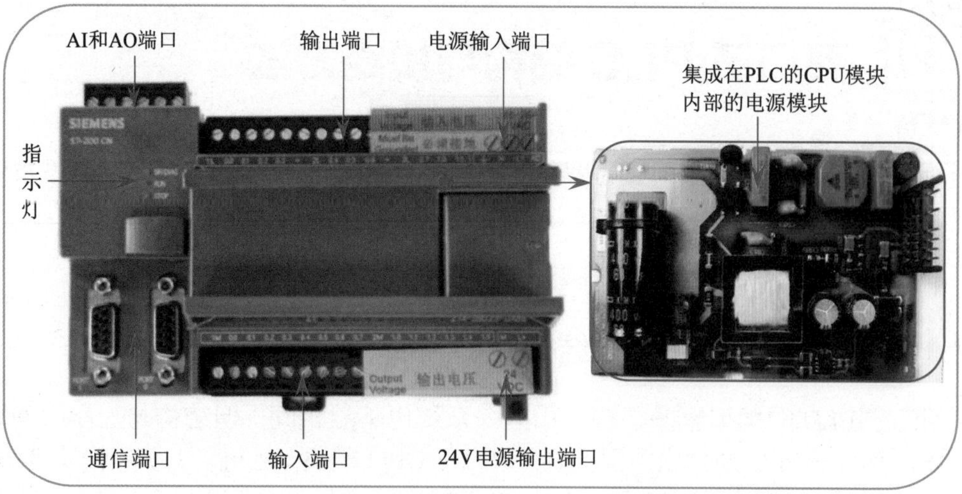
AI和AO端口
输出端口
电源输入端口
集成在PLC的CPU模块
内部的电源模块
指示灯
通信端口
输入端口
24V电源输出端口

（a）一体化电源模块（电源和CPU集成在一起）

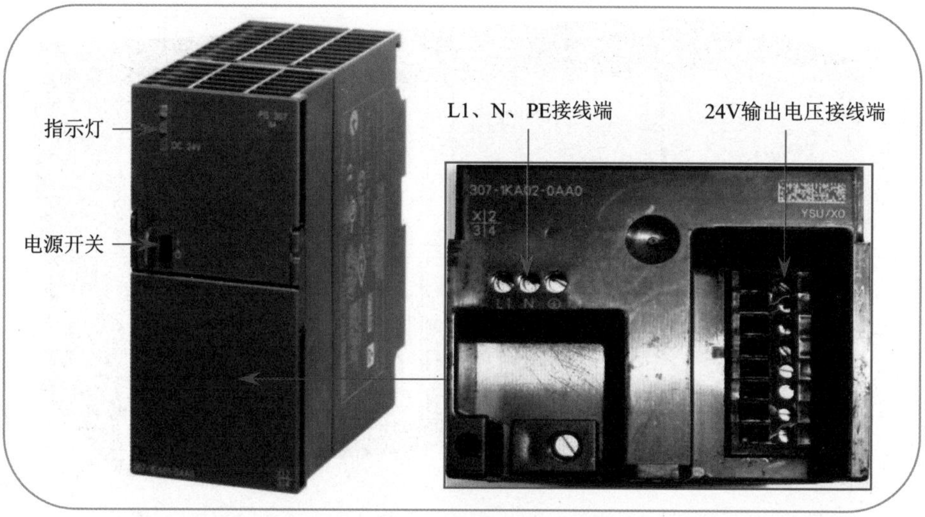
指示灯
电源开关
L1、N、PE接线端
24V输出电压接线端

（b）独立的电源模块

图 2-5　电源模块

2. CPU 模块（主机）

主机部分包括中央处理器（CPU）、内部存储器等，如图 2-6 所示。

（2）内部存储器有两类：一类是系统程序存储器，主要存放系统管理和监控程序及对用户程序作编译处理的程序，系统程序已由厂家固定，用户不能更改；另一类是用户程序及数据存储器，主要存放用户编制的应用程序及各种暂存数据和中间结果。

（1）CPU是PLC系统的运算控制核心，它用于运行用户程序、监控输入/输出接口状态、做出逻辑判断、进行数据处理，读取输入变量、完成用户指令规定的各种操作，将结果送到输出端，并响应外部设备（如计算机、打印机等）的请求。

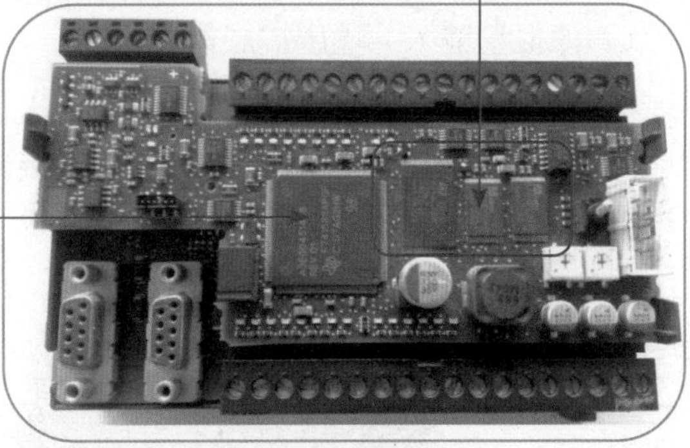

（3）输入接口：接收和采集两种类型的输入信号，一类是由按钮、选择开关、行程开关、继电器触头、接近开关、光电开关、数字拨码开关传送来的开关量输入信号。另一类是由电位器、测速发电机和各种变送器等传送来的模拟量输入信号。
（4）输出接口：连接被控对象中各种执行元件，如接触器、电磁阀、指示灯、调节阀（模拟量）、调速装置。

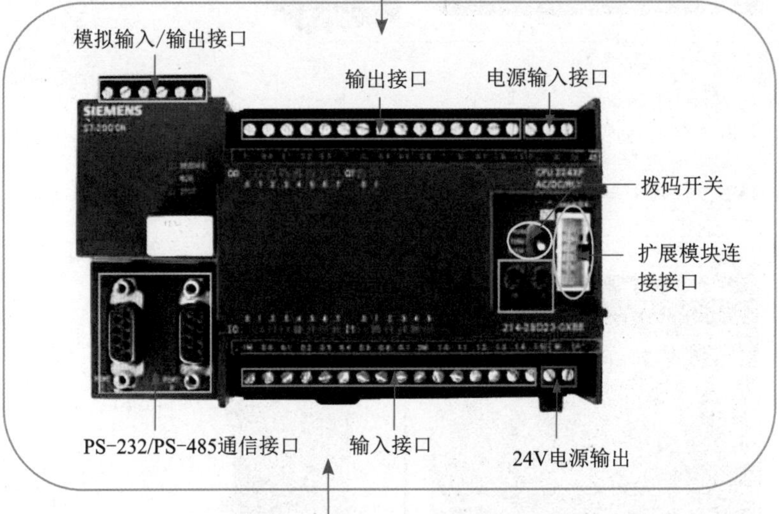
模拟输入/输出接口
输出接口
电源输入接口
SIEMENS
拨码开关
扩展模块连接接口
PS-232/PS-485通信接口
输入接口
24V电源输出

（5）输入/输出接口一般具有光电隔离和滤波，其作用是把PLC与外部电路隔离开，以提高PLC的抗干扰能力。输入/输出接口有数字量（开关量）输入/输出和模拟量输入/输出两种形式。前者的作用是将外部控制现场的数字信号与PLC内部信号的电平相互转换。后者的作用是将外部控制现场的模拟信号与PLC内部的数字信号相互转换。

图2-6 主机（CPU模块）

3. 扩展模块

西门子 PLC 的扩展模块主要是进一步完善 CPU 的功能，当需要完成某些特殊功能的控制任务时，CPU 主机可以连接扩展模块，利用这些扩展模块进一步完善 CPU 的功能。常用的扩展模块包括：模拟量输入 / 输出扩展模块、数字量输入 / 输出扩展模块、通信模块和功能模块等。

（1）模拟量输入 / 输出扩展模块

模拟量扩展模块为主机提供了模拟量输入 / 输出功能，适用于复杂控制场合。它通过自身扁平电缆与主机相连，并且可以直接连接变送器和执行器。模拟量扩展模块主要包括：模拟量输入模块、模拟量输出模块等，如图 2–7 所示。

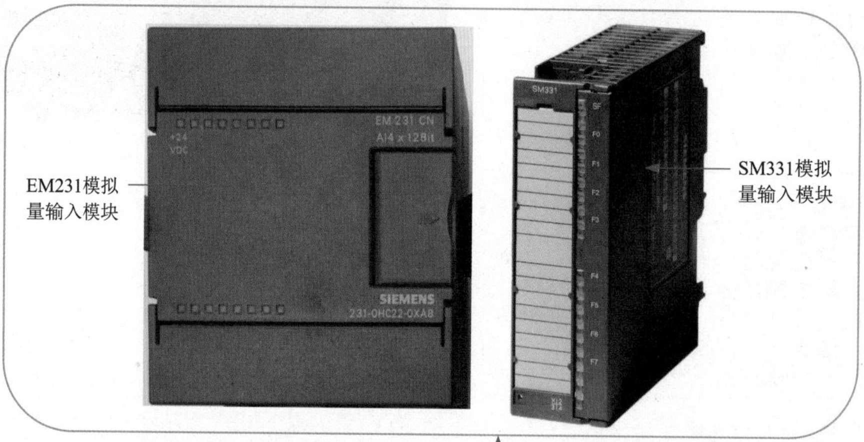
EM231模拟
量输入模块
SM331模拟
量输入模块
EM 231 CN
AI4 x 12Bit
SIEMENS
231-0HC22-0XA8

（1）模拟量输入模块的作用是将现场过程送来的模拟量测量传感器输出的直流电压或电流信号转换为 PLC 内部处理用的数字信号（A/D 转换）。电压和电流传感器、热电偶、电阻器或电阻式温度计均可作为传感器与其连接。

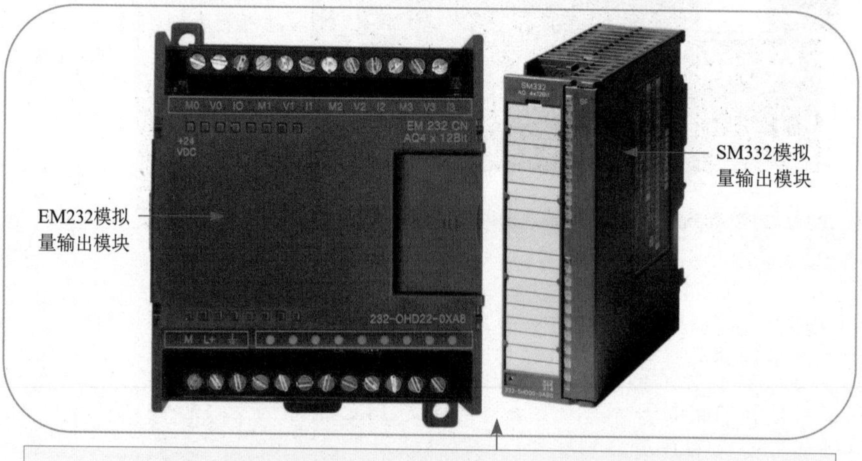
EM232模拟
量输出模块
SM332模拟
量输出模块
EM 232 CN
AQ4 x 12Bit
232-0HD22-0XA8

（2）模拟量输出模块的作用是将模拟量输入模块 CPU 送来的数字量转换成其他外部设备识别接收的电压或者电流等信息（D/A 转换）。

图 2–7　模拟量输入 / 输出扩展模块

（2）数字量输入 / 输出扩展模块

当 CPU 模块 I/O 点数不能满足控制系统的需要时，用户可根据实际需要对 I/O 点数进行扩展。数字量扩展模块不能单独使用，需要通过自带的扁平电缆与 CPU 模块相连。数字量扩展模块通常包括：数字量输入模块、数字量输出模块、输入 / 输出混合模块等，如图 2–8 所示。

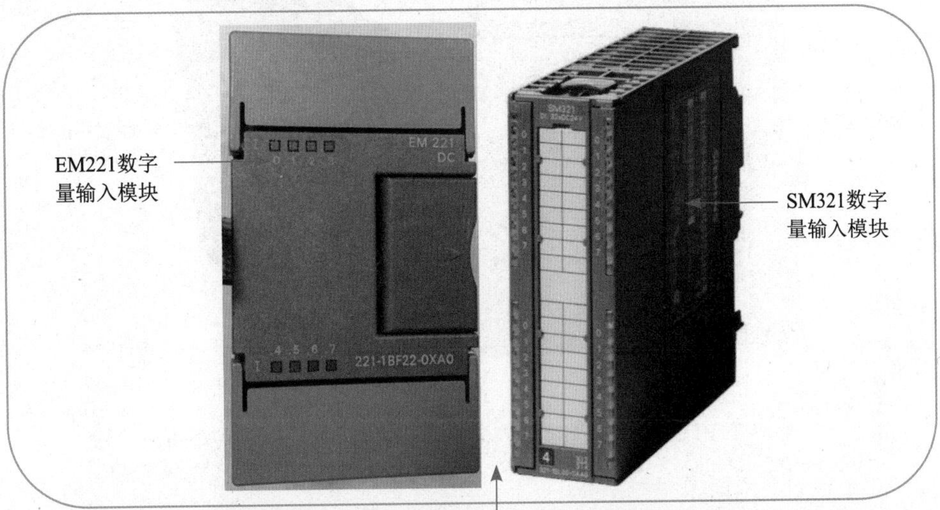
EM221数字量输入模块
SM321数字量输入模块
EM 221 DC
221-1BF22-0XA0

（1）数字量输入模块的作用是将现场过程送来的数字高电平信号转换成 PLC 内部可识别的信号电平。在通常情况下，数字量输入模块可用于连接工业现场的机械触点或电子式数字传感器。

EM222数字量输出模块
SM322数字量输出模块
EM 223 CN DC/RELAY
223-1PH22-0XA8

（2）数字量输出模块的作用是将 PLC 内部信号电平转换成过程所要求的外部信号电平。在通常情况下，可用于直接驱动电磁阀、接触器、指示灯、变频器等外部设备和功能部件。

图 2–8　数字量输入 / 输出模块

（3）通信模块和功能模块

当需要完成特殊功能控制任务时，需要用到一些功能模块或通信模块，如图 2-9 所示。

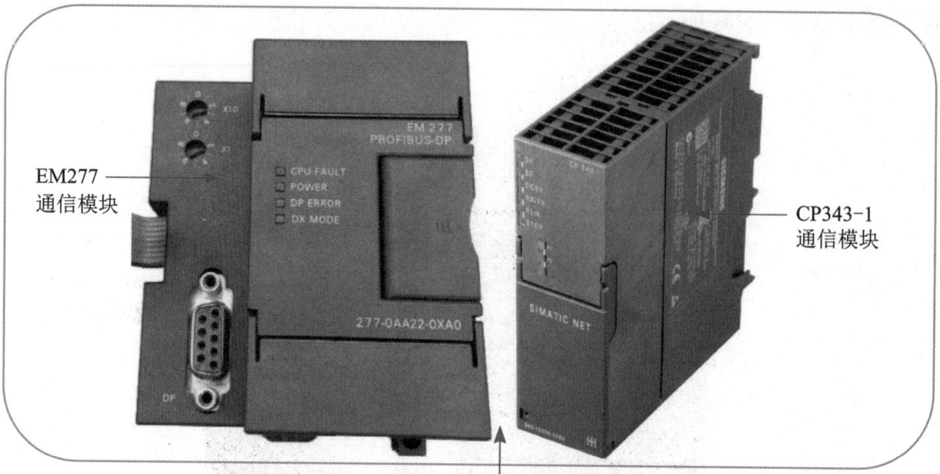
EM277
通信模块
EM 277
PROFIBUS-DP
CPU FAULT
POWER
DP ERROR
DX MODE
277-0AA22-0XA0
DP
SIMATIC NET
CP343-1
通信模块

（1）西门子 PLC 有很强的通信功能，CPU 模块本身集成了 RS-232/RS-485、RJ-45 等通信接口，但为扩大其接口的数量和联网能力，各 PLC 还可接入通信模块。

EM231热
电偶模块
FM352电
子凸轮控
制器模块

（2）西门子 PLC 功能模块主要用于要求较高的特殊控制任务，如计数器、定位、称重等。

图 2-9　通信模块和功能模块

2.2.2　西门子 PLC 接线方法图解

由于 PLC 的 CPU 模块、输出类型和外部电源供电方式不同，PLC 外部接线也不尽相同，不过每个型号的 CPU 模块都有 DC 电源 /DC 输入 /DC 输出和 AC 电源 / DC 输入 / 继电器输出两种类型。下面以 CPU224 型 PLC 为例来讲解西门子 PLC 的接线方法，如图 2-10 所示。

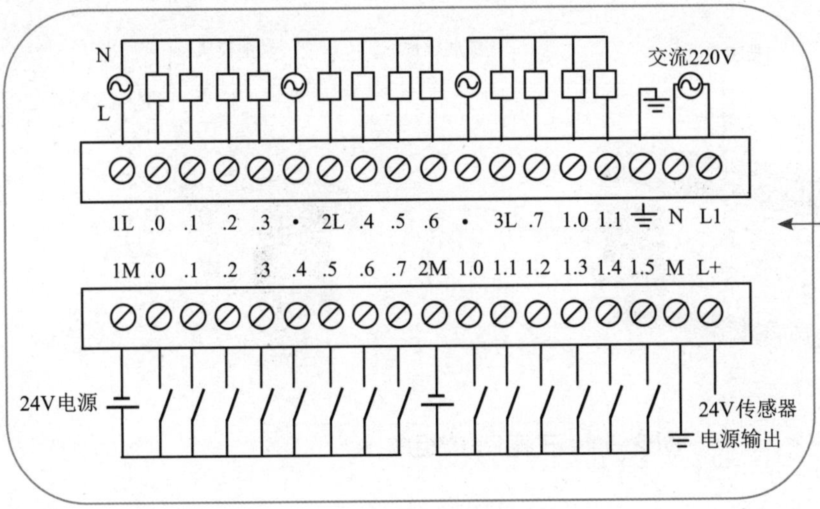
N
L
交流220V
1L .0 .1 .2 .3 • 2L .4 .5 .6 • 3L .7 1.0 1.1 N L1
1M .0 .1 .2 .3 .4 .5 .6 .7 2M 1.0 1.1 1.2 1.3 1.4 1.5 M L+
24V电源
24V传感器
电源输出

（a）继电器型接线（NPN）

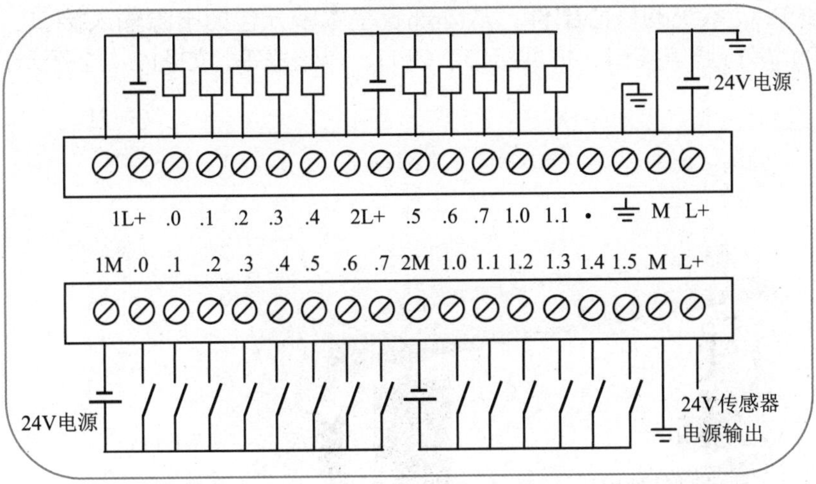
24V电源
1L+ .0 .1 .2 .3 .4 2L+ .5 .6 .7 1.0 1.1 • M L+
1M .0 .1 .2 .3 .4 .5 .6 .7 2M 1.0 1.1 1.2 1.3 1.4 1.5 M L+
24V电源
24V传感器
电源输出

（b）晶体管型接线（PNP）

“1M”和“2M”为输入端的公共端子，与 DC/24V 电源相连。“1L”“2L”和“3L”为输出端的公共端子，与交流 220V 电相连。“N”和“L1”端子为交流电的电源接入端子，通常为 AC120~240V，为 PLC 提供电源。“M”和“L+”端子为 DC24V 的电源接入端子，为 PLC 提供电源。

图 2-10　西门子 PLC 接线方法

2.3 三菱 PLC 结构与接线方法

在使用三菱 PLC 之前，需要对其组成结构及接线方法有一定的了解，否则会因为接线错误造成PLC或输入/输出设备的损坏。下面将重点讲解三菱PLC结构与接线方法。

2.3.1 三菱 PLC 的组成结构图解

三菱PLC通常由基本单元、扩展单元、扩展模块及特殊功能模块等组成，如图2–11所示（以三菱 FX 系列为例进行讲解）。

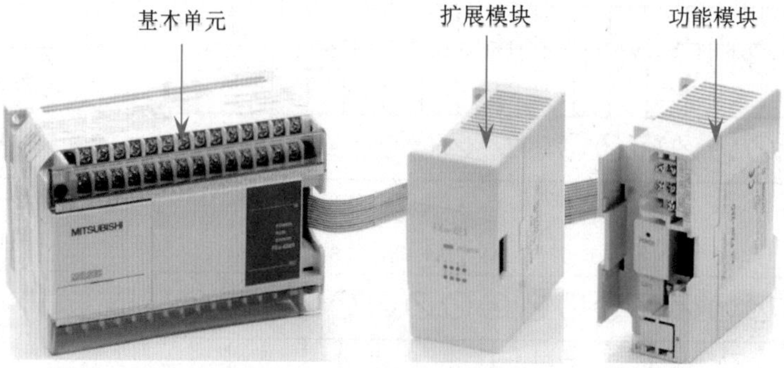
基本单元
扩展模块
功能模块
MITSUBISHI

图 2–11 三菱 PLC 组成

1. 三菱 PLC 基本单元

基本单元是三菱 PLC 系统的核心部件，从外部看基本单元包括电源输入接口、输入接口、输出接口、串行通信接口、扩展接口、CPU、存储器等，如图 2–12 所示。

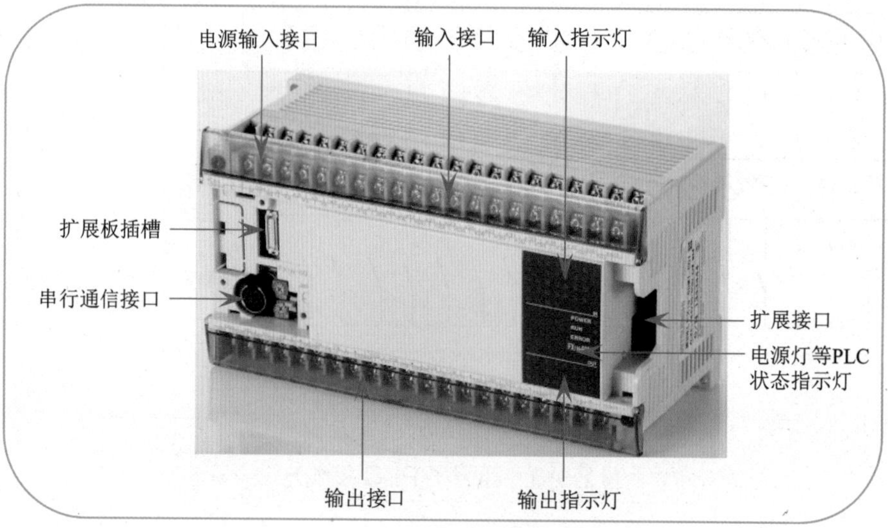
电源输入接口
输入接口
输入指示灯
扩展板插槽
串行通信接口
扩展接口
电源灯等PLC
状态指示灯
输出接口
输出指示灯

（a）PLC外部结构

图 2–12 三菱 PLC 基本单元

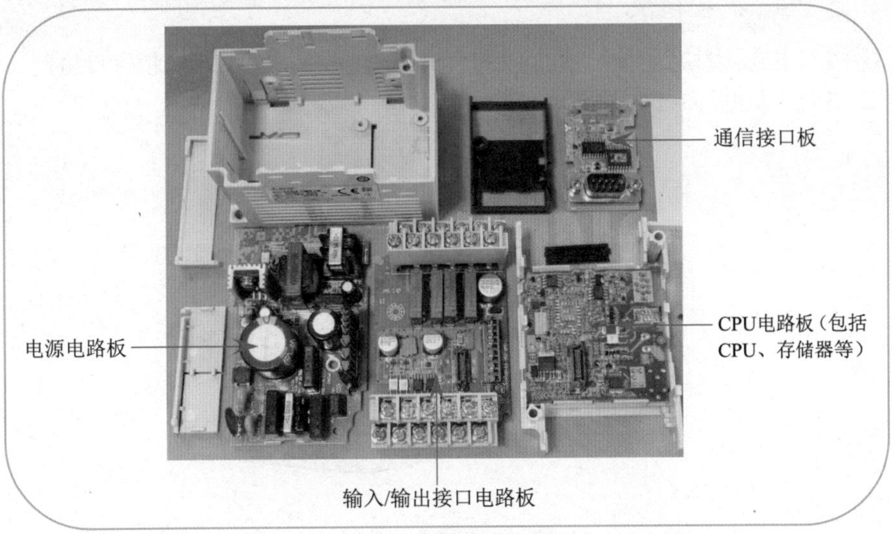
通信接口板
电源电路板
CPU电路板（包括
CPU、存储器等）
输入/输出接口电路板

（b）PLC内部结构

图 2-12　三菱 PLC 基本单元（续）

2. 三菱 PLC 扩展单元

三菱 PLC 扩展单元是一个独立的扩展设备，通常接在 PLC 基本单元的扩展接口或扩展插槽上，是用来增加 PLC 的 I/O 点数及供电电流的装置，如图 2-13 所示。

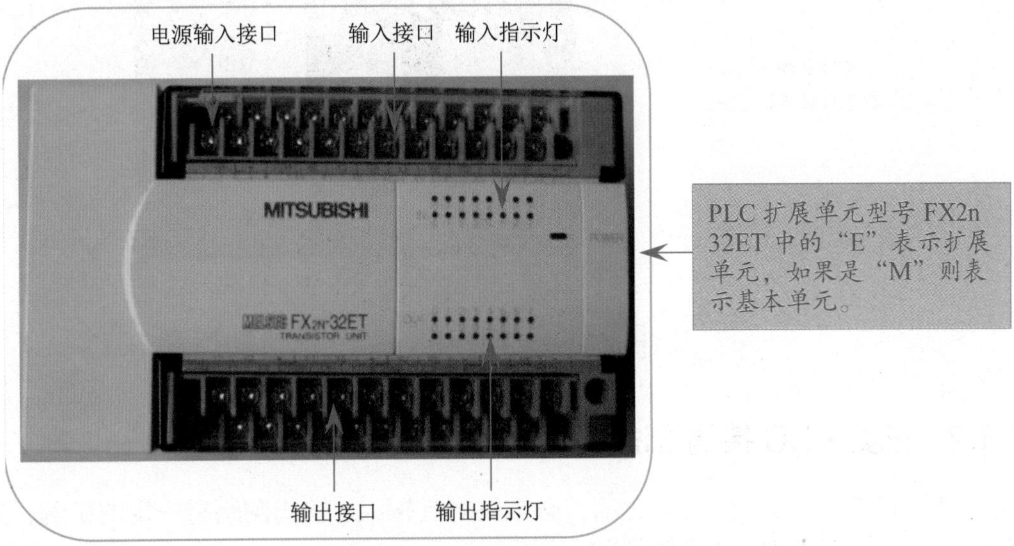
电源输入接口
输入接口
输入指示灯
MITSUBISHI
FX2N-32ET
TRANSISTOR UNIT
PLC 扩展单元型号 FX2n 32ET 中的“E”表示扩展单元，如果是“M”则表示基本单元。
输出接口
输出指示灯

图 2-13　三菱 PLC 扩展单元

3. 三菱 PLC 扩展模块

三菱 PLC 扩展模块是用于增加 PLC 的 I/O 点数及改变 I/O 比例的装置，其内部无电源和 CPU，如图 2-14 所示。

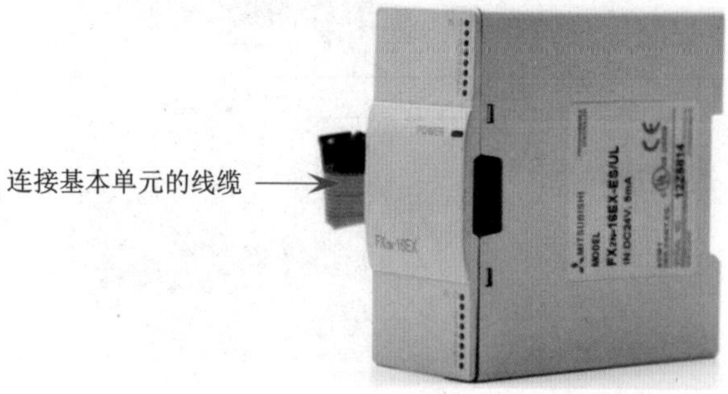
连接基本单元的线缆

图 2-14　三菱 PLC 扩展模块

4. 特殊功能模块

特殊功能模块是用来给 PLC 提供专用的扩展模块，如通信扩展模块、温度控制模块、定位控制模块、热电偶温度传感器模块等，如图 2-15 所示。

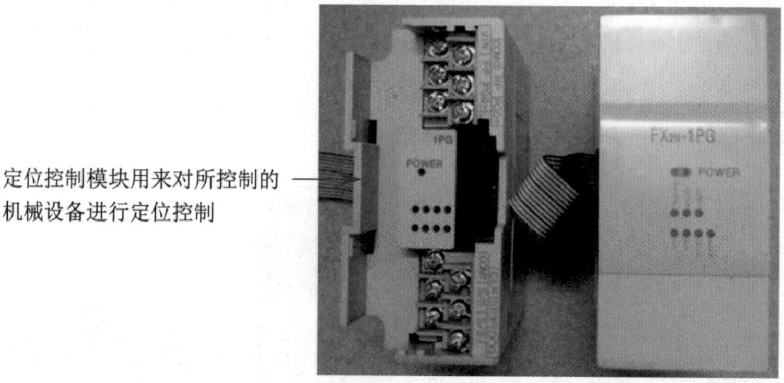
定位控制模块用来对所控制的机械设备进行定位控制

图 2-15　特殊功能模块

2.3.2　三菱 PLC 接线方法图解

在学习三菱 PLC 接线方法之前，必须先对其输入 / 输出回路有一定的了解，如图 2-16 所示（以 FX3u 系列为例进行讲解）。

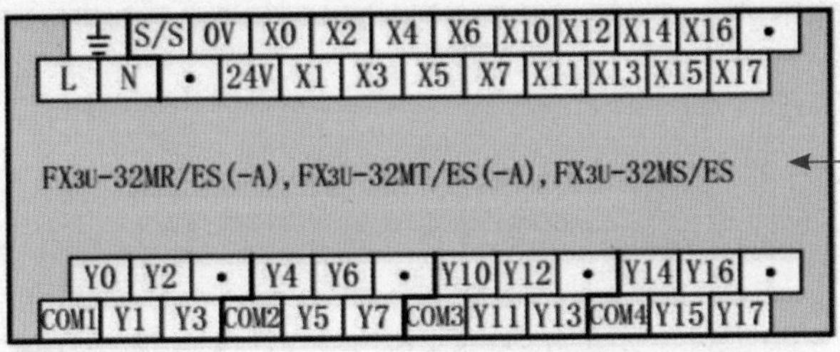

S/S 0V X0 X2 X4 X6 X10 X12 X14 X16 •
L N • 24V X1 X3 X5 X7 X11 X13 X15 X17
FX3U-32MR/ES(-A), FX3U-32MT/ES(-A), FX3U-32MS/ES
Y0 Y2 • Y4 Y6 • Y10 Y12 • Y14 Y16 •
COM1 Y1 Y3 COM2 Y5 Y7 COM3 Y11 Y13 COM4 Y15 Y17

"L"和"N"端子为交流电的电源接入端子；"24V"是 PLC 内部直流电源引出端端子，不能从外部接入电源；"●"表示不使用的空端子，不能接线。"COM1"为第一组输出端的公共接线端子（Y0、Y1、Y2、Y3 的公共接线端子）。"COM2""COM3"和"COM4"为输出端公共接线端子。

"S/S"或"COM"端子为输入端公共接线端子，"S/S"或"COM"端与内部 0V 相接。在早期三菱 PLC 上称为"COM"端，FX 3U 系列 PLC 上称为"S/S"端。

图 2-16　PLC 输入 / 输出回路

有些 PLC 的输入端可以接成 PNP（源型，高电平有效）或 NPN（漏型，低电平有效）输入，如三菱 FX3U 系列 PLC 基本模块的输入端可通过改换不同的接线来选择不同的输入形式。图 2-17 所示为 NPN 型和 PNP 型输入接线方法。

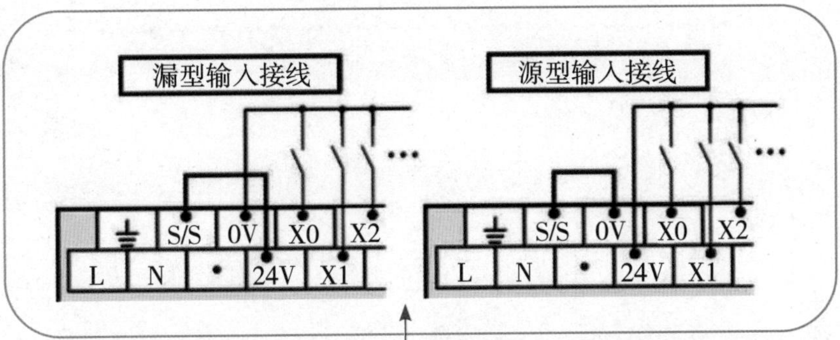

漏型输入接线
S/S 0V X0 X2
L N • 24V X1
源型输入接线
S/S 0V X0 X2
L N • 24V X1

如果把 S/S 接入 24V 电压时，那么信号就需要从 X 输入点流出，然后再流入 S/S，这种方式称为漏型。相反，S/S 接入 0V 电压，称为源型。只有确定了漏型和源型，才能选择传感器类型。所以，漏型输入接 NPN 型传感器，源型输入接 PNP 型传感器。

图 2-17　NPN 型和 PNP 型输入接线方法

第3章

西门子PLC编程软件安装使用实战

PLC程序需要用专用的编程软件来编写，基本上每个PLC厂商都有自己的编程软件，本章将详细讲解西门子PLC编程软件的安装及使用方法。

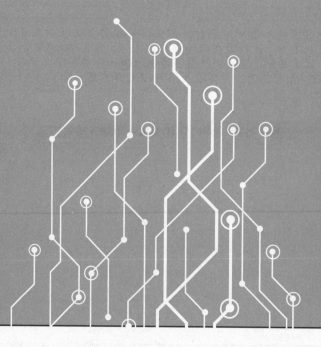

3.1 PLC 编程软件汇总

PLC 内部采用可编程序的存储器，通过编程软件可以将编好的程序写入 PLC 内部的存储器中，然后执行编写的程序来发出输出信号，驱动外部负载，从而实现控制各种类型的机械或生产过程。

PLC 编程软件在工业生产领域发挥着非常重要的作用，但不同品牌的 PLC 有不同的编程软件，并且不同品牌 PLC 之间的编程软件是不可以互用的。

下面讲解几种常用 PLC 品牌所使用的编程软件：西门子 PLC 编程软件、三菱 PLC 编程软件、欧姆龙 PLC 编程软件、施耐德 PLC 编程软件、松下 PLC 编程软件、台达 PLC 编程软件和 AB PLC 编程软件，如图 3-1 所示。

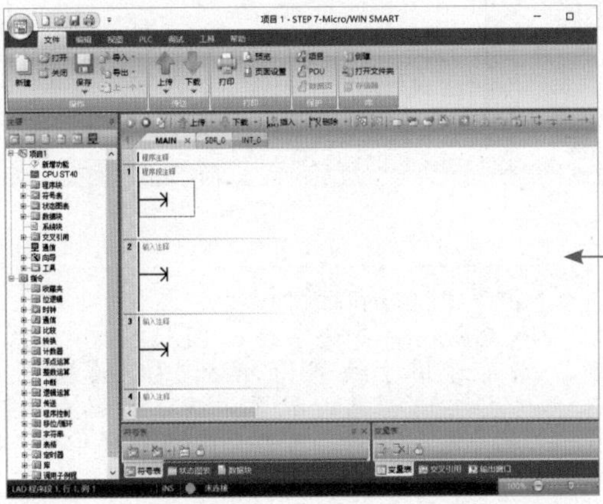
项目 1 - STEP 7-Micro/WIN SMART
MAIN
SBR_0
INT_0

（1）西门子 PLC 编程软件。
STEP 7 系列编程软件是西门子最经典的编程软件，STEP 7 具有硬件配置、参数设置、通信组态、编程、测试、启动、维护、文件建档、运行和诊断等功能。STEP 7 的所有功能均有大量的在线帮助，打开或选中某一对象，按 F1 键可以得到该对象的相关帮助。
①其中 STEP 7 Micro/Win 编程软件是西门子 S7-200 PLC 的编程软件；② STEP 7-Micro/WIN SMART 编程软件是专门为 S7-200 SMART 开发的编程软件；③ STEP 7 V 是西门子 S7-300、S7-400、S7-1500、S7-1200、ET200 等 PLC 的编程软件。

（2）三菱 PLC 编程软件
三菱 PLC 编程软件主要有 GX Developer 编程软件、FXGP-WIN-C 编程软件、GX Work2 编程软件三种。其中 GX Developer 编程软件是三菱通用的编程软件，FXGP-WIN-C 编程软件主要应用在 FX 系列 PLC，GX Work2 编程软件主要用于 Q、QnU、L、FX 等系列 PLC。
GX Developer 编程软件拥有丰富的调试功能，能够用各种方法和可编程控制器 CPU 连接，能够简单设定和其他站点的链接，所制作的程序可实现标准化等特色。支持梯形图、指令表、SFC、ST 及 FB、Label 语言程序设计。

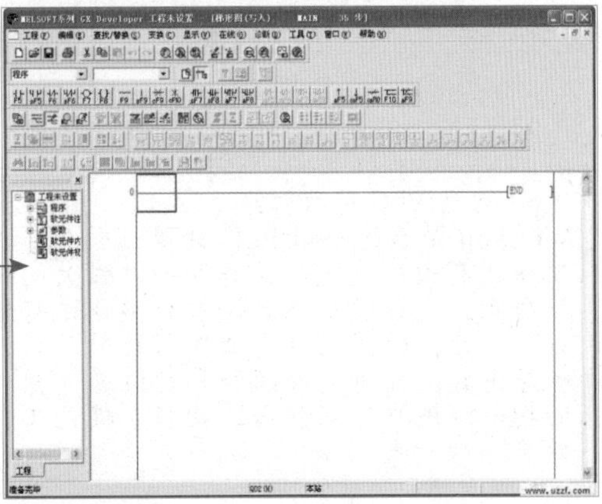
MAIN
END
www.uzzf.com

图 3-1　常见的 PLC 品牌编程软件

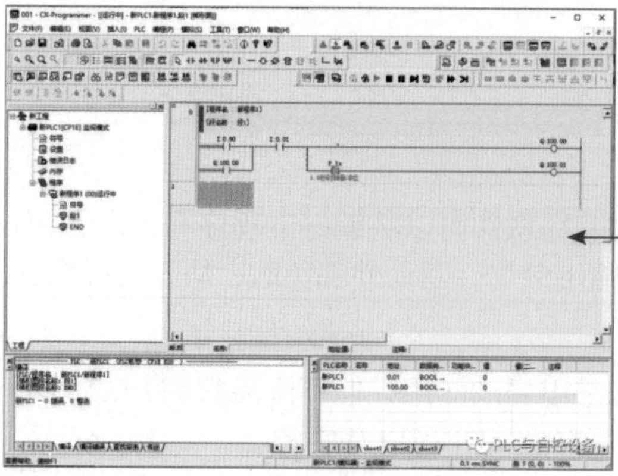

（3）欧姆龙 PLC 编程软件

CX-Programmer 软件是欧姆龙公司 PLC 的编程软件，支持欧姆龙（OMRON）全系列的 PLC，支持离线仿真，它可完成用户程序的建立、编辑、检查、调试以及监控，能为网络、可编程终端、伺服系统及电子温度控制等进行设置。

（4）施耐德 PLC 编程软件

Unity Pro XL 软件是施耐德公司 PLC 的编程软件，该软件基于 PL7 和 Concept 的公认标准打造，是一款功能丰富且界面简洁的PLC编程软件，收录了近800个标准函数，且具有可视化的编程环境，是一款功能完善的开发者工具。

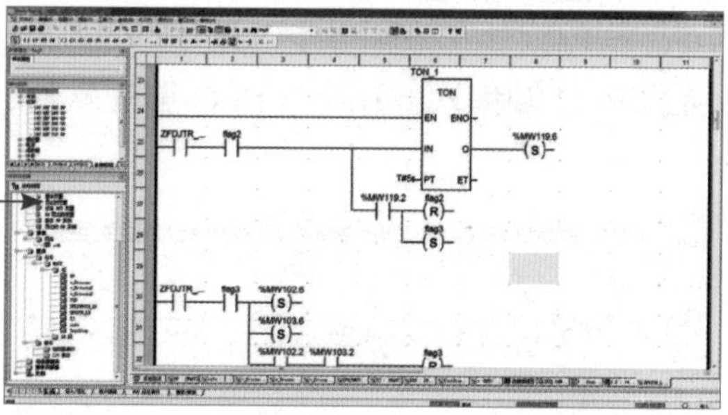

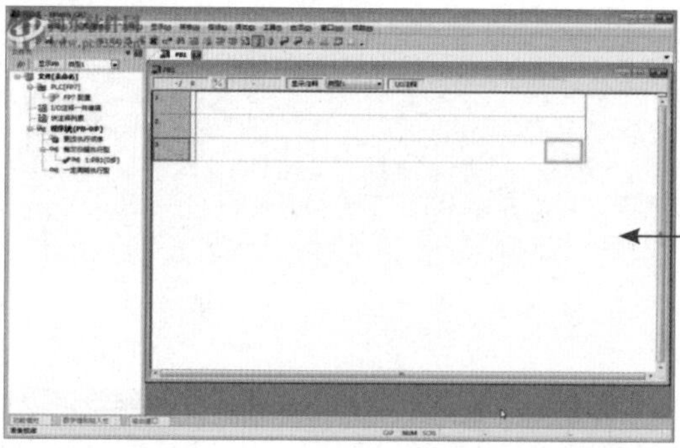

（5）松下 PLC 编程软件

FPWIN GR 软件是松下公司 PLC 的编程软件，它是适用于松下 FP 系列 PLC 的编程工具，主要用于进行配置、指令编辑、检索性、监控、调试等，可大大降低编程难度，提高编程效率。该软件可以在机械设备操纵中用梯状语言表达，在通信操纵中用 ST 等适合解决的语言表达，完成简要高效率的程序编写。

（6）台达 PLC 编程软件

WPLSoft 是台达公司 PLC 的编程软件，该软件具有便捷直观的操作界面、强大的编程功能，能帮助用户更快更简单地进行编程。此外，软件内部存储执行逻辑运算、顺序运算、计时、计数和算数运算等操作的指令，用户可以利用这些指令提高工作效率。

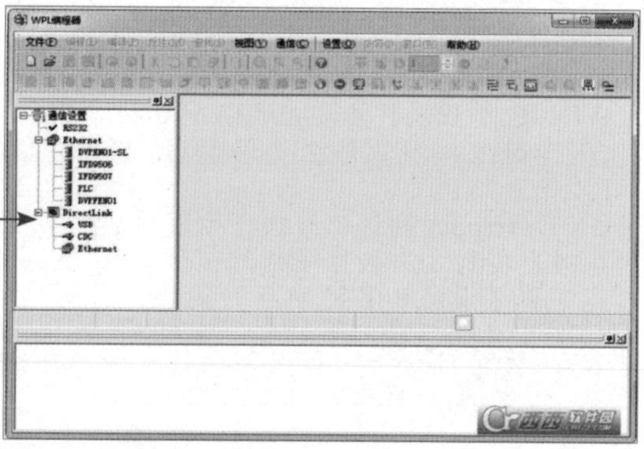

图 3-1　常见的 PLC 品牌编程软件（续）

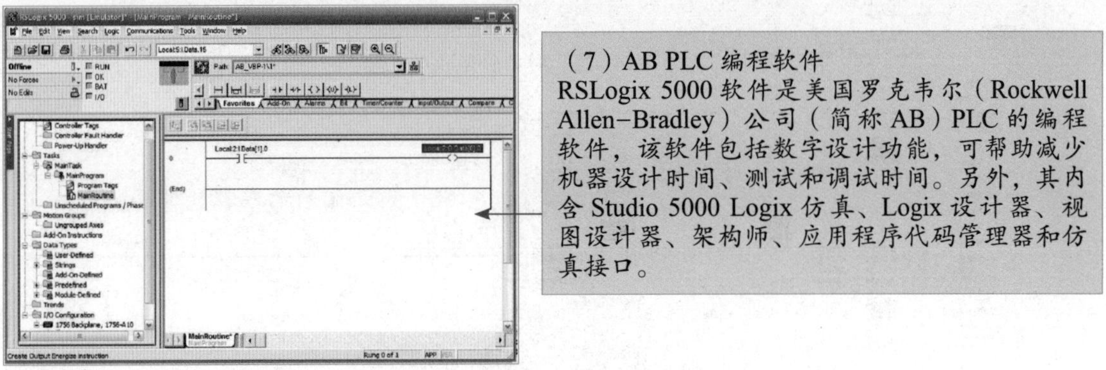
（7）AB PLC 编程软件
RSLogix 5000 软件是美国罗克韦尔（Rockwell Allen–Bradley）公司（简称 AB）PLC 的编程软件，该软件包括数字设计功能，可帮助减少机器设计时间、测试和调试时间。另外，其内含 Studio 5000 Logix 仿真、Logix 设计器、视图设计器、架构师、应用程序代码管理器和仿真接口。

图 3–1　常见的 PLC 品牌编程软件（续）

3.2 西门子 PLC 编程软件安装方法

各个品牌 PLC 编程软件的下载和安装方法类似，下面以西门子 S7–200 SMART 系列 PLC 的编程软件为例讲解 PLC 编程软件的下载和安装方法。

3.2.1　下载西门子 PLC 编程软件

西门子 S7–200 SMART 系列 PLC 采用 STEP 7 Micro/Win SMART 编程软件，该软件是免费软件，可在西门子官方网站下载获取（需要先在网站进行注册才能下载），如图 3–2 所示。

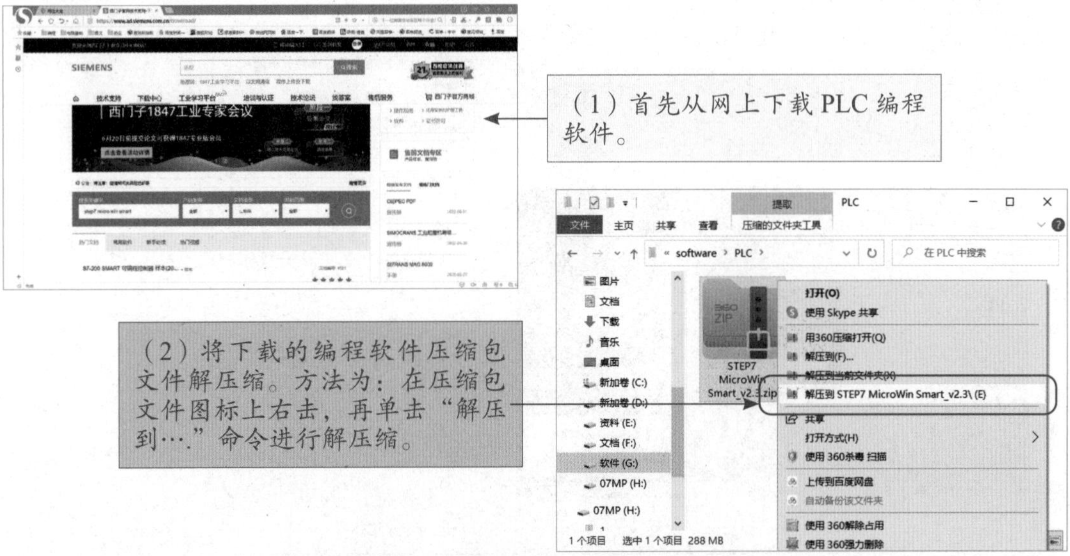
（1）首先从网上下载 PLC 编程软件。
（2）将下载的编程软件压缩包文件解压缩。方法为：在压缩包文件图标上右击，再单击“解压到…”命令进行解压缩。

图 3–2　下载 PLC 编程软件

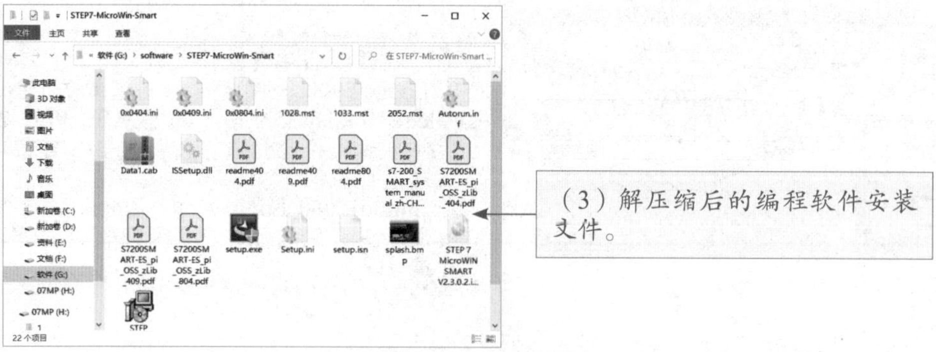
（3）解压缩后的编程软件安装文件。

图 3-2　下载 PLC 编程软件（续）

3.2.2　西门子 PLC 编程软件的安装方法

下面以 STEP 7 Micro/Win SMART 编程软件为例讲解西门子 PLC 编程软件的安装方法，如图 3-3 所示。

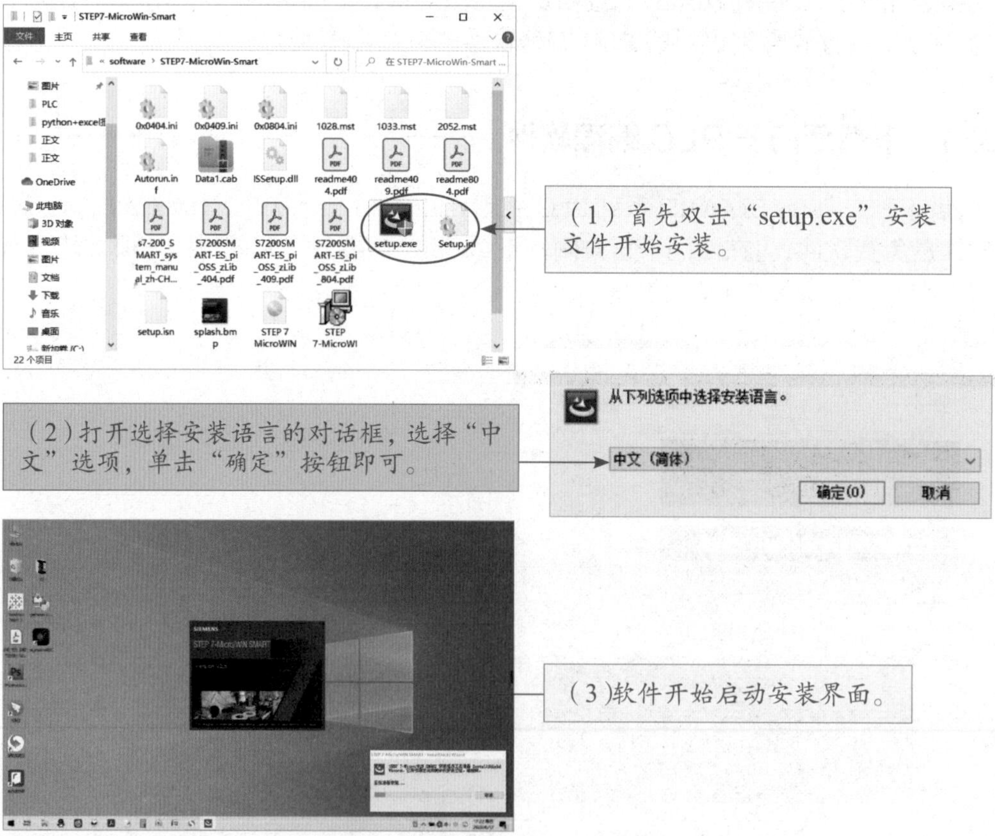
（1）首先双击“setup.exe”安装文件开始安装。
（2）打开选择安装语言的对话框，选择“中文”选项，单击“确定”按钮即可。
从下列选项中选择安装语言。
中文（简体）
确定(O)
取消
（3）软件开始启动安装界面。

图 3-3　安装西门子 PLC 编程软件

（4）根据安装向导进行安装，在弹出的对话框中，单击“下一步”按钮。

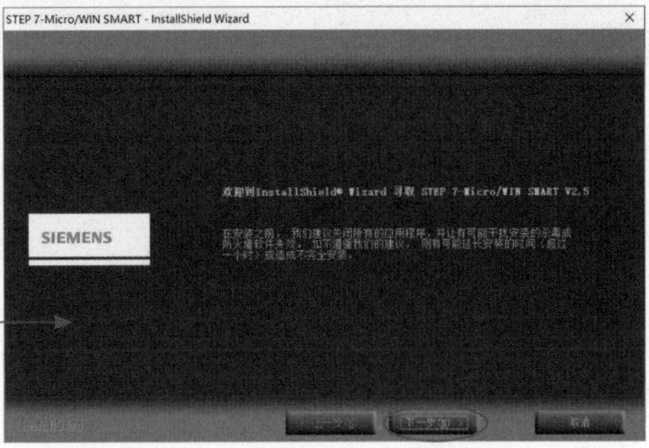
STEP 7-Micro/WIN SMART - InstallShield Wizard
SIEMENS

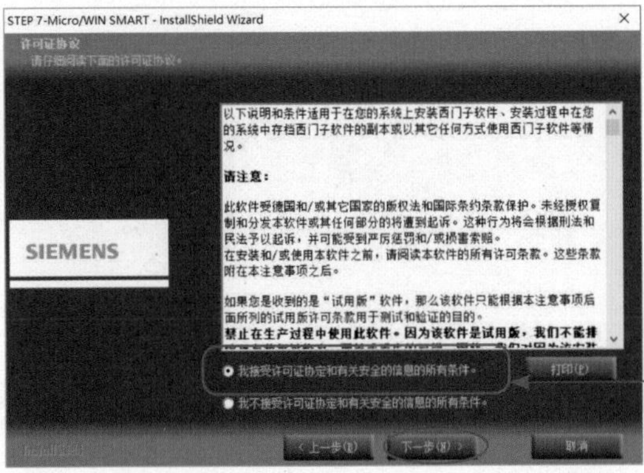
STEP 7-Micro/WIN SMART - InstallShield Wizard
SIEMENS

（5）在显示的“安装许可”界面中，选中“我接受许可证协定和有关安全的信息的所有条件”单选按钮，然后单击“下一步”按钮。

（6）打开设置安装路径的界面，可以看到，此处为编程软件安装的默认路径（安装在 C 盘）。如果要设置安装路径，单击“浏览”按钮进行设置，然后单击“下一步”按钮。

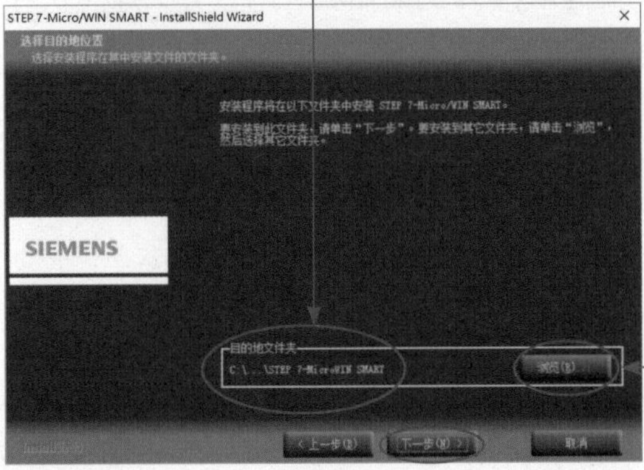
STEP 7-Micro/WIN SMART - InstallShield Wizard
SIEMENS

选择文件夹
请选择安装文件夹。
路径(P):
:\Program Files (x86)\Siemens\STEP 7-MicroWIN SMART
目录(D):
Program Files (x86)
Adobe
Apowersoft
Common Files
DingDing
foobar2000
FormatFactory
InstallShield Installation Information
Intel
Internet Explorer
确定
取消

（7）单击“浏览”按钮，打开“选择文件夹”对话框，单击要选择的安装目录，然后单击“确定”按钮即可。

图 3-3　安装西门子 PLC 编程软件（续）

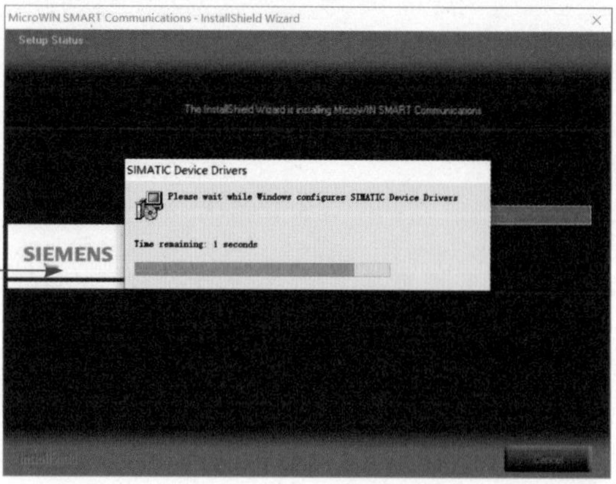
MicroWIN SMART Communications - InstallShield Wizard
Setup Status
The InstallShield Wizard is installing MicroWIN SMART Communications
SIMATIC Device Drivers
Please wait while Windows configures SIMATIC Device Drivers
Time remaining: 1 seconds
SIEMENS

（8）程序开始自动安装，并进行初始化设置。

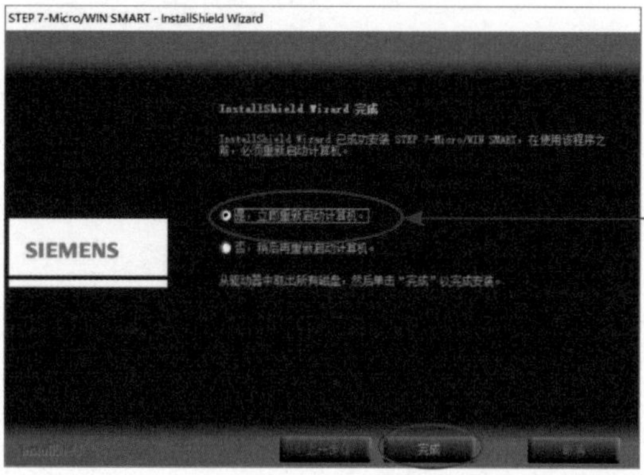
STEP 7-Micro/WIN SMART - InstallShield Wizard
InstallShield Wizard 完成
SIEMENS
完成

（9）安装完成后会显示“完成”对话框，单击“完成”按钮，完成安装。然后会自动重启电脑。

图 3-3　安装西门子 PLC 编程软件（续）

3.3 西门子 PLC 编程软件的使用操作

下面以 STEP 7-Micro/WIN SMART 编程软件为例讲解西门子 PLC 编程软件的使用操作方法。

3.3.1　启动西门子 PLC 编程软件

在软件安装完成后，启动运行编程软件，进入编程环境，如图 3-4 所示。

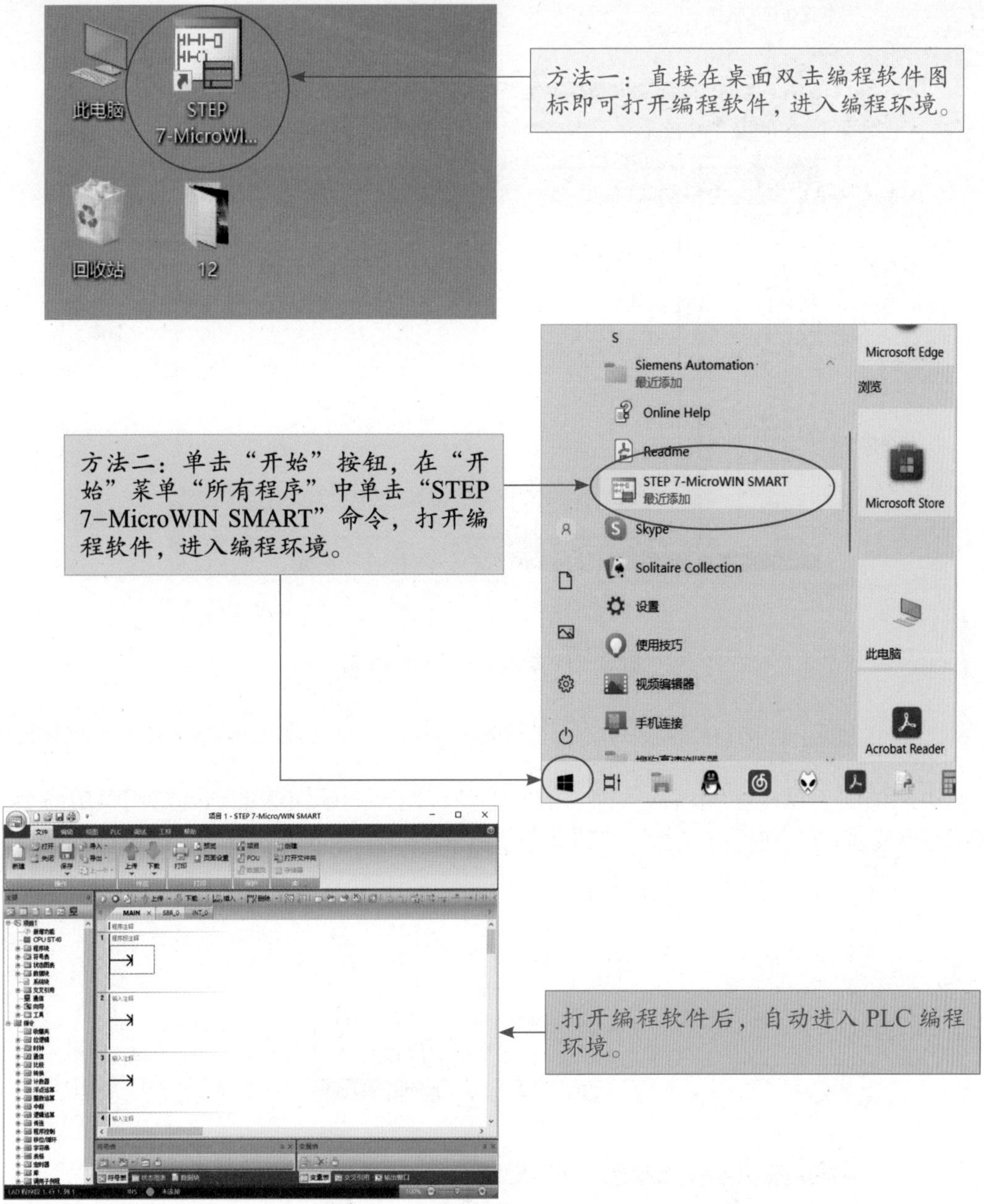
此电脑
STEP
7-MicroWI...
回收站
12
方法一：直接在桌面双击编程软件图标即可打开编程软件，进入编程环境。
方法二：单击“开始”按钮，在“开始”菜单“所有程序”中单击“STEP 7-MicroWIN SMART”命令，打开编程软件，进入编程环境。
Siemens Automation
最近添加
Online Help
Readme
STEP 7-MicroWIN SMART
最近添加
Skype
Solitaire Collection
设置
使用技巧
视频编辑器
手机连接
Microsoft Edge
浏览
Microsoft Store
此电脑
Acrobat Reader
打开编程软件后，自动进入 PLC 编程环境。

图 3-4　启动西门子 PLC 编程软件

3.3.2　西门子 STEP 7-MicroWIN SMART 编程软件操作界面

在使用 STEP 7-MicroWIN SMART 编程软件前应先熟悉编程软件界面各个模块的功能作用。图 3-5 所示为编程软件界面。

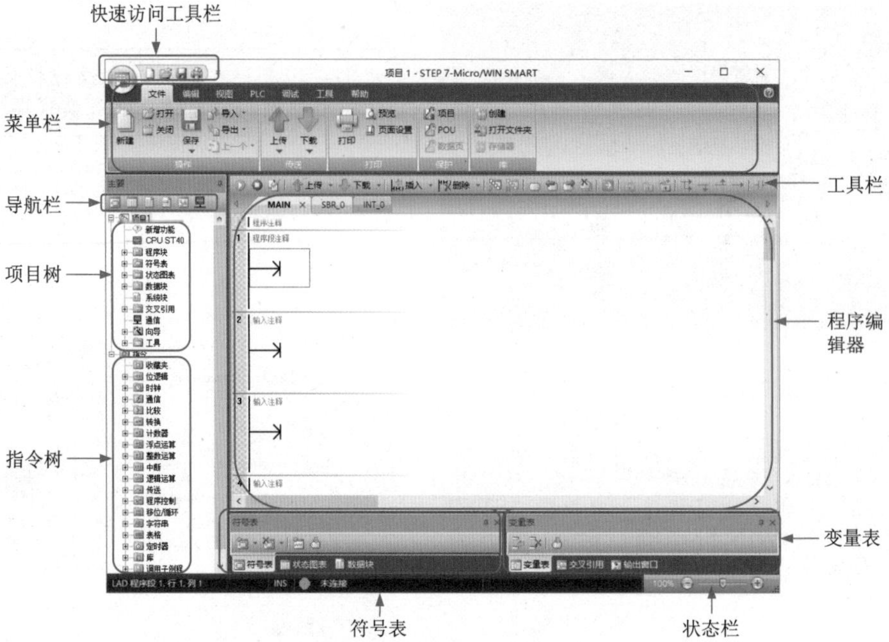
快速访问工具栏
项目 1 - STEP 7-Micro/WIN SMART
菜单栏
导航栏
项目树
指令树
工具栏
程序编辑器
变量表
符号表
状态栏

图 3–5　编程软件界面组成

1. 快速访问工具栏

快速访问工具栏在编程软件窗口的左上角，用来简单快速地访问常用菜单命令。快速访问工具栏上包括“文件”“新建”“打开”“保存”“打印”等按钮，如图 3–6 所示。

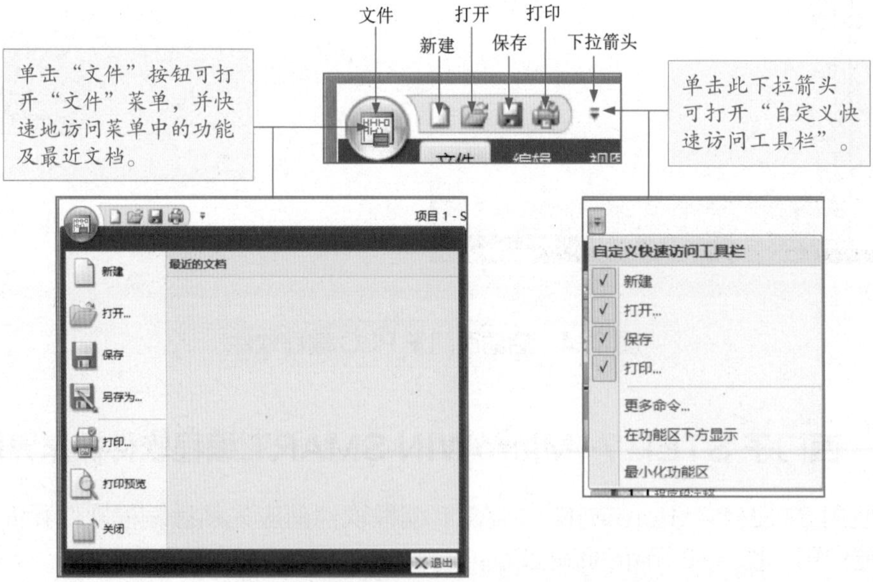
文件
新建
打开
保存
打印
下拉箭头
单击“文件”按钮可打开“文件”菜单，并快速地访问菜单中的功能及最近文档。
单击此下拉箭头可打开“自定义快速访问工具栏”。
新建
打开...
保存
另存为...
打印...
打印预览
关闭
最近的文档
退出
自定义快速访问工具栏
新建
打开...
保存
打印...
更多命令...
在功能区下方显示
最小化功能区

图 3–6　快速访问工具栏

【实例 3-1】西门子 PLC 如何自定义快速访问工具栏

在使用 STEP 7-MicroWIN SMART 软件进行编程时，由于编程习惯的需要，有时候需要将快速访问工具栏进行自定义处理，加入一些常用的命令按钮，便于快速操作。下面用一个案例来讲解如何向快速访问工具栏中添加“RUN”命令按钮，如图 3-7 所示。

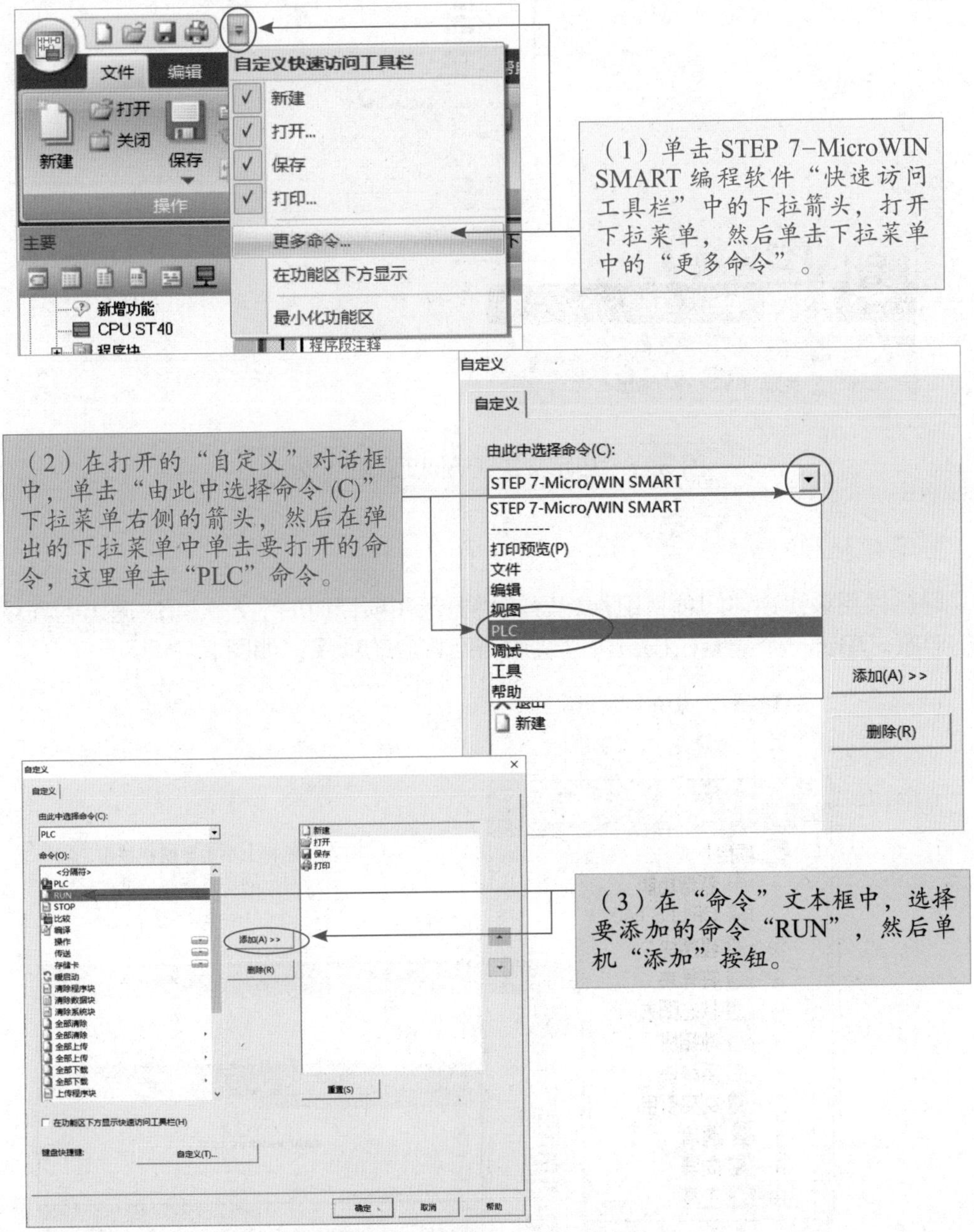
（1）单击 STEP 7-MicroWIN SMART 编程软件“快速访问工具栏”中的下拉箭头，打开下拉菜单，然后单击下拉菜单中的“更多命令”。
（2）在打开的“自定义”对话框中，单击“由此中选择命令 (C)”下拉菜单右侧的箭头，然后在弹出的下拉菜单中单击要打开的命令，这里单击“PLC”命令。
（3）在“命令”文本框中，选择要添加的命令“RUN”，然后单机“添加”按钮。

图 3-7　自定义快速访问工具栏

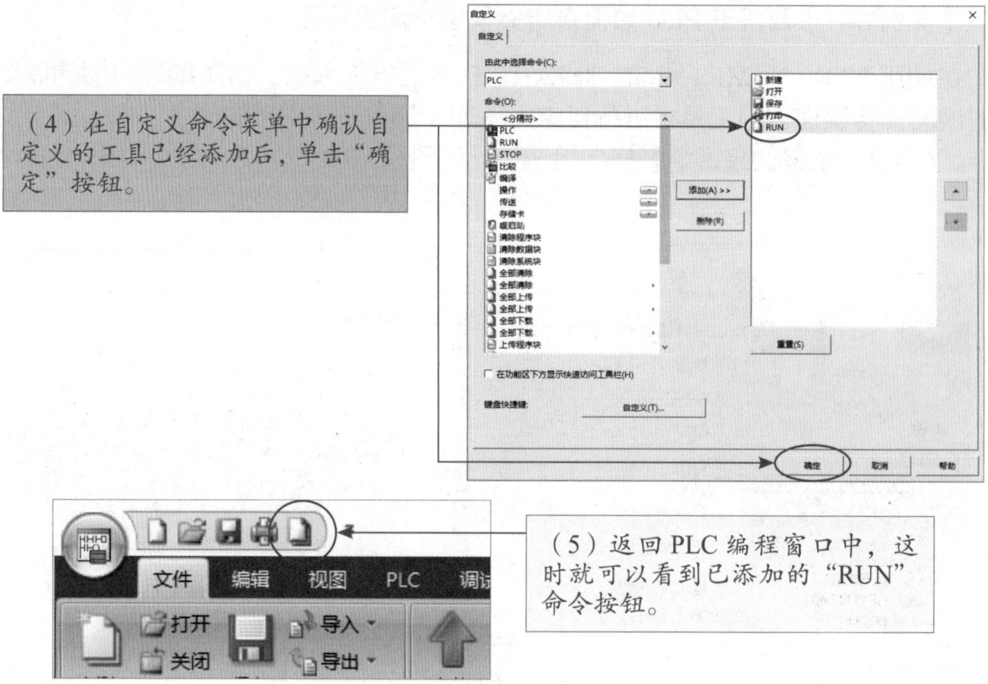
（4）在自定义命令菜单中确认自定义的工具已经添加后，单击“确定”按钮。
自定义
RUN
确定
取消
帮助
（5）返回 PLC 编程窗口中，这时就可以看到已添加的“RUN”命令按钮。
文件
编辑
视图
PLC
打开
关闭
导入
导出

图 3-7　自定义快速访问工具栏（续）

2. 导航栏

导航栏用来快速访问项目组件，导航栏显示在项目树的上方，可快速访问项目树上的对象。单击一个导航栏按钮可以快速访问相应的项目，如图 3-8 所示。

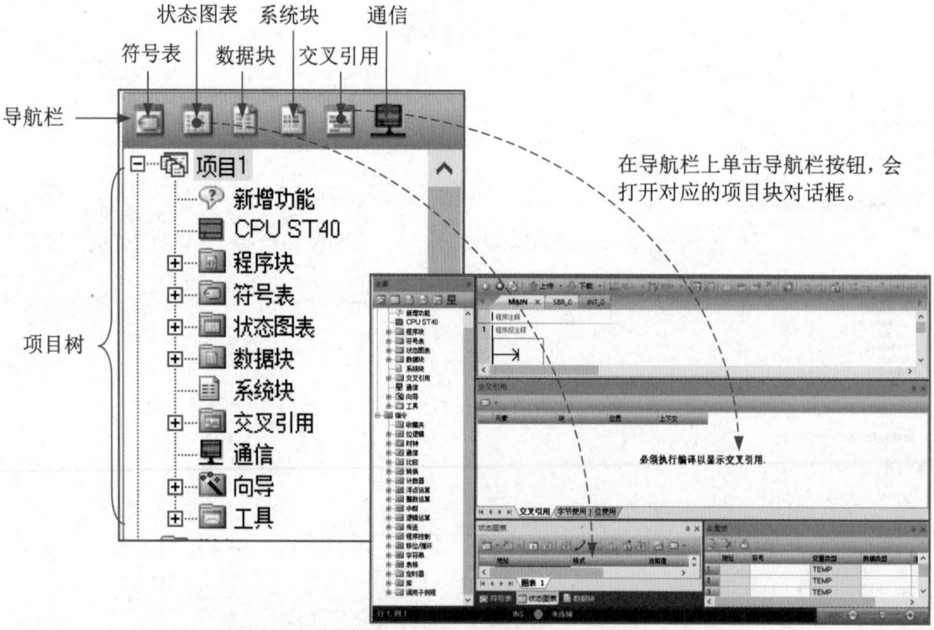
状态图表
系统块
通信
符号表
数据块
交叉引用
导航栏
项目1
新增功能
CPU ST40
程序块
符号表
状态图表
数据块
系统块
交叉引用
通信
向导
工具
项目树
在导航栏上单击导航栏按钮，会打开对应的项目块对话框。

图 3-8　导航栏

3. 项目树

项目树是编辑项目时使用的一个非常重要的工具，通过项目树可以对整个项目的所有元素进行编辑和组织。图 3–9 所示为项目树。

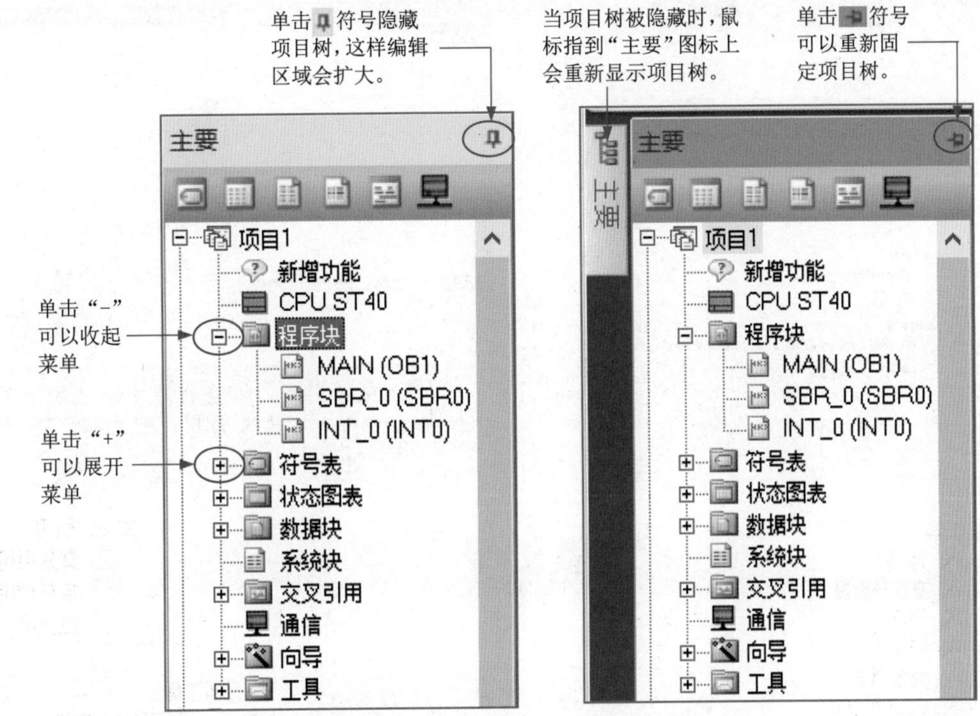
单击 符号隐藏项目树，这样编辑区域会扩大。
当项目树被隐藏时，鼠标指到“主要”图标上会重新显示项目树。
单击 符号可以重新固定项目树。
单击“-”可以收起菜单
单击“+”可以展开菜单
主要
项目1
新增功能
CPU ST40
程序块
MAIN (OB1)
SBR_0 (SBR0)
INT_0 (INT0)
符号表
状态图表
数据块
系统块
交叉引用
通信
向导
工具

图 3–9　项目树

项目树中主要包括用户创建的项目、程序块、符号表、状态图表、数据块、系统块、交叉引用、通信、向导、工具等项目块，如图 3–10 所示。

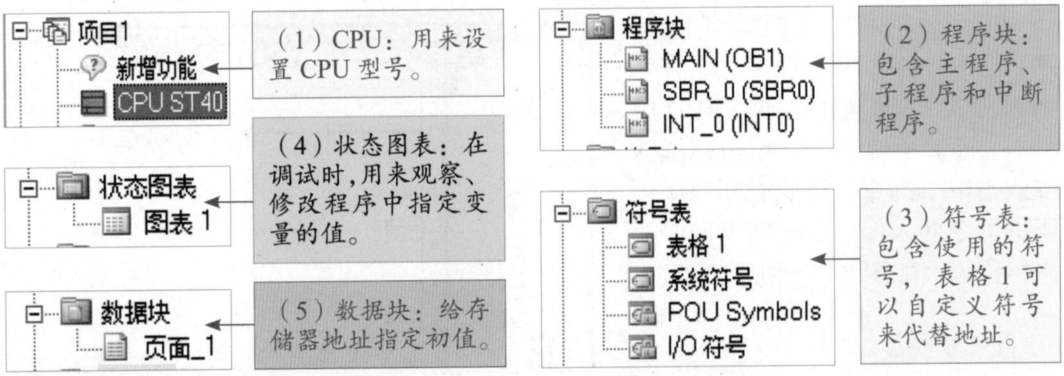
项目1
新增功能
CPU ST40
（1）CPU：用来设置 CPU 型号。
程序块
MAIN (OB1)
SBR_0 (SBR0)
INT_0 (INT0)
（2）程序块：包含主程序、子程序和中断程序。
状态图表
图表 1
（4）状态图表：在调试时，用来观察、修改程序中指定变量的值。
符号表
表格 1
系统符号
POU Symbols
I/O 符号
（3）符号表：包含使用的符号，表格 1 可以自定义符号来代替地址。
数据块
页面_1
（5）数据块：给存储器地址指定初值。

图 3–10　项目树中的项目块

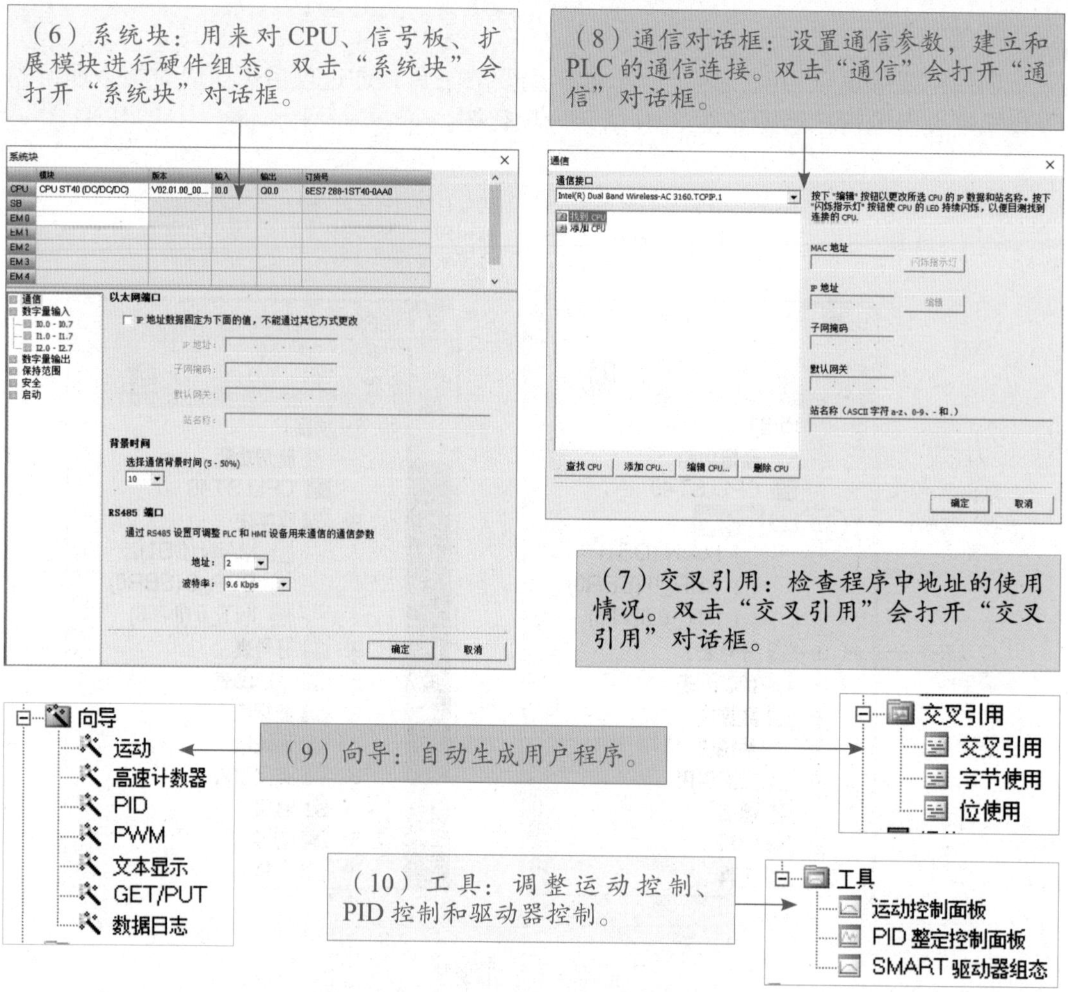
（6）系统块：用来对 CPU、信号板、扩展模块进行硬件组态。双击“系统块”会打开“系统块”对话框。
（8）通信对话框：设置通信参数，建立和 PLC 的通信连接。双击“通信”会打开“通信”对话框。
（7）交叉引用：检查程序中地址的使用情况。双击“交叉引用”会打开“交叉引用”对话框。
交叉引用
交叉引用
字节使用
位使用
向导
运动
高速计数器
PID
PWM
文本显示
GET/PUT
数据日志
（9）向导：自动生成用户程序。
（10）工具：调整运动控制、PID 控制和驱动器控制。
工具
运动控制面板
PID 整定控制面板
SMART 驱动器组态

图 3-10　项目树中的项目块（续）

4. 指令树

指令树用来方便快捷地创建程序。指令树提供所有项目对象并为当前程序编辑器（LAD、FBD 或 STL）提供所有指令。用鼠标拖放或双击单个指令，按照需要自动将所选指令插入程序编辑器窗口中的光标位置，如图 3-11 所示。

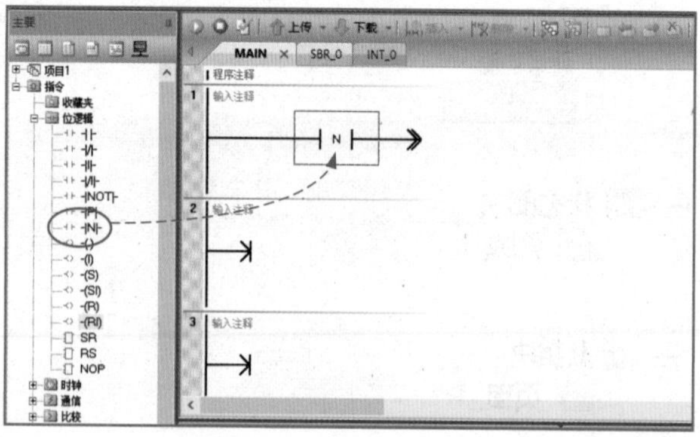

图 3-11　指令树

5. 菜单栏

菜单栏位于软件窗口的上方，为带状式菜单设计，所有菜单选项一览无余，形象的图标显示使操作更加方便快捷。菜单栏包括文件、编辑、PLC、调试、工具、视图和帮助 7 个菜单项。用户可以定制"工具"菜单，在该菜单中增加自己的工具，如图 3–12 所示。

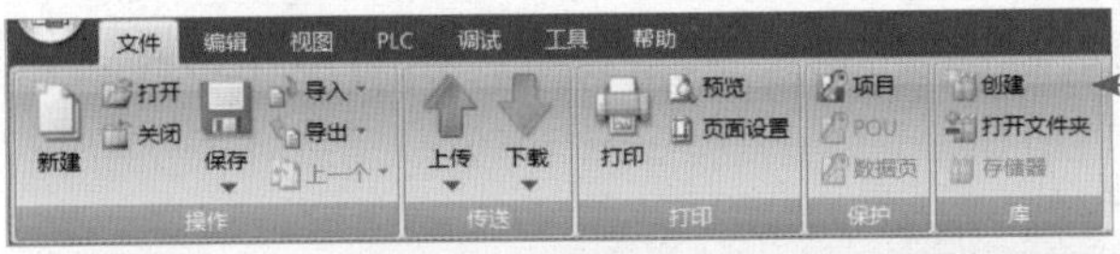
文件 编辑 视图 PLC 调试 工具 帮助
新建 打开 关闭 保存 导入 导出 上一个
上传 下载
打印 预览 页面设置
项目 POU 数据页
创建 打开文件夹 存储器
操作 传送 打印 保护 库

（1）"文件"菜单主要包含对项目整体的编辑操作，以及上传 / 下载、打印、保存和对库文件的操作。

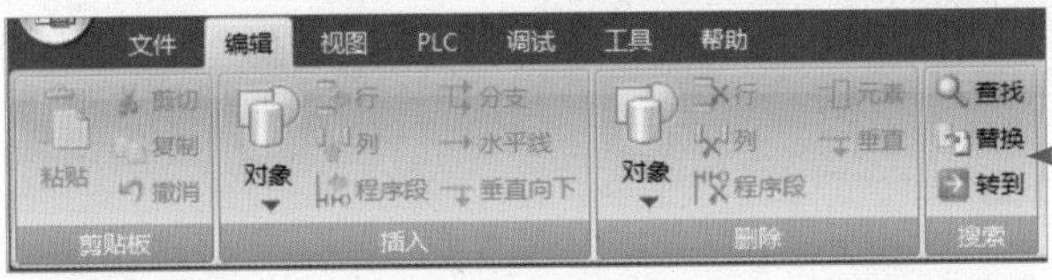
文件 编辑 视图 PLC 调试 工具 帮助
粘贴 剪切 复制 撤消
对象 行 列 程序段 分支 水平线 垂直向下
对象 行 列 程序段 元素 垂直
查找 替换 转到
剪贴板 插入 删除 搜索

（2）"编辑"菜单主要包含对项目程序的修改功能，包括剪贴板、插入、删除程序对象及搜索功能。

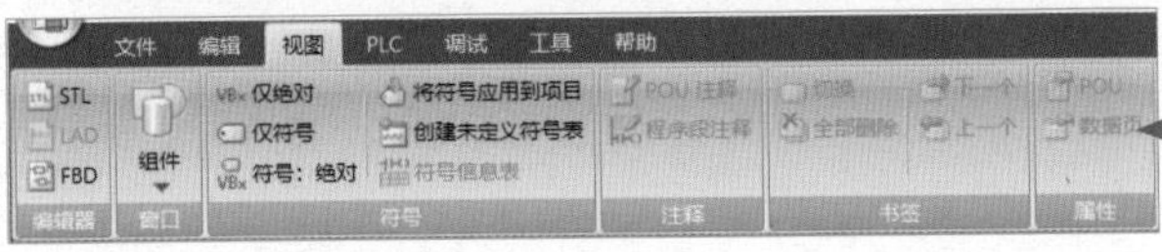
文件 编辑 视图 PLC 调试 工具 帮助
STL LAD FBD
组件
仅绝对 仅符号 符号：绝对
将符号应用到项目 创建未定义符号表 符号信息表
编辑器 窗口 符号 注释 书签 属性

（3）"视图"菜单包含的主要功能有程序编辑语言的切换、不同组件之间的切换显示、符号表和符号寻址优先级的修改、书签的使用，以及打开 POU 和数据页属性的快捷方式。

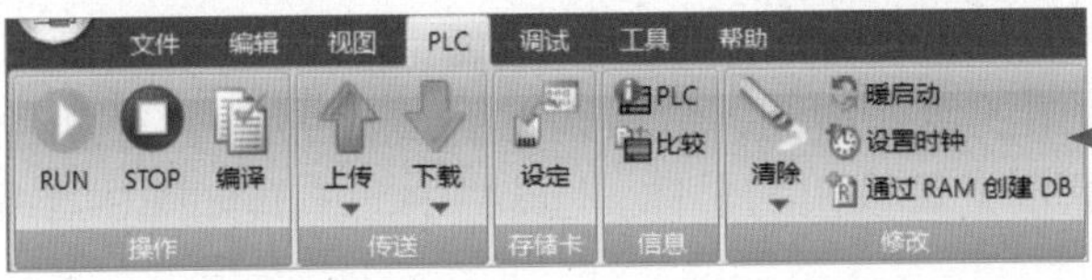
文件 编辑 视图 PLC 调试 工具 帮助
RUN STOP 编译
上传 下载
设定
PLC 比较
清除 暖启动 设置时钟 通过 RAM 创建 DB
操作 传送 存储卡 信息 修改

（4）"PLC"菜单包含的主要功能是对在线连接的 S7–200 SMART CPU 的操作和控制，如控制 CPU 的运行状态、编译和传送项目文件、清除 CPU 中项目文件、比较离线和在线的项目程序、读取 PLC 信息以及修改 CPU 的实时时钟。

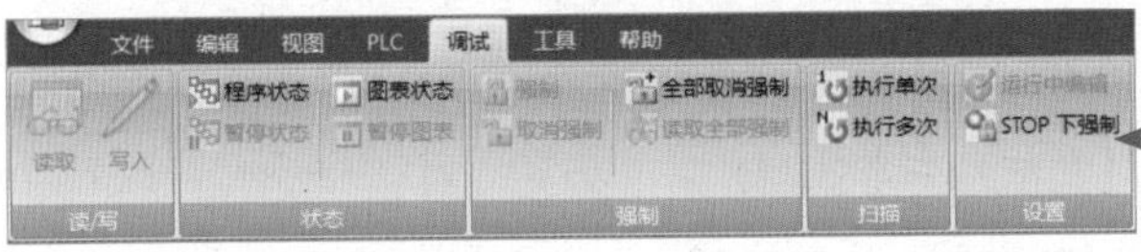
文件 编辑 视图 PLC 调试 工具 帮助
读取 写入
程序状态 暂停状态 图表状态 暂停图表
全部取消强制
执行单次 执行多次
STOP 下强制
读/写 状态 强制 扫描 设置

（5）"调试"菜单的主要功能是在线连接 CPU 后，对 CPU 中的数据进行读 / 写和强制对程序分运行状态进行监控。这里的"执行单次"和"执行多次"的扫描功能是指 CPU 从停止状态开始执行一个扫描周期或者多个扫描周期后自动进入停止状态，常用于对程序的单步调试或多步调试。

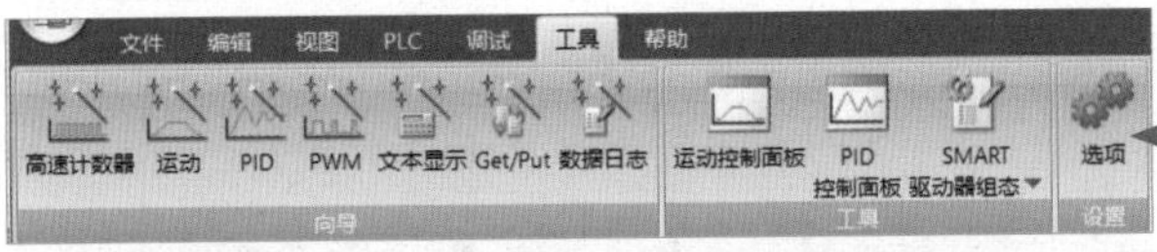
文件 编辑 视图 PLC 调试 工具 帮助
高速计数器 运动 PID PWM 文本显示 Get/Put 数据日志
运动控制面板 PID 控制面板 SMART 驱动器组态
选项
向导 工具 设置

（6）"工具"菜单主要包含向导和相关工具的快捷打开方式，以及 STEP 7 Micro/WINSMART 软件的选项。

文件 编辑 视图 PLC 调试 工具 帮助
Siemens 支持 帮助 关于
Web 信息 版本

（7）"帮助"菜单包含软件自带帮助文件的快捷打开方式、西门子支持网站的超链接，以及当前的软件版本。

图 3–12　菜单栏

6. 程序编辑器

程序编辑器是编写和编辑程序的区域，程序编辑器窗口包含用于该项目的编辑器（LDA、FBD 或 STL）的局部变量表和程序视图。程序编辑器窗口包括工具栏、POU 选择器、POU 注释、程序段注释、程序段编号、装订线等，如图 3-13 所示。

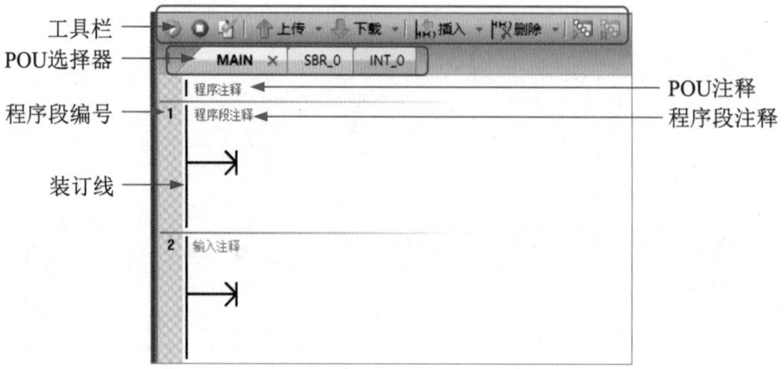
工具栏
POU选择器
程序段编号
装订线
上传
下载
插入
删除
MAIN
SBR_0
INT_0
程序注释
程序段注释
输入注释
POU注释
程序段注释

图 3-13　程序编辑器

（1）工具栏：工具栏主要包括常用的操作按钮，以及可放置到程序段中的通用程序元素。将鼠标指到工具按钮上，会提示工具按钮的名称。工具栏中的工具如图 3-14 所示。

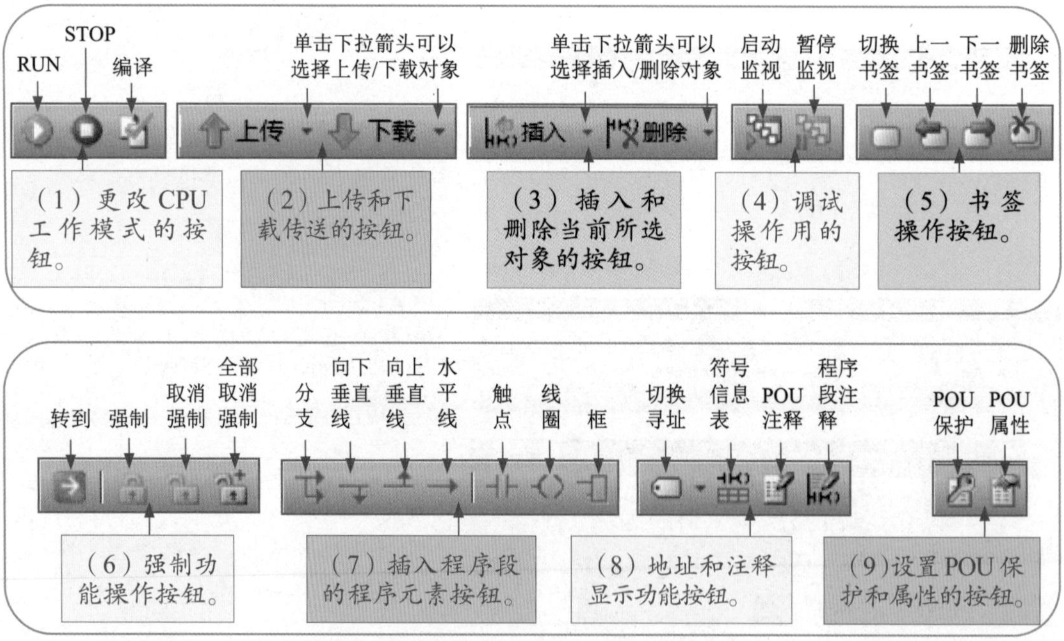
STOP
RUN
编译
单击下拉箭头可以选择上传/下载对象
上传
下载
单击下拉箭头可以选择插入/删除对象
插入
删除
启动监视
暂停监视
切换书签
上一书签
下一书签
删除书签
（1）更改 CPU 工作模式的按钮。
（2）上传和下载传送的按钮。
（3）插入和删除当前所选对象的按钮。
（4）调试操作用的按钮。
（5）书签操作按钮。
转到
强制
取消强制
全部取消强制
分支
向下垂直线
向上垂直线
水平线
触点
线圈
框
切换寻址
符号信息表
POU注释
程序段注释
POU保护
POU属性
（6）强制功能操作按钮。
（7）插入程序段的程序元素按钮。
（8）地址和注释显示功能按钮。
（9）设置 POU 保护和属性的按钮。

图 3-14　工具栏中的工具按钮

（2）POU 选择器：POU 选择器可实现主程序、子程序或中断例程之间的切换。

当单击“SBR_0”按钮时直接切换到子程序。图 3–15 所示为 POU 选择器按钮。

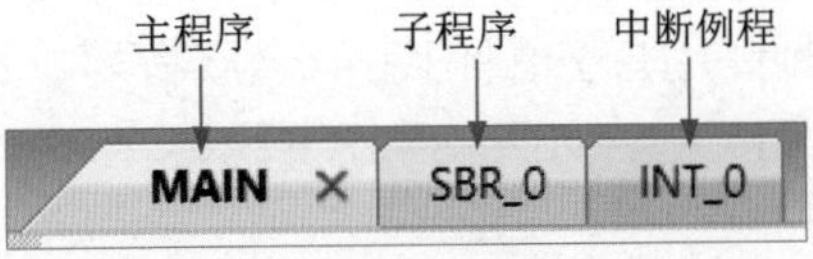
主程序
子程序
中断例程
MAIN
SBR_0
INT_0

图 3–15　POU 选择器按钮

（3）POU 注释和程序段注释：POU 注释显示在 POU 中第一个程序段上方，提供详细的多行 POU 注释功能。POU 注释可以用英语或中文，主要对整个 POU 的功能等进行说明。

程序段注释显示在程序段旁边，为每个程序提供详细的多行注释附加功能。程序段注释可以用英语或中文，如图 3–16 所示。

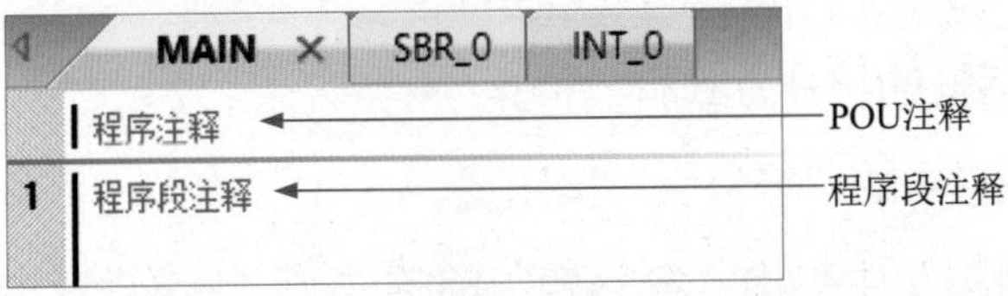
MAIN
SBR_0
INT_0
程序注释
POU注释
1
程序段注释
程序段注释

图 3–16　POU 注释和程序段注释

（4）程序段编号：程序段编号是每个程序段的数字标识符，程序段编号会自动进行编号，如图 3–17 所示。

（5）装订线：装订线位于程序编辑器窗口左侧的灰色区域（见图 3–17），在该区域内单击可选择单个程序段，也可通过单击并拖动来选择多个程序段。STEP 7–MicroWIN SMART 软件中还会在此显示各种符号，如书签、POU 密码保护锁等。

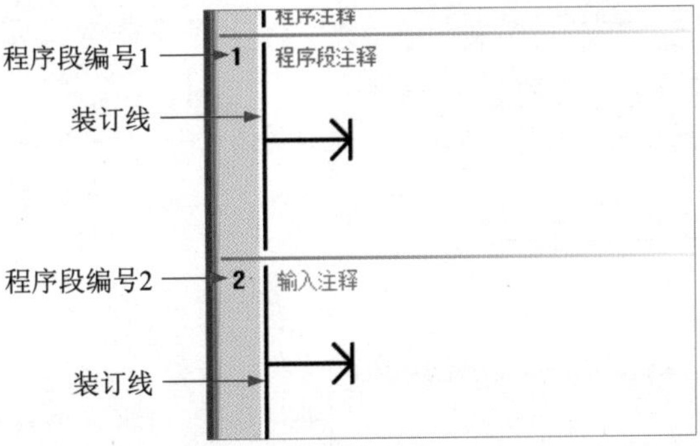
程序注释
程序段编号1
1
程序段注释
装订线
程序段编号2
2
输入注释
装订线

图 3–17　程序段编号和装订线

7. 符号表

符号表是符号和地址对应关系的列表，符号表是为存储器地址或常量指定的符号名称。“符号表”对话框允许用户分配和编辑全局符号，即可在任何 POU 中使用的符号值，不只是建立符号的 POU，如图 3–18 所示。

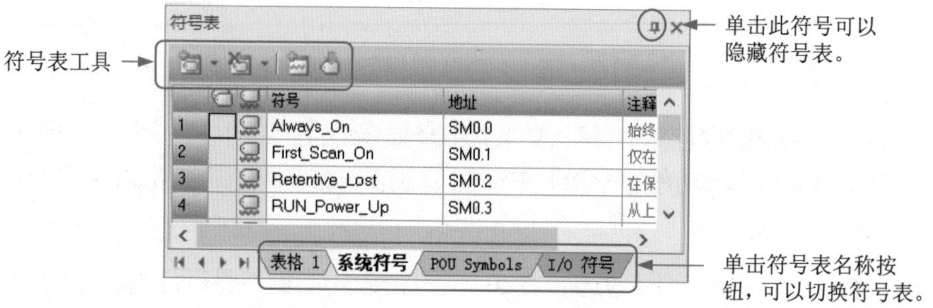

符号表
符号表工具
单击此符号可以隐藏符号表。
符号
地址
注释
1 Always_On SM0.0 始终
2 First_Scan_On SM0.1 仅在
3 Retentive_Lost SM0.2 在保
4 RUN_Power_Up SM0.3 从上
表格 1
系统符号
POU Symbols
I/O 符号
单击符号表名称按钮，可以切换符号表。

图 3–18　“符号表”对话框

“符号表”对话框的打开方式有三种：

（1）单击导航栏中的“符号表”按钮。

（2）在“项目树”中单击“符号表”前的“+”，然后双击一个表名称，如双击“系统符号”。

（3）单击“视图”选项菜单，然后单击“组件”下拉箭头，再单击“符号表”。

【实例 3–2】如何改变一段程序中元件显示的符号和地址

用户想要在一段梯形图程序中显示符号信息表，并将程序中元件显示信息调整为绝对地址和符号。具体操作方法如图 3–19 所示。

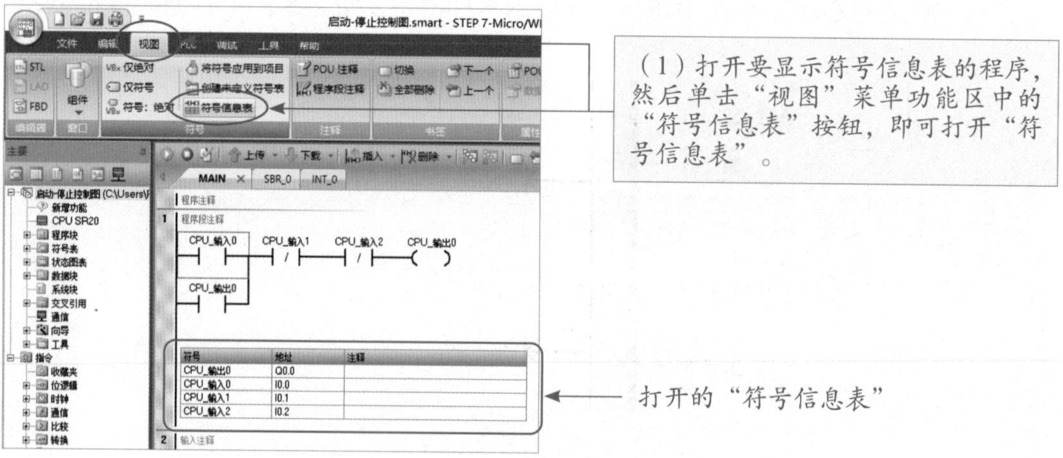

（1）打开要显示符号信息表的程序，然后单击“视图”菜单功能区中的“符号信息表”按钮，即可打开“符号信息表”。
打开的“符号信息表”
符号 地址 注释
CPU_输出0 Q0.0
CPU_输入0 I0.0
CPU_输入1 I0.1
CPU_输入2 I0.2

图 3–19　显示符号信息表

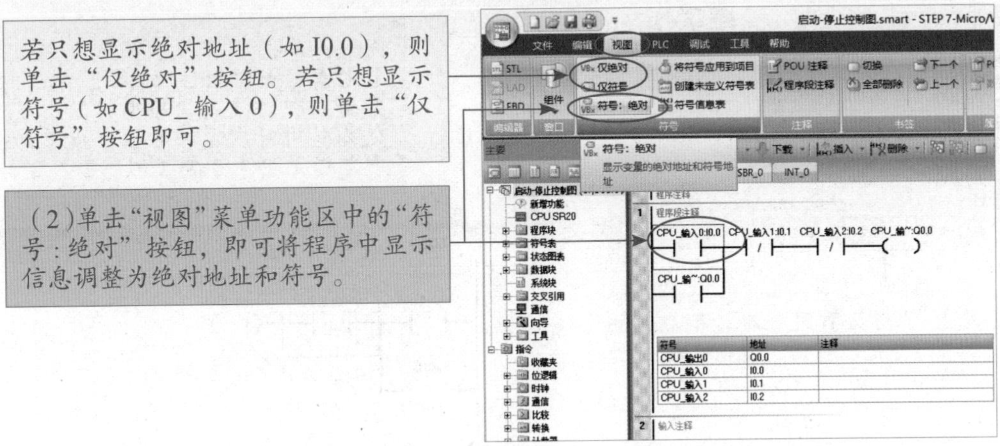
若只想显示绝对地址（如 I0.0），则单击“仅绝对”按钮。若只想显示符号（如 CPU_输入 0），则单击“仅符号”按钮即可。
（2）单击“视图”菜单功能区中的“符号：绝对”按钮，即可将程序中显示信息调整为绝对地址和符号。

图 3-19　显示符号信息表（续）

8. 变量表

在程序的调试过程中，如果用户想要对一组特定的数据进行监控，就需要用到变量表。用户可以对整个项目中任意变量建立表格进行观察。即变量表的重要功能之一是对变量列表进行监控，如图 3-20 所示。

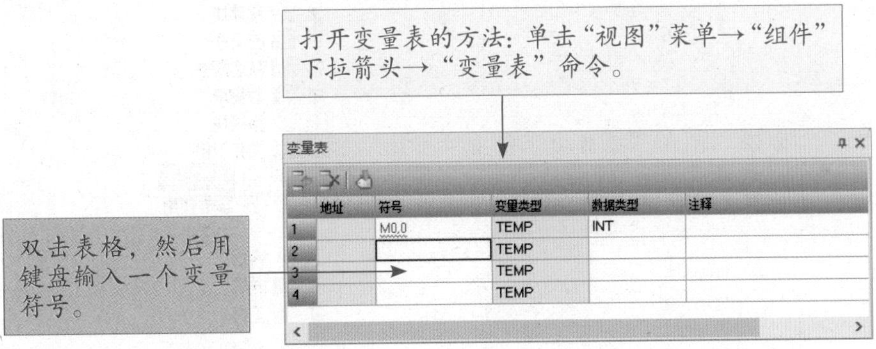
打开变量表的方法：单击“视图”菜单→“组件”下拉箭头→“变量表”命令。
双击表格，然后用键盘输入一个变量符号。
变量表
地址
符号
变量类型
数据类型
注释
M0.0
TEMP
INT

图 3-20　变量表

除了监控功能外，变量表还可以修改变量值，以及对 I/O 点位的强制。

9. 交叉引用

交叉引用表对查找程序中数据地址的使用情况十分有用。在交叉引用表可以查看程序中参数当前的赋值情况，查看是否有重复赋值，如图 3-21 所示。

注意：用户必须编译程序后才能查看交叉引用表（单击“PLC”菜单下的“编译”按钮进行编译）。

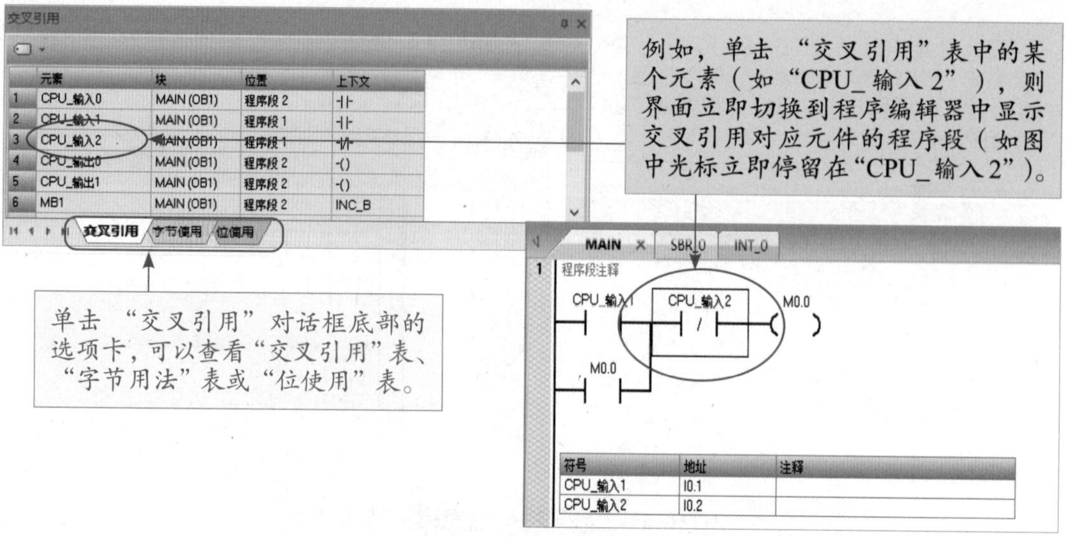
交叉引用
元素 块 位置 上下文
1 CPU_输入0 MAIN (OB1) 程序段 2
2 CPU_输入1 MAIN (OB1) 程序段 1
3 CPU_输入2 MAIN (OB1) 程序段 1
4 CPU_输出0 MAIN (OB1) 程序段 2 -()
5 CPU_输出1 MAIN (OB1) 程序段 2 -()
6 MB1 MAIN (OB1) 程序段 2 INC_B
交叉引用 字节使用 位使用
例如，单击“交叉引用”表中的某个元素（如“CPU_输入2”），则界面立即切换到程序编辑器中显示交叉引用对应元件的程序段（如图中光标立即停留在“CPU_输入2”）。
单击“交叉引用”对话框底部的选项卡，可以查看“交叉引用”表、“字节用法”表或“位使用”表。
MAIN SBR_0 INT_0
程序段注释
CPU_输入1 CPU_输入2 M0.0
M0.0
符号 地址 注释
CPU_输入1 I0.1
CPU_输入2 I0.2

图 3-21 交叉引用表

打开交叉引用表的方法如图 3-22 所示。

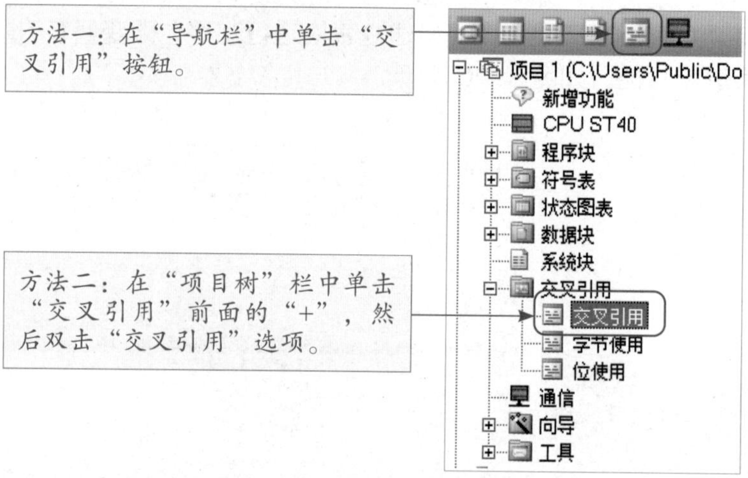
方法一：在“导航栏”中单击“交叉引用”按钮。
项目 1 (C:\Users\Public\Do
新增功能
CPU ST40
程序块
符号表
状态图表
数据块
系统块
交叉引用
交叉引用
字节使用
位使用
通信
向导
工具
方法二：在“项目树”栏中单击“交叉引用”前面的“+”，然后双击“交叉引用”选项。

图 3-22 打开交叉引用表的两种方法

字节使用表可以查看程序中使用的字节以及在哪些内存区使用。另外，还可以检查重复赋值错误，如图 3-23 所示。

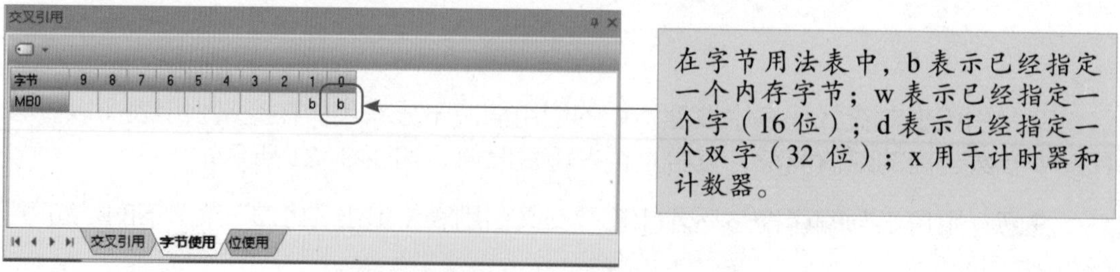
交叉引用
字节 9 8 7 6 5 4 3 2 1 0
MB0 b b
交叉引用 字节使用 位使用
在字节用法表中，b 表示已经指定一个内存字节；w 表示已经指定一个字（16 位）；d 表示已经指定一个双字（32 位）；x 用于计时器和计数器。

图 3-23 字节使用表

位使用表可以查看程序中已经使用的位，以及在哪些内存使用。另外，还可以识别重复赋值错误。在正确的赋值程序中，字节中间不得有位值，如图 3–24 所示。

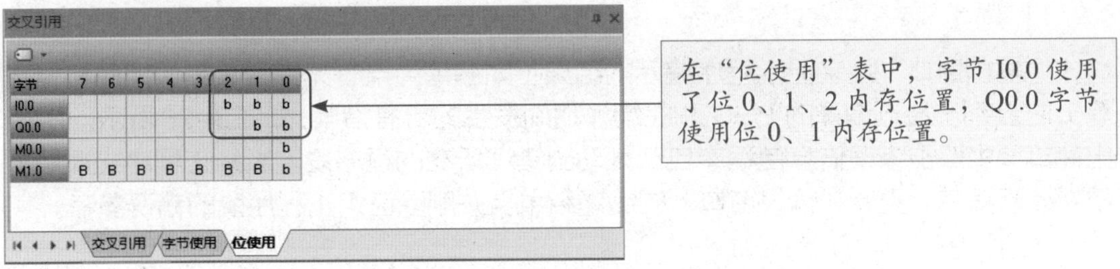
交叉引用
字节 7 6 5 4 3 2 1 0
I0.0 b b b
Q0.0 b b
M0.0 b
M1.0 B B B B B B B b
交叉引用
字节使用
位使用
在“位使用”表中，字节 I0.0 使用了位 0、1、2 内存位置，Q0.0 字节使用位 0、1 内存位置。

图 3–24　“位使用”表

10. 数据块

数据块用来对 V 存储区（也称变量存储区）赋初始值；可以对字节、字或双字来分配数据值。图 3–25 所示为“数据块”对话框。

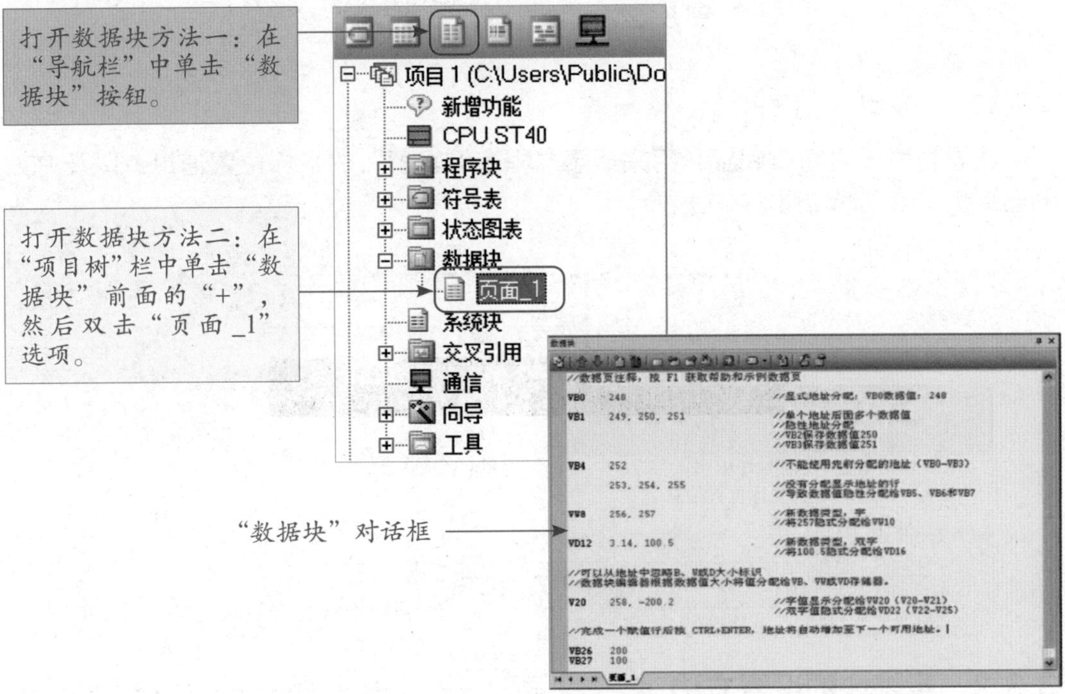
打开数据块方法一：在“导航栏”中单击“数据块”按钮。
打开数据块方法二：在“项目树”栏中单击“数据块”前面的“+”，然后双击“页面_1”选项。
项目 1 (C:\Users\Public\Do
新增功能
CPU ST40
程序块
符号表
状态图表
数据块
页面_1
系统块
交叉引用
通信
向导
工具
“数据块”对话框

图 3–25　“数据块”对话框

在数据块中分配地址和数据值的一般规则。数据块的典型行包括起始地址、一个或多个数据以及双斜线之后的可选注释。数据块的第一行必须分配显式地址，后续行可以分配显式地址或隐式地址。在单个地址后输入多个数据或者输入只包含数据的行时，编译器会自动进行隐性地址分配，编译器会根据前面的地址或者所标识的长度如字节、字、双字来指定适当数量的 V 存储区。

11. 输出窗口

“输出窗口”用来显示程序编译的结果（如编译结果有无错误、错误编码和位置等），它会列出最近编译的 POU 和在编译期间发生的所有错误，如图 3–26 所示。在“输出窗口”中双击错误信息使程序自动滚动到错误所在的程序段。当纠正程序错误后，重新编译程序会更新“输出窗口”的编译结果，并删除已纠正程序段的错误参考。

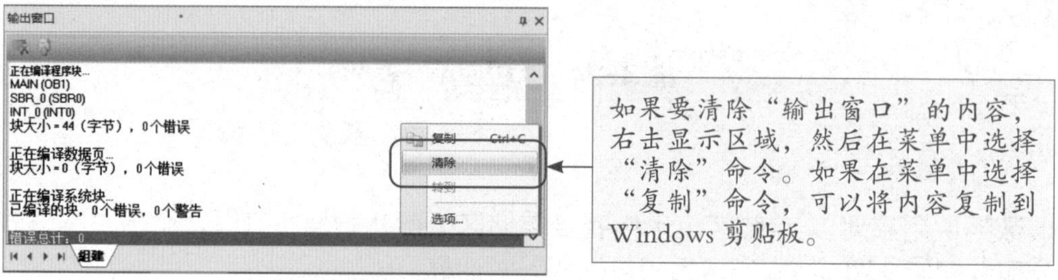

输出窗口
正在编译程序块...
MAIN (OB1)
SBR_0 (SBR0)
INT_0 (INT0)
块大小 = 44（字节），0个错误
正在编译数据页...
块大小 = 0（字节），0个错误
正在编译系统块...
已编译的块，0个错误，0个警告
错误总计：0
复制 Ctrl+C
清除
选项...
组建
如果要清除“输出窗口”的内容，右击显示区域，然后在菜单中选择“清除”命令。如果在菜单中选择“复制”命令，可以将内容复制到 Windows 剪贴板。

图 3–26 “输出窗口”对话框

12. 状态栏

状态栏位于主窗口底部，用来显示“程序编辑器”的光标位置信息，以及 PLC 的连接状态信息，如图 3–27 所示。

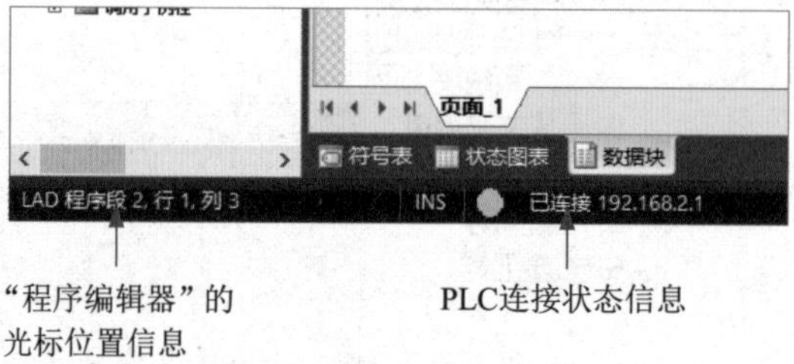

页面_1
符号表
状态图表
数据块
LAD 程序段 2, 行 1, 列 3
INS
已连接 192.168.2.1
“程序编辑器”的光标位置信息
PLC连接状态信息

图 3–27 状态栏

3.3.3 系统块的设置方法

系统块用来对 CPU、扩展模块、通信、数字量输入、数字量输出、断电保护设置、安全及启动模式等的组态进行设置，如图 3–28 所示。

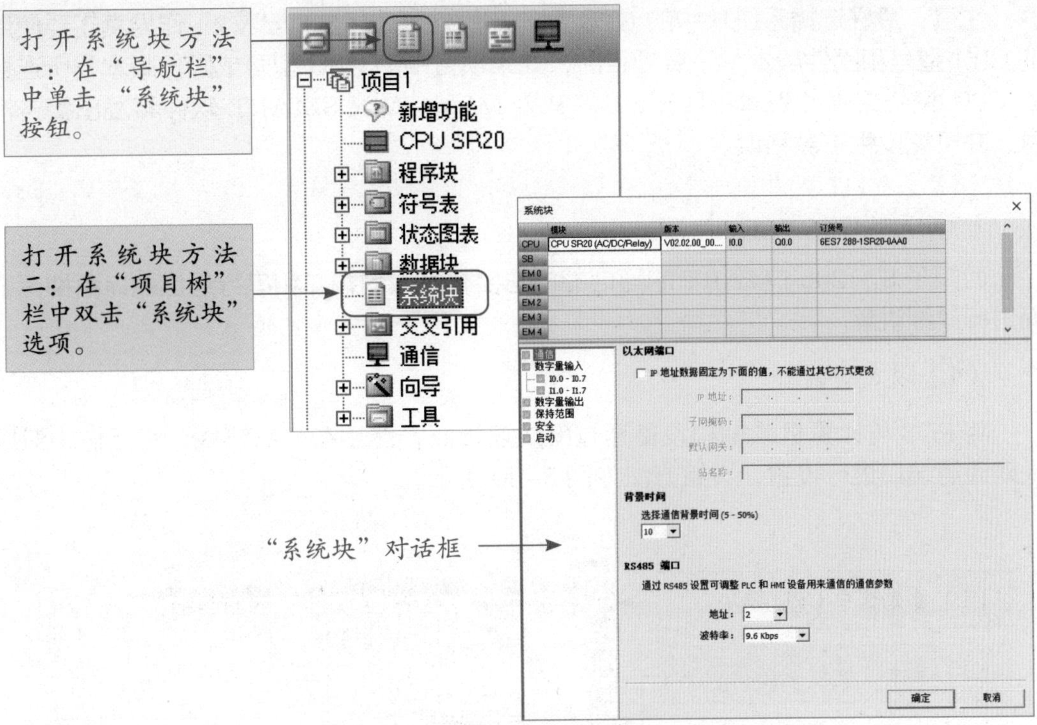
打开系统块方法一：在“导航栏”中单击“系统块”按钮。
打开系统块方法二：在“项目树”栏中双击“系统块”选项。
“系统块”对话框
项目1
新增功能
CPU SR20
程序块
符号表
状态图表
数据块
系统块
交叉引用
通信
向导
工具
系统块
CPU SR20 (AC/DC/Relay)
V02.02.00_00...
I0.0
Q0.0
6ES7 288-1SR20-0AA0
以太网端口
背景时间
RS485 端口
确定
取消

图 3-28　“系统块”对话框

1. 硬件配置

在“系统块”对话框的顶部显示已经组态的模块，并允许用户添加或删除模块。修改硬件配置的方法如图 3-29 所示。

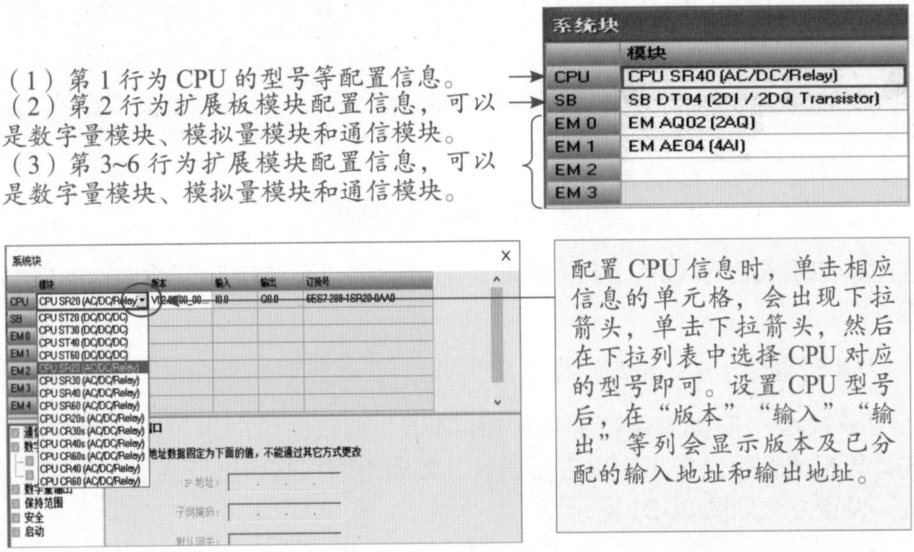
（1）第 1 行为 CPU 的型号等配置信息。
（2）第 2 行为扩展板模块配置信息，可以是数字量模块、模拟量模块和通信模块。
（3）第 3~6 行为扩展模块配置信息，可以是数字量模块、模拟量模块和通信模块。
系统块
模块
CPU　CPU SR40 (AC/DC/Relay)
SB　SB DT04 (2DI / 2DQ Transistor)
EM 0　EM AQ02 (2AQ)
EM 1　EM AE04 (4AI)
EM 2
EM 3
配置 CPU 信息时，单击相应信息的单元格，会出现下拉箭头，单击下拉箭头，然后在下拉列表中选择 CPU 对应的型号即可。设置 CPU 型号后，在“版本”“输入”“输出”等列会显示版本及已分配的输入地址和输出地址。

图 3-29　配置硬件信息

注意：最好选择系统块中的 CPU 型号和固件版本（V1 或 V2）作为真正要使用的 CPU 型号和固件版本。下载项目时，如果项目中的 CPU 型号或固件版本与所连接的 CPU 型号或固件版本不匹配，STEP 7-Micro/WIN SMART 软件将发出警告消息，并可能发生下载错误。

2. 通信端口设置

西门子 S7-200 SMART 的通信端口主要有以太网端口和串行通信端口两种，下面进行详细讲解。

（1）以太网端口

将 PLC 与计算机或编程设备通过网线连接好，然后在“系统块”对话框中对以太网通信端口进行设置，设置方法如图 3-30 所示。

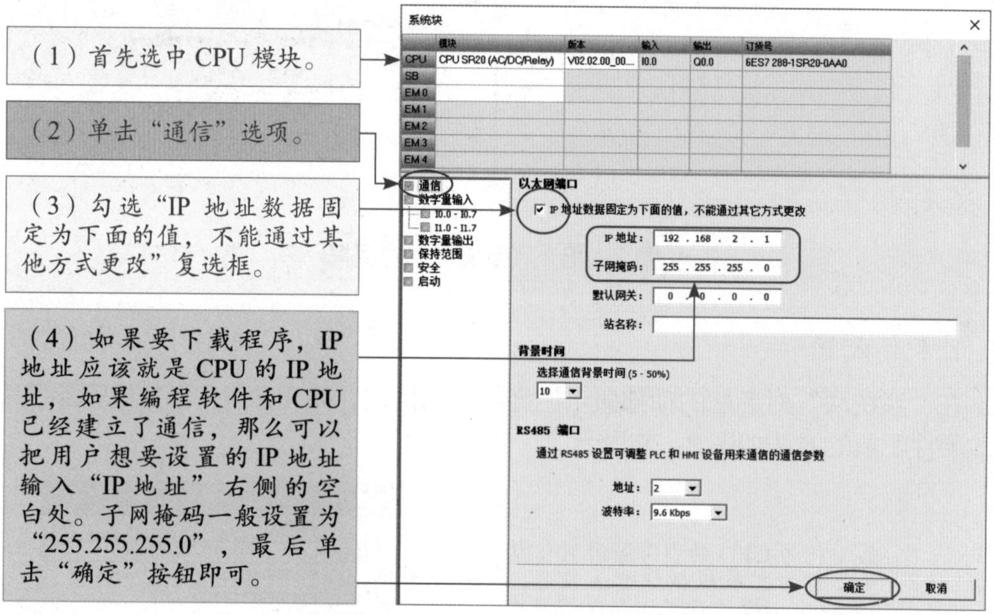
（1）首先选中 CPU 模块。
（2）单击“通信”选项。
（3）勾选“IP 地址数据固定为下面的值，不能通过其他方式更改”复选框。
（4）如果要下载程序，IP 地址应该就是 CPU 的 IP 地址，如果编程软件和 CPU 已经建立了通信，那么可以把用户想要设置的 IP 地址输入“IP 地址”右侧的空白处。子网掩码一般设置为“255.255.255.0”，最后单击“确定”按钮即可。
系统块
CPU SR20 (AC/DC/Relay)
V02.02.00_00...
I0.0
Q0.0
6ES7 288-1SR20-0AA0
通信
数字量输入
数字量输出
保持范围
安全
启动
以太网端口
IP 地址数据固定为下面的值，不能通过其它方式更改
IP 地址：192 . 168 . 2 . 1
子网掩码：255 . 255 . 255 . 0
默认网关：0 . 0 . 0 . 0
站名称：
背景时间
选择通信背景时间 (5 - 50%)
10
RS485 端口
通过 RS485 设置可调整 PLC 和 HMI 设备用来通信的通信参数
地址：2
波特率：9.6 Kbps
确定
取消

图 3-30 设置以太网端口

注意：如果要修改 CPU 的 IP 地址，则必须把“系统块”下载到 CPU 中，运行后才能生效。

（2）串行通信（RS-485）端口

西门子 PLC 一般都有串行通信（RS-485）端口，用户也可以选择串行端口将 PLC 与计算机或编程设备相连来进行通信。如果用串行端口进行通信需要对此端口进行设置，设置方法如图 3-31 所示。

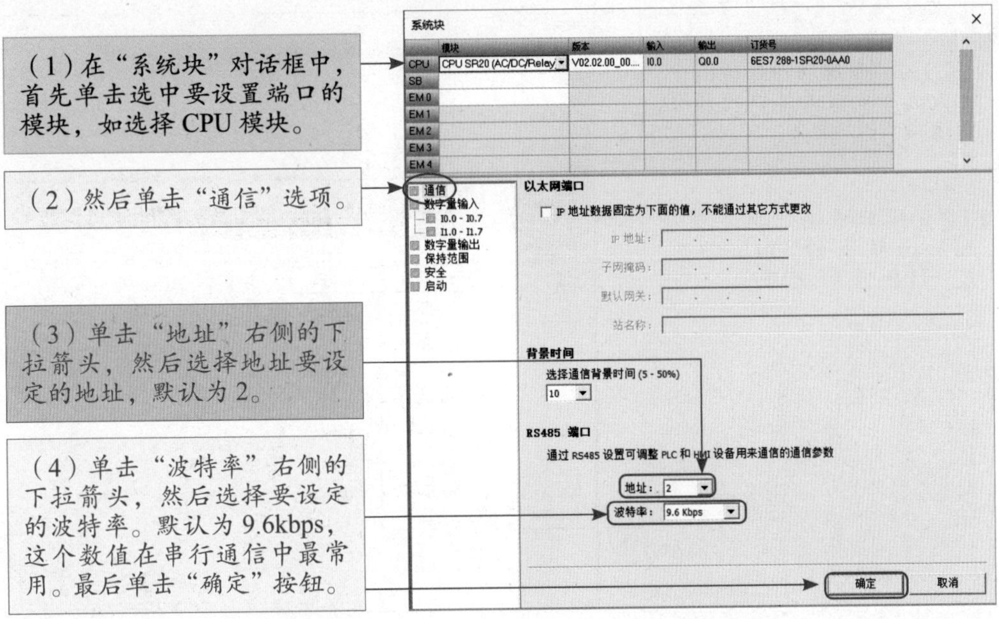
(1) 在“系统块”对话框中，首先单击选中要设置端口的模块，如选择 CPU 模块。
(2) 然后单击“通信”选项。
(3) 单击“地址”右侧的下拉箭头，然后选择地址要设定的地址，默认为 2。
(4) 单击“波特率”右侧的下拉箭头，然后选择要设定的波特率。默认为 9.6kbps，这个数值在串行通信中最常用。最后单击“确定”按钮。

图 3-31　设置串行通信（RS485）端口

提示：在设置扩展板串口端口时，首先在“系统块”对话框中选中扩展板模块，然后选择端口类型，可以选择 RS-323 或 RS-485，根据用户实际情况选择即可，然后再选择地址和波特率。

注意：如果是要修改串口地址等参数，则必须把“系统块”下载到 CPU 中，运行后才能生效。

3. 数字量输入设置

数字量输入设置主要为所有或某些数字量输入点选择一个定义延迟（S7-200 SMART 可在 0.2ms ~12.8ms 和 0.2μs~12.8μs 选择）的输入滤波器。通过设置输入延时，用户可以过滤数字量输入信号。该延迟帮助过滤输入接线上可能对输入状态造成不良改动的噪音。

当输入状态改变时，输入必须在时延期限内保持新状态，才能被认为有效。滤波器会消除噪音脉冲，并强制输入线在数据被接收之前稳定下来。默认滤波时间是 6.4 ms。如果将滤波器的时间修改为 0.2μs，将需要使用 S7-200 SMART 的高速计数器功能。

另外，还可以设置“脉冲捕捉”功能，用来捕捉高电平脉冲或低电平脉冲。此类脉冲出现的时间极短，CPU 在扫描周期开始读取数字量输入时，可能无法始终看到此类脉冲。

当为某一输入点启用“脉冲捕捉”功能时，输入状态的改变被锁定，并保持至下一次输入循环更新。这样可确保延续时间很短的脉冲被捕捉，并保持至 CPU 读取输入。图 3-32 所示为设置数字量输入的操作步骤。

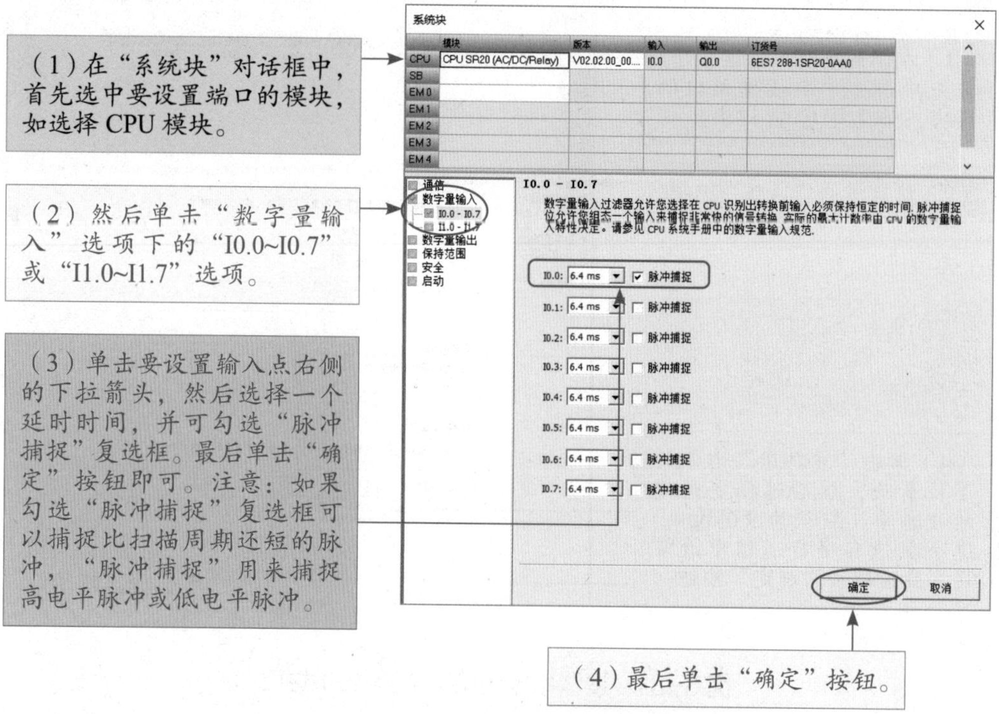
(1)在“系统块”对话框中，首先选中要设置端口的模块，如选择 CPU 模块。
(2)然后单击“数字量输入”选项下的“I0.0~I0.7”或“I1.0~I1.7”选项。
(3)单击要设置输入点右侧的下拉箭头，然后选择一个延时时间，并可勾选“脉冲捕捉”复选框。最后单击“确定”按钮即可。注意：如果勾选“脉冲捕捉”复选框可以捕捉比扫描周期还短的脉冲，“脉冲捕捉”用来捕捉高电平脉冲或低电平脉冲。
(4)最后单击“确定”按钮。
系统块
CPU SR20 (AC/DC/Relay)
V02.02.00_00...
6ES7 288-1SR20-0AA0
通信
数字量输入
数字量输出
保持范围
安全
启动
I0.0 - I0.7
6.4 ms
脉冲捕捉
确定
取消

图 3-32　设置数字量输入

4. 数字量输出设置

在当 CPU 处于 STOP 模式时，可将数字量输出点设置为特定值，或者保持在切换到 STOP 模式之前存在的输出状态。数字量输出设置方法如图 3-33 所示。

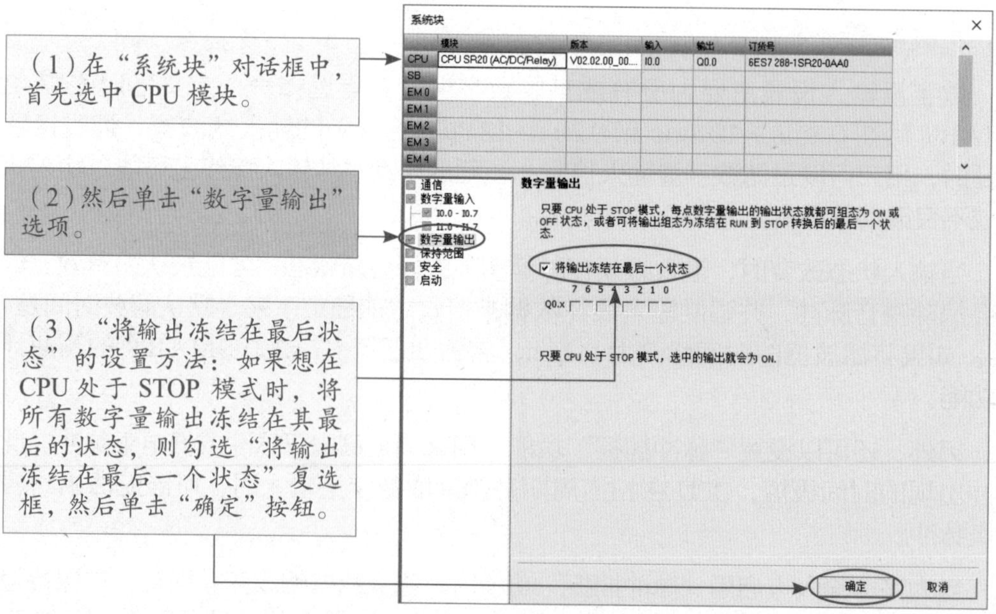
(1)在“系统块”对话框中，首先选中 CPU 模块。
(2)然后单击“数字量输出”选项。
(3)“将输出冻结在最后状态”的设置方法：如果想在 CPU 处于 STOP 模式时，将所有数字量输出冻结在其最后的状态，则勾选“将输出冻结在最后一个状态”复选框，然后单击“确定”按钮。
系统块
CPU SR20 (AC/DC/Relay)
6ES7 288-1SR20-0AA0
数字量输出
将输出冻结在最后一个状态
只要 CPU 处于 STOP 模式，选中的输出就会为 ON。
确定
取消

图 3-33　数字量输出设置方法

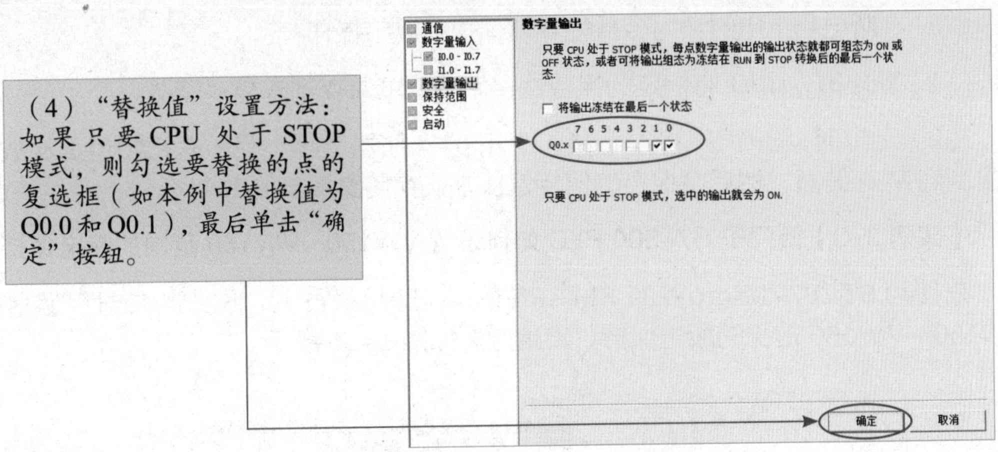
（4）“替换值”设置方法：如果只要 CPU 处于 STOP 模式，则勾选要替换的点的复选框（如本例中替换值为 Q0.0 和 Q0.1），最后单击“确定”按钮。
通信
数字量输入
I0.0 - I0.7
I1.0 - I1.7
数字量输出
保持范围
安全
启动
数字量输出
只要 CPU 处于 STOP 模式，每点数字量输出的输出状态就都可组态为 ON 或 OFF 状态，或者可将输出组态为冻结在 RUN 到 STOP 转换后的最后一个状态。
将输出冻结在最后一个状态
7 6 5 4 3 2 1 0
Q0.x
只要 CPU 处于 STOP 模式，选中的输出就会为 ON。
确定
取消

图 3-33　数字量输出设置方法（续）

5. 断电数据保持设置

断电数据保持用来设置 CPU 断电时希望保持的内存数据，用户可将 V（数据存储区）、M（标志位）、T（定时器） 和 C（计数器）等存储区中的地址范围定义为保持，最多可以设置 6 个数据保持区域。对于定时器而言，只能保持定时器（TONR），而且只能保持定时器和计数器的当前值，定时器位和计数器位不能保持，每次上电时都将定时器和计数器位清零。对 M 存储区的前 14 个字节，系统默认设置为非保持。断电数据保护设置方法如图 3-34 所示。

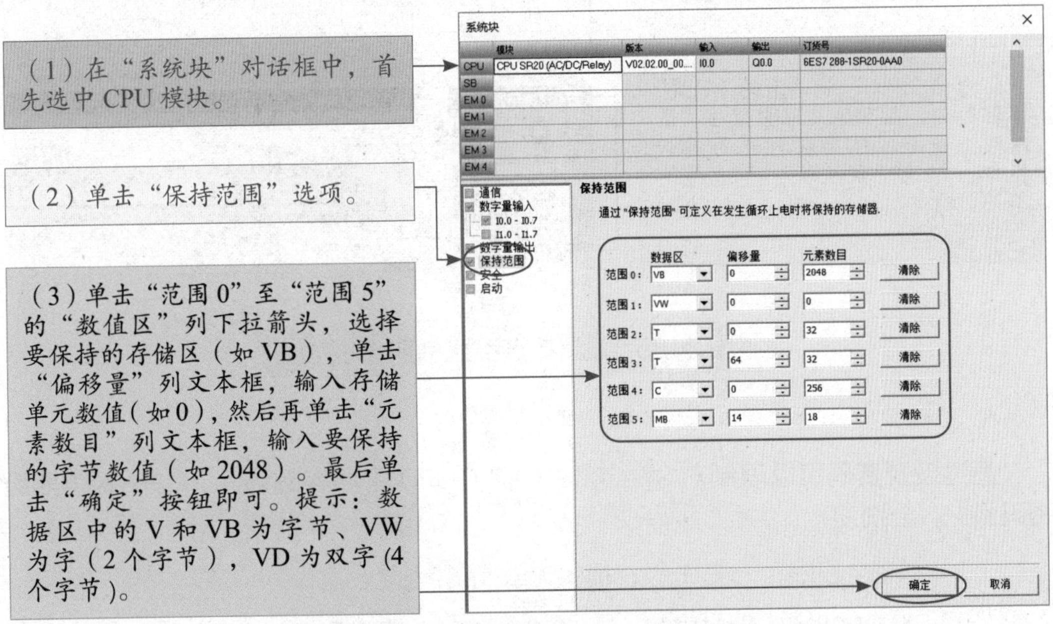
（1）在“系统块”对话框中，首先选中 CPU 模块。
（2）单击“保持范围”选项。
（3）单击“范围 0”至“范围 5”的“数值区”列下拉箭头，选择要保持的存储区（如 VB），单击“偏移量”列文本框，输入存储单元数值（如 0），然后再单击“元素数目”列文本框，输入要保持的字节数值（如 2048）。最后单击“确定”按钮即可。提示：数据区中的 V 和 VB 为字节、VW 为字（2 个字节），VD 为双字（4 个字节）。
系统块
模块　版本　输入　输出　订货号
CPU　CPU SR20 (AC/DC/Relay)　V02.02.00_00...　I0.0　Q0.0　6ES7 288-1SR20-0AA0
SB
EM 0
EM 1
EM 2
EM 3
EM 4
通信
数字量输入
I0.0 - I0.7
I1.0 - I1.7
数字量输出
保持范围
安全
启动
保持范围
通过“保持范围”可定义在发生循环上电时将保持的存储器。
数据区　偏移量　元素数目
范围 0：VB　0　2048　清除
范围 1：VW　0　0　清除
范围 2：T　0　32　清除
范围 3：T　64　32　清除
范围 4：C　0　256　清除
范围 5：MB　14　18　清除
确定
取消

图 3-34　断电数据保持设置方法

CPU 在断电和上电时会对保持性存储器执行以下操作：

（1）断电时，CPU 将指定的保持性存储器范围保存到永久存储器。

（2）上电时，CPU 先将 V、M、C 和 T 存储器清零，将所有初始值都从数据块复制到 V 存储器，然后将保存的保持值从永久存储器复制到 RAM。

【实例 3 3】西门子 S7-200 PLC 如何设置 VW150～VW160 范围的断电保持

在使用 STEP7-MicroWIN SMART 软件进行编程时，想要将数据存储区的 VW150～VW160 范围的断电保持。设置方法如图 3-35 所示。

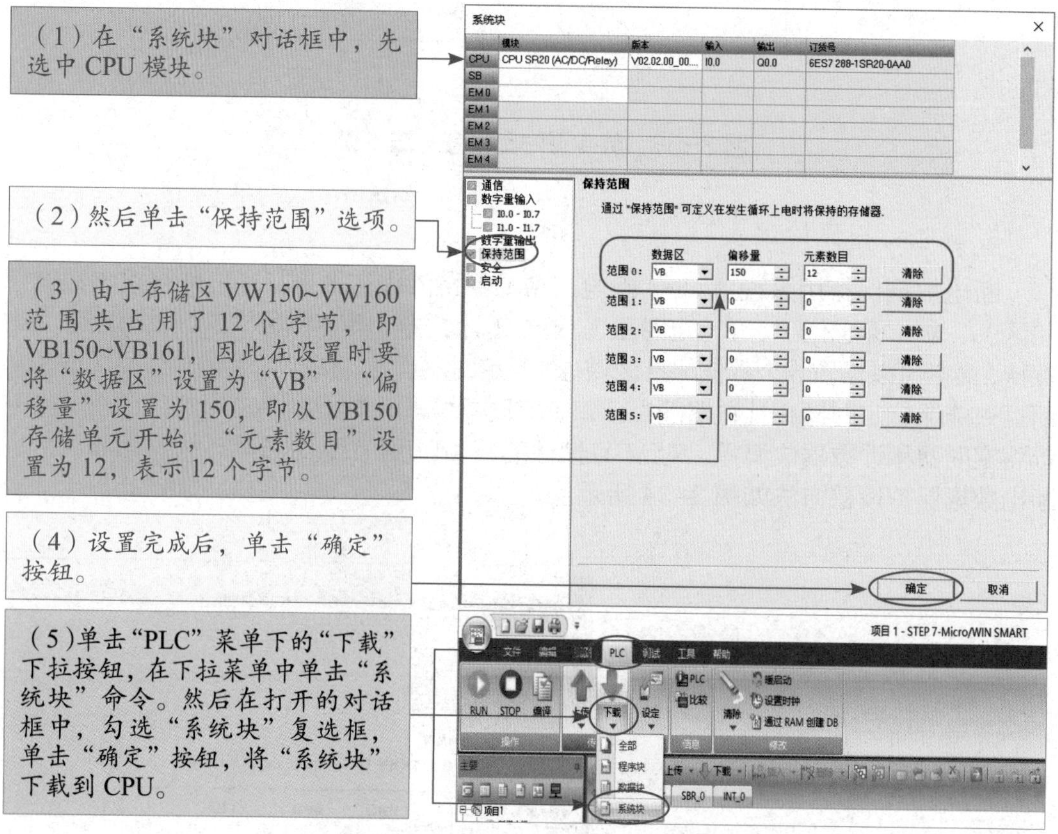
（1）在“系统块”对话框中，先选中 CPU 模块。
（2）然后单击“保持范围”选项。
（3）由于存储区 VW150~VW160 范围共占用了 12 个字节，即 VB150~VB161，因此在设置时要将“数据区”设置为“VB”，“偏移量”设置为 150，即从 VB150 存储单元开始，“元素数目”设置为 12，表示 12 个字节。
（4）设置完成后，单击“确定”按钮。
（5）单击“PLC”菜单下的“下载”下拉按钮，在下拉菜单中单击“系统块”命令。然后在打开的对话框中，勾选“系统块”复选框，单击“确定”按钮，将“系统块”下载到 CPU。
系统块
CPU SR20 (AC/DC/Relay)
6ES7 288-1SR20-0AA0
保持范围
通过“保持范围”可定义在发生循环上电时将保持的存储器.
数据区
偏移量
元素数目
确定
取消
项目 1 - STEP 7-Micro/WIN SMART

图 3-35　设置特定范围的断电保持

6. 密码设置

通过设置密码可以限制对 S7-200SMART CPU 中内容的访问。CPU 提供四级密码保护，分别为：

（1）“完全权限”为第 1 级，提供无限制访问；

（2）“读取权限”为第 2 级，允许读取和写入用户数据，允许读取日时钟，上传用户程序、数据和 CPU 组态，允许读取程序状态和进行项目比较；

（3）“最低权限”为第 3 级，只允许读取和写入用户数据，允许读取日时钟；

（4）“不允许上传”为第 4 级，提供最受限制的访问。即使密码已知，“不允许上传”（第 4 级）密码限制也对用户程序（知识产权）进行保护。

S7–200 SMART CPU 的默认密码级别是“完全权限”（第 1 级）。密码设置的方法步骤如图 3–36 所示。

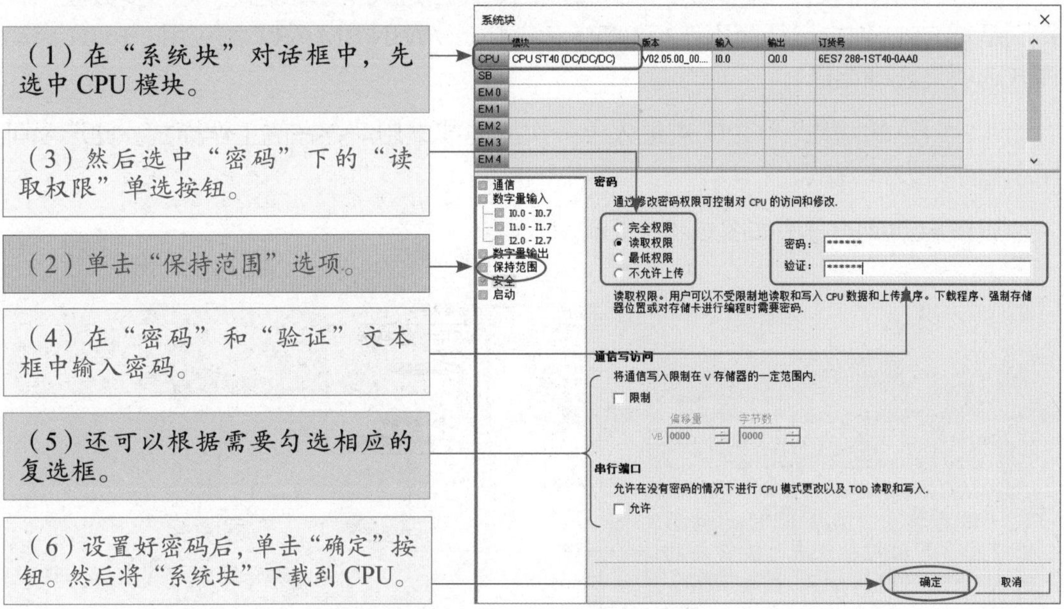
（1）在“系统块”对话框中，先选中 CPU 模块。
（3）然后选中“密码”下的“读取权限”单选按钮。
（2）单击“保持范围”选项。
（4）在“密码”和“验证”文本框中输入密码。
（5）还可以根据需要勾选相应的复选框。
（6）设置好密码后，单击“确定”按钮。然后将“系统块”下载到 CPU。
系统块
CPU
CPU ST40 (DC/DC/DC)
V02.05.00_00....
I0.0
Q0.0
6ES7 288-1ST40-0AA0
SB
EM 0
EM 1
EM 2
EM 3
EM 4
通信
数字量输入
保持范围
安全
启动
密码
完全权限
读取权限
最低权限
不允许上传
密码：
验证：
通信写访问
将通信写入限制在 V 存储器的一定范围内.
限制
串行端口
允许
确定
取消

图 3–36　密码设置的方法

假如用户忘记密码如何处理呢？如果忘记密码，可通过将 PLC 复位为出厂默认值或清除系统块的方法来取消密码。清除密码的方法如图 3–37 所示。

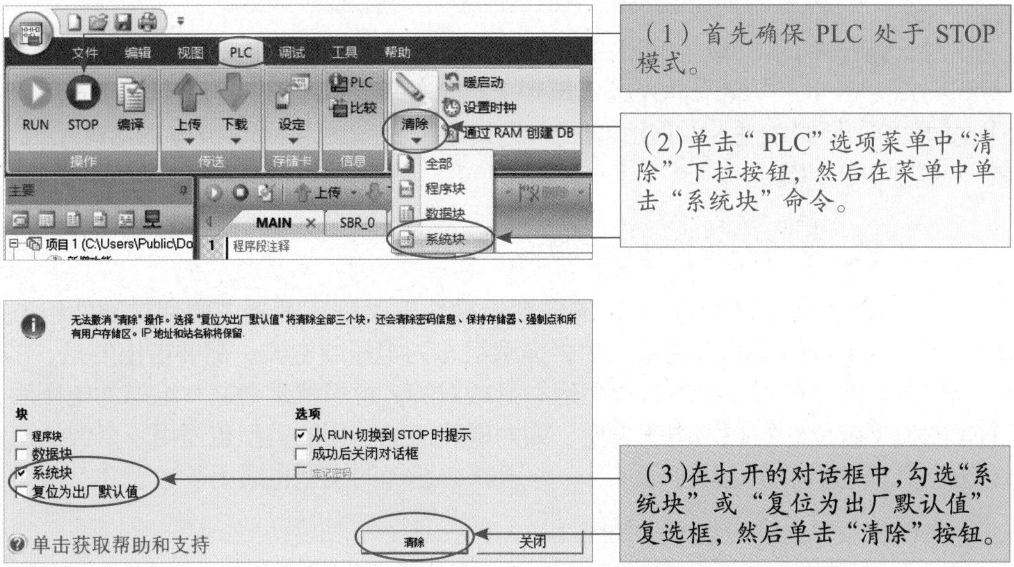
（1）首先确保 PLC 处于 STOP 模式。
（2）单击“PLC”选项菜单中“清除”下拉按钮，然后在菜单中单击“系统块”命令。
（3）在打开的对话框中，勾选“系统块”或“复位为出厂默认值”复选框，然后单击“清除”按钮。
文件
编辑
视图
PLC
调试
工具
帮助
RUN
STOP
编译
上传
下载
设定
清除
暖启动
设置时钟
通过 RAM 创建 DB
全部
程序块
数据块
系统块
无法撤消“清除”操作。选择“复位为出厂默认值”将清除全部三个块，还会清除密码信息、保持存储器、强制点和所有用户存储区。IP 地址和站名称将保留.
块
程序块
数据块
系统块
复位为出厂默认值
选项
从 RUN 切换到 STOP 时提示
成功后关闭对话框
单击获取帮助和支持
清除
关闭

图 3–37　清除密码

7. 启动项的设置

启动项主要用来设置 CPU 启动后的模式，CPU 的启动模式主要有以下三种：

（1）STOP 模式：CPU 在上电或重启后始终应进入 STOP 模式（默认选项）。

（2）RUN 模式：CPU 在上电或重启后始终应进入 RUN 模式。对于多数应用，特别是对 CPU 独立运行而不连接 STEP 7–Micro/WIN SMART 的应用，RUN 启动模式选项是正确选择。

（3）LAST 模式：CPU 应进入上一次上电或重启前存在的工作模式。此选项可用于程序开发或调试。

设置启动项的方法如图 3–38 所示。

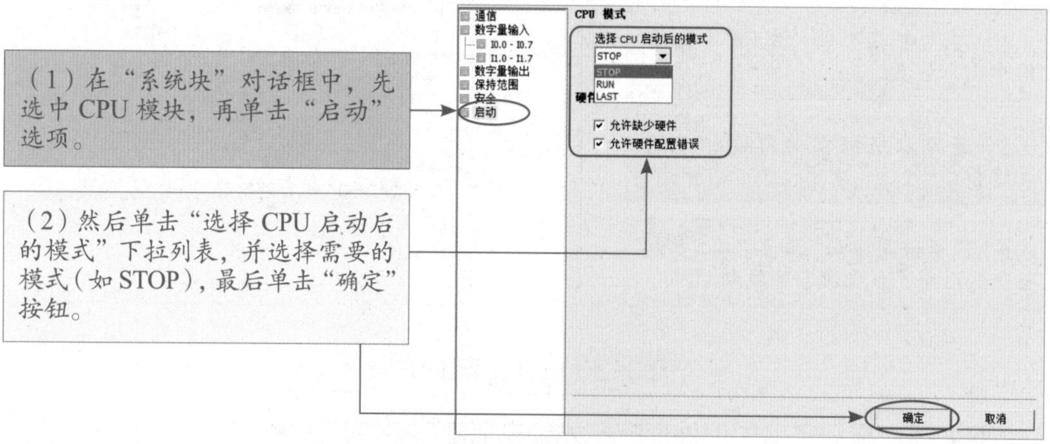
（1）在“系统块”对话框中，先选中 CPU 模块，再单击“启动”选项。
（2）然后单击“选择 CPU 启动后的模式”下拉列表，并选择需要的模式（如 STOP），最后单击“确定”按钮。
通信
数字量输入
I0.0 - I0.7
I1.0 - I1.7
数字量输出
保持范围
安全
启动
CPU 模式
选择 CPU 启动后的模式
STOP
STOP
RUN
LAST
允许缺少硬件
允许硬件配置错误
确定
取消

图 3–38　设置启动项

注意：运行中的 CPU 会因为很多原因进入 STOP 模式，如扩展模块故障、扫描看门狗超时事件、存储卡插入或不规则上电事件等。CPU 进入 STOP 模式后，每次上电时 CPU 会继续进入 STOP 模式。必须通过 STEP 7–Micro/WIN SMART 将 CPU 恢复到 RUN 模式。

8. 组态模拟量输入的设置

西门子 S7–200 SMART PLC 的模拟量模块的类型和范围主要通过硬件组态来实现。对于每条模拟量输入通道，都将类型组态为电压或电流。需要指出的是，S7–200 SMART PLC 的模拟量输入类型组态是成对的，意思就是通道 0 组态为电压后，通道 1 的类型就自动组态为电压类型。即为偶数通道选择的类型也适用于奇数通道：为通道 0 选择的类型也适用于通道 1，为通道 2 选择的类型也适用于通道 3。

组态模拟量输入的设置方法如图 3–39 所示。

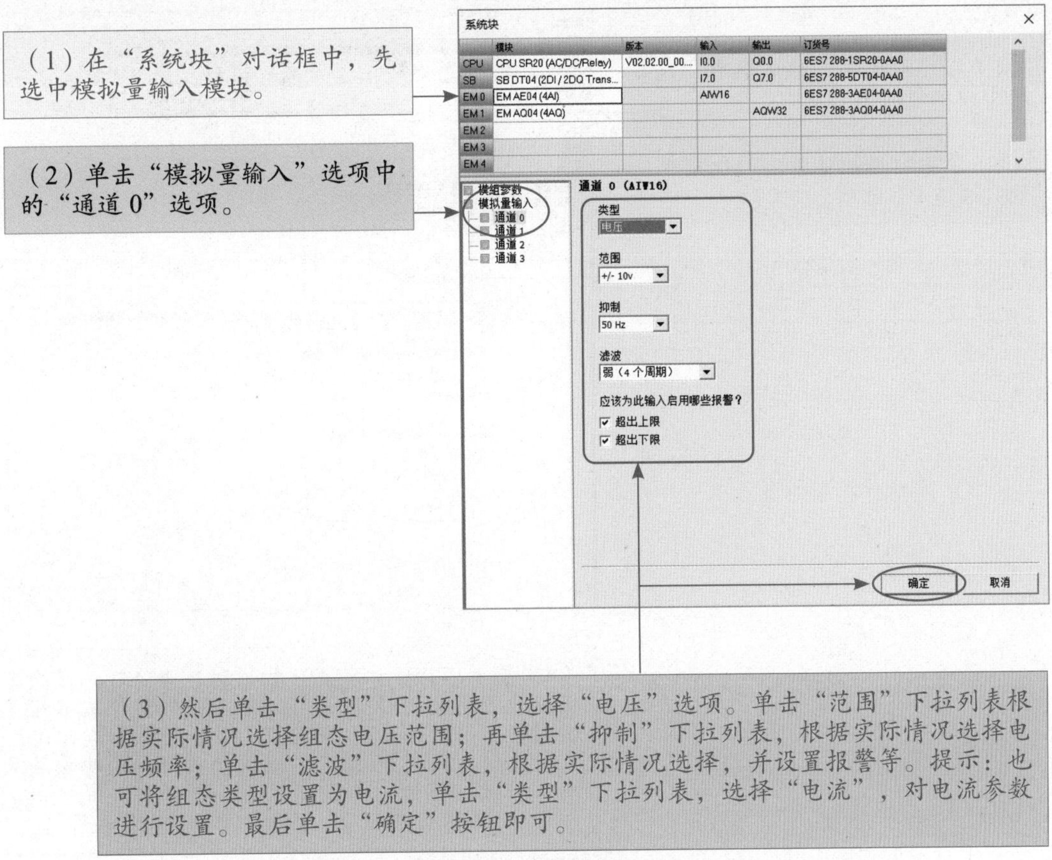

（1）在“系统块”对话框中，先选中模拟量输入模块。
（2）单击“模拟量输入”选项中的“通道 0”选项。
（3）然后单击“类型”下拉列表，选择“电压”选项。单击“范围”下拉列表根据实际情况选择组态电压范围；再单击“抑制”下拉列表，根据实际情况选择电压频率；单击“滤波”下拉列表，根据实际情况选择，并设置报警等。提示：也可将组态类型设置为电流，单击“类型”下拉列表，选择“电流”，对电流参数进行设置。最后单击“确定”按钮即可。
系统块
模块
版本
输入
输出
订货号
CPU
CPU SR20 (AC/DC/Relay)
V02.02.00_00...
I0.0
Q0.0
6ES7 288-1SR20-0AA0
SB
SB DT04 (2DI / 2DQ Trans...
I7.0
Q7.0
6ES7 288-5DT04-0AA0
EM 0
EM AE04 (4AI)
AIW16
6ES7 288-3AE04-0AA0
EM 1
EM AQ04 (4AQ)
AQW32
6ES7 288-3AQ04-0AA0
EM 2
EM 3
EM 4
模组参数
模拟量输入
通道 0
通道 1
通道 2
通道 3
通道 0 (AIW16)
类型
电压
范围
+/- 10v
抑制
50 Hz
滤波
弱（4 个周期）
应该为此输入启用哪些报警？
超出上限
超出下限
确定
取消

图 3-39　组态模拟量输入的设置方法

提示：“抑制”用来设置组态模块对信号进行抑制，进而消除或最小化某些频率点的噪声。因为传感器的响应时间或传送模拟量信号至模块信号线的长度和状况都会引起模拟量输入值的波动。在这种情况下，可能会因波动值变化太快而导致程序逻辑无法有效响应。

“平滑”用来设置组态模块在组态的周期数内平滑模拟量输入信号，从而将一个平均值传送给程序逻辑。

9. 组态模拟量输出的设置

西门子 S7-200 SMART PLC 的模拟量输出模块同样是通过硬件组态来实现的。对于每条模拟量输出通道，都将类型组态设置为电压或电流，也就是说同为电流输出或电压输出。同时可以设置通道的电压范围为：+/-10V（通道类型为电压时），电流范围为：0 ~ 20mA（通道类型为电流时）。

组态模拟量输出的设置方法如图 3-40 所示。

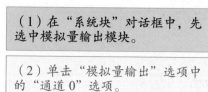

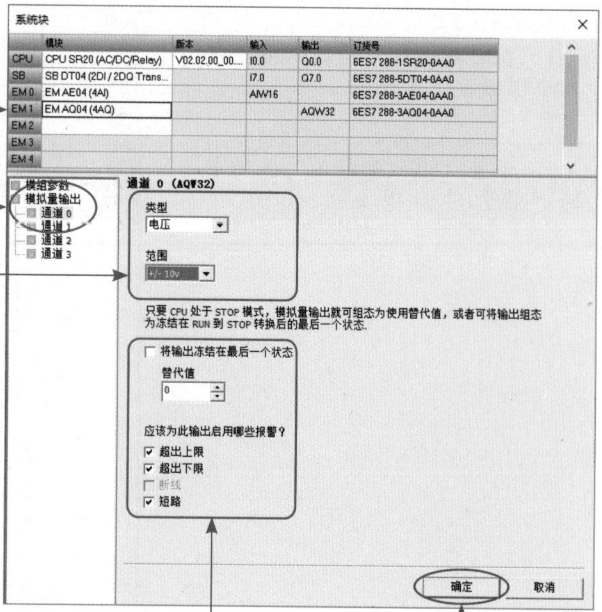
（1）在“系统块”对话框中，先选中模拟量输出模块。
（2）单击“模拟量输出”选项中的“通道 0”选项。
（3）单击“类型”下拉列表，选择“电压”。单击“范围”下拉列表，根据实际情况选择组态电压范围。提示：也可将组态类型设置为电流，单击“类型”下拉列表，选择“电流”，对电流参数进行设置。
（4）当 CPU 处于 STOP 模式时，可将模拟量输出点设置为特定值方法为：在“替代值”文本框输入输出的值（−32512~32511），默认替代值为 0。或者保持在切换到 STOP 模式之前存在的输出状态（勾选“将输出冻结在最后一个状态”复选框即可）。最后设置报警，并单击“确定”按钮即可。
系统块
模块
版本
输入
输出
订货号
CPU
CPU SR20 (AC/DC/Relay)
V02.02.00_00...
I0.0
Q0.0
6ES7 288-1SR20-0AA0
SB
SB DT04 (2DI / 2DQ Trans...
I7.0
Q7.0
6ES7 288-5DT04-0AA0
EM 0
EM AE04 (4AI)
AIW16
6ES7 288-3AE04-0AA0
EM 1
EM AQ04 (4AQ)
AQW32
6ES7 288-3AQ04-0AA0
EM 2
EM 3
EM 4
模组参数
模拟量输出
通道 0
通道 1
通道 2
通道 3
通道 0 (AQW32)
类型
电压
范围
+/- 10v
只要 CPU 处于 STOP 模式，模拟量输出就可组态为使用替代值，或者可将输出组态为冻结在 RUN 到 STOP 转换后的最后一个状态。
将输出冻结在最后一个状态
替代值
0
应该为此输出启用哪些报警？
超出上限
超出下限
断线
短路
确定
取消

图 3-40　组态模拟量输出的设置方法

3.3.4　如何建立通信和下载程序

执行已编写好的 PLC 项目程序之前有两项重要工作要做，首先将 PLC 与计算机或编程设备建立通信，然后将项目程序及数据块等下载到 PLC。接下来才是 PLC 项目程序的执行阶段。

1. 与 CPU 建立通信的方法

PLC 的 CPU 与计算机或编程设备建立通信是进行程序调试前的必要步骤，西门子的 STEP 7-MicroWIN SMART PLC 编程软件可通过两种方法与 PLC 的 CPU 实现通信，一种是通过以太网，另一种是通过串口（如 RS-485）。

与 CPU 建立以太网通信或串口通信的方法如图 3-41 所示。

（1）首先将 PLC 与计算机或编程设备通过网线（连接以太网接口）或数据线（连接 RS－485 串口）相连。

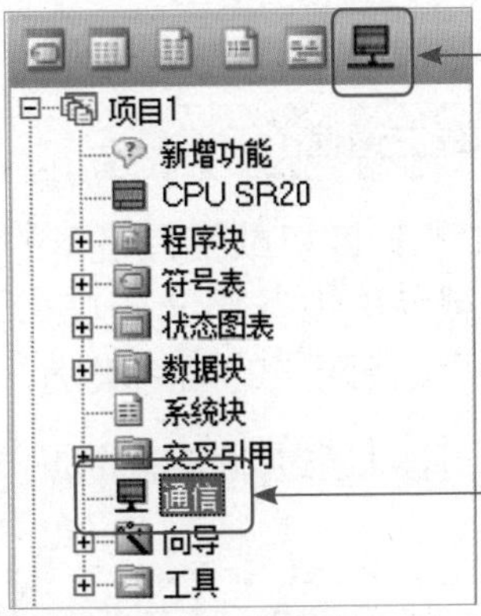
项目1
新增功能
CPU SR20
程序块
符号表
状态图表
数据块
系统块
交叉引用
通信
向导
工具

（2）在 STEP 7－MicroWIN SMART 编程软件中单击“导航栏”中的“通信”按钮，或在“项目树”栏中双击“通信”选项。

（3）在打开的“通信”对话框中，单击“通信接口”下拉列表，如果是通过以太网连接，则从下拉列表中选择计算机或编程设备的网卡（见右图）；如果是通过 RS－485 串口连接，则从下拉列表中选择“PC/PPI cable.PPI.1”（见下图）。

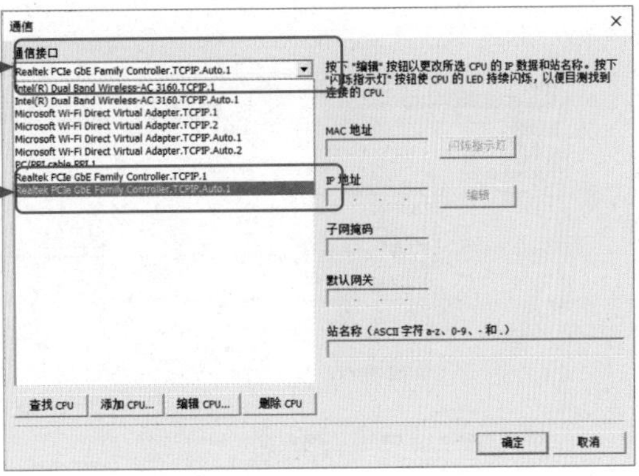
通信
通信接口
Realtek PCIe GbE Family Controller.TCPIP.Auto.1
Realtek PCIe GbE Family Controller.TCPIP.1
MAC 地址
IP 地址
子网掩码
默认网关
站名称（ASCII 字符 a-z、0-9、- 和 .）
查找 CPU
添加 CPU...
编辑 CPU...
删除 CPU
确定
取消

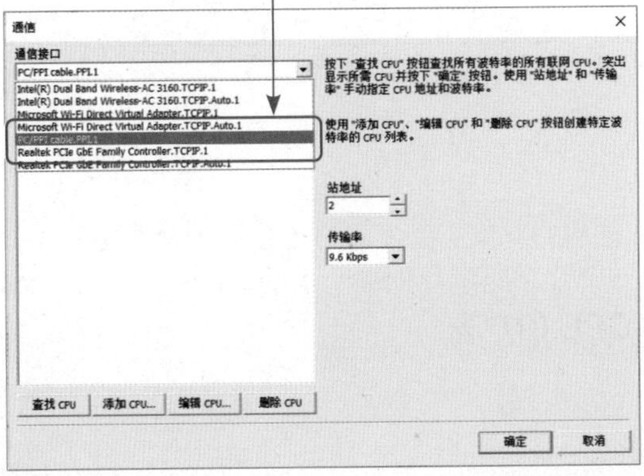
通信
通信接口
PC/PPI cable.PPI.1
Microsoft Wi-Fi Direct Virtual Adapter.TCPIP.Auto.1
Realtek PCIe GbE Family Controller.TCPIP.1
站地址
2
传输率
9.6 Kbps
查找 CPU
添加 CPU...
编辑 CPU...
删除 CPU
确定
取消

图 3-41　与 CPU 建立通信

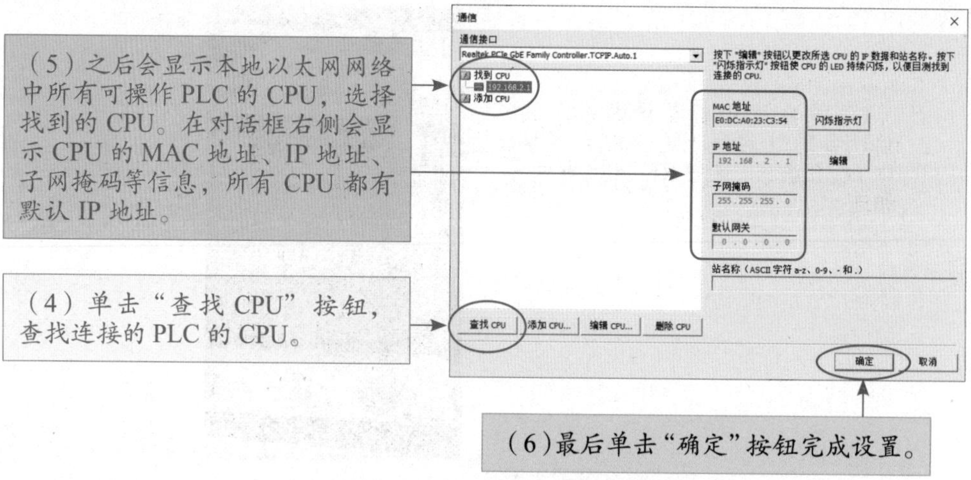
（5）之后会显示本地以太网网络中所有可操作 PLC 的 CPU，选择找到的 CPU。在对话框右侧会显示 CPU 的 MAC 地址、IP 地址、子网掩码等信息，所有 CPU 都有默认 IP 地址。
（4）单击“查找 CPU”按钮，查找连接的 PLC 的 CPU。
（6）最后单击“确定”按钮完成设置。
通信
通信接口
找到 CPU
添加 CPU
MAC 地址
闪烁指示灯
IP 地址
编辑
子网掩码
默认网关
查找 CPU
添加 CPU...
编辑 CPU...
删除 CPU
确定
取消

图 3-41　与 CPU 建立通信（续）

提示：要建立与 CPU 的连接，通信接口（计算机或编程设备的网卡）和 CPU 的网络类别必须与子网相同。可以设置计算机或编程设备网卡与 CPU 的默认 IP 地址匹配，也可更改 CPU 的 IP 地址与计算机或编程设备网卡的网络类别，使之与子网匹配。

除了通过“查找 CPU”与 CPU 建立连接，还可通过“添加 CPU”与 CPU 建立连接，具体方法如图 3-42 所示。

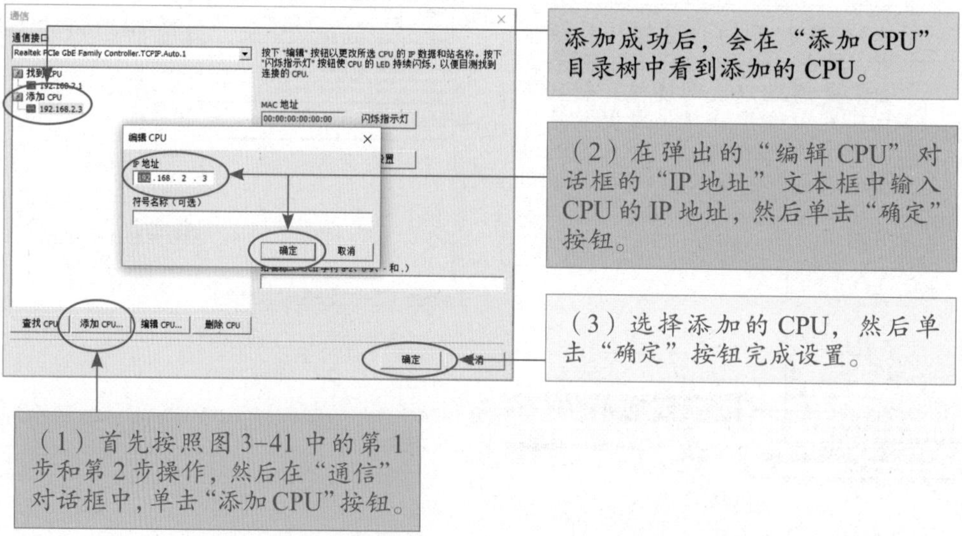
添加成功后，会在“添加 CPU”目录树中看到添加的 CPU。
（2）在弹出的“编辑 CPU”对话框的“IP 地址”文本框中输入 CPU 的 IP 地址，然后单击“确定”按钮。
（3）选择添加的 CPU，然后单击“确定”按钮完成设置。
（1）首先按照图 3-41 中的第 1 步和第 2 步操作，然后在“通信”对话框中，单击“添加 CPU”按钮。
编辑 CPU
IP 地址
符号名称（可选）
确定
取消

图 3-42　添加 CPU 的方法

2. 如何下载程序

编写好的项目程序、设置好的系统块参数及数据块等必须先下载到 CPU，然后参数设置才能生效，项目程序才能执行。

下面讲解如何将程序块、数据块或系统块下载到 CPU，如图 3-43 所示。

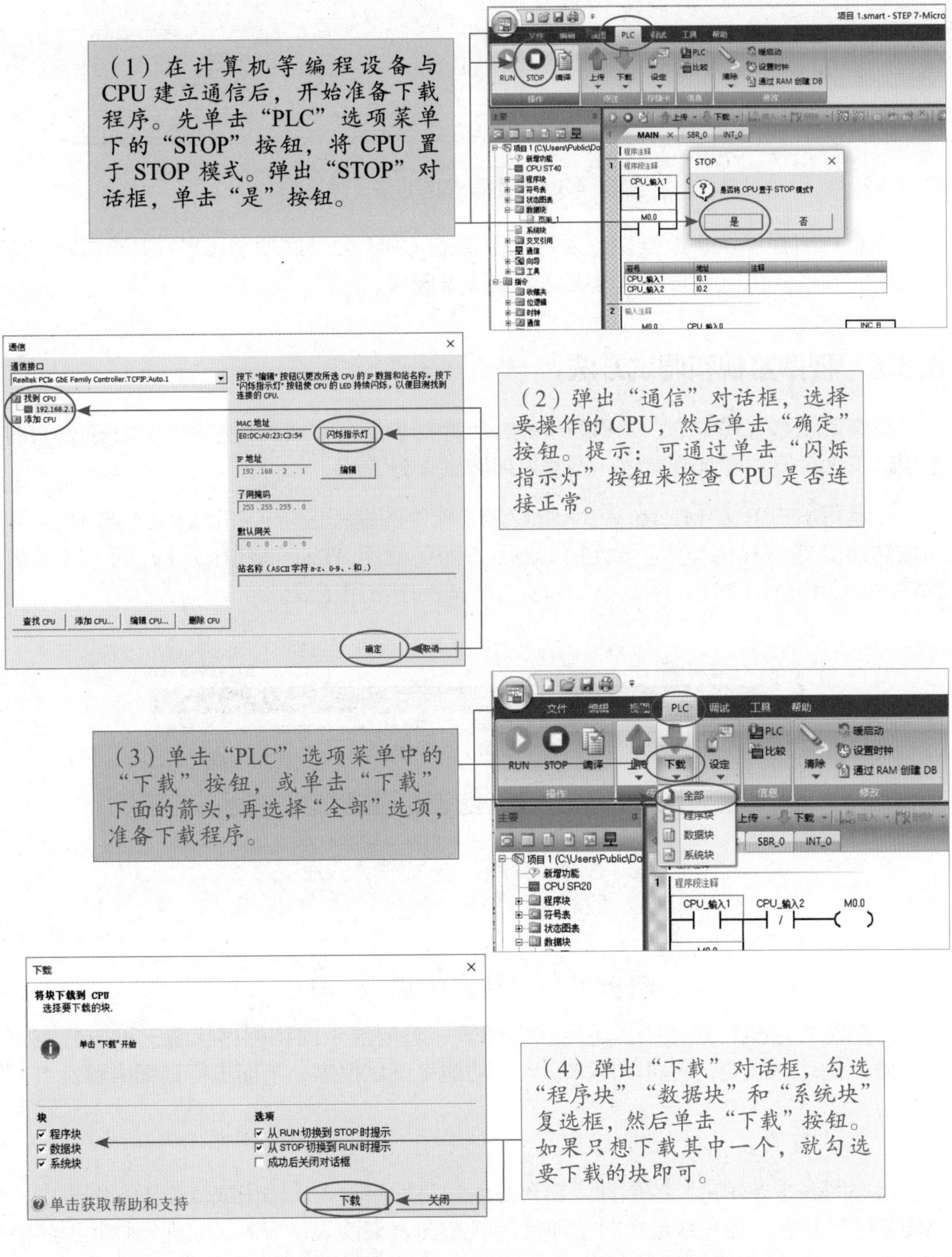
（1）在计算机等编程设备与CPU 建立通信后，开始准备下载程序。先单击“PLC”选项菜单下的“STOP”按钮，将 CPU 置于 STOP 模式。弹出“STOP”对话框，单击“是”按钮。
（2）弹出“通信”对话框，选择要操作的 CPU，然后单击“确定”按钮。提示：可通过单击“闪烁指示灯”按钮来检查 CPU 是否连接正常。
（3）单击“PLC”选项菜单中的“下载”按钮，或单击“下载”下面的箭头，再选择“全部”选项，准备下载程序。
（4）弹出“下载”对话框，勾选“程序块”“数据块”和“系统块”复选框，然后单击“下载”按钮。如果只想下载其中一个，就勾选要下载的块即可。
STOP
是否将 CPU 置于 STOP 模式?
是
否
通信
通信接口
找到 CPU
添加 CPU
MAC 地址
闪烁指示灯
IP 地址
编辑
子网掩码
默认网关
确定
取消
全部
程序块
数据块
系统块
下载
将块下载到 CPU
选择要下载的块.
单击"下载"开始
块
选项
从 RUN 切换到 STOP 时提示
从 STOP 切换到 RUN 时提示
成功后关闭对话框
单击获取帮助和支持
关闭

图 3-43　下载程序的方法

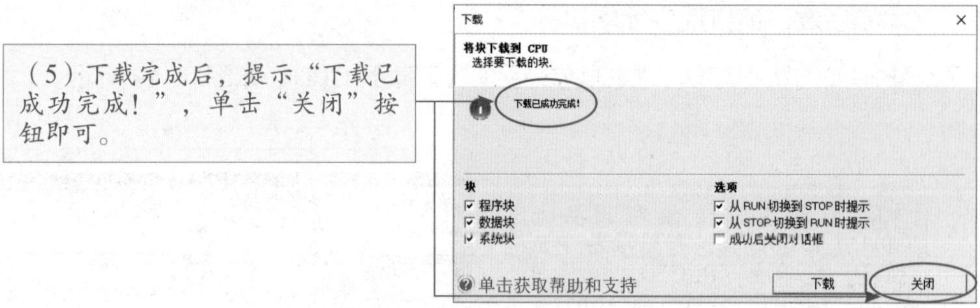
（5）下载完成后，提示“下载已成功完成！”，单击“关闭”按钮即可。
下载
将块下载到 CPU
选择要下载的块.
下载已成功完成!
块
程序块
数据块
系统块
选项
从 RUN 切换到 STOP 时提示
从 STOP 切换到 RUN 时提示
成功后关闭对话框
单击获取帮助和支持
下载
关闭

图 3-43　下载程序的方法（续）

注意：将程序块、数据块或系统块下载到 CPU 会彻底覆盖 CPU 中该块之前存在的任何内容。执行下载前，确定是否要覆盖该块。

3.3.5　程序监视和调试方法

程序调试是工程中的一个重要步骤，因为初步编写完成的程序不一定正确，有时虽逻辑正确，但需要修改参数，因此程序调试十分重要。

在运行 STEP 7–Micro/WIN SMART 软件的编程设备（如计算机）与 PLC 之间成功建立通信并将程序下载到 PLC 后，即可使用 STEP 7–Micro/WIN SMART 软件的监视和调试功能，图 3–44 所示为调试程序常用工具。

项目 1.smart - ST
文件
编辑
视图
PLC
调试
工具
帮助
读取
全部写入
程序状态
暂停状态
图表状态
暂停图表
强制
取消强制
全部取消强制
读取全部强制
执行单次
执行多次
运行中编辑
STOP 下强制
读/写
状态
强制
扫描
设置
在 STEP 7–Micro/WIN SMART 软件中单击“调试”菜单，可以看到常用的监视调试工具。

图 3–44　“调试”菜单中的工具

在控制程序执行过程中，可用状态图表、趋势显示图和程序状态三种方式监控 PLC 数据的动态改变，还可以用“写入”功能来调试程序，下面进行详细讲解。

1. 用状态图表监控数据

状态图表主要用来监控数据，它允许用户将程序输入、输出或变量置入图表中，以便监控其状态。在程序运行时，可使用状态图表来读取、写入、监视和强制程序中的变量。

在状态图表中，每行指定一个要监视的 PLC 数据值（如 CPU 输入开关等）。可指定存储器地址、格式、当前值和新值（如果使用强制命令），如图 3–45 所示。

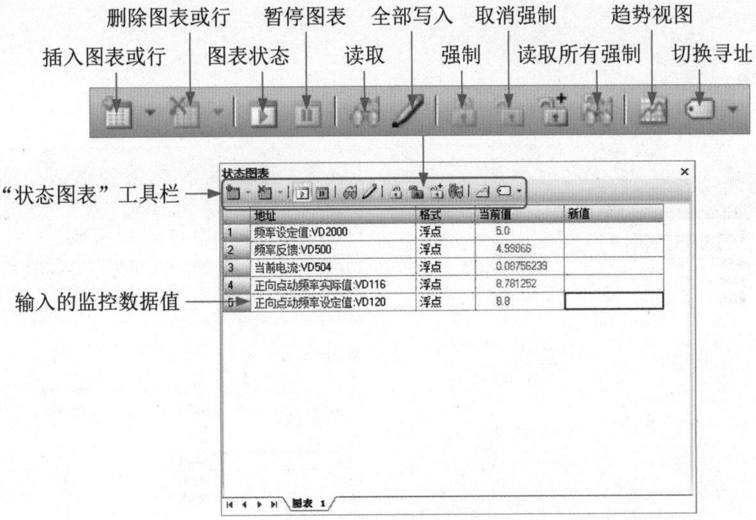
删除图表或行
暂停图表
全部写入
取消强制
趋势视图
插入图表或行
图表状态
读取
强制
读取所有强制
切换寻址
“状态图表”工具栏
输入的监控数据值
状态图表
地址
格式
当前值
新值
频率设定值:VD2000
浮点
5.0
频率反馈:VD500
4.99866
当前电流:VD504
0.08756239
正向点动频率实际值:VD116
8.781252
正向点动频率设定值:VD120
8.8
图表 1

图 3-45　状态图表

用状态图表监控数据的方法如图 3-46 所示。

（1）在使用状态图表监控数据前，需要先做以下工作：①成功编译程序；②在 STEP 7-Micro/WIN SMART 与 PLC 之间成功建立通信；③将程序成功下载到 PLC；④要查看连续状态更新，PLC 必须处于 RUN 模式。否则，仅能看到 I/O 的状态更改。因为 PLC 程序未执行，I/O 的变化不会对程序编辑器中的程序逻辑产生任何影响；⑤必须为受保护的 POU 提供密码才能打开块（用于正常编辑、在 RUN 模式下编辑和程序状态操作）。

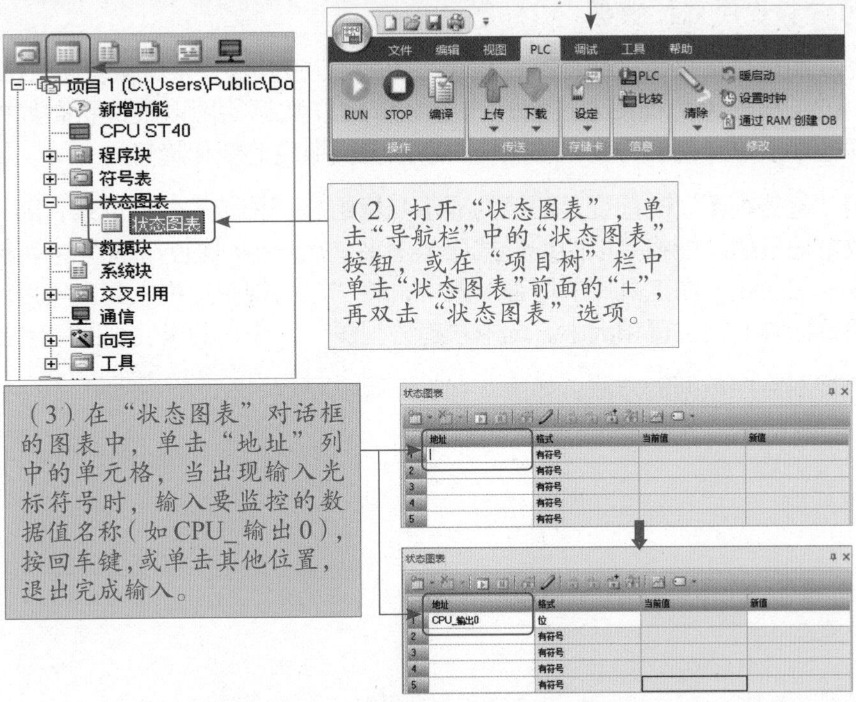
项目 1 (C:\Users\Public\Do
新增功能
CPU ST40
程序块
符号表
状态图表
状态图表
数据块
系统块
交叉引用
通信
向导
工具
文件
编辑
视图
PLC
调试
工具
帮助
RUN
STOP
编译
上传
下载
设定
PLC
比较
清除
暖启动
设置时钟
通过 RAM 创建 DB
操作
传送
存储卡
信息
修改
（2）打开“状态图表”，单击“导航栏”中的“状态图表”按钮，或在“项目树”栏中单击“状态图表”前面的“+”，再双击“状态图表”选项。
（3）在“状态图表”对话框的图表中，单击“地址”列中的单元格，当出现输入光标符号时，输入要监控的数据值名称（如 CPU_输出 0），按回车键，或单击其他位置，退出完成输入。
状态图表
地址
格式
当前值
新值
有符号
CPU_输出0
位

图 3-46　用状态图表监控数据的方法

提示：如果想插入附加行，单击“插入图表”右侧箭头，选择“行”选项即可。

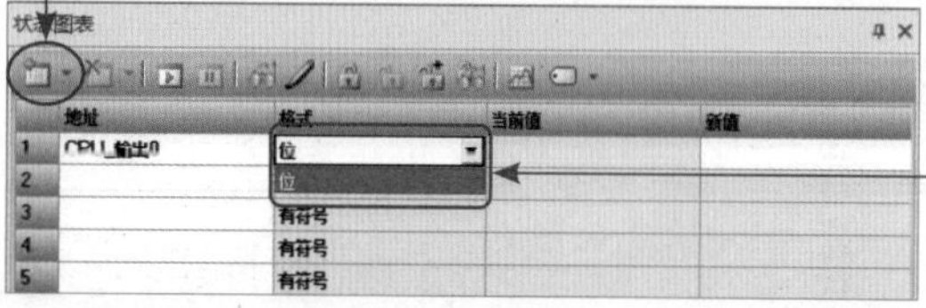

（4）设置输入数值的格式。如果输入的是位，如 I、Q 或 M，则“格式”列中会自动设值格式为位。如果是字节、字或双字，则单击“格式”列中单元格的下拉列表，然后在可用选项中选择有效格式。

（5）在“状态图表”中单击“图表状态”按钮开始监控图表中的数据。这时在“当前值”列出出现所监控数据的当前值。如果想停止监控，再次单击“状态图表”按钮或单击“暂停图表”按钮。

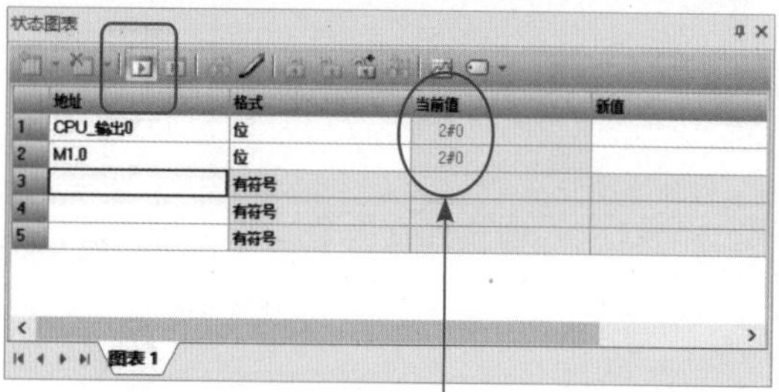

当启动状态图表时，STEP 7-Micro/WIN SMART 编程软件会从 PLC 连续采集当前值，并更新状态图表中“当前值”列中的值。

图 3-46　用状态图表监控数据的方法（续）

2. 用趋势视图监控数据

趋势视图也是用来监视数据的，与状态图表不同的是，它以曲线的形式来显示监控数据时的结果。趋势视图通过随时间变化的 PLC 数据绘图以跟踪状态数据，可以更加直观地观察数字量信号变化的逻辑时序或者模拟量的变化趋势。

使用“趋势视图”的前提是已经为显示变量组态了相应的数据记录，即只有具有变量的数据记录值才能将其以曲线形式显示出来。在一个“趋势视图”中可以同时显示多个变量的曲线。在工具库的增强对象中，将“趋势视图”拖入到本项目的起始画面中，用鼠标调节其位置和大小。选中“趋势视图”，在它的属性视图中组态参数。

趋势视图监控数据的方法，如图 3-47 所示。

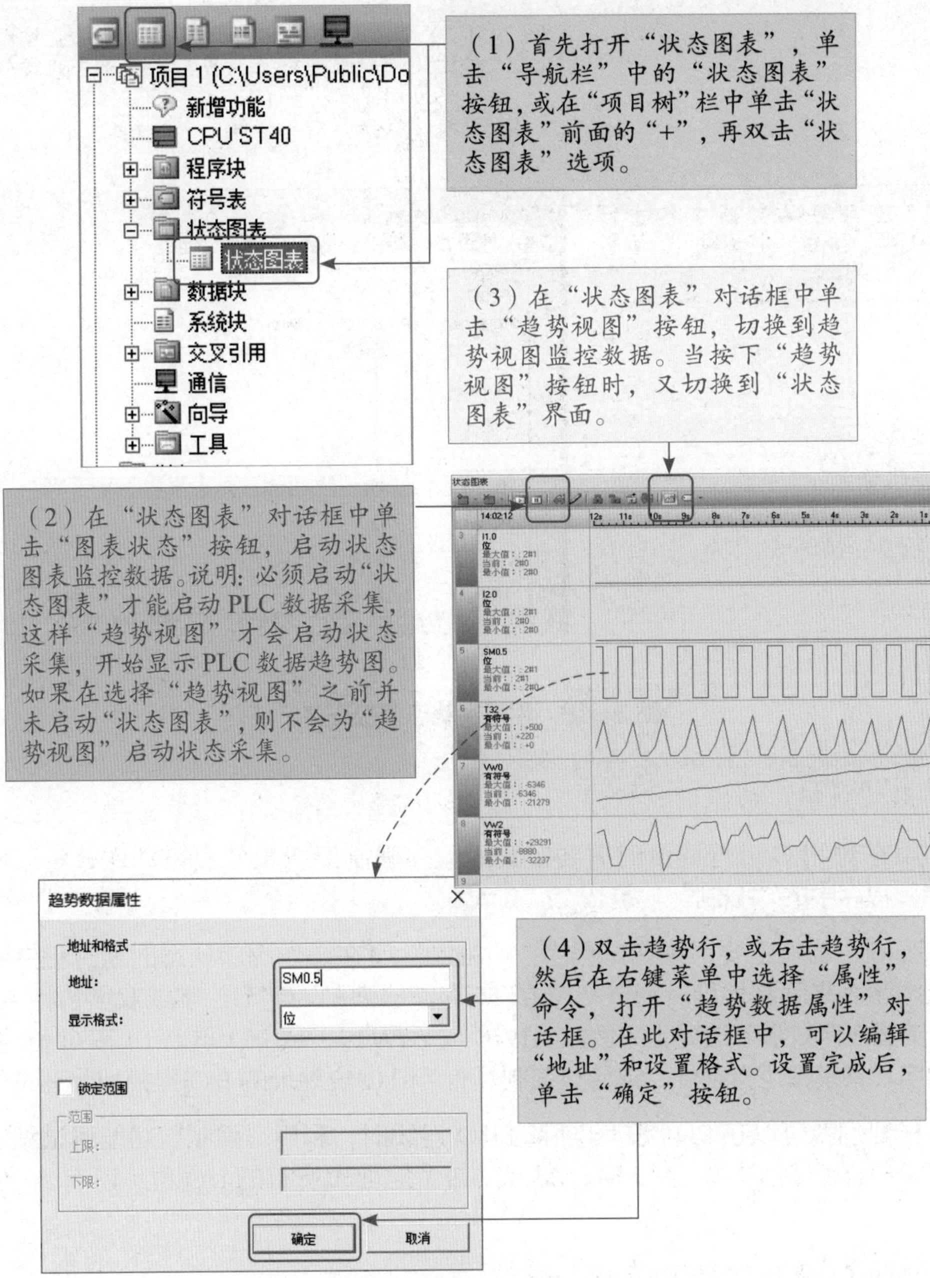
项目 1 (C:\Users\Public\Do
新增功能
CPU ST40
程序块
符号表
状态图表
状态图表
数据块
系统块
交叉引用
通信
向导
工具
（1）首先打开“状态图表”，单击“导航栏”中的“状态图表”按钮，或在“项目树”栏中单击“状态图表”前面的“+”，再双击“状态图表”选项。
（3）在“状态图表”对话框中单击“趋势视图”按钮，切换到趋势视图监控数据。当按下“趋势视图”按钮时，又切换到“状态图表”界面。
（2）在“状态图表”对话框中单击“图表状态”按钮，启动状态图表监控数据。说明：必须启动“状态图表”才能启动 PLC 数据采集，这样“趋势视图”才会启动状态采集，开始显示 PLC 数据趋势图。如果在选择“趋势视图”之前并未启动“状态图表”，则不会为“趋势视图”启动状态采集。
状态图表
14:02:12
I1.0
I2.0
SM0.5
T32
VW0
VW2
趋势数据属性
地址和格式
地址：
SM0.5
显示格式：
位
锁定范围
范围
上限：
下限：
确定
取消
（4）双击趋势行，或右击趋势行，然后在右键菜单中选择“属性”命令，打开“趋势数据属性”对话框。在此对话框中，可以编辑“地址”和设置格式。设置完成后，单击“确定”按钮。

图 3-47　趋势视图监控数据的方法

3. 用程序状态监控程序

程序状态用来在项目编辑器中持续监视在线程序对各元件的执行结果，并可监视操作数的数值。监视在线程序状态的方法如图 3-48 所示。

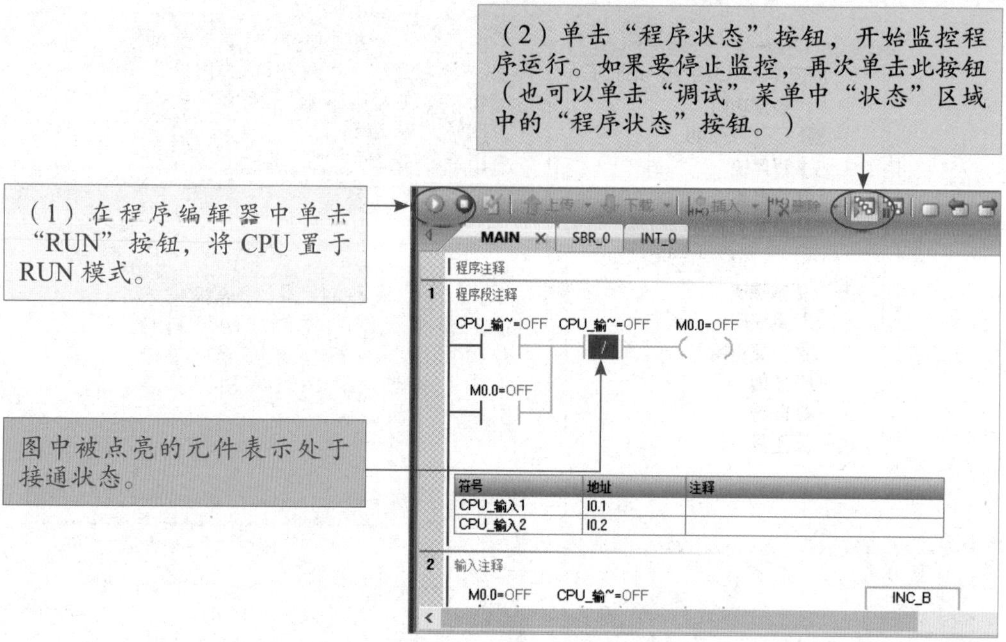
（2）单击“程序状态”按钮，开始监控程序运行。如果要停止监控，再次单击此按钮（也可以单击“调试”菜单中“状态”区域中的“程序状态”按钮。）
（1）在程序编辑器中单击“RUN”按钮，将 CPU 置于 RUN 模式。
图中被点亮的元件表示处于接通状态。
MAIN
SBR_0
INT_0
程序注释
1
程序段注释
CPU_输~=OFF
CPU_输~=OFF
M0.0=OFF
M0.0=OFF
符号
地址
注释
CPU_输入1
I0.1
CPU_输入2
I0.2
2
输入注释
M0.0=OFF
CPU_输~=OFF
INC_B

图 3-48　用程序状态监控程序

4. 用“强制”功能调试程序

如果在对 PLC 进行调试时需要对某段程序强制运行来使设备动作，可以使用 PLC 编程程序中的“强制”功能。

“强制”功能主要用来调试程序，“强制”可在操作程序状态时通过程序编辑器或状态图表来强制地址。通过将 V 或 M 存储器强制为字节、字或双字，将 AI 或 AQ 存储器在偶数字节边界上（例如 AIW6 或 AIW14）或 I/O 点上（I 和 Q 位地址）强制为字，来模拟逻辑条件；或通过强制具有 I 和 Q 位地址的 I/O 点模拟物理条件。

这样我们就可以在 PLC 没有实际的 I/O 连线时，利用“强制”功能调试程序。用户可以一次强制 16 个（V、M、AI 或 AQ）地址和所有的 I/O 位（所有 AI 和 Q 位地址）。

强制程序状态地址的方法如图 3-49 所示。

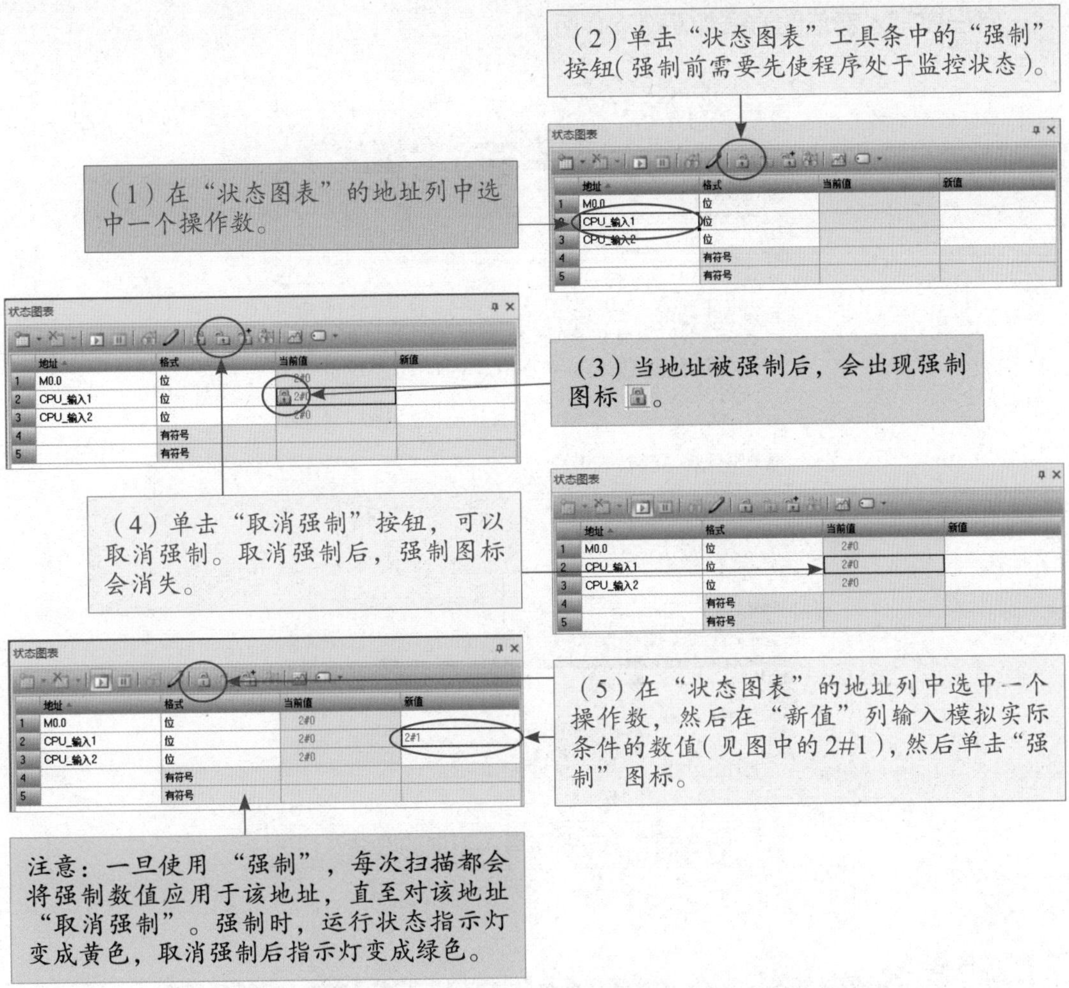
（2）单击“状态图表”工具条中的“强制”按钮（强制前需要先使程序处于监控状态）。
（1）在“状态图表”的地址列中选中一个操作数。
（3）当地址被强制后，会出现强制图标。
（4）单击“取消强制”按钮，可以取消强制。取消强制后，强制图标会消失。
（5）在“状态图表”的地址列中选中一个操作数，然后在“新值”列输入模拟实际条件的数值（见图中的 2#1），然后单击“强制”图标。
注意：一旦使用“强制”，每次扫描都会将强制数值应用于该地址，直至对该地址“取消强制”。强制时，运行状态指示灯变成黄色，取消强制后指示灯变成绿色。
状态图表
地址
格式
当前值
新值
M0.0
CPU_输入1
CPU_输入2
位
有符号
2#0
2#1

图 3-49　“强制”程序状态地址的方法

注意：在程序中“强制”数值时，在程序每次扫描时将操作数重设为该数值，与输入 / 输出条件或其他正常情况下对操作数有影响的程序逻辑无关。“强制”可能导致程序操作无法预料，可能导致严重伤害或设备损坏，因此要在不带负载的情况下调试程序时使用“强制”功能。

5. 用“写入”数据调试程序

“写入”功能同样是用来调试程序的，利用“全部写入”功能可以同时输入几个数据，允许将所有值写入程序，以模拟一种或一系列条件。之后可运行程序并使用状态图表和程序状态监视运行状况。

“写入”功能类似“强制”功能，但也有区别，“强制”功能优先级别要高于“写入”，“写入”的数据可能改变参数状态，但当与逻辑运算的结果抵触时，写入的数据也可能不起作用。

向程序写入新值的方法如图 3–50 所示。

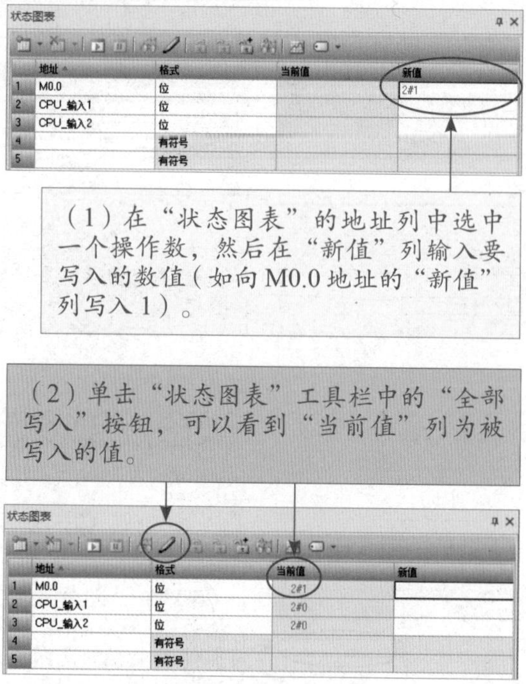
状态图表
地址
格式
当前值
新值
M0.0
CPU_输入1
CPU_输入2
位
有符号
2#1
（1）在“状态图表”的地址列中选中一个操作数，然后在“新值”列输入要写入的数值（如向 M0.0 地址的“新值”列写入 1）。
（2）单击“状态图表”工具栏中的“全部写入”按钮，可以看到“当前值”列为被写入的值。
2#0

图 3–50　向程序写入新值的方法

3.4 创建第一个完整的编程项目实战案例

下面以图 3–51 所示的梯形图（梯形图用来控制 PLC 的运行过程，第 4 章中会详细讲述）为例，讲解一个程序从编写到下载、运行和监控的完整过程。

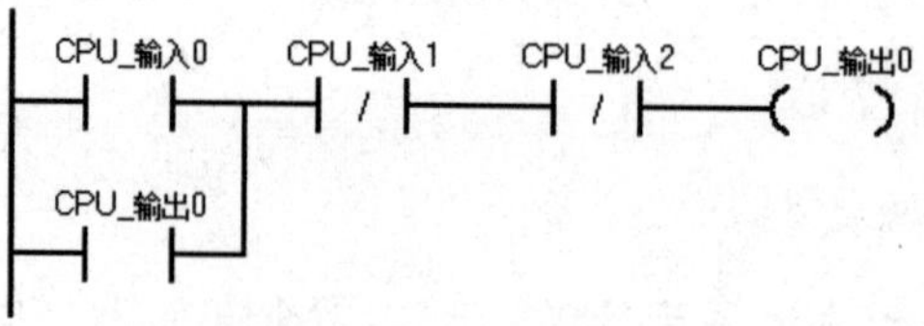
CPU_输入0
CPU_输入1
CPU_输入2
CPU_输出0
CPU_输出0

图 3–51　PLC 梯形图

3.4.1 启动编程软件并配置硬件

首先在计算机中启动 STEP 7–MicroWIN SMART 编程软件，然后对 PLC 的 CPU 进行配置，如图 3–52 所示。

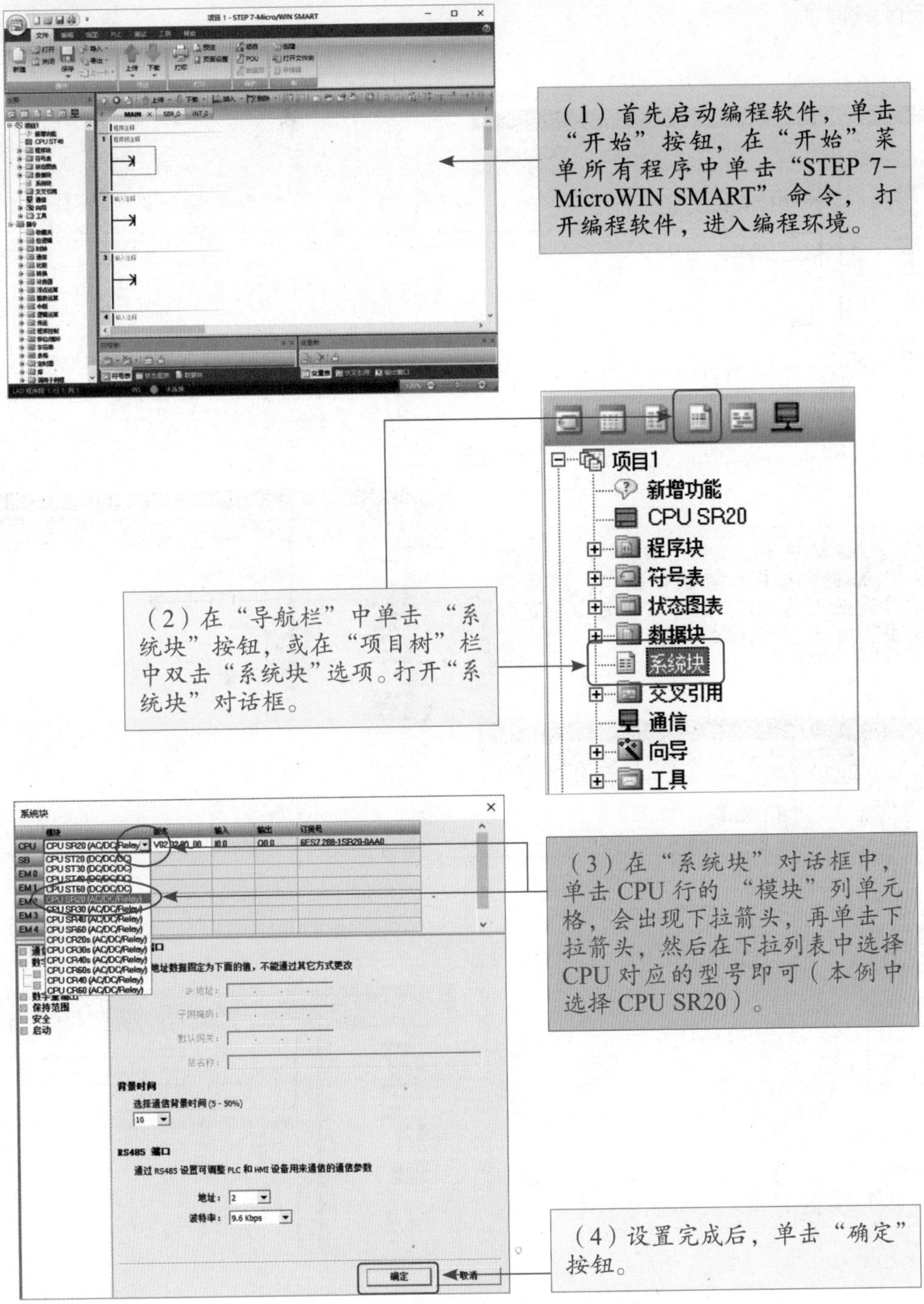

（1）首先启动编程软件，单击“开始”按钮，在“开始”菜单所有程序中单击“STEP 7-MicroWIN SMART”命令，打开编程软件，进入编程环境。
项目1
新增功能
CPU SR20
程序块
符号表
状态图表
数据块
系统块
交叉引用
通信
向导
工具
（2）在“导航栏”中单击“系统块”按钮，或在“项目树”栏中双击“系统块”选项。打开“系统块”对话框。
（3）在“系统块”对话框中，单击 CPU 行的“模块”列单元格，会出现下拉箭头，再单击下拉箭头，然后在下拉列表中选择 CPU 对应的型号即可（本例中选择 CPU SR20）。
（4）设置完成后，单击“确定”按钮。
确定

图 3-52　启动编程软件并配置硬件

3.4.2 在编程软件中编写梯形图程序

在配置好硬件后，即可开始编写梯形图，如图 3-53 所示（以图 3-52 梯形图为例进行讲解）。

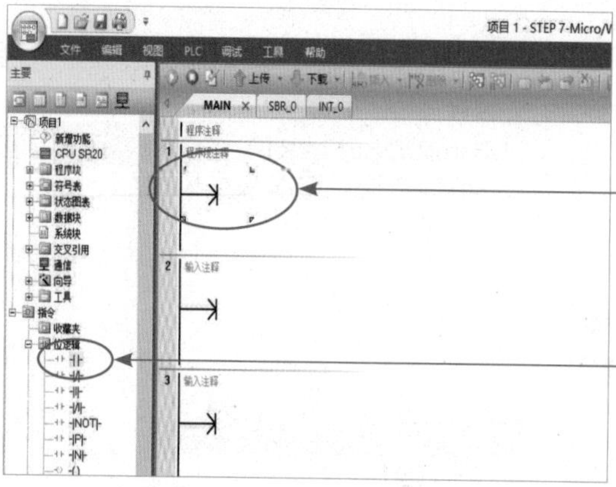
项目 1 - STEP 7-Micro/W
文件 编辑 视图 PLC 调试 工具 帮助
MAIN SBR_0 INT_0
项目1
新增功能
CPU SR20
程序块
符号表
状态图表
数据块
系统块
交叉引用
通信
向导
工具
指令
收藏夹
位逻辑
程序注释
输入注释

（1）首先向程序编辑器中放置编程元件符号。单击指令树中“指令”下的“位逻辑”前的“+”，然后将常开触点的符号 ‖ 拖到程序编辑器中所需的位置（如图中的位置）。拖到编辑区域后，会出现 4 个三角，表示元件放置的位置。

提示：也可以在程序编辑器的区域中先单击需要放置指令元件的位置，然后双击指令树中需要放置的指令符号。

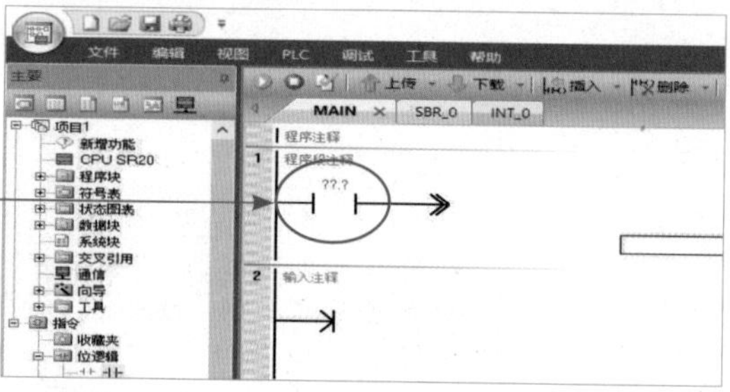
文件 编辑 视图 PLC 调试 工具 帮助
上传 下载 插入 删除
MAIN SBR_0 INT_0
程序注释
??.?
输入注释

（2）在编辑区域单击元件符号上方的“??.?”，将光标定位在输入框内，然后输入该常开触点的地址“I0.0”，之后在空白处单击即可（也可按回车键）。

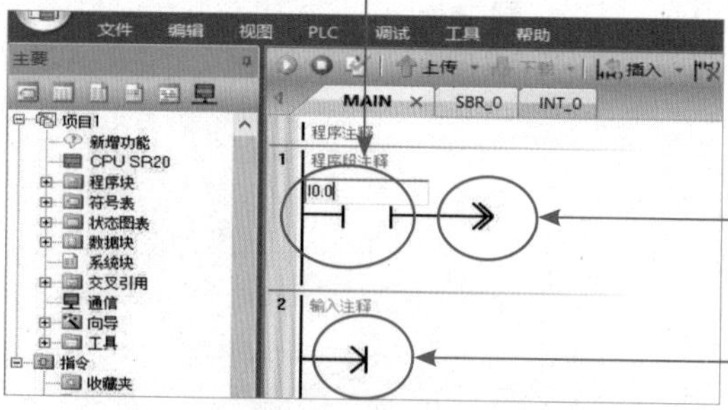
文件 编辑 视图 PLC 调试 工具 帮助
上传 下载 插入
MAIN SBR_0 INT_0
程序注释
I0.0
输入注释

提示：在编程中会出现这两种指示器，其中 → 表示程序段中存在开路状况，必须解决开路问题，程序段才能成功编译；→| 表示可将额外逻辑附加到程序段中的该位置。

（3）接下来按同样的操作步骤分别输入第一条程序的其他元件。将“位逻辑”中的常闭触点 -|/|- 拖到编辑区，并在“??.?”输入 I0.1；再将常闭触点 -|/|- 拖到编辑区，并在“??.?”输入 I0.2；最后将输出线圈 -() 拖到编辑区，并在“??.?”输入 Q0.0。注意，地址中的“0.0”是零，不能输成字母“O”。

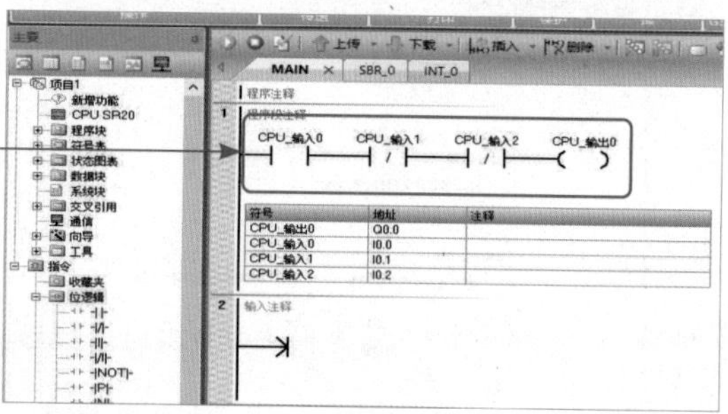
MAIN SBR_0 INT_0
程序注释
CPU_输入0
CPU_输入1
CPU_输入2
CPU_输出0
符号 地址 注释
CPU_输出0 Q0.0
CPU_输入0 I0.0
CPU_输入1 I0.1
CPU_输入2 I0.2
输入注释

图 3-53　编写梯形图程序

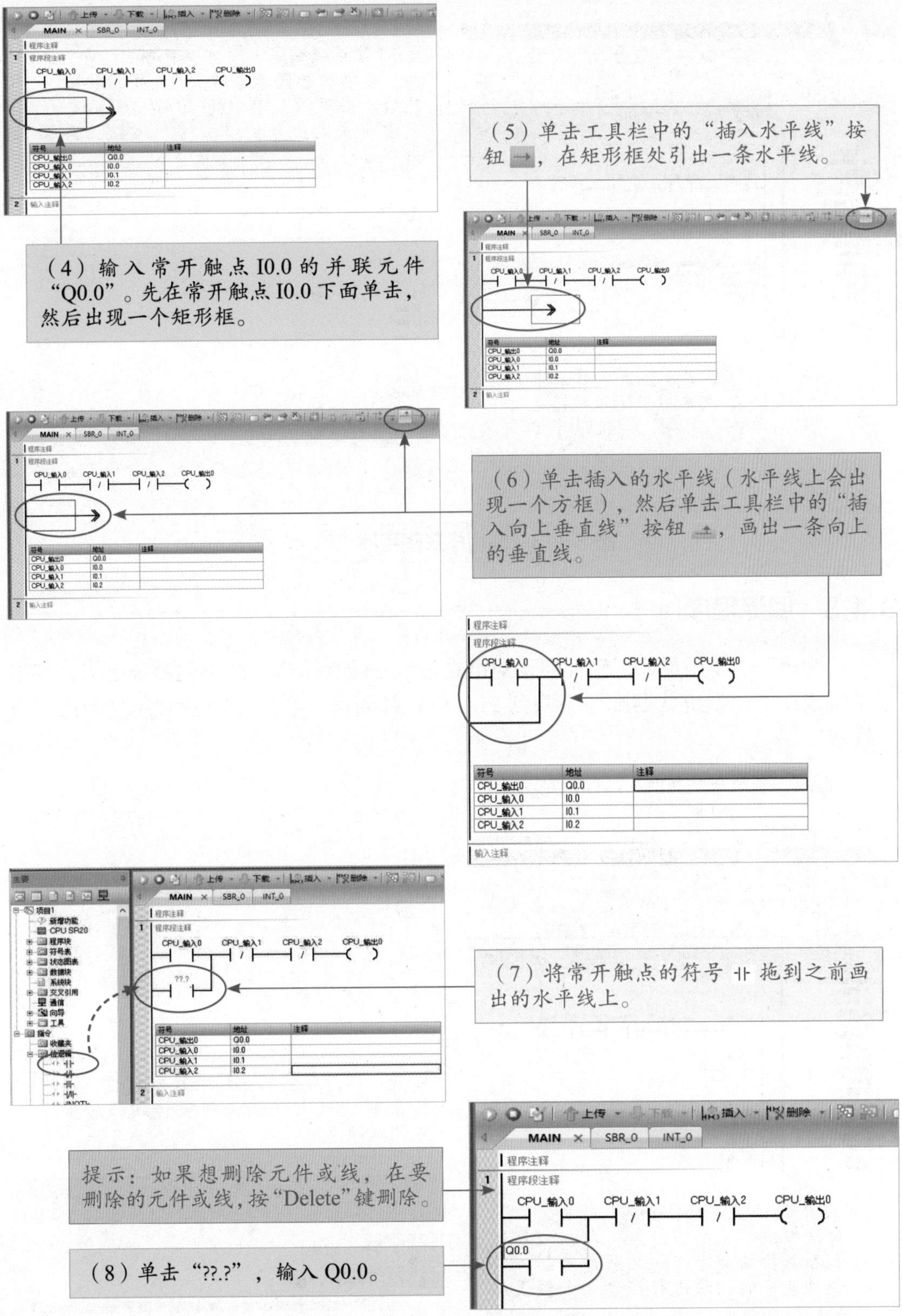
（4）输入常开触点 I0.0 的并联元件“Q0.0”。先在常开触点 I0.0 下面单击，然后出现一个矩形框。
（5）单击工具栏中的“插入水平线”按钮 ，在矩形框处引出一条水平线。
（6）单击插入的水平线（水平线上会出现一个方框），然后单击工具栏中的“插入向上垂直线”按钮 ，画出一条向上的垂直线。
（7）将常开触点的符号 拖到之前画出的水平线上。
提示：如果想删除元件或线，在要删除的元件或线，按“Delete”键删除。
（8）单击“??.?”，输入 Q0.0。
MAIN
SBR_0
INT_0
程序注释
程序段注释
CPU_输入0
CPU_输入1
CPU_输入2
CPU_输出0
符号
地址
注释
Q0.0
I0.0
I0.1
I0.2
输入注释

图 3-53　编写梯形图程序（续）

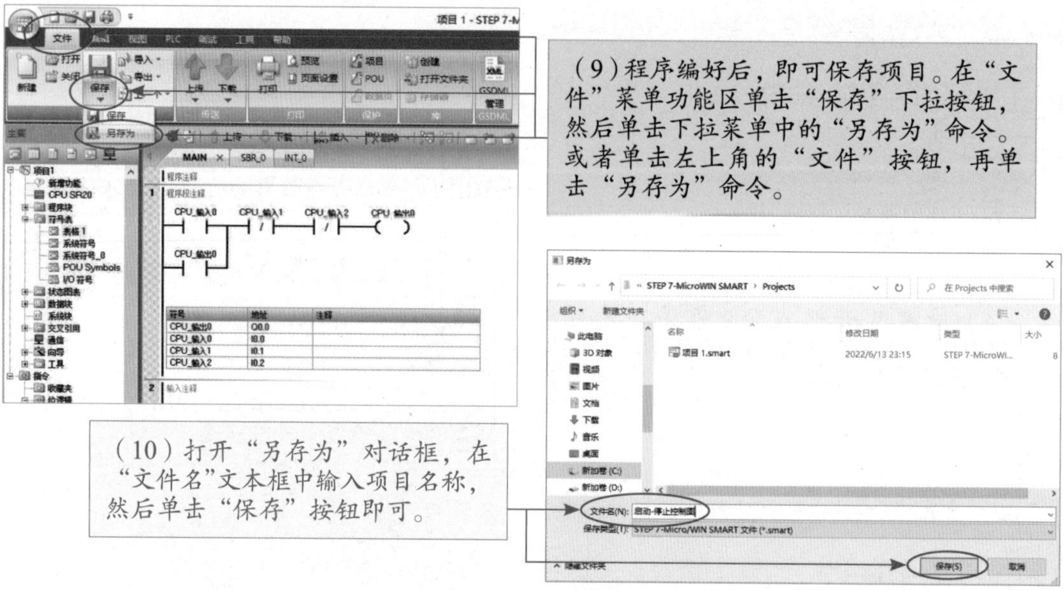
（9）程序编好后，即可保存项目。在“文件”菜单功能区单击“保存”下拉按钮，然后单击下拉菜单中的“另存为”命令。或者单击左上角的“文件”按钮，再单击“另存为”命令。
（10）打开“另存为”对话框，在“文件名”文本框中输入项目名称，然后单击“保存”按钮即可。

图 3-53　编写梯形图程序（续）

3.4.3　编译程序

“编译”的作用是编程软件自动对组态进行一致性检查。如果程序未出错，将生成系统数据，该系统数据即可下载到 PLC 中；如果程序有错，将会对包含的错误进行提示。

编译程序的方法如图 3-54 所示。

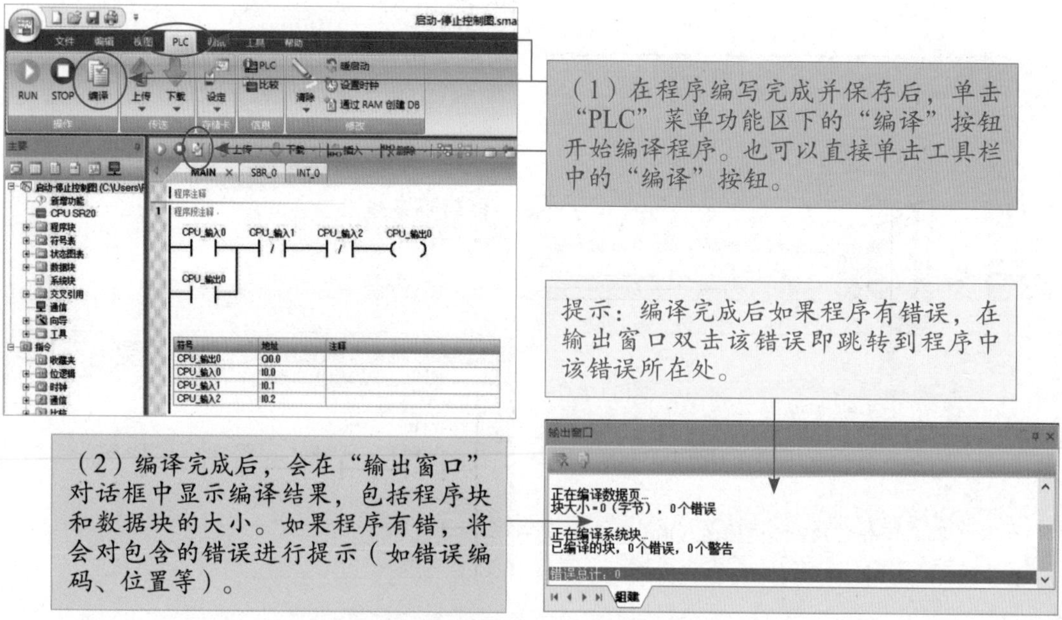
（1）在程序编写完成并保存后，单击“PLC”菜单功能区下的“编译”按钮开始编译程序。也可以直接单击工具栏中的“编译”按钮。
提示：编译完成后如果程序有错误，在输出窗口双击该错误即跳转到程序中该错误所在处。
（2）编译完成后，会在“输出窗口”对话框中显示编译结果，包括程序块和数据块的大小。如果程序有错，将会对包含的错误进行提示（如错误编码、位置等）。
正在编译数据页...
块大小 = 0（字节），0 个错误
正在编译系统块...
已编译的块，0 个错误，0 个警告

图 3-54　编译程序的方法

3.4.4 建立编程软件与PLC主机间的通信

在编译完程序后，准备下载程序前，应先建立编程软件与PLC的CPU间的通信。联机通信的方法如图3-55所示（本例为以太网通信）。

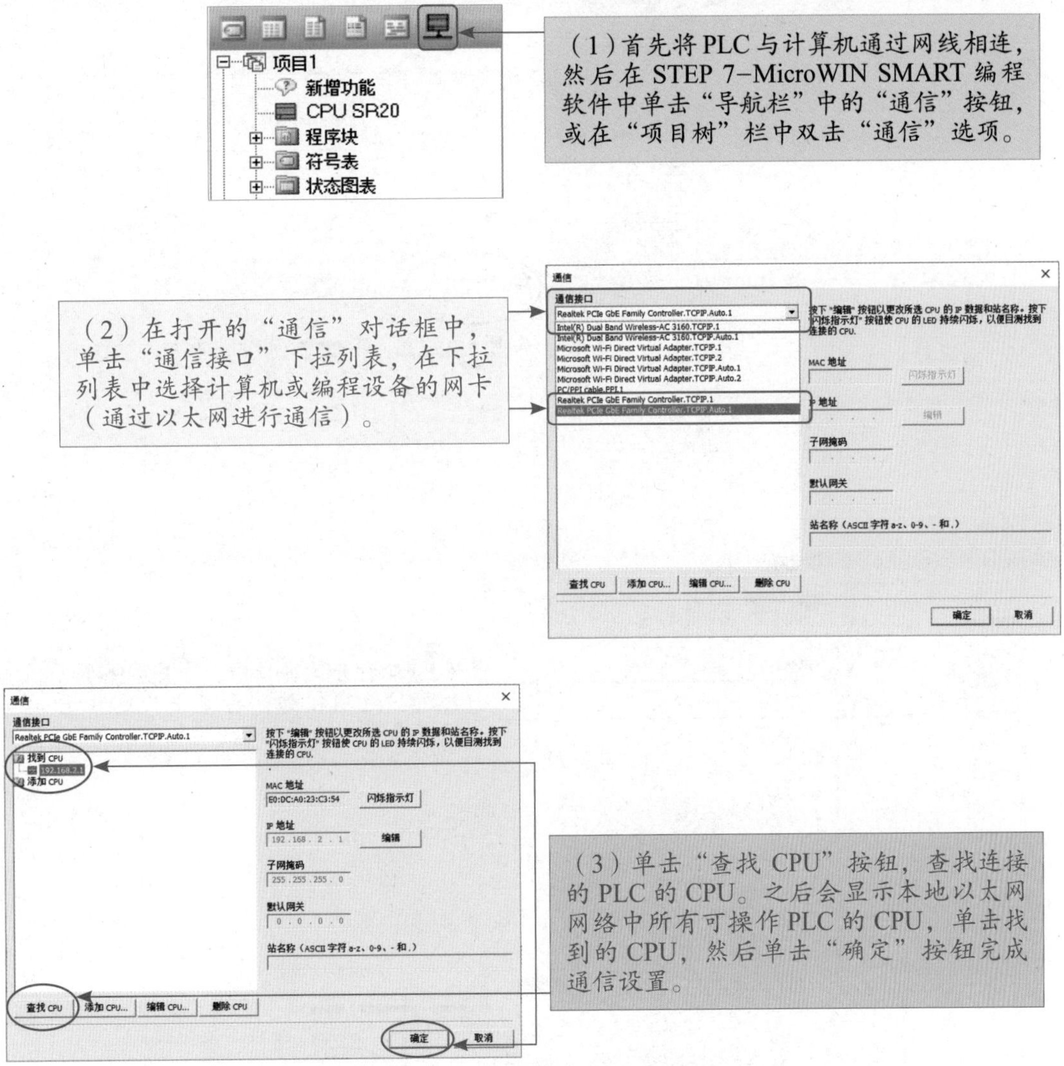
项目1
新增功能
CPU SR20
程序块
符号表
状态图表
（1）首先将PLC与计算机通过网线相连，然后在STEP 7-MicroWIN SMART编程软件中单击“导航栏”中的“通信”按钮，或在“项目树”栏中双击“通信”选项。
（2）在打开的“通信”对话框中，单击“通信接口”下拉列表，在下拉列表中选择计算机或编程设备的网卡（通过以太网进行通信）。
（3）单击“查找CPU”按钮，查找连接的PLC的CPU。之后会显示本地以太网网络中所有可操作PLC的CPU，单击找到的CPU，然后单击“确定”按钮完成通信设置。

图3-55　与CPU建立通信

3.4.5 设置计算机IP地址

在下载程序前，还有重要的一步就是设置计算机的IP地址，如果计算机的IP地址设置不正确，虽然可以搜索到CPU，但可能会导致不能下载程序。设置计算机IP地址的方法如图3-56所示（以Windows 10系统为例进行讲解）。

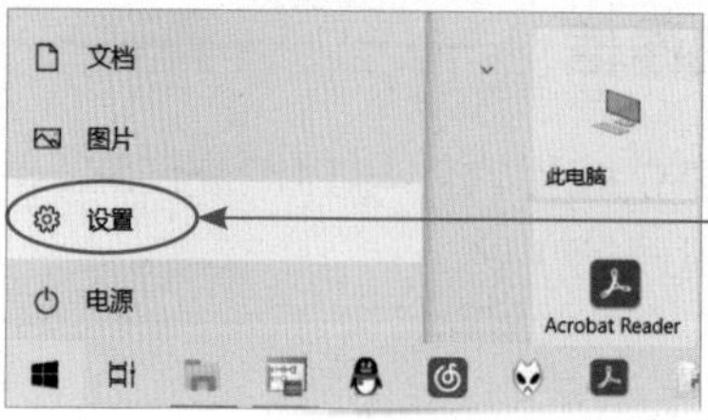
文档
图片
设置
电源
此电脑
Acrobat Reader

(1)在计算机中单击“开始”按钮，然后单击“设置”选项按钮。

设置
Windows 设置
查找设置
系统
设备
手机
网络和 Internet
WLAN、飞行模式、VPN
个性化
应用
帐户
时间和语言
游戏
轻松使用
搜索
隐私

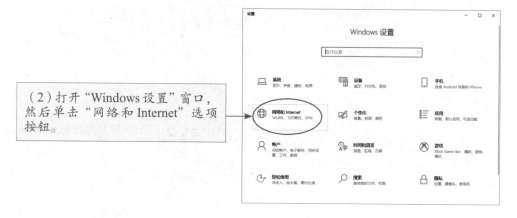

(2)打开“Windows 设置”窗口，然后单击“网络和 Internet”选项按钮。

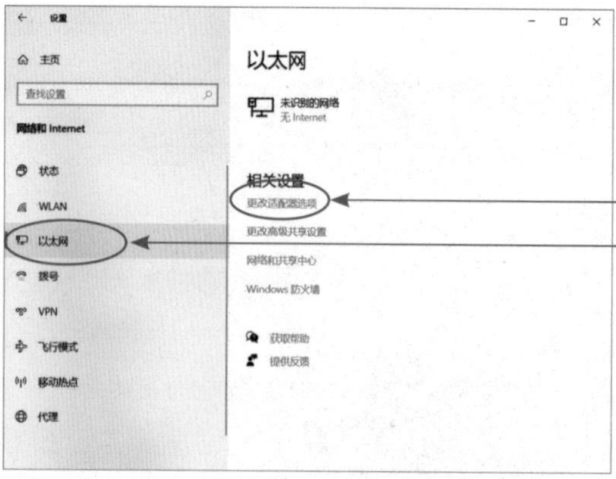
设置
主页
查找设置
网络和 Internet
状态
WLAN
以太网
拨号
VPN
飞行模式
移动热点
代理
以太网
未识别的网络
无 Internet
相关设置
更改适配器选项
更改高级共享设置
网络和共享中心
Windows 防火墙
获取帮助
提供反馈

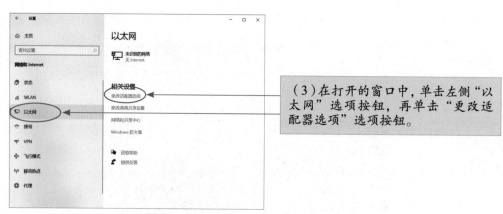

(3)在打开的窗口中，单击左侧“以太网”选项按钮，再单击“更改适配器选项”选项按钮。

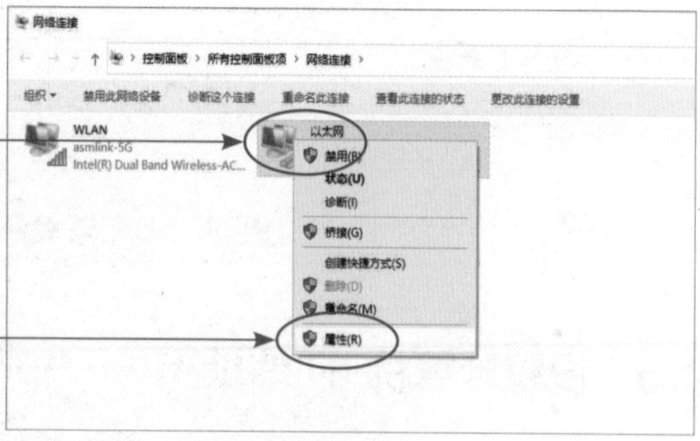
网络连接
控制面板 › 所有控制面板项 › 网络连接 ›
组织
禁用此网络设备
诊断这个连接
重命名此连接
查看此连接的状态
更改此连接的设置
WLAN
asmlink-5G
Intel(R) Dual Band Wireless-AC...
以太网
禁用(B)
状态(U)
诊断(I)
桥接(G)
创建快捷方式(S)
删除(D)
重命名(M)
属性(R)

(4)打开“网络连接”窗口，然后右击“以太网”按钮，再单击右键菜单中的“属性”命令。

图 3-56　设置计算机 IP 地址

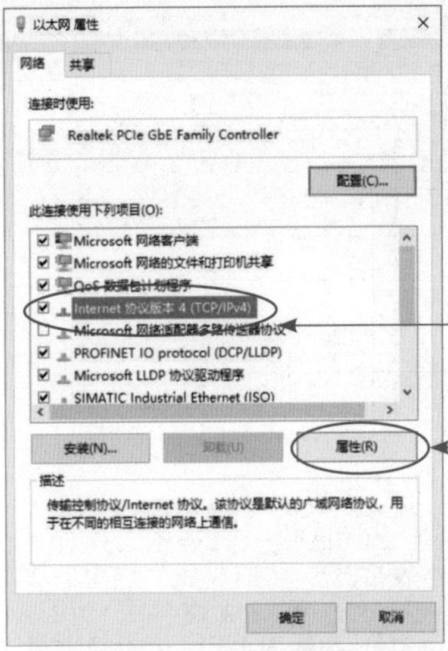
以太网 属性
网络
共享
连接时使用:
Realtek PCIe GbE Family Controller
配置(C)...
此连接使用下列项目(O):
Microsoft 网络客户端
Microsoft 网络的文件和打印机共享
QoS 数据包计划程序
Internet 协议版本 4 (TCP/IPv4)
Microsoft 网络适配器多路传送器协议
PROFINET IO protocol (DCP/LLDP)
Microsoft LLDP 协议驱动程序
SIMATIC Industrial Ethernet (ISO)
安装(N)...
卸载(U)
属性(R)
描述
传输控制协议/Internet 协议。该协议是默认的广域网络协议，用于在不同的相互连接的网络上通信。
确定
取消

（5）在打开的“以太网 属性”对话框中选择“Internet 协议版本 4(TCP/IPv4)”选项，然后单击“属性”按钮，打开“Internet 协议版本 4(TCP/IPv4)属性”对话框。

（6）在编程软件中的“通信”对话框中，查看搜索到的 PLC 的 IP 地址（本例为 192.168.2.1）和子网掩码（本例为 255.255.255.0）。

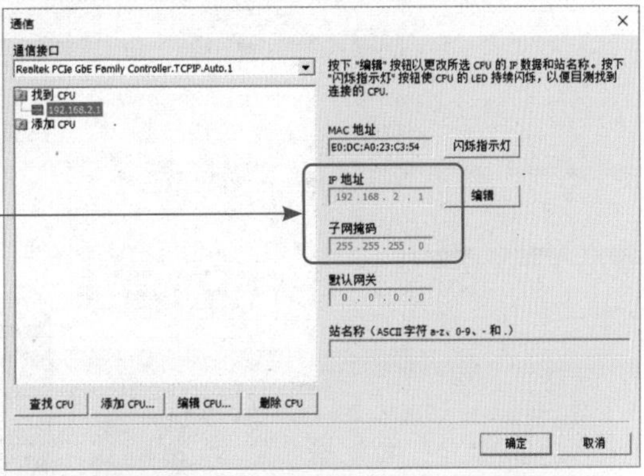
通信
通信接口
Realtek PCIe GbE Family Controller.TCPIP.Auto.1
找到 CPU
192.168.2.1
添加 CPU
MAC 地址
E0:DC:A0:23:C3:54
闪烁指示灯
IP 地址
192 . 168 . 2 . 1
编辑
子网掩码
255 . 255 . 255 . 0
默认网关
0 . 0 . 0 . 0
站名称
查找 CPU
添加 CPU...
编辑 CPU...
删除 CPU
确定
取消

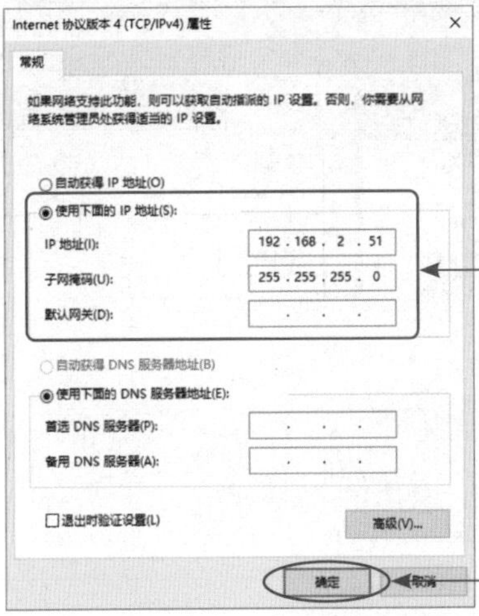
Internet 协议版本 4 (TCP/IPv4) 属性
常规
如果网络支持此功能，则可以获取自动指派的 IP 设置。否则，你需要从网络系统管理员处获得适当的 IP 设置。
自动获得 IP 地址(O)
使用下面的 IP 地址(S):
IP 地址(I):
192 . 168 . 2 . 51
子网掩码(U):
255 . 255 . 255 . 0
默认网关(D):
自动获得 DNS 服务器地址(B)
使用下面的 DNS 服务器地址(E):
首选 DNS 服务器(P):
备用 DNS 服务器(A):
退出时验证设置(L)
高级(V)...
确定
取消

（7）在打开的“Internet 协议版本 4(TCP/IPv4) 属性”对话框中，选中“使用下面的 IP 地址”单选按钮，然后在“IP 地址”栏输入计算机的 IP 地址（注意，输入的 IP 地址要与 PLC 的 IP 地址在同一网段）。本例中由于 PLC 的 IP 地址为 192.168.2.1，因此计算机的 IP 地址设置为 192.168.2.51（简单来说，IP 地址的前三个数字要相同）。在“子网掩码”栏输入子网掩码（注意，要和 PLC 的子网掩码相同）。设置完成后，单击“确定”按钮。

图 3-56　设置计算机 IP 地址（续）

3.4.6　下载程序

在建立好通信并设置好计算机 IP 地址后，即可将编写的程序下载到 CPU。下载程序的方法如图 3-57 所示。

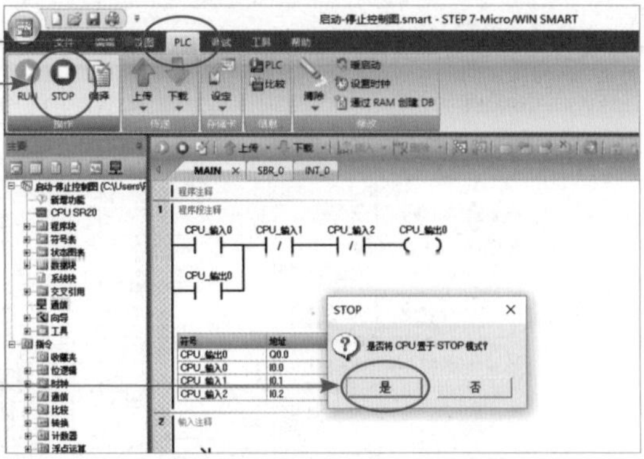
启动-停止控制图.smart - STEP 7-Micro/WIN SMART
PLC
RUN
STOP
STOP
是否将 CPU 置于 STOP 模式?
是
否

（1）先单击“PLC”选项菜单下的“STOP”按钮，将 CPU 置于 STOP 模式。弹出“STOP”对话框，单击“是”按钮。

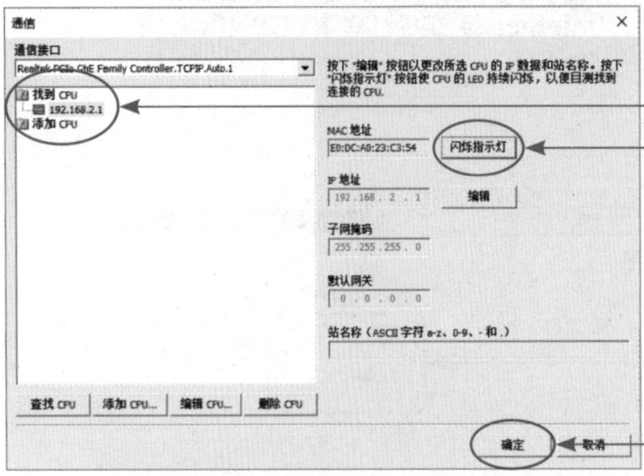
通信
通信接口
找到 CPU
192.168.2.1
添加 CPU
MAC 地址
E0:DC:A0:23:C3:54
闪烁指示灯
IP 地址
编辑
子网掩码
默认网关
查找 CPU
添加 CPU...
编辑 CPU...
删除 CPU
确定
取消

（2）弹出“通信”对话框，选择要操作的 CPU，然后单击“确定”按钮。提示：可以通过单击“闪烁指示灯”来检查 CPU 是否连接正常。

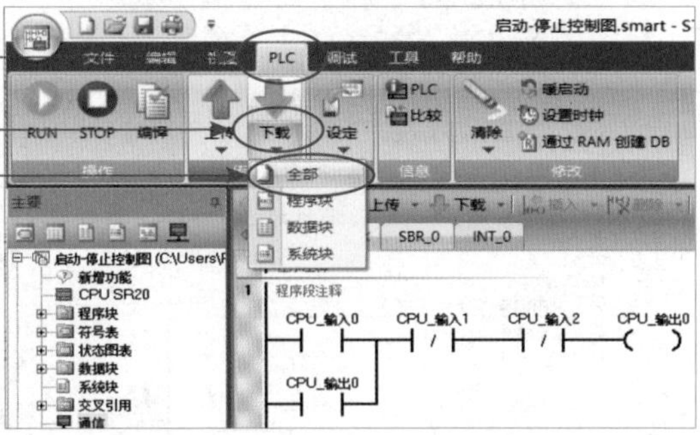
启动-停止控制图.smart
PLC
RUN
STOP
下载
全部
数据块
系统块
CPU SR20

（3）单击“PLC”选项菜单下的“下载”按钮，或单击“下载”下面的箭头，再选择“全部”按钮，准备下载程序。

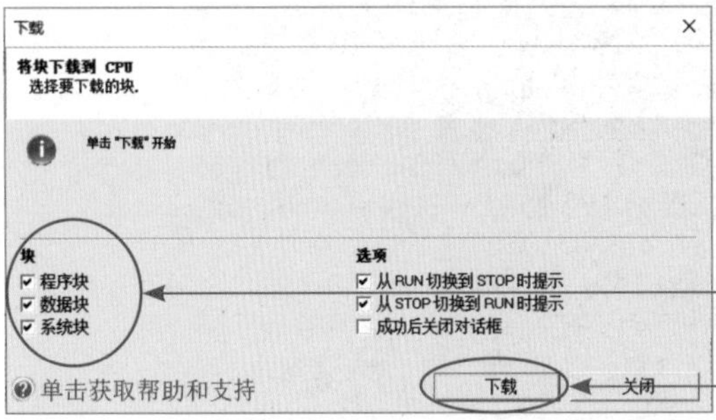
下载
将块下载到 CPU
选择要下载的块.
单击"下载"开始
块
程序块
数据块
系统块
选项
从 RUN 切换到 STOP 时提示
从 STOP 切换到 RUN 时提示
成功后关闭对话框
单击获取帮助和支持
下载
关闭

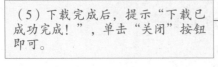

（4）弹出“下载”对话框，勾选“程序块”“数据块”“系统块”复选框，然后单击“下载”按钮。

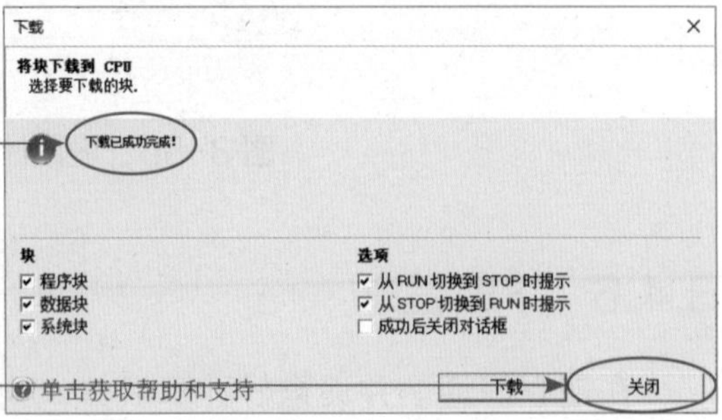
下载
将块下载到 CPU
选择要下载的块.
下载已成功完成!
块
程序块
数据块
系统块
选项
从 RUN 切换到 STOP 时提示
从 STOP 切换到 RUN 时提示
成功后关闭对话框
单击获取帮助和支持
下载
关闭

（5）下载完成后，提示“下载已成功完成！”，单击“关闭”按钮即可。

图 3-57　下载程序的方法

3.4.7　运行并监控程序

下载完程序后，即可运行下载到PLC中的程序，并监控程序状态，如图3-58所示。

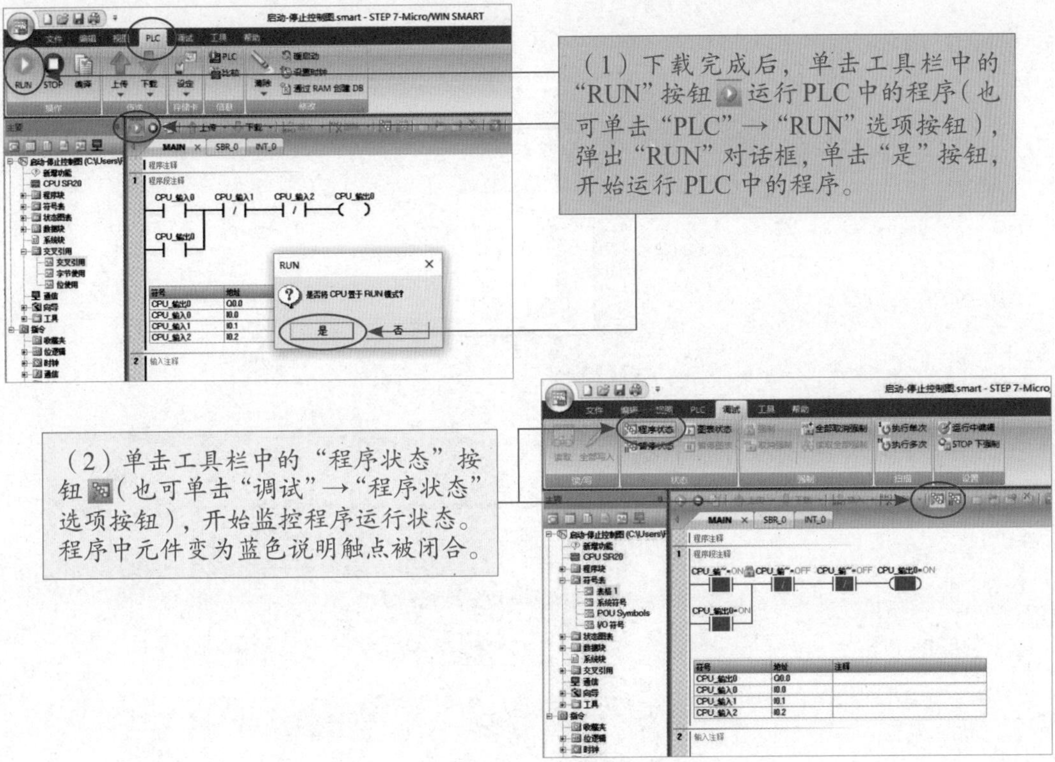
（1）下载完成后，单击工具栏中的“RUN”按钮运行PLC中的程序（也可单击“PLC”→“RUN”选项按钮），弹出“RUN”对话框，单击“是”按钮，开始运行PLC中的程序。
（2）单击工具栏中的“程序状态”按钮（也可单击“调试”→“程序状态”选项按钮），开始监控程序运行状态。程序中元件变为蓝色说明触点被闭合。

图3-58　运行并监控程序

第4章

西门子 PLC 梯形图

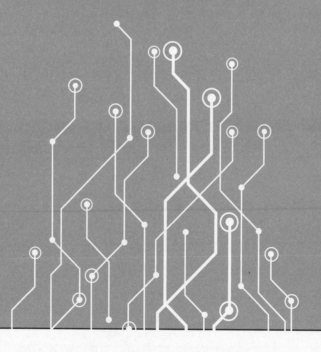

西门子 PLC 梯形图用来控制西门子 PLC 的运行过程，每个 PLC 厂商的梯形图程序都有自己的特点，本章将详细讲解西门子 PLC 梯形图的组成结构及编程元件。

4.1 西门子 PLC 梯形图的组成结构

梯形图是一种从继电器控制电路图演变而来的图形语言，它是借助类似于继电器的常开触点、常闭触点、线圈以及串、并联等逻辑，根据控制要求连接而成的表示 PLC 输入和输出之间逻辑关系的图形。

由于梯形图具有形象、直观、实用等特点，因此只要电气技术人员熟悉分析继电器控制电路的方法，就会很快掌握梯形图分析的方法。下面将详细分析西门子 PLC 梯形图的结构。

4.1.1 梯形图的基本编程要素

西门子 PLC 梯形图通常由母线、触点、线圈或用方框表示的功能框等构成，下面结合一个梯形程序图进行讲解，如图 4-1 所示。

梯形图的每个网络起始于左母线，然后是触点（如常开触点、常闭触点等）的串联、并联，再次是线圈或功能框，最后是右母线（右母线可以省略）。梯形图中的编程元件按从左到右、自上而下的顺序排列。能流也按这个顺序从左母线开始，经编程元件，到右母线结束。

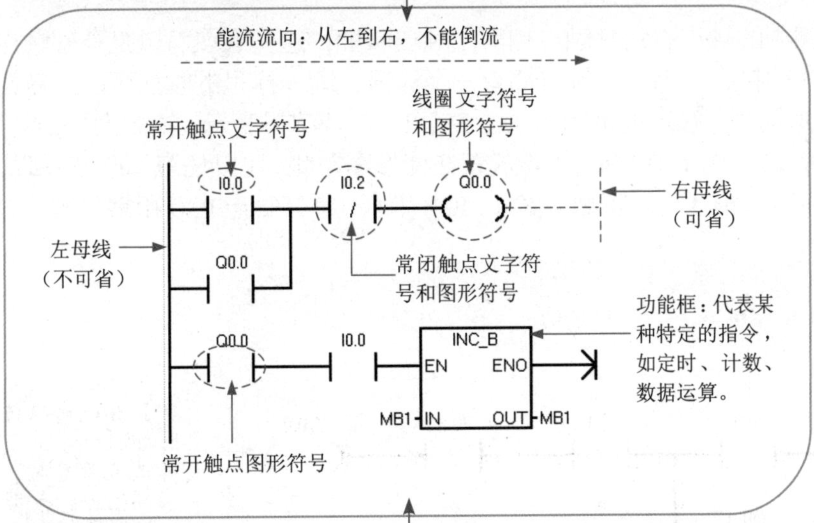

能流流向：从左到右，不能倒流
线圈文字符号
和图形符号
常开触点文字符号
I0.0
I0.2
Q0.0
右母线
（可省）
左母线
（不可省）
Q0.0
常闭触点文字符
号和图形符号
功能框：代表某
种特定的指令，
如定时、计数、
数据运算。
Q0.0
I0.0
INC_B
EN
ENO
MB1
IN
OUT
MB1
常开触点图形符号

上图相当于把左母线假想为电源的“火线”，而把右母线（虚线所示）假想为电源的“零线”。如果有“能流”从左至右流向线圈，则线圈被激励；如果没有“能流”，则线圈未被激励。例如，触点 I0.0 和 I0.2 接通时，有一个假想的“能流”从左母线开始向右流动，经输出线圈 Q0.0 到达右母线。

图 4-1 梯形图的基本编程要素

4.1.2 西门子 PLC 梯形图的母线

梯形图的母线是指梯形图两侧的垂直公共线，习惯上只画左母线，右母线可以不画出。梯形图从左母线开始，经过触点和线圈，终止于右母线，如图 4-2 所示。

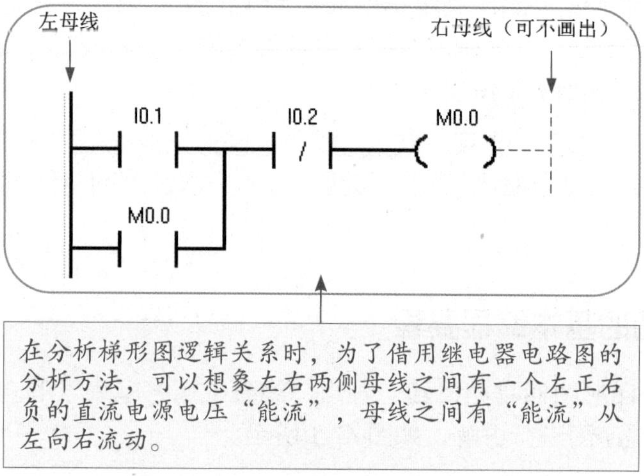
左母线
右母线（可不画出）
I0.1
I0.2
M0.0
M0.0
在分析梯形图逻辑关系时，为了借用继电器电路图的分析方法，可以想象左右两侧母线之间有一个左正右负的直流电源电压"能流"，母线之间有"能流"从左向右流动。

图 4-2 梯形图的母线

4.1.3 西门子 PLC 梯形图的触点

梯形图中的触点有常开触点和常闭触点两种，这些触点可以是外部触点，也可是内部继电器的状态，每一个触点都有一个标号，同一标号的触点可以反复使用。西门子 PLC 梯形图中，触点地址用 I、Q、M、T、C 等字母表示，格式为 IX.X，QX.X 等，如 I0.0，I0.1，Q0.0，M0.1 等。触点放置在梯形图左侧，可以任意串联或并联，如图 4-3 所示，常开触点 I0.0 与常闭触点 I0.1、I0.2 串联，常开触点 I0.0 和常开触点 Q0.0 并联。

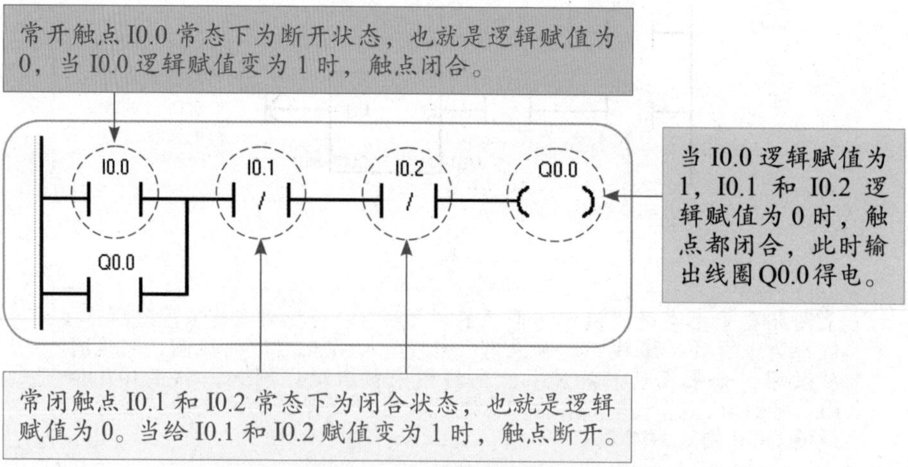
常开触点 I0.0 常态下为断开状态，也就是逻辑赋值为 0，当 I0.0 逻辑赋值变为 1 时，触点闭合。
I0.0
I0.1
I0.2
Q0.0
Q0.0
当 I0.0 逻辑赋值为 1，I0.1 和 I0.2 逻辑赋值为 0 时，触点都闭合，此时输出线圈 Q0.0 得电。
常闭触点 I0.1 和 I0.2 常态下为闭合状态，也就是逻辑赋值为 0。当给 I0.1 和 I0.2 赋值变为 1 时，触点断开。

图 4-3 梯形图中的触点

4.1.4　西门子 PLC 梯形图的线圈

梯形图中的线圈类似于接触器与继电器的线圈，代表逻辑输出的结果。PLC 采用循环扫描的工作方式，所以在 PLC 程序中，每个线圈只能使用一次（否则会出错）。线圈放置在梯形图右侧，如图 4-4 所示。西门子 PLC 梯形图中，线圈地址用 Q、M、SM 等字母表示，格式为 QX.X，MX.X 等，如 Q0.0，Q0.1，M0.0 等。

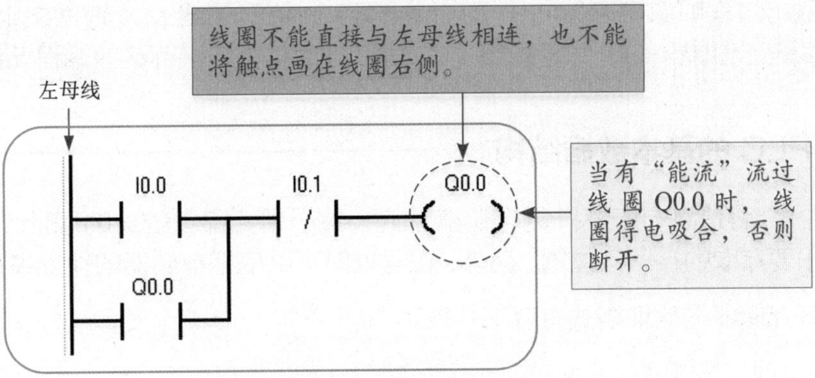
线圈不能直接与左母线相连，也不能将触点画在线圈右侧。
左母线
I0.0
I0.1
Q0.0
Q0.0
当有“能流”流过线圈 Q0.0 时，线圈得电吸合，否则断开。

图 4-4　梯形图的线圈

4.1.5　西门子 PLC 梯形图的功能框

在梯形图中，用功能框代表一些较复杂的指令，如定时器、计数器或数学运算等指令。当“能流”通过功能框时，执行功能框的功能。功能框的输入端在左侧，输出端在右侧，如图 4-5 所示。

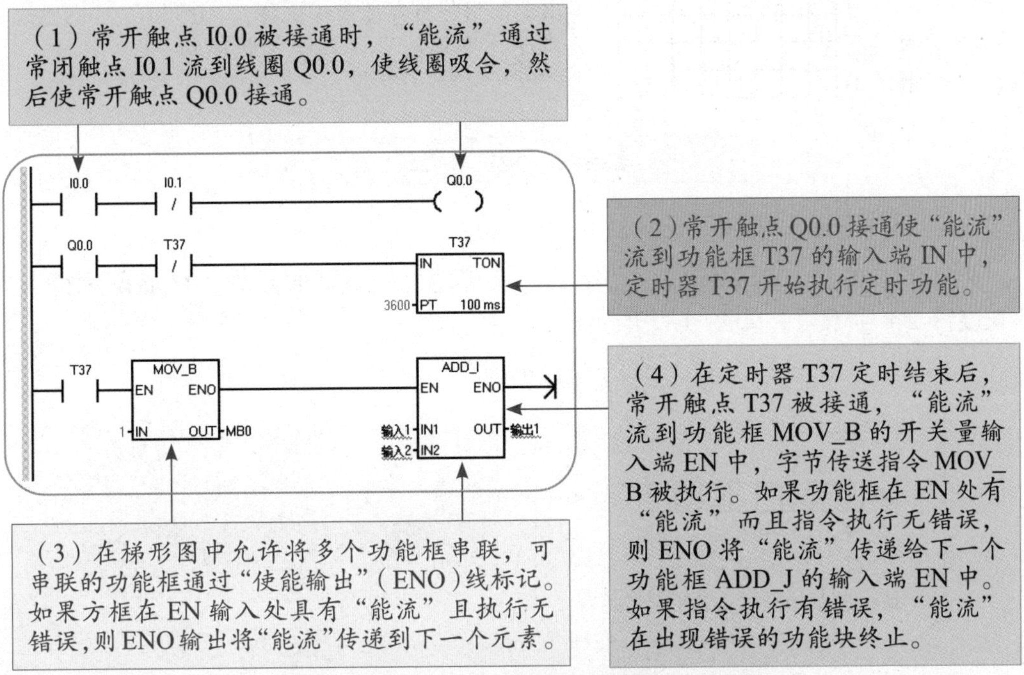
（1）常开触点 I0.0 被接通时，“能流”通过常闭触点 I0.1 流到线圈 Q0.0，使线圈吸合，然后使常开触点 Q0.0 接通。
I0.0
I0.1
Q0.0
Q0.0
T37
T37
IN
TON
3600
PT
100 ms
T37
MOV_B
EN
ENO
1
IN
OUT
MB0
ADD_I
EN
ENO
输入1
IN1
OUT
输出1
输入2
IN2
（2）常开触点 Q0.0 接通使“能流”流到功能框 T37 的输入端 IN 中，定时器 T37 开始执行定时功能。
（4）在定时器 T37 定时结束后，常开触点 T37 被接通，“能流”流到功能框 MOV_B 的开关量输入端 EN 中，字节传送指令 MOV_B 被执行。如果功能框在 EN 处有“能流”而且指令执行无错误，则 ENO 将“能流”传递给下一个功能框 ADD_J 的输入端 EN 中。如果指令执行有错误，“能流”在出现错误的功能块终止。
（3）在梯形图中允许将多个功能框串联，可串联的功能框通过“使能输出”（ENO）线标记。如果方框在 EN 输入处具有“能流”且执行无错误，则 ENO 输出将“能流”传递到下一个元素。

图 4-5　梯形图的功能框

4.2 西门子 PLC 梯形图的编程元件

4.1 节中介绍了触点、线圈、功能框等编程要素，除了这些编程要素外，在西门子 PLC 梯形图中，还有一些常用的编程元件，包括：输入过程映像寄存器 I（输入继电器）、输出过程映像寄存器 Q（输出继电器）、位存储器 M（辅助继电器）、特殊存储器 SM、定时器（T）、计数器（C）等。下面将详细讲解这些编程元件的用法。

4.2.1 PLC 的基本数据结构

通常 PLC 将信息存于不同的存储器单元，每个单元都有唯一的地址。该地址可以明确指出要存取的存储器位置。另外，在寻址时可以依据存储器的地址来存储数据。

数据区存储器的地址格式有以下几种。

（1）位地址格式

位是最小的存储单位，常用 0、1 两个数值来描述各元件的工作状态。其中数值 0 代表关（OFF）工作状态，数值 1 代表开（ON）工作状态。这两个工作状态分别对应于开关量（或数字量）的开、关状态。

位地址由存储器标识符、字节地址和位号组成。图 4-6 所示为位地址格式。

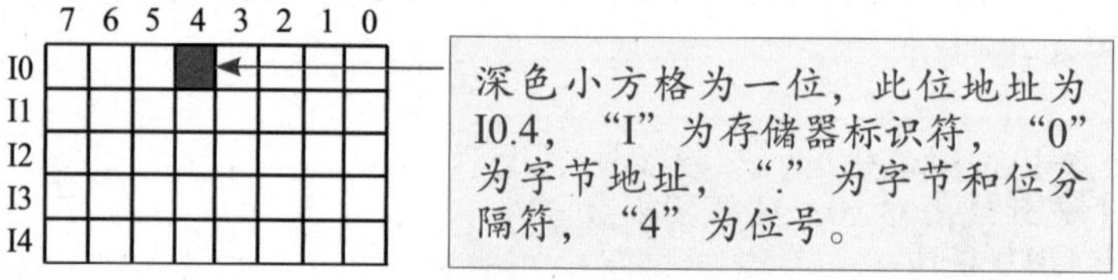
7 6 5 4 3 2 1 0
I0
I1
I2
I3
I4
深色小方格为一位，此位地址为 I0.4，“I”为存储器标识符，“0”为字节地址，“.”为字节和位分隔符，“4”为位号。

图 4-6　位地址格式

（2）字节地址格式

相邻的 8 位二进制数组成一个字节。字节地址格式可表示为：区域识别符 + 字节长度符 B+ 字节号，如图 4-7 所示。

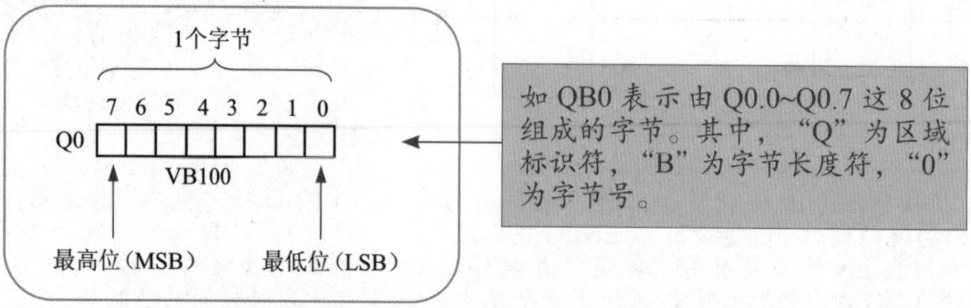
1个字节
7 6 5 4 3 2 1 0
Q0
VB100
最高位（MSB）
最低位（LSB）
如 QB0 表示由 Q0.0~Q0.7 这 8 位组成的字节。其中，“Q”为区域标识符，“B”为字节长度符，“0”为字节号。

图 4-7　字节地址格式

（3）字地址格式

两个相邻的字节组成一个字。字地址格式可表示为：区域识别符 + 字长度符 W+ 起始字节号，且起始字节为高有效字节，如图 4–8 所示。

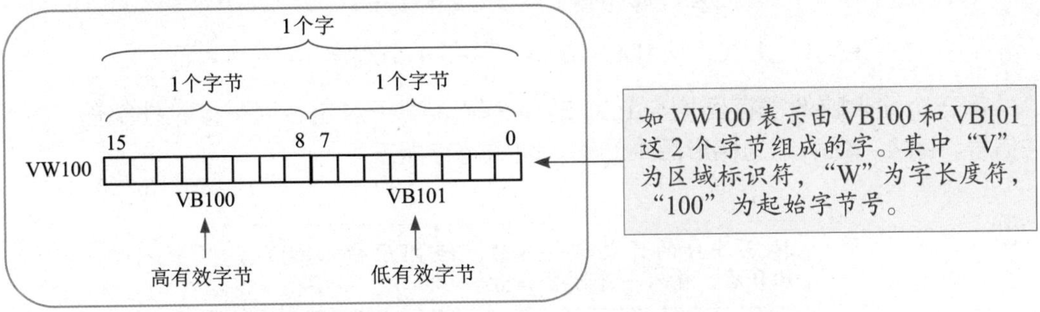
1个字
1个字节
1个字节
15
8 7
0
VW100
VB100
VB101
高有效字节
低有效字节
如 VW100 表示由 VB100 和 VB101 这 2 个字节组成的字。其中“V”为区域标识符，“W”为字长度符，“100”为起始字节号。

图 4–8　字地址格式

（4）双字地址格式

相邻的两个字组成一个双字。双字地址格式可表示为：区域识别符 + 字长度符 D+ 起始字节号，且起始字节为最高有效字节，如图 4–9 所示。

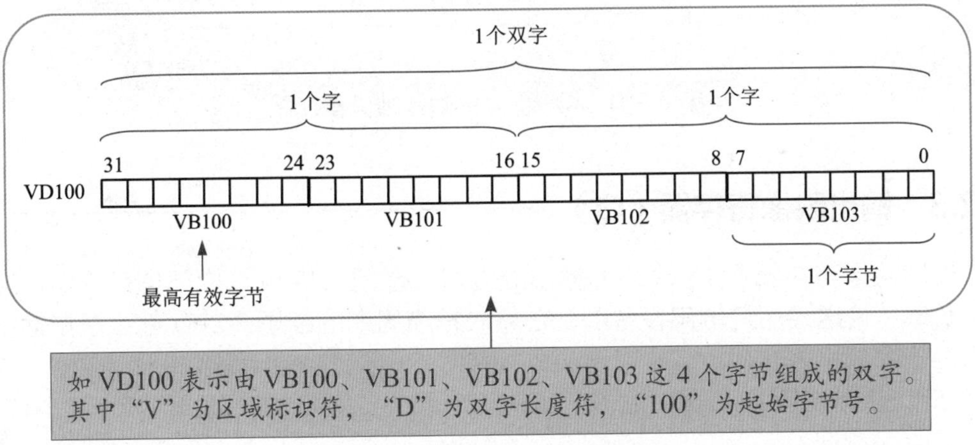
1个双字
1个字
1个字
31
24 23
16 15
8 7
0
VD100
VB100
VB101
VB102
VB103
1个字节
最高有效字节
如 VD100 表示由 VB100、VB101、VB102、VB103 这 4 个字节组成的双字。其中“V”为区域标识符，“D”为双字长度符，“100”为起始字节号。

图 4–9　双字地址格式

4.2.2　输入映像寄存器（I）

输入映像寄存器（I）也称为输入继电器，它是专门用来接收 PLC 外部输入信号的元件。在每次扫描周期的开始，CPU 对物理输入点进行采样，并将采样值输入到映像寄存器中，作为程序处理时输入点状态的依据。

在西门子 PLC 梯形图中，输入映像寄存器用字母“I”进行标识，可以按位、字节、字、双字四种方式来存取。

（1）按“位”方式：从 I0.0~I15.7，共有 128 点。

（2）按“字节”方式：从 IB0~IB15，共有 16 个字节。

（3）按“字”方式：从 IW0~IW14，共有 8 个字。

（4）按“双字”方式：从 ID0~ID12，共有 4 个双字。

每一个输入映像寄存器均与 PLC 的一个输入端子对应，用于接收外部输入的开关信号。图 4-10 所示为梯形图中的输入映像寄存器。

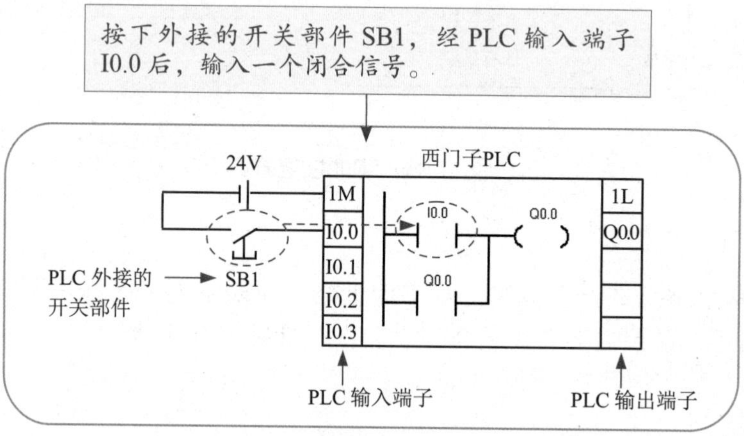
按下外接的开关部件 SB1，经 PLC 输入端子 I0.0 后，输入一个闭合信号。
24V
西门子PLC
1M
I0.0
I0.1
I0.2
I0.3
1L
Q0.0
I0.0
Q0.0
Q0.0
PLC 外接的开关部件
SB1
PLC 输入端子
PLC 输出端子

图 4-10　梯形图中的输入映像寄存器

4.2.3　输出映像寄存器（Q）

输出映像寄存器（Q）也称为输出继电器，是用来将 PLC 内部信号输出传送给外部负载（传送给用户输出设备）。在每次扫描周期的结尾，CPU 都会根据输出映像寄存器的数值来驱动负载。输出映像寄存器是由 PLC 内部程序的指令驱动，其线圈状态传送给输出单元，再由输出单元对应的硬触点来驱动外部负载。

在西门子 PLC 梯形图中，输出映像寄存器用字母 Q 进行标识，可以按位、字节、字、双字四种方式来存取。

（1）按“位”方式：从 Q0.0~I15.7，共有 128 点。

（2）按“字节”方式：从 QB0~QB15，共有 16 个字节。

（3）按“字”方式：从 QW0~QW14，共有 8 个字。

（4）按“双字”方式：从 QD0~QD12，共有 4 个双字。

每一个输出映像寄存器均与 PLC 的一个输出端子对应，用于控制 PLC 外接的负载，如图 4-11 所示。

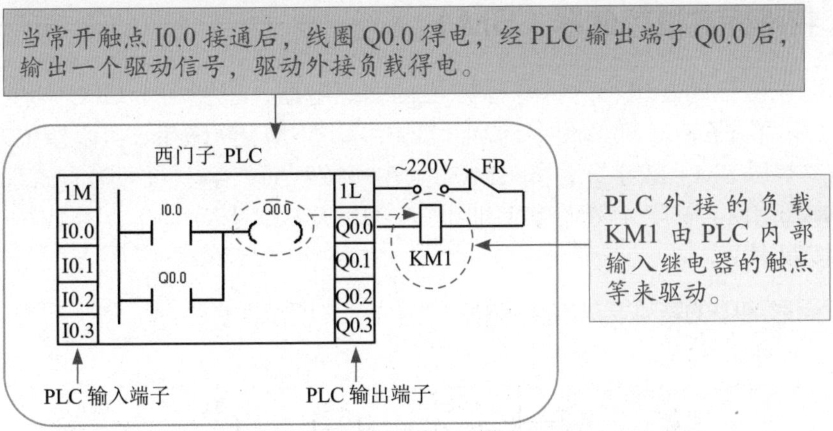
当常开触点 I0.0 接通后，线圈 Q0.0 得电，经 PLC 输出端子 Q0.0 后，输出一个驱动信号，驱动外接负载得电。
西门子 PLC
1M
I0.0
I0.1
I0.2
I0.3
I0.0
Q0.0
Q0.0
1L
Q0.0
Q0.1
Q0.2
Q0.3
~220V
FR
KM1
PLC 外接的负载 KM1 由 PLC 内部输入继电器的触点等来驱动。
PLC 输入端子
PLC 输出端子

图 4-11　输出映像寄存器

4.2.4　位存储器（M）

位存储器（M）也称为通用辅助继电器，位存储器与继电器控制系统中的中间继电器相似，位存储器可作为控制继电器来存储中间操作状态和控制信息。

在西门子 PLC 梯形图中，位存储器用字母 M 进行标识，可以按位、字节、字、双字四种方式来存取。

（1）按“位”方式：从 M0.0~M31.7，共有 256 点。

（2）按“字节”方式：从 MB0~MB31，共有 32 个字节。

（3）按“字”方式：从 MW0~MW30，共有 16 个字。

（4）按“双字”方式：从 MD0~MD28，共有 8 个双字。

位存储器不能直接驱动外部负载，负载只能由输出映像寄存器的外部触点驱动，如图 4-12 所示。

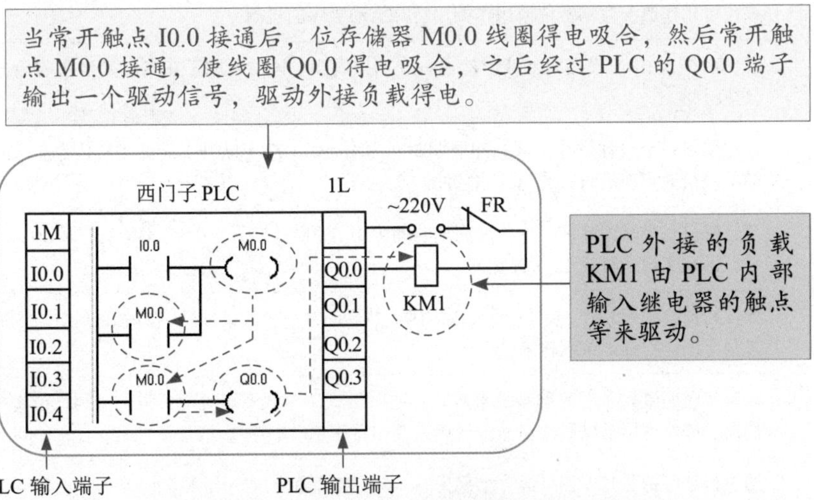
当常开触点 I0.0 接通后，位存储器 M0.0 线圈得电吸合，然后常开触点 M0.0 接通，使线圈 Q0.0 得电吸合，之后经过 PLC 的 Q0.0 端子输出一个驱动信号，驱动外接负载得电。
西门子 PLC
1L
1M
I0.0
I0.1
I0.2
I0.3
I0.4
I0.0
M0.0
M0.0
M0.0
Q0.0
Q0.0
Q0.1
Q0.2
Q0.3
~220V
FR
KM1
PLC 外接的负载 KM1 由 PLC 内部输入继电器的触点等来驱动。
PLC 输入端子
PLC 输出端子

图 4-12　位存储器

4.2.5 特殊标志位存储器（SM）

特殊标志位存储器也称为特殊标志位辅助继电器，主要用于 CPU 与用户中间的信息交换。在西门子 PLC 梯形图中，位存储器用字母 SM 进行标识，可以按位方式存取，其格式为“字母 SM+ 数字”，如 SM0.3。也可按字节、字、双字等方式来存取，其格式为“字母 SM+ 长度 + 起始字节地址”，如 SMB2（按字节）、SMW0（按字）、SMD3（按双字）。

PLC 梯形图中的特殊标志位存储器如图 4-13 所示。

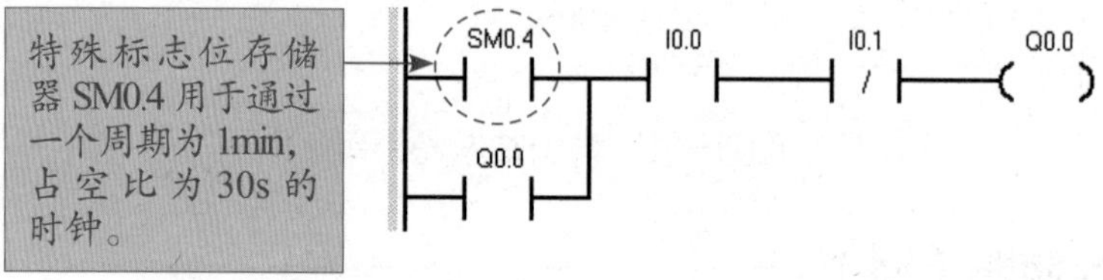
特殊标志位存储器 SM0.4 用于通过一个周期为 1min，占空比为 30s 的时钟。
SM0.4
I0.0
I0.1
Q0.0
Q0.0

图 4-13 特殊标志位存储器

常用特殊标志位存储器 SM 地址的功能如表 4-1 所示。

表 4-1 常用特殊标志位存储器 SM 地址的功能

SM 地址	功能
SM0.0	该位始终接通，设置为 1
SM0.1	该位在首个扫描周期接通，然后断开，该位用途之一是调用初始化子程序
SM0.2	在以下操作后，该位会接通一个扫描周期： 重置为出厂通信命令 重置为出厂存储卡评估 评估程序传送卡（在此评估过程中，会从程序传送卡中加载新系统块） NAND 闪存上保留的记录出现问题 该位可用作错误存储器位或用作调用特殊启动顺序的机制
SM0.3	开机后进入 RUN 模式时，该位接通一个扫描周期。该位可用于在启动操作之前给 PLC 提供一个预热时间
SM0.4	该位提供一个时钟脉冲，该脉冲周期时间为 1min，OFF（断开）30s，ON（接通）30s。该位可以简单轻松地实现延时，或 1min 时钟脉冲
SM0.5	该位提供一个时钟脉冲，该脉冲周期时间为 1s，OFF（断开）0.5s，ON（接通）0.5s。该位可以简单轻松地实现延时或 1s 时钟脉冲
SM0.6	该位是扫描周期时钟，接通一个扫描周期，然后断开一个扫描周期，在后续扫描中交替接通和断开，该位可用作扫描计数器输入
SM0.7	如果实时时钟设备的时间被重置或在上电时丢失（导致系统时间丢失），则该位将接通一个扫描周期。该位可用于错误存储器位或用来调用特殊启动顺序
SM1.0	当执行某些指令时，如果运算结果为 0，该位将接通
SM1.1	当执行某些指令时，如果结果溢出，或检测到非法数值时，该位将接通

续上表

SM 地址	功能
SM1.2	当执行数学运算时，如果结果为负数，该位接通
SM1.3	尝试除以 0 时，该位接通
SM1.4	当执行添表（ATT）指令时，如果参考数据表已满，该位将接通
SM1.5	当执行 LIFO 或 FIFO 指令尝试从空表读取时，该位接通
SM1.6	将 BCD 数值转换为二进制数时，如果值非法（非 BCD），该位接通
SM1.7	当 ASCII 码转换为有效的十六进制数时，如果值非法（非十六进制 ASCII 码），该位接通
SM2.0	该字节包含在自由端口通信过程中从端口 0 或端口 1 接收各字符

4.2.6　定时器（T）

定时器（T）在 PLC 中的作用相当于一个时间继电器，定时器对 PLC 内的 1ms、10ms、100ms 等不同规格时钟脉冲累计计时，当达到所定的设定值时，输出触点动作。定时器设定值可以直接用常数 K 或间接用数据寄存器 D 的内容作为设定值。图 4-14 所示为梯形图中的定时器。

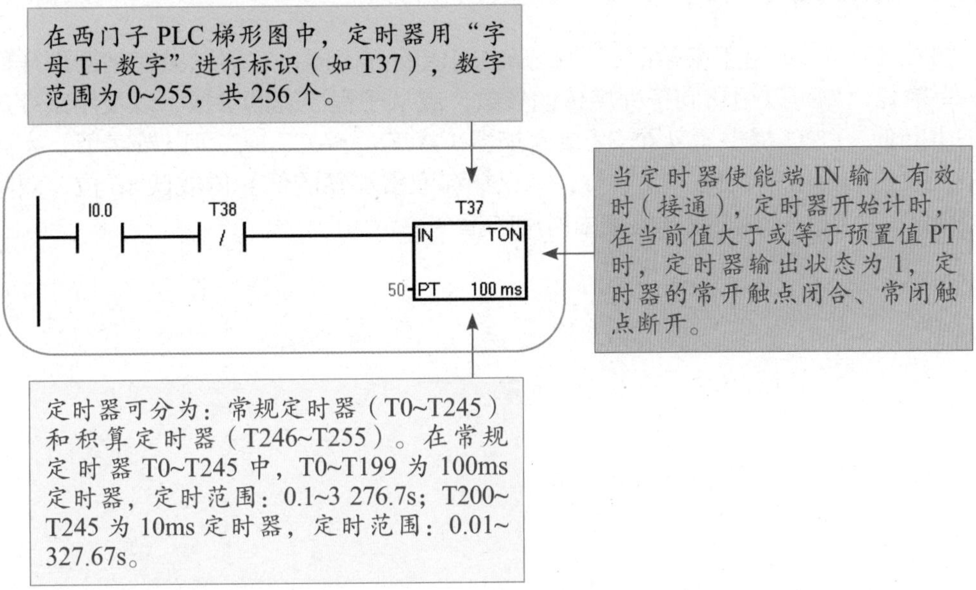
在西门子 PLC 梯形图中，定时器用“字母 T+ 数字”进行标识（如 T37），数字范围为 0~255，共 256 个。
I0.0
T38
T37
IN
TON
50
PT
100 ms
当定时器使能端 IN 输入有效时（接通），定时器开始计时，在当前值大于或等于预置值 PT 时，定时器输出状态为 1，定时器的常开触点闭合、常闭触点断开。
定时器可分为：常规定时器（T0~T245）和积算定时器（T246~T255）。在常规定时器 T0~T245 中，T0~T199 为 100ms 定时器，定时范围：0.1~3 276.7s；T200~T245 为 10ms 定时器，定时范围：0.01~327.67s。

图 4-14　梯形图中的定时器

4.2.7　计数器（C）

计数器（C）是 PLC 中常用的计数元件，主要用来累计输入脉冲的次数，如累计

PLC 输入端脉冲电平由低到高的次数。按其工作方式的不同可分为加计数器、减计数器和加减计数器三种。图 4-15 所示为梯形图中的计数器。

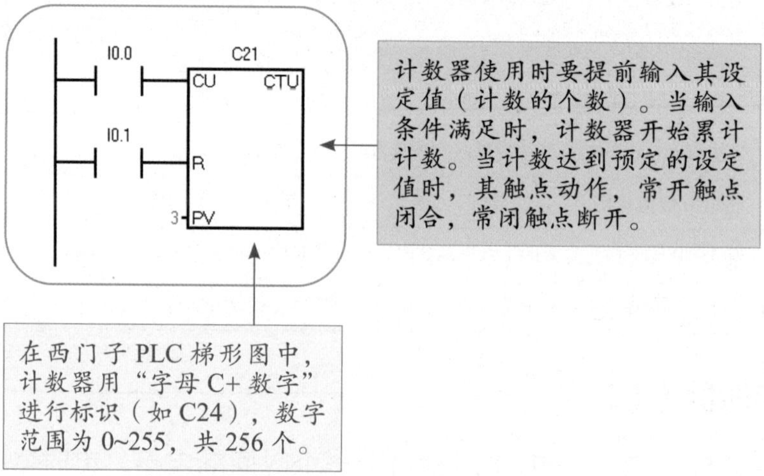
I0.0
C21
CU
CTU
I0.1
R
3
PV
计数器使用时要提前输入其设定值（计数的个数）。当输入条件满足时，计数器开始累计计数。当计数达到预定的设定值时，其触点动作，常开触点闭合，常闭触点断开。
在西门子 PLC 梯形图中，计数器用“字母 C+ 数字”进行标识（如 C24），数字范围为 0~255，共 256 个。

图 4-15　梯形图中的计数器

4.2.8　累加器（AC）

累加器（AC）是用来暂时存储计算中间值的存储器，它可以像存储器那样使用读 / 写单元，如可以用它向子程序传递参数，或从子程序返回参数，以及用来存放计算的中间值。CPU 提供了 4 个 32 位累加器（AC0 ~ AC3），可以按字节、字和双字来存取累加器中的数据。按字节、字只能存取累加器的低 8 位或低 16 位，双字存取全部的 32 位，存取的数据长度由所用的指令决定。

第5章 西门子 PLC 编程

若想编写西门子 PLC 程序，需要先掌握西门子 PLC 各种编程指令的应用技巧，本章将以西门子 STEP 7 SMART 编程软件为例讲解西门子 PLC 的编程指令的应用。

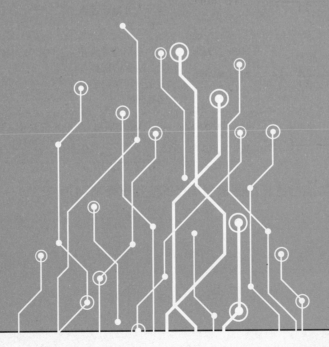

5.1 西门子 PLC 位逻辑指令

一般用户学习 PLC 编程指令，会首先接触位逻辑指令，位逻辑指令是指对 PLC 存储器中的某一位进行操作的指令，它的操作数是位。

位逻辑指令处理的是二进制信号（1 和 0 两个数字），相当于辅助触点的断开或闭合，断开为 0，闭合为 1。位逻辑指令对 1 和 0 信号状态加以解释，并按照布尔逻辑组合它们。这些组合会产生由 1 或 0 组成的结果，称为“逻辑运算结果”（RLO）。

5.1.1 触点指令的应用

触点指令包括常开 / 常闭触点指令、线圈输出指令、触点串联指令、触点并联指令、电路块串联指令、电路块并联指令等。

1. 常开 / 常闭触点指令和线圈输出指令

常开 / 常闭触点的运行原理和我们使用的继电器的触点原理是一样的，常开触点得电时闭合，常闭触点得电时断开。对于线圈输出，我们可以把它看作是整个的继电器。常开 / 常闭触点指令和线圈输出指令标识、梯形图符号及应用如表 5-1 所示。

表 5-1 常开 / 常闭触点指令和线圈输出指令标识及梯形图符号

指令名称	梯形图符号	指令格式	功能	操作数
常开触点指令	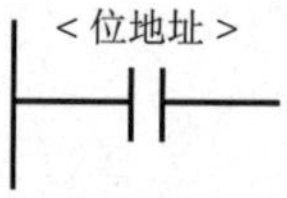< 位地址 >	LD< 位地址 > 如 LD I0.0	从梯形图左母线开始，连接常开触点，表示常开触点逻辑运算开始	I、Q、M、SM、T、C、V、S
常闭触点指令	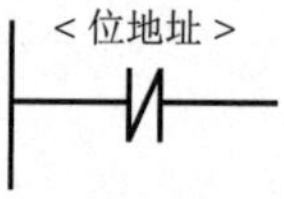< 位地址 >	LDN< 位地址 > 如 LDN I0.1	从梯形图左母线开始，连接常闭触点，表示常闭触点逻辑运算开始	I、Q、M、SM、T、C、V、S
线圈输出指令	< 位地址 >	=< 位地址 > 如 = Q0.0	用于线圈的驱动	Q、M、SM、T、C、V、S

常开 / 常闭触点指令和线圈输出指令的应用如图 5-1 所示。

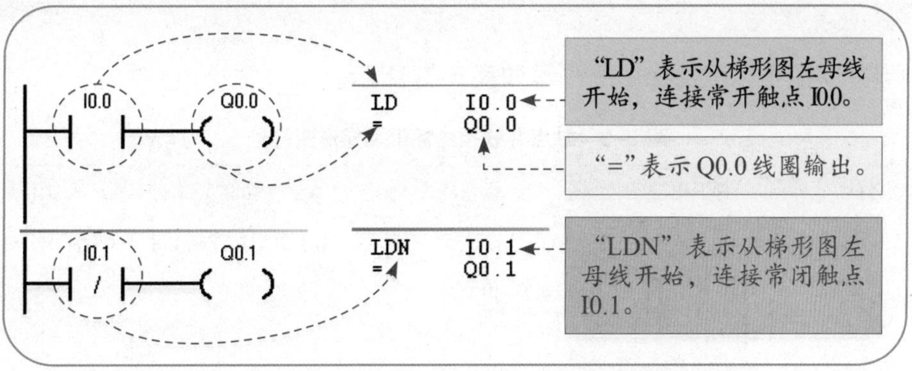
I0.0
Q0.0
LD　I0.0
=　Q0.0
"LD" 表示从梯形图左母线开始，连接常开触点 I0.0。
"=" 表示 Q0.0 线圈输出。
I0.1
Q0.1
LDN　I0.1
=　Q0.1
"LDN" 表示从梯形图左母线开始，连接常闭触点 I0.1。

图 5-1　常开 / 常闭触点指令及线圈指令的应用

2. 触点串联指令

触点串联指令标识及梯形图符号如表 5-2 所示。

表 5-2　触点串联指令标识及梯形图符号

指令名称	梯形图符号	指令格式	功能	操作数
常开触点串联指令	< 位地址 > 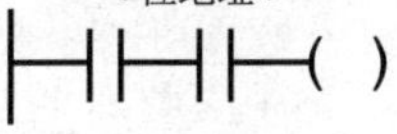	A< 位地址 > 如 A　I0.1	用于单个常开触点串联	I、Q、M、SM、T、C、V、S
常闭触点串联指令	< 位地址 > 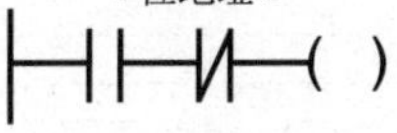	AN< 位地址 > 如 AN　I0.1	用于单个常闭触点串联	I、Q、M、SM、T、C、V、S

触点串联指令的应用如图 5-2 所示。

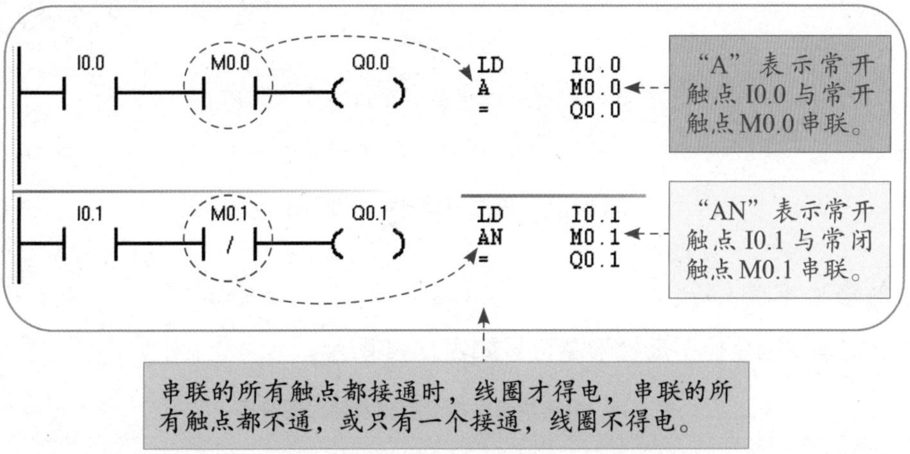
I0.0
M0.0
Q0.0
LD　I0.0
A　M0.0
=　Q0.0
"A" 表示常开触点 I0.0 与常开触点 M0.0 串联。
I0.1
M0.1
Q0.1
LD　I0.1
AN　M0.1
=　Q0.1
"AN" 表示常开触点 I0.1 与常闭触点 M0.1 串联。
串联的所有触点都接通时，线圈才得电，串联的所有触点都不通，或只有一个接通，线圈不得电。

图 5-2　触点串联指令的应用

3. 触点并联指令

触点并联指令标识及梯形图符号如表 5-3 所示。

表 5-3　触点并联指令标识及梯形图符号

指令名称	梯形图符号	指令格式	功能	操作数
常开触点并联指令	< 位地址 > 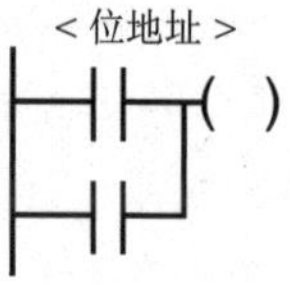	O< 位地址 > 如 O　I0.1	用于单个常开触点并联	I、Q、M、SM、T、C、V、S
常闭触点并联指令	< 位地址 > 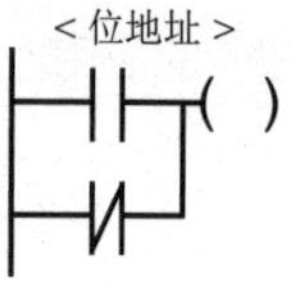	ON< 位地址 > 如 ON　I0.1	用于单个常闭触点并联	I、Q、M、SM、T、C、V、S

触点并联指令的应用如图 5-3 所示。

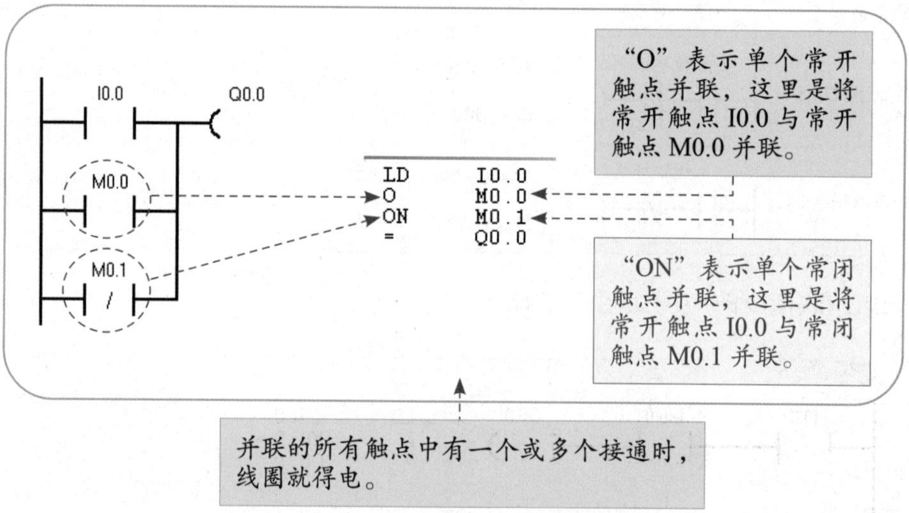
I0.0
Q0.0
M0.0
M0.1
LD　I0.0
O　M0.0
ON　M0.1
=　Q0.0
"O"表示单个常开触点并联，这里是将常开触点 I0.0 与常开触点 M0.0 并联。
"ON"表示单个常闭触点并联，这里是将常开触点 I0.0 与常闭触点 M0.1 并联。
并联的所有触点中有一个或多个接通时，线圈就得电。

图 5-3　触点并联指令的应用

4. 电路块串联指令

电路块串联指令标识及梯形图符号如表 5-4 所示。

表 5-4　电路块串联指令标识及梯形图符号

指令名称	梯形图符号	指令格式	功能
电路块串联指令	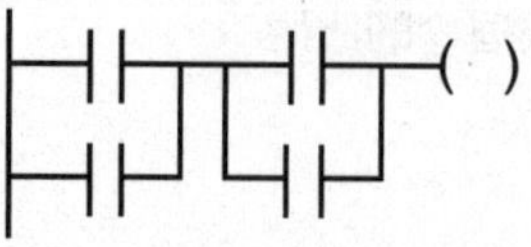	ALD	用于描述并联电路块的串联关系（电路块指两个以上触点并联或串联）

电路块串联指令的应用如图 5–4 所示。

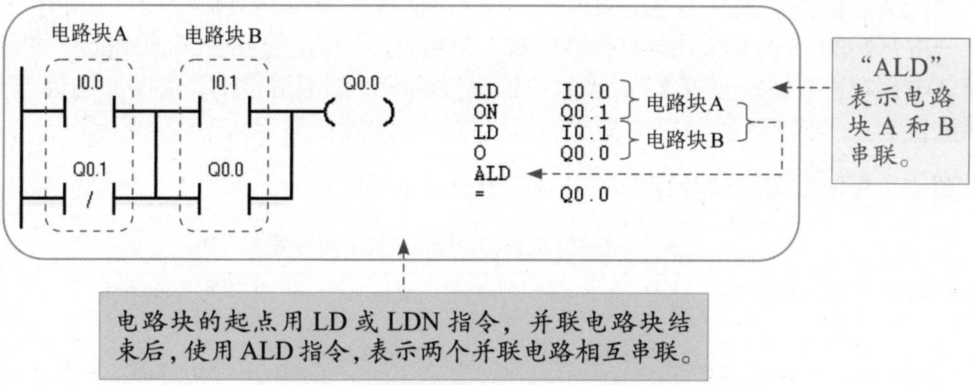
电路块A
电路块B
I0.0
I0.1
Q0.0
Q0.1
Q0.0
LD I0.0
ON Q0.1
LD I0.1
O Q0.0
ALD
= Q0.0
电路块A
电路块B
"ALD"表示电路块 A 和 B 串联。
电路块的起点用 LD 或 LDN 指令，并联电路块结束后，使用 ALD 指令，表示两个并联电路相互串联。

图 5–4　电路块串联指令的应用

5. 电路块并联指令

电路块并联指令标识及梯形图符号如表 5–5 所示。

表 5–5　电路块并联指令标识及梯形图符号

指令名称	梯形图符号	指令格式	功能
电路块并联指令	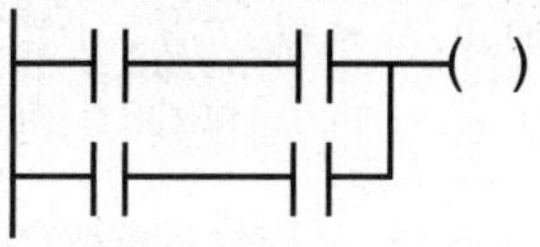	OLD	用于描述串联电路块的并联关系（电路块指两个以上触点并联或串联）

电路块并联指令的应用如图 5–5 所示。

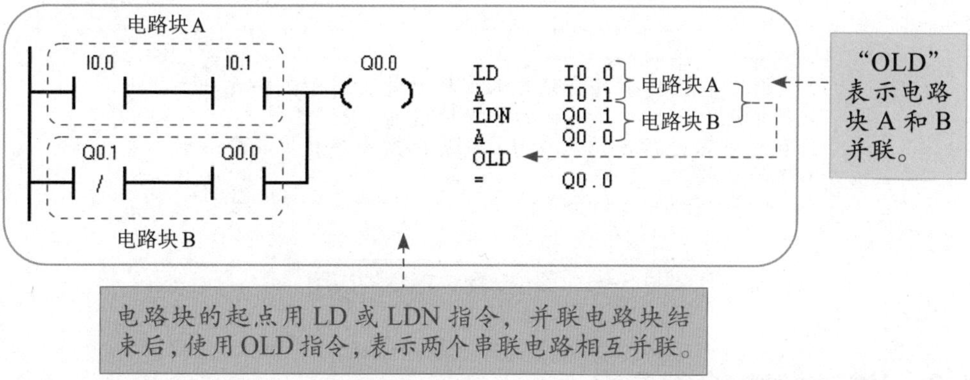
电路块A
I0.0
I0.1
Q0.0
Q0.1
Q0.0
电路块B
LD I0.0
A I0.1
LDN Q0.1
A Q0.0
OLD
= Q0.0
电路块A
电路块B
"OLD"表示电路块 A 和 B 并联。
电路块的起点用 LD 或 LDN 指令，并联电路块结束后，使用 OLD 指令，表示两个串联电路相互并联。

图 5–5　电路块并联指令的应用

5.1.2 置位 / 复位指令的应用

置位 / 复位指令包括 S 置位指令和 R 复位指令。置位与复位指令可以将位存储区某一位开始的一个或多个同类存储器置 1 或置 0。当置位线圈受到脉冲前沿触发时，线圈通电锁存（存储器位置 1），当复位线圈受到脉冲前沿触发时，线圈断电锁存（存储器位置 0），下次置位、复位操作信号到来前，线圈状态保持不变（自锁）。

置位 / 复位指令标识及梯形图符号如表 5-6 所示。

表 5-6 置位 / 复位指令标识及梯形图符号

指令名称	梯形图符号	指令格式	功能	操作数
置位指令 S	< 位地址 > ——(S) N	S< 位地址 >,N 如 S Q0.1,1	从起始位开始连续 N 位被置 1	Q、M、SM、T、C、V、S、L
复位指令 R	< 位地址 > ——(R) N	R< 位地址 >,N 如 R Q0.1,2	从起始位开始连续 N 位被置 0	Q、M、SM、T、C、V、S、L

置位 / 复位指令的应用如图 5-6 所示。

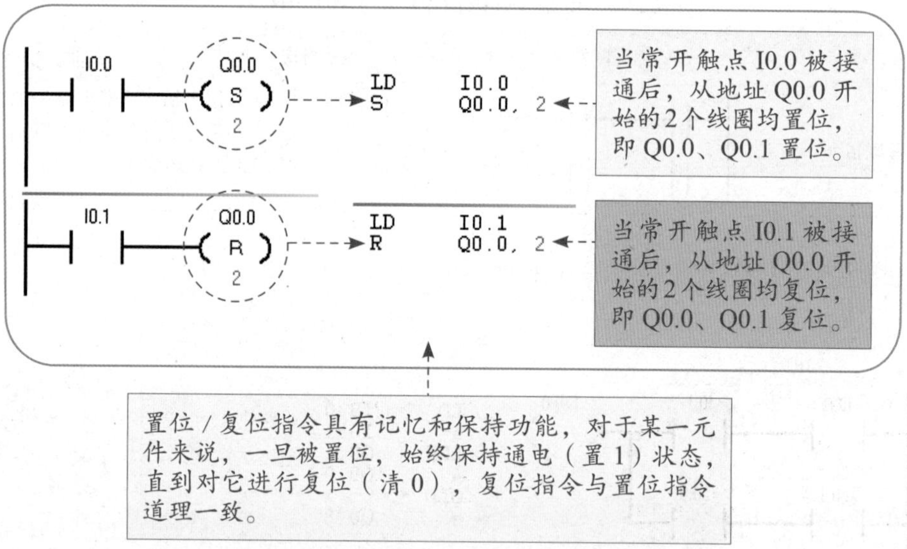
I0.0
Q0.0
S
2
LD I0.0
S Q0.0, 2
当常开触点 I0.0 被接通后，从地址 Q0.0 开始的 2 个线圈均置位，即 Q0.0、Q0.1 置位。
I0.1
Q0.0
R
2
LD I0.1
R Q0.0, 2
当常开触点 I0.1 被接通后，从地址 Q0.0 开始的 2 个线圈均复位，即 Q0.0、Q0.1 复位。
置位 / 复位指令具有记忆和保持功能，对于某一元件来说，一旦被置位，始终保持通电（置 1）状态，直到对它进行复位（清 0），复位指令与置位指令道理一致。

图 5-6 置位 / 复位指令的应用

5.1.3 边沿触发指令的应用

边沿触发指令分为上升沿脉冲指令（正跳变触发）和下降沿脉冲指令（负跳变触发）两大类。

上升沿脉冲指令是指某一位操作数的状态由 0 变为 1 的过程，即出现上升沿的过程中，该指令在这个上升沿形成一个 ON，并保持一个扫描周期的脉冲，且只存在一个扫描周期。

下降沿脉冲指令是指某一位操作数的状态由 1 变为 0 的过程，即出现下降沿的过程中，该指令在这个下降沿形成一个 ON，并保持一个扫描周期的脉冲，且只存在一个扫描周期。

边沿触发指令标识及梯形图符号如表 5-7 所示。

表 5-7　边沿触发指令标识及梯形图符号

指令名称	梯形图符号	指令格式	功能
上升沿脉冲指令	—| P |—	EU	产生宽度为一个扫描周期的上升沿脉冲
下降沿脉冲指令	—| N |—	ED	产生宽度为一个扫描周期的下降沿脉冲

边沿触发指令的应用如图 5-7 所示。

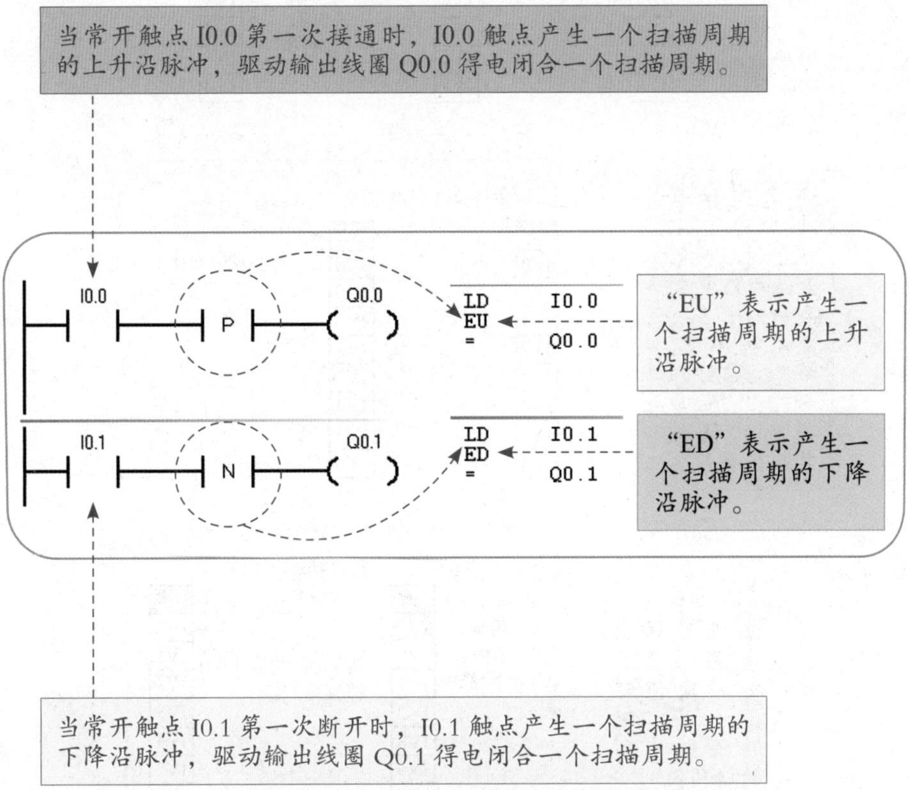
当常开触点 I0.0 第一次接通时，I0.0 触点产生一个扫描周期的上升沿脉冲，驱动输出线圈 Q0.0 得电闭合一个扫描周期。
I0.0
P
Q0.0
LD I0.0
EU
= Q0.0
"EU"表示产生一个扫描周期的上升沿脉冲。
I0.1
N
Q0.1
LD I0.1
ED
= Q0.1
"ED"表示产生一个扫描周期的下降沿脉冲。
当常开触点 I0.1 第一次断开时，I0.1 触点产生一个扫描周期的下降沿脉冲，驱动输出线圈 Q0.1 得电闭合一个扫描周期。

图 5-7　边沿触发指令的应用

5.1.4 逻辑堆栈指令的应用

堆栈是一组能够存储和取出数据的暂存单元。逻辑堆栈指令主要用来完成触点复杂连接，配合 ALD、OLD 指令使用。逻辑堆栈指令包括逻辑进栈指令 LPS、逻辑读栈指令 LRD 和逻辑出栈指令 LPP 等。

在 S7-200 PLC 中，堆栈有 9 层，顶层称为栈顶，底层称为栈底。堆栈的存取特点是“后进先出”，每次进行入栈操作时，新值都放在栈顶，栈底值丢失；每次进行出栈操作时，栈顶值弹出，栈底值补进随机数。图 5-8 所示为逻辑堆栈指令执行示意。

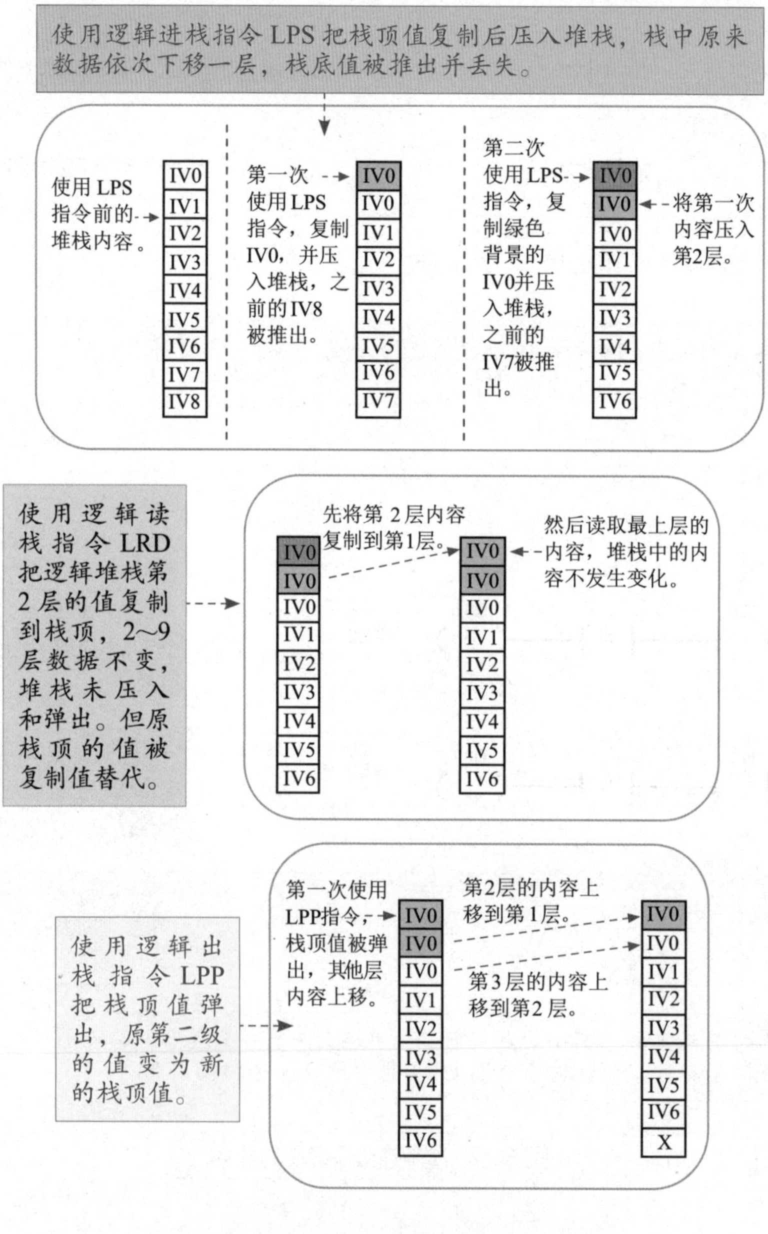
使用逻辑进栈指令 LPS 把栈顶值复制后压入堆栈，栈中原来数据依次下移一层，栈底值被推出并丢失。
使用 LPS 指令前的堆栈内容。
IV0 IV1 IV2 IV3 IV4 IV5 IV6 IV7 IV8
第一次使用 LPS 指令，复制 IV0，并压入堆栈，之前的 IV8 被推出。
IV0 IV0 IV1 IV2 IV3 IV4 IV5 IV6 IV7
第二次使用 LPS 指令，复制绿色背景的 IV0并压入堆栈，之前的 IV7被推出。
IV0 IV0 IV0 IV1 IV2 IV3 IV4 IV5 IV6
将第一次内容压入第2层。
使用逻辑读栈指令 LRD 把逻辑堆栈第 2 层的值复制到栈顶，2~9 层数据不变，堆栈未压入和弹出。但原栈顶的值被复制值替代。
先将第 2 层内容复制到第1层。
IV0 IV0 IV0 IV1 IV2 IV3 IV4 IV5 IV6
然后读取最上层的内容，堆栈中的内容不发生变化。
IV0 IV0 IV0 IV1 IV2 IV3 IV4 IV5 IV6
使用逻辑出栈指令 LPP 把栈顶值弹出，原第二级的值变为新的栈顶值。
第一次使用 LPP指令，栈顶值被弹出，其他层内容上移。
IV0 IV0 IV0 IV1 IV2 IV3 IV4 IV5 IV6
第2层的内容上移到第 1 层。
第 3 层的内容上移到第 2 层。
IV0 IV0 IV1 IV2 IV3 IV4 IV5 IV6 X

图 5-8 逻辑堆栈指令执行示意

图 5-9 所示为梯形图中逻辑堆栈指令的应用。

逻辑进栈指令 LPS 用于标示分支点，与第一分支路连接。注意：由于 LPS 指令为分支的开始，因此使用该指令后面必须有分支结束指令 LPP。即 LPS 与 LPP 指令必须成对出现。

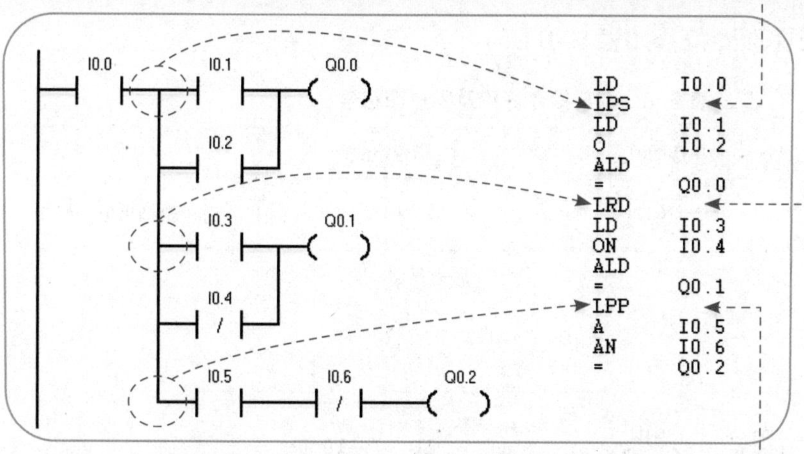
I0.0
I0.1
Q0.0
I0.2
I0.3
Q0.1
I0.4
I0.5
I0.6
Q0.2
LD I0.0
LPS
LD I0.1
O I0.2
ALD
= Q0.0
LRD
LD I0.3
ON I0.4
ALD
= Q0.1
LPP
A I0.5
AN I0.6
= Q0.2

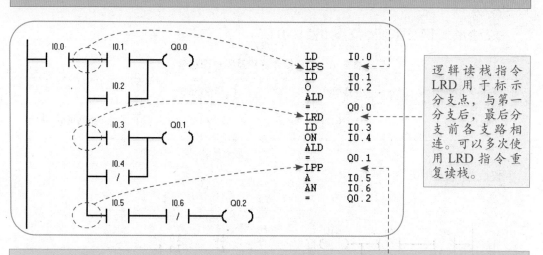

逻辑读栈指令 LRD 用于标示分支点，与第一分支后，最后分支前各支路相连。可以多次使用 LRD 指令重复读栈。

逻辑出栈指令 LPP 用于标示分支点，与最后支路相连。注意：使用 LPP 指令时，必须出现在 LPS 的后面，与 LPS 成对出现。

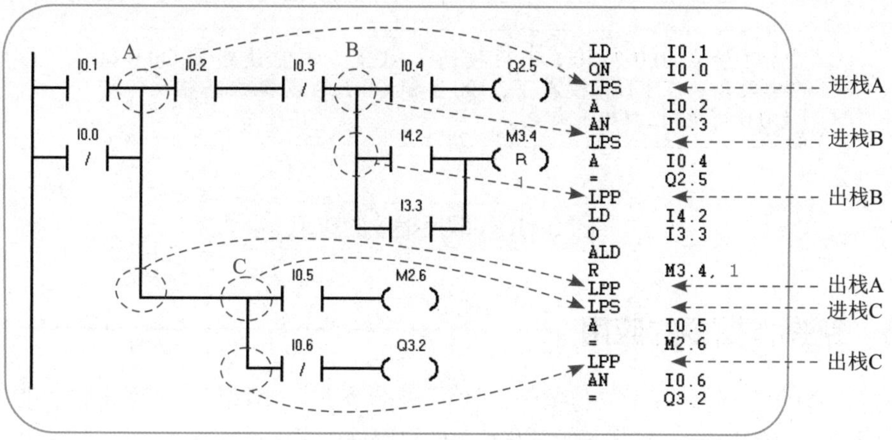
A
B
C
I0.1
I0.2
I0.3
I0.4
Q2.5
I0.0
I4.2
M3.4
R
1
I3.3
I0.5
M2.6
I0.6
Q3.2
LD I0.1
ON I0.0
LPS
A I0.2
AN I0.3
LPS
A I0.4
= Q2.5
LPP
LD I4.2
O I3.3
ALD
R M3.4, 1
LPP
LPS
A I0.5
= M2.6
LPP
AN I0.6
= Q3.2
进栈A
进栈B
出栈B
出栈A
进栈C
出栈C

图 5-9　梯形图中逻辑堆栈指令的应用

说明：进栈的目的是要将当前的逻辑运算结果暂时保存，然后完成本输出行指令。最后在进栈点上将逻辑运算结果读出来，完成下一重输出行指令。

如果是最后一次使用堆栈内保存的结果，则必须是出栈指令 LPP，若不是最后一次使用，则应该用读栈指令 LRD。

5.1.5 取反指令的应用

取反指令 NOT 用来对逻辑结果取反操作，即取反能流输入的状态。当运算结果为 0（OFF）时，取反后结果为 ON；当运算结果为 1（ON）时，取反后结果变为 0（OFF）。

取反指令标识及梯形图符号如表 5-8 所示。

表 5-8　取反指令标识及梯形图符号

指令名称	梯形图符号	指令格式	功能
取反指令	─┤NOT├─	NOT	对逻辑结果取反操作

取反指令应用如图 5-10 所示。

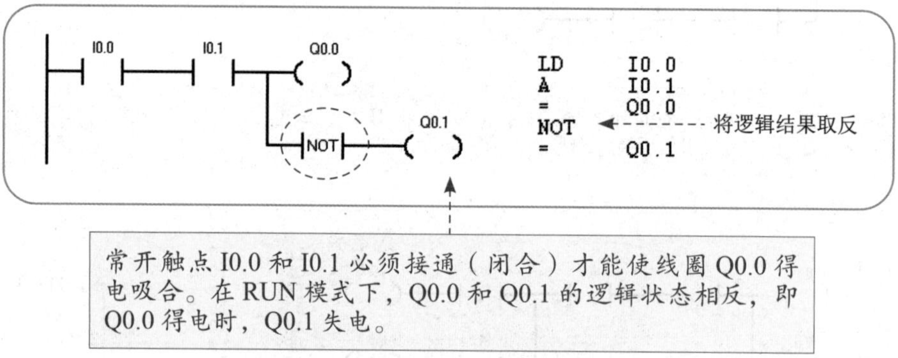
I0.0
I0.1
Q0.0
NOT
Q0.1
LD I0.0
A I0.1
= Q0.0
NOT
= Q0.1
将逻辑结果取反
常开触点 I0.0 和 I0.1 必须接通（闭合）才能使线圈 Q0.0 得电吸合。在 RUN 模式下，Q0.0 和 Q0.1 的逻辑状态相反，即 Q0.0 得电时，Q0.1 失电。

图 5-10　取反指令的应用

5.1.6 空操作指令的应用

空操作指令是一条无动作的指令，执行该指令时，将稍微延长扫描周期的长度，不影响用户程序的执行。它主要在改动或追加程序时使用。

空操作指令标识及梯形图符号如表 5-9 所示。

表 5-9　空操作指令标识及梯形图符号

指令名称	梯形图符号	指令格式	功能
空操作指令	N ──[NOP]	NOP N	无动作的指令，其中 N 为空操作的次数。N=0~255

空操作指令的应用如图 5-11 所示。

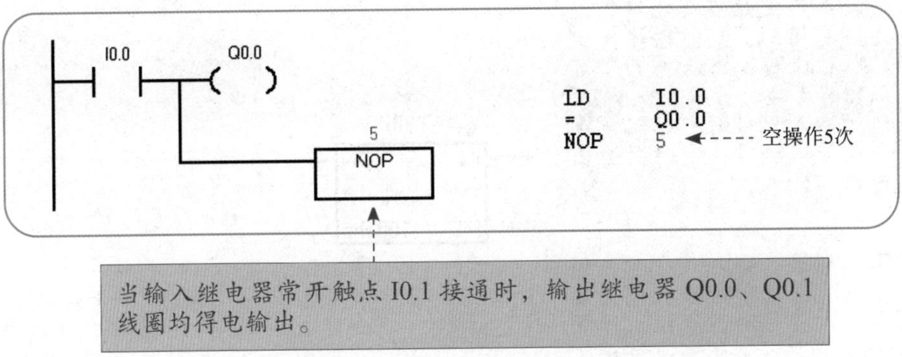
I0.0
Q0.0
5
NOP
LD　I0.0
=　Q0.0
NOP　5
空操作5次
当输入继电器常开触点 I0.1 接通时，输出继电器 Q0.0、Q0.1 线圈均得电输出。

图 5-11　空操作指令的应用

5.2 西门子 PLC 定时器指令的应用

定时器是 PLC 中最常用的编程元件之一，西门子 S7-200 SMART PLC 的定时器与继电器控制系统中的时间继电器相同，起到延时作用。下面将详细讲解这些定时器指令的用法。

5.2.1　PLC 定时器指令图形符号含义

西门子 S7-200 SMART PLC 提供了 256 个定时器（Timer），编号为 T0~T255；支持三种定时器指令：TON、TONR 和 TOF，指令的具体含义如下：

- TON：通电延时定时器（Timer On-Delay）指令；
- TONR：有记忆接通延时定时器（Timer On-Delay Retain）指令；
- TOF：断电延时定时器指令。

定时器是根据时间基准（简称时基）累积计时的，定时器的时间基准主要有 1ms、10ms 和 100ms 三种，当所计时间到达设定值，其输出触点动作。

图 5-12 所示为定时器指令图形符号含义。

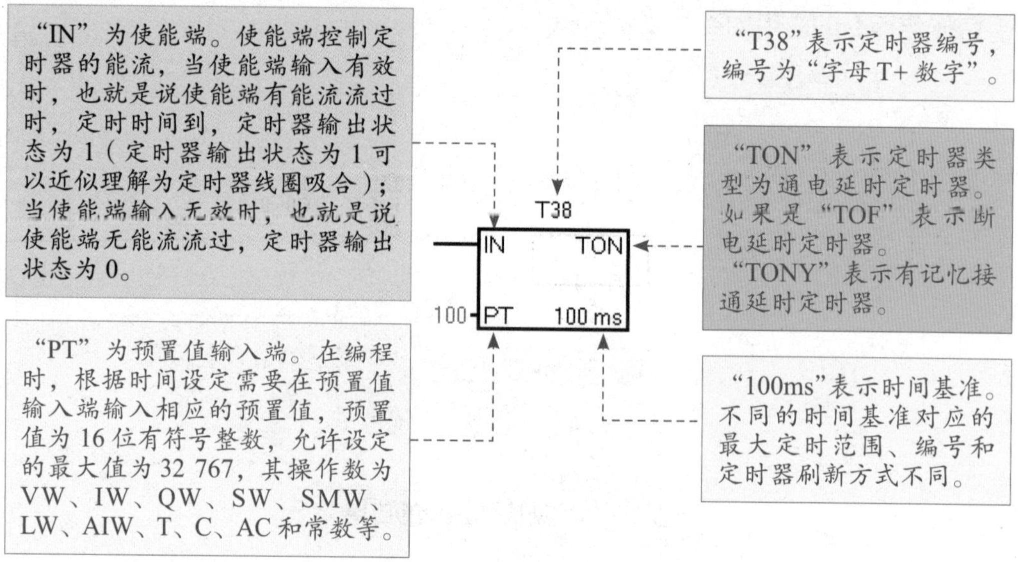
"IN"为使能端。使能端控制定时器的能流，当使能端输入有效时，也就是说使能端有能流流过时，定时时间到，定时器输出状态为 1（定时器输出状态为 1 可以近似理解为定时器线圈吸合）；当使能端输入无效时，也就是说使能端无能流流过，定时器输出状态为 0。
"PT"为预置值输入端。在编程时，根据时间设定需要在预置值输入端输入相应的预置值，预置值为 16 位有符号整数，允许设定的最大值为 32 767，其操作数为 VW、IW、QW、SW、SMW、LW、AIW、T、C、AC 和常数等。
T38
IN
TON
100
PT
100 ms
"T38"表示定时器编号，编号为"字母 T+ 数字"。
"TON"表示定时器类型为通电延时定时器。如果是"TOF"表示断电延时定时器。"TONY"表示有记忆接通延时定时器。
"100ms"表示时间基准。不同的时间基准对应的最大定时范围、编号和定时器刷新方式不同。

图 5-12　定时器指令图形符号含义

定时时间计算公式为：T=PT*S。其中 T 为定时时间，PT 为预置值，S 为时间基准。如图 5-12 中的定时器的定时时间为：PT*S=100*100ms=10s。

定时器的类型不同编号也不同，如表 5-10 所示。

表 5-10　定时器的类型、时间基准和编号

定时器类型	时间基准	最大定时范围	定时器编号
TON 和 TOF	1ms	32.767s	T32 和 T96
	10ms	327.67s	T33～T36，T97～T100
	100ms	3 276.7s	T37～T63，T101～T255
TONR	1ms	32.767s	T0 和 T64
	10ms	327.67s	T1～T4，T65～T68
	100ms	3 276.7s	T5～T31，T69～T95

5.2.2　通电延时定时器指令的应用

通电延时定时器指令（TON）是指定时器得电并延时一段时间（由设定值决定）后，其对应的常开触点或常闭触点才执行闭合或断开动作。当定时器失电后，触点立即复位。

下面结合图 5-13 所示的 T32 定时器分析通电延时定时器指令的工作原理。

（1）当使能 IN 输入有效时（接通），定时器开始计时，当前值从 0 开始递增，在当前值大于或等于预置值 PT 时（图中 PT=300，即大于等于 300 时），定时器输出状态为 1（定时器输出状态 1 可近似理解为定时器线圈吸合），相应的常开触点闭合、常闭触点断开。

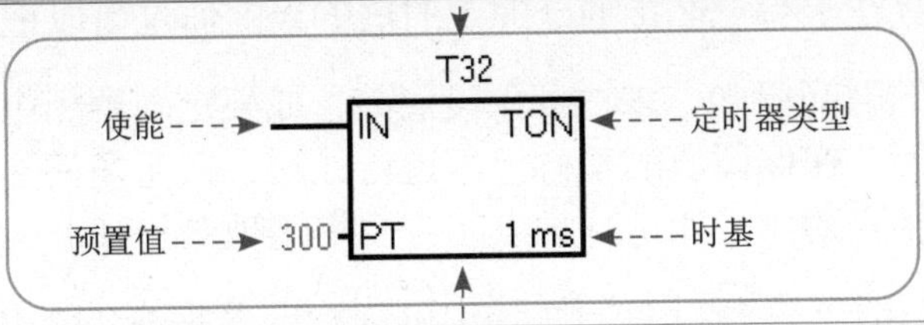
T32
使能
IN
TON
定时器类型
预置值
300
PT
1 ms
时基

（2）达到预置值 PT 后，定时器继续计时，直到最大值 32 767s 才停止定时。在此期间定时器输出状态仍然为 1，直到使能端无效时（断开），定时器才复位，当前值被清零，此时输出状态为 0，其触点复位。

图 5-13　通电延时定时器指令的工作原理

【实例 5-1】实现灯泡闪烁效果

设计一段程序，实现灯泡闪烁效果，闪烁的频率为 5s，即让灯泡点亮 5s，再熄灭 5s，一直循环。图 5-14 所示为所编写程序的梯形图。

（1）当常开触点 I0.0 接通时，定时器 T37 的使能端 IN 接通有效，定时器 T37 开始计时。5s 后，定时器 T37 动作，其对应的常开触点 T37 接通，线圈 Q0.0 得电输出，使灯泡点亮，同时定时器 T38 的使能端 IN 接通有效，定时器 T38 开始计时。

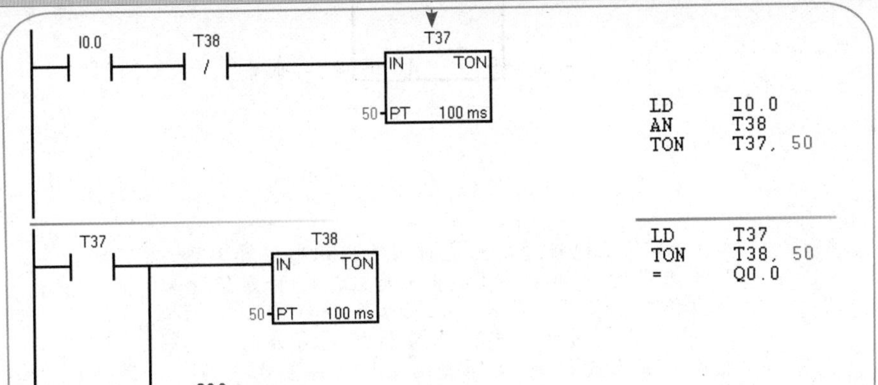
I0.0
T38
T37
IN
TON
50
PT
100 ms
LD I0.0
AN T38
TON T37, 50
T37
T38
IN
TON
50
PT
100 ms
Q0.0
LD T37
TON T38, 50
= Q0.0

（2）5s 后，定时器 T38 动作，其对应的常闭触点 T38 断开，定时器 T37 的使能端 IN 断开失效，定时器 T37 复位，其常开触点 T37 断开，线圈 Q0.0 失电停止输出，灯泡熄灭。同时，定时器 T38 的使能端 IN 断开失效，定时器 T38 复位，其常闭触点 T38 接通，由于常开触点 I0.0 一直处于接通状态，因此定时器 T37 的使能端 IN 又重新接通有效，定时器 T37 又重新开始计时。这样就实现了灯泡间隔 5s 的闪烁效果。

图 5-14　灯泡闪烁程序梯形图

5.2.3 有记忆接通延时定时器指令的应用

有记忆接通延时定时器指令（TONR）的工作原理与接通延时定时器指令（TON）基本相同，不同之处在于有记忆接通延时定时器的当前值是可以记忆的。

当定时器在计时时间段内，未达到预设值前，如果定时器断电，可保持当前计时值。当定时器得电后，在保留值的基础上再进行计时，且可多间隔累计计时，当达到预设值时，其触点相应动作（如常开触点闭合，常闭触点断开）。

下面结合 T3 定时器来分析有记忆通电延时定时器指令的工作原理，如图 5-15 所示。

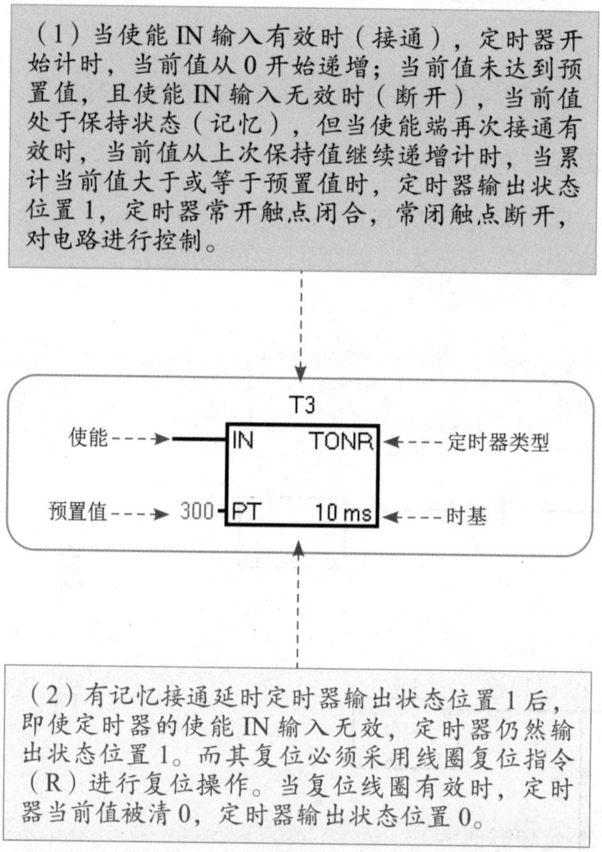
（1）当使能 IN 输入有效时（接通），定时器开始计时，当前值从 0 开始递增；当前值未达到预置值，且使能 IN 输入无效时（断开），当前值处于保持状态（记忆），但当使能端再次接通有效时，当前值从上次保持值继续递增计时，当累计当前值大于或等于预置值时，定时器输出状态位置 1，定时器常开触点闭合，常闭触点断开，对电路进行控制。
T3
使能
IN
TONR
定时器类型
预置值
300
PT
10 ms
时基
（2）有记忆接通延时定时器输出状态位置 1 后，即使定时器的使能 IN 输入无效，定时器仍然输出状态位置 1。而其复位必须采用线圈复位指令（R）进行复位操作。当复位线圈有效时，定时器当前值被清 0，定时器输出状态位置 0。

图 5-15 有记忆通电延时定时器指令的工作原理

【实例 5-2】实现灯泡定时点亮和受控制熄灭

设计一段程序，实现灯泡在累计接通 15s 后点亮，灯泡被点亮后可以随意控制其熄灭，并可以重复操作。图 5-16 所示为所编写程序的梯形图。

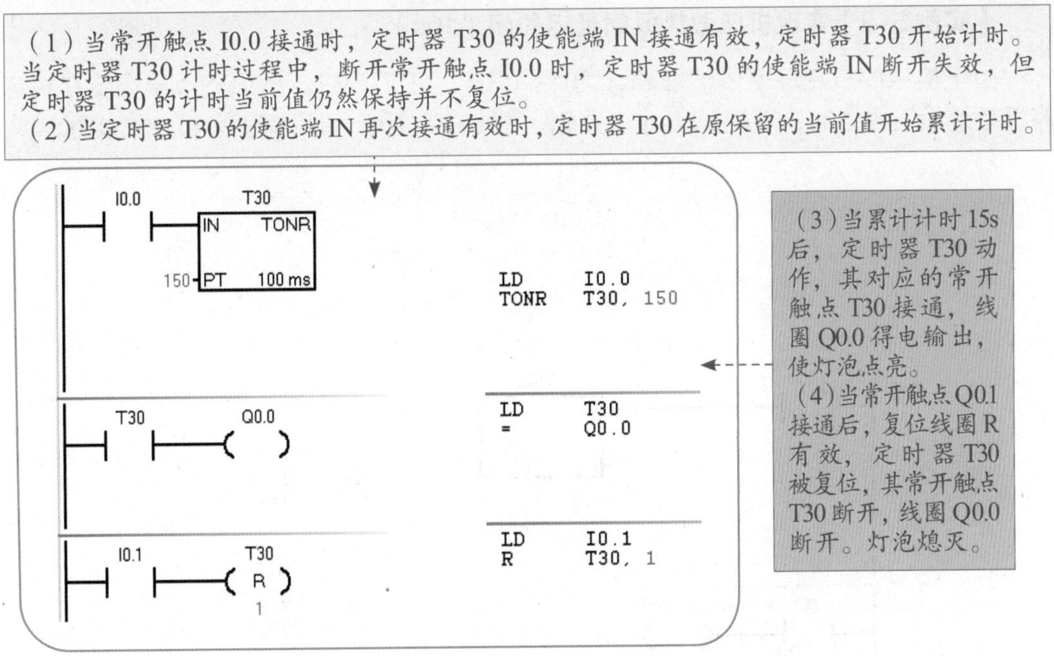
（1）当常开触点 I0.0 接通时，定时器 T30 的使能端 IN 接通有效，定时器 T30 开始计时。当定时器 T30 计时过程中，断开常开触点 I0.0 时，定时器 T30 的使能端 IN 断开失效，但定时器 T30 的计时当前值仍然保持并不复位。
（2）当定时器 T30 的使能端 IN 再次接通有效时，定时器 T30 在原保留的当前值开始累计计时。
I0.0
T30
IN
TONR
150
PT
100 ms
LD　　I0.0
TONR　T30，150
T30
Q0.0
LD　　T30
=　　 Q0.0
I0.1
T30
R
1
LD　　I0.1
R　　 T30，1
（3）当累计计时 15s 后，定时器 T30 动作，其对应的常开触点 T30 接通，线圈 Q0.0 得电输出，使灯泡点亮。
（4）当常开触点 Q0.1 接通后，复位线圈 R 有效，定时器 T30 被复位，其常开触点 T30 断开，线圈 Q0.0 断开。灯泡熄灭。

图 5-16　灯泡定时点亮和受控制熄灭程序梯形图

5.2.4　断电延时定时器指令的应用

断电延时定时器指令（TOF）是指定时器得电后，其相应常开触点或常闭触点立即执行闭合或断开动作，当定时器失电后，需延时一段时间（由设定值决定），其对应的常开触点或常闭触点才执行复位动作。

下面结合 T3 定时器来分析断电延时定时器指令的工作原理，如图 5-17 所示。

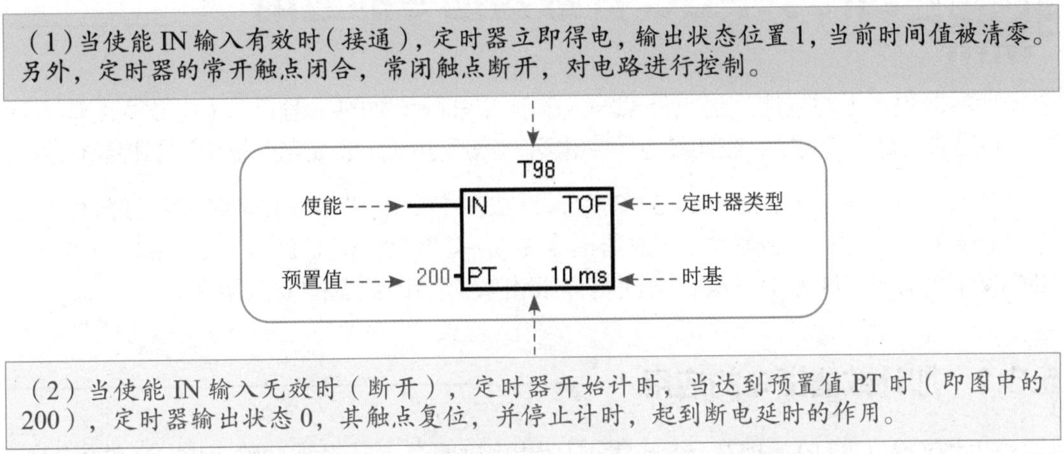
（1）当使能 IN 输入有效时（接通），定时器立即得电，输出状态位置 1，当前时间值被清零。另外，定时器的常开触点闭合，常闭触点断开，对电路进行控制。
T98
使能
IN
TOF
定时器类型
预置值
200
PT
10 ms
时基
（2）当使能 IN 输入无效时（断开），定时器开始计时，当达到预置值 PT 时（即图中的 200），定时器输出状态 0，其触点复位，并停止计时，起到断电延时的作用。

图 5-17　断电延时定时器指令的工作原理

【实例 5-3】实现机床散热风扇延迟关闭（10s）

由于机床停机后温度依然很高，为保护机床，工厂为机床散热的风扇需要在机床停机后继续工作 10s，散热风扇才能关闭。图 5-18 所示为所编写程序的梯形图。

（1）当常开触点 I0.0 接通时，定时器 T61 的使能端 IN 接通有效，输出状态位置 1，其常开触点 T61 接通，线圈 Q0.0 得电输出，使散热风扇开始工作。

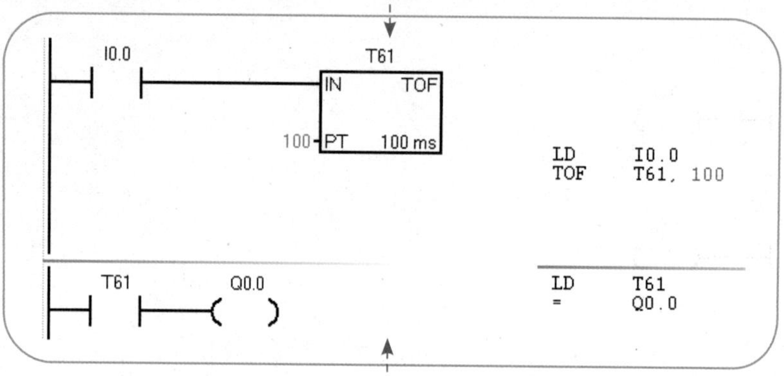
I0.0
T61
IN
TOF
100
PT
100 ms
LD I0.0
TOF T61, 100
T61
Q0.0
LD T61
= Q0.0

（2）当常开触点 I0.0 断开时，定时器 T61 的使能端 IN 输入无效，定时器 T61 开始计时。当定时器当前值达到预置值 10s 后，定时器 T61 复位，并停止计时，其常开触点 T61 断开，线圈 Q0.0 失电断开，散热风扇停止工作。

图 5-18　机床散热风扇延迟关闭（10s）梯形图

5.3 西门子 PLC 计数器指令的应用

计数器是用于对程序产生或外部输入的脉冲进行计数的编程元件（主要利用输入脉冲上升沿累计脉冲个数），在实际应用中也可对产品进行计数或完成复杂逻辑控制任务。

在西门子 S7-200 SMART PLC 中，计数器指令用“字母 C+ 数字”进行标识，数字范围为 0～255，共 256 个。计数器指令主要有加计数器（CTU）、减计数器（CTD）、加 / 减计数器（CTUD）三种，下面将详细讲解这些计数器指令的用法。

5.3.1 加计数器指令的应用

加计数器（CTU）是指在计数过程中，当计数端有上升沿脉冲输入时，当前值加 1，当脉冲数累加到大于或等于计数器的预置值时，加计数器相应触点动作（常开触点闭合，常闭触点断开）。

图 5–19 所示为加计数器指令图形符号含义。

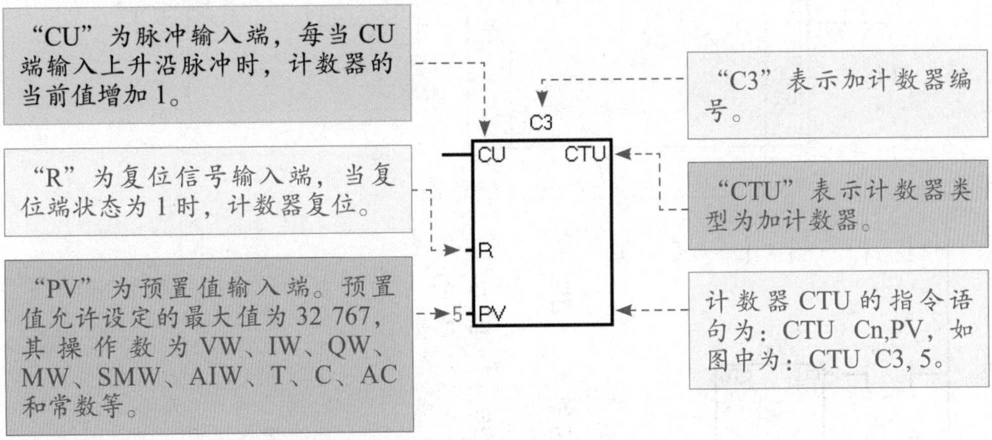
"CU"为脉冲输入端，每当 CU 端输入上升沿脉冲时，计数器的当前值增加 1。
"R"为复位信号输入端，当复位端状态为 1 时，计数器复位。
"PV"为预置值输入端。预置值允许设定的最大值为 32 767，其操作数为 VW、IW、QW、MW、SMW、AIW、T、C、AC 和常数等。
C3
CU
CTU
R
5
PV
"C3"表示加计数器编号。
"CTU"表示计数器类型为加计数器。
计数器 CTU 的指令语句为：CTU Cn,PV，如图中为：CTU C3, 5。

图 5–19　加计数器指令图形符号含义

下面结合图 5–20 所示的实例来分析加计数器指令的工作原理。

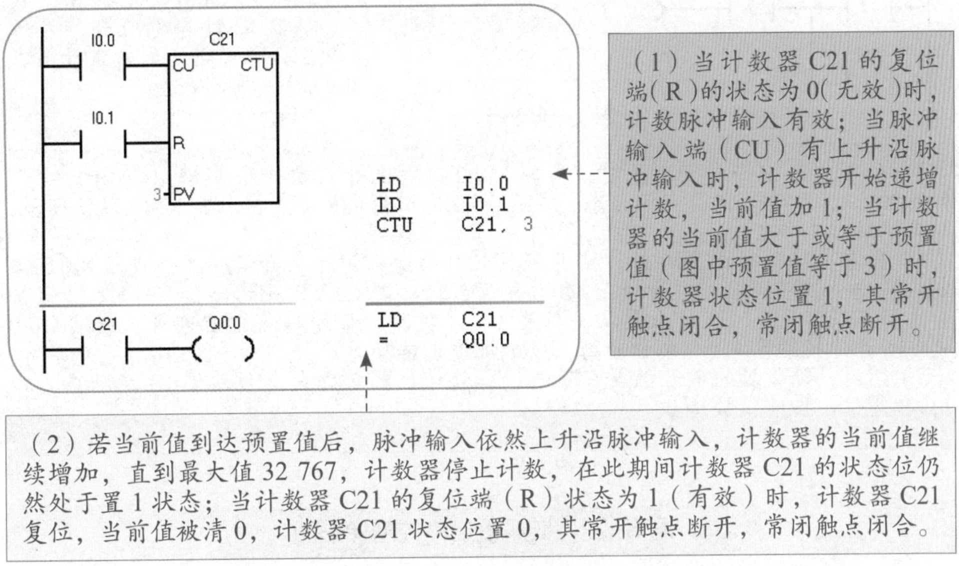
I0.0
C21
CU
CTU
I0.1
R
3
PV
LD I0.0
LD I0.1
CTU C21, 3
C21
Q0.0
LD C21
= Q0.0
（1）当计数器 C21 的复位端（R）的状态为 0（无效）时，计数脉冲输入有效；当脉冲输入端（CU）有上升沿脉冲输入时，计数器开始递增计数，当前值加 1；当计数器的当前值大于或等于预置值（图中预置值等于 3）时，计数器状态位置 1，其常开触点闭合，常闭触点断开。
（2）若当前值到达预置值后，脉冲输入依然上升沿脉冲输入，计数器的当前值继续增加，直到最大值 32 767，计数器停止计数，在此期间计数器 C21 的状态位仍然处于置 1 状态；当计数器 C21 的复位端（R）状态为 1（有效）时，计数器 C21 复位，当前值被清 0，计数器 C21 状态位置 0，其常开触点断开，常闭触点闭合。

图 5–20　加计数器指令的工作原理

【实例 5–4】一个按钮控制鼓风机启动和关闭

车间想通过一个按钮来控制鼓风机的启动和关闭，即按一下启动鼓风机，再按一下关闭鼓风机，这样一直循环控制鼓风机。图 5–21 所示为所编写程序的梯形图。

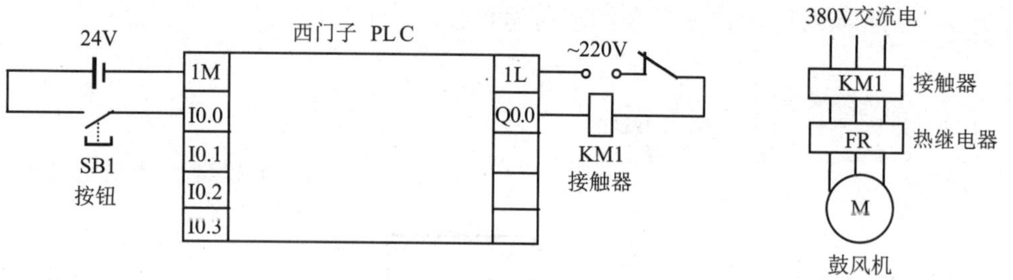
24V
西门子 PLC
1M
I0.0
I0.1
I0.2
I0.3
1L
Q0.0
~220V
SB1
按钮
KM1
接触器
380V交流电
KM1
接触器
FR
热继电器
M
鼓风机

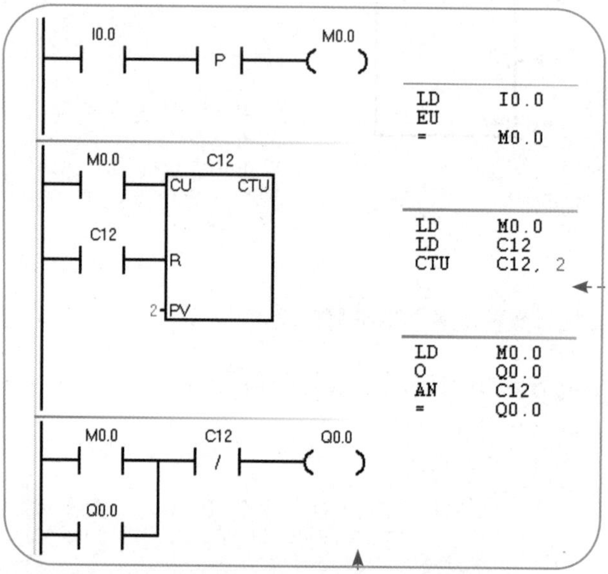
I0.0
P
M0.0
LD I0.0
EU
= M0.0
M0.0
C12
CU
CTU
C12
R
2
PV
LD M0.0
LD C12
CTU C12, 2
LD M0.0
O Q0.0
AN C12
= Q0.0
M0.0
C12
/
Q0.0
Q0.0

（1）当按下按钮 SB1 后，常开触点 I0.0 接通，产生上升沿脉冲，线圈 M0.0 得电接通一个扫描周期，其常开触点 M0.0 接通，而此时计数器 C21 的复位端（R）的状态为 0（无效），计数脉冲输入有效，上升沿脉冲在输入计数器 C12 的脉冲输入端（CU）后，计数器开始递增计数，当前值加 1。

（2）同时，常开触点 M0.0 接通后，由于计数器常闭触点 C12 处于接通状态，因此线圈 Q0.0 得电输出，接触器 KM1 得电吸合，鼓风机开始启动。同时常开触点 Q0.0 得电接通。

（3）当下一个扫描周期到达时，线圈 M0.0 失电断开，常开触点 M0.0 断开，由于常开触点 Q0.0 处于接通自锁状态，线圈 Q0.0 依旧得电输出，接触器 KM1 继续吸合，鼓风机继续工作。

（4）当再次按下按钮 SB1 后，常开触点 I0.0 接通，产生上升沿脉冲，线圈 M0.0 得电接通一个扫描周期，常开触点 M0.0 接通，计数器 C12 又开始计数，当前值加 1，等于预置值（PV）2，计数器状态位置 1。计数器的常闭触点 C12 断开，线圈 Q0.0 失电断开，接触器 KM1 失电分离，鼓风机停止转动。

（5）同时，计数器的常开触点 C12 接通，使计数器 C21 的复位端（R）的状态变为 1，即复位，当前值被清 0。

图 5-21　鼓风机启停控制梯形图

5.3.2　减计数器指令的应用

减计数器指令（CTD）是指在计数过程中，将预设值装入计数器当前值寄存器，当计数端有上升沿脉冲输入时，当前值减 1，当计数器的当前值等于 0 时，计数器相应触点动作（常开触点闭合，常闭触点断开），并停止计数。

图 5-22 所示为减计数器指令图形符号含义。

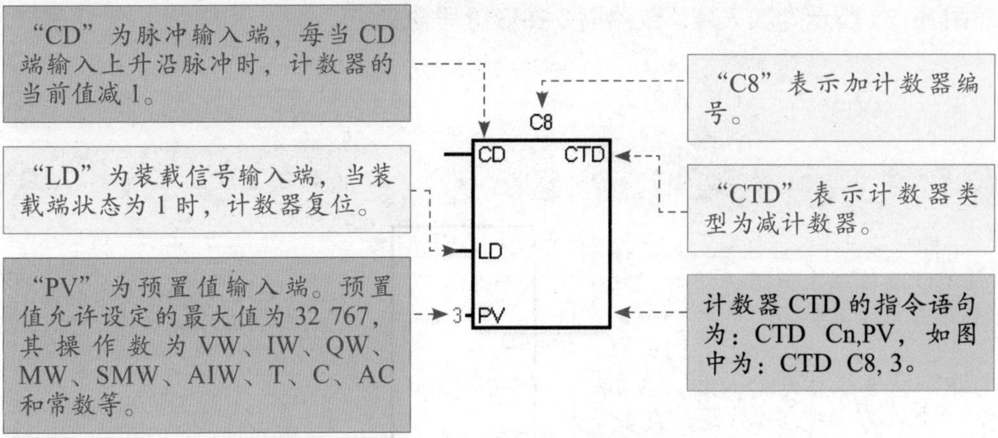
"CD"为脉冲输入端，每当 CD 端输入上升沿脉冲时，计数器的当前值减 1。
"LD"为装载信号输入端，当装载端状态为 1 时，计数器复位。
"PV"为预置值输入端。预置值允许设定的最大值为 32 767，其操作数为 VW、IW、QW、MW、SMW、AIW、T、C、AC 和常数等。
C8
CD
CTD
LD
3
PV
"C8"表示加计数器编号。
"CTD"表示计数器类型为减计数器。
计数器 CTD 的指令语句为：CTD Cn,PV，如图中为：CTD C8, 3。

图 5-22　减计数器指令图形符号含义

下面结合图 5-23 所示的实例来分析减计数器指令的工作原理。

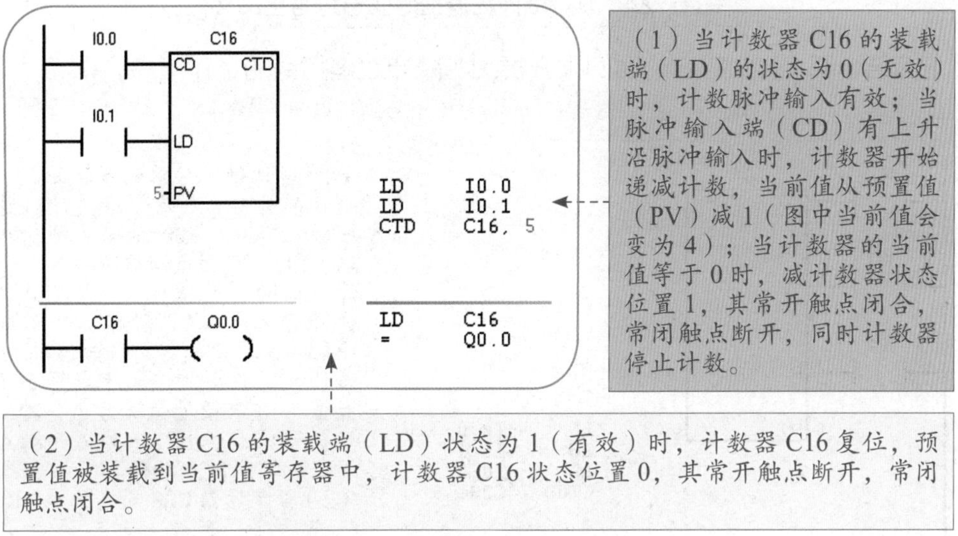
I0.0
C16
CD
CTD
I0.1
LD
5
PV
LD I0.0
LD I0.1
CTD C16, 5
C16
Q0.0
LD C16
= Q0.0
（1）当计数器 C16 的装载端（LD）的状态为 0（无效）时，计数脉冲输入有效；当脉冲输入端（CD）有上升沿脉冲输入时，计数器开始递减计数，当前值从预置值（PV）减 1（图中当前值会变为 4）；当计数器的当前值等于 0 时，减计数器状态位置 1，其常开触点闭合，常闭触点断开，同时计数器停止计数。
（2）当计数器 C16 的装载端（LD）状态为 1（有效）时，计数器 C16 复位，预置值被装载到当前值寄存器中，计数器 C16 状态位置 0，其常开触点断开，常闭触点闭合。

图 5-23　减计数器指令的工作原理

5.3.3　加 / 减计数器指令的应用

加 / 减计数器（CTUD）有两个脉冲信号输入端，其中，CU 用于加计数，CD 用于减计数。当加计数输入端有上升沿脉冲输入时，计数器的当前值加 1，当减计数输入端有上升沿脉冲输入时，计数器的当前值减 1，当加 / 减计数器的当前值大于等于预置值时，计数器状态位被置 1，计数器相应触点动作（常开触点闭合，常闭触点断开）。

图 5–24 所示为加 / 减计数器指令图形符号含义。

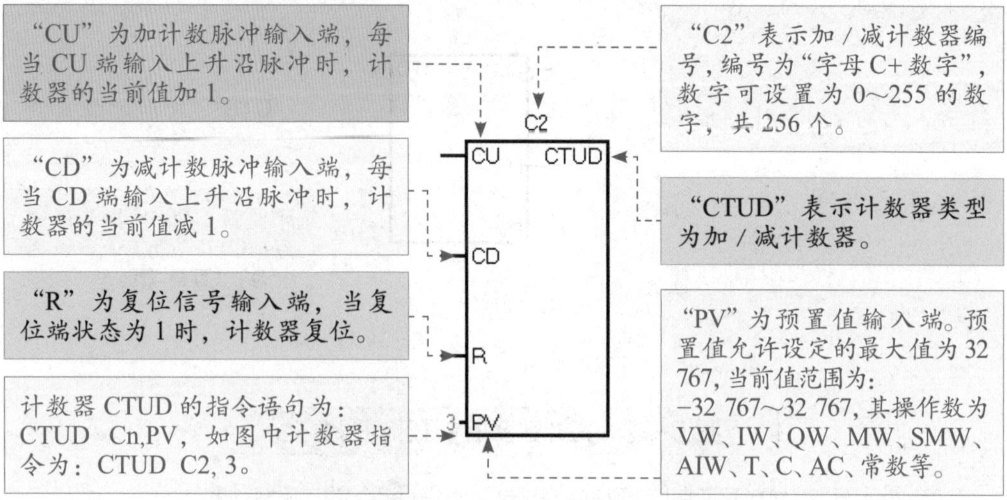

“CU”为加计数脉冲输入端，每当 CU 端输入上升沿脉冲时，计数器的当前值加 1。
“CD”为减计数脉冲输入端，每当 CD 端输入上升沿脉冲时，计数器的当前值减 1。
“R”为复位信号输入端，当复位端状态为 1 时，计数器复位。
计数器 CTUD 的指令语句为：CTUD Cn,PV，如图中计数器指令为：CTUD C2, 3。
C2
CU
CTUD
CD
R
3
PV
“C2”表示加 / 减计数器编号，编号为“字母 C+ 数字”，数字可设置为 0~255 的数字，共 256 个。
“CTUD”表示计数器类型为加 / 减计数器。
“PV”为预置值输入端。预置值允许设定的最大值为 32 767，当前值范围为：−32 767~32 767，其操作数为 VW、IW、QW、MW、SMW、AIW、T、C、AC、常数等。

图 5–24　加 / 减计数器指令图形符号含义

下面结合图 5–25 所示的实例来分析加 / 减计数器指令的工作原理。

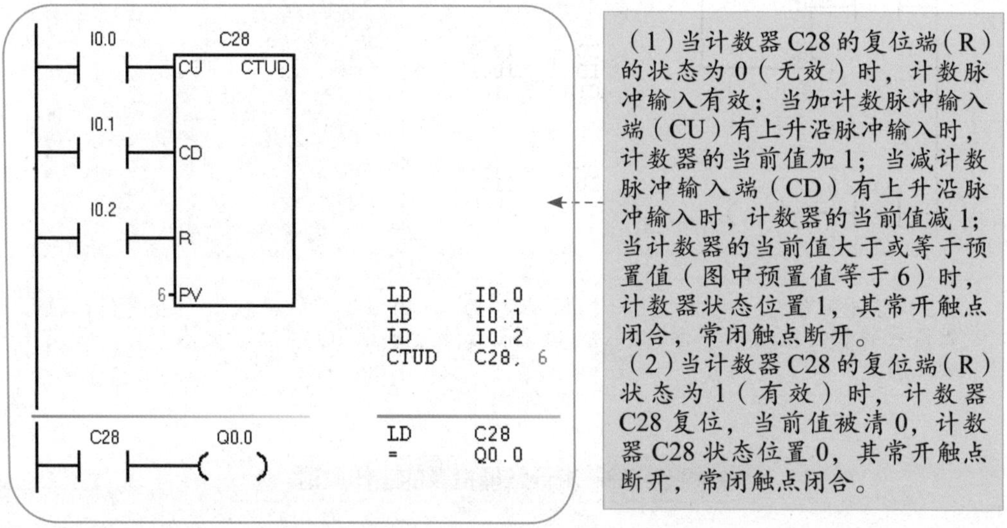

I0.0
C28
CU
CTUD
I0.1
CD
I0.2
R
6
PV
LD I0.0
LD I0.1
LD I0.2
CTUD C28, 6
C28
Q0.0
LD C28
= Q0.0
（1）当计数器 C28 的复位端（R）的状态为 0（无效）时，计数脉冲输入有效；当加计数脉冲输入端（CU）有上升沿脉冲输入时，计数器的当前值加 1；当减计数脉冲输入端（CD）有上升沿脉冲输入时，计数器的当前值减 1；当计数器的当前值大于或等于预置值（图中预置值等于 6）时，计数器状态位置 1，其常开触点闭合，常闭触点断开。
（2）当计数器 C28 的复位端（R）状态为 1（有效）时，计数器 C28 复位，当前值被清 0，计数器 C28 状态位置 0，其常开触点断开，常闭触点闭合。

图 5–25　加 / 减计数器指令的工作原理

5.4 西门子 PLC 比较指令的应用

比较指令是将两个操作数或字符串按指定条件进行比较（操作数可以是字节、双字、整数、实数），当比较条件成立时，其触点闭合，后面的电路接通；当比较条件不成立时，比较触点断开，后面的电路不接通。

在西门子 S7-200 SMART PLC 中，比较指令包括数值比较指令和字符串比较指令两种。下面将详细讲解这两种比较指令的应用。

5.4.1 数值比较指令的应用

数值比较指令用于比较两个相同数据类型的操作数，包括字节 B、双整数 D、整数 I、实数 R 等。图 5-26 所示为数值比较指令的图形符号含义。

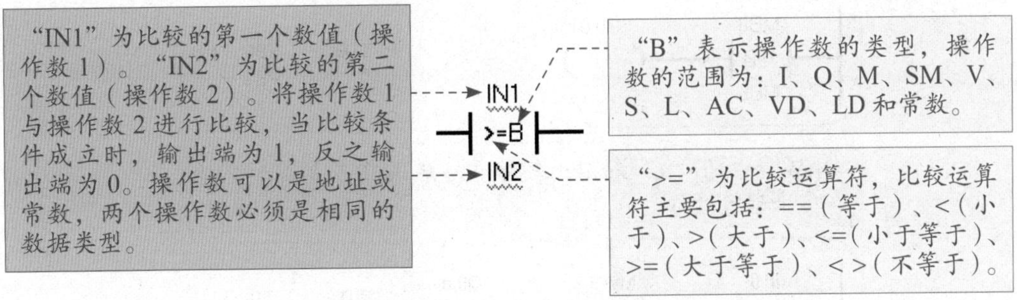
"IN1" 为比较的第一个数值（操作数 1）。"IN2" 为比较的第二个数值（操作数 2）。将操作数 1 与操作数 2 进行比较，当比较条件成立时，输出端为 1，反之输出端为 0。操作数可以是地址或常数，两个操作数必须是相同的数据类型。
IN1
>=B
IN2
"B" 表示操作数的类型，操作数的范围为：I、Q、M、SM、V、S、L、AC、VD、LD 和常数。
">=" 为比较运算符，比较运算符主要包括：==（等于）、<（小于）、>（大于）、<=（小于等于）、>=（大于等于）、< >（不等于）。

图 5-26　数值比较指令图形符号含义

数值比较指令中的有效操作数如表 5-11 所示。

表 5-11　数值比较指令中的有效操作数

类型	符号	操作数
字节	B	IB、QB、MB、SMB、VB、SB、LB、AC、*VD、*LD、*AC、常数
整数	I	IW、QW、MW、SMW、VW、T、C、AC、AIW、*VD、*LD、*AC、常数
双整数	D	ID、QD、MD、SMD、VD、SD、LD、AC、HC、*VD、*LD、*AC、常数
实数（包括负实数和正实数）	R	ID、QD、MD、SMD、VD、SD、LD、AC、*VD、*LD、*AC、常数

数值比较指令的种类如表 5-12 所示。

表 5-12　数值比较指令的种类

符号 / 操作数	==（等于）	<（小于）	>（大于）	<=（小于等于）	>=（大于等于）	< >（不等于）
字节（B）	==B	<B	>B	<=B	>=B	< >B
整数（I）	==I	<I	>I	<=I	>=I	< >I
双整数（D）	==D	<D	>D	<=D	>=D	< >D
实数（R）	==R	<R	>R	<=R	>=R	< >R

数值比较指令的触点和普通指令的触点一样，可以装载、串联和并联。另外，数值比较指令的逻辑关系有 LD、A、O 三种，其中 LD 表示该指令直接与左母线连接；A 表示该指令与其他触点串联关系；O 表示该指令与其他触点并联关系，如图 5-27 所示。

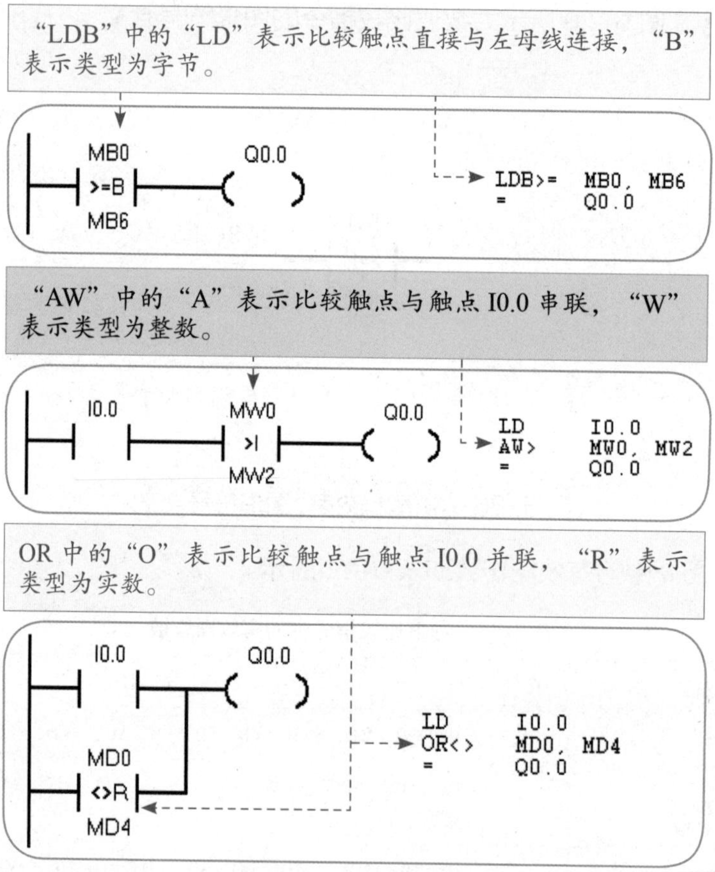
"LDB"中的"LD"表示比较触点直接与左母线连接，"B"表示类型为字节。
MB0
>=B
MB6
Q0.0
LDB>=　MB0, MB6
=　Q0.0
"AW"中的"A"表示比较触点与触点 I0.0 串联，"W"表示类型为整数。
I0.0
MW0
>I
MW2
Q0.0
LD　I0.0
AW>　MW0, MW2
=　Q0.0
OR 中的"O"表示比较触点与触点 I0.0 并联，"R"表示类型为实数。
I0.0
Q0.0
MD0
<>R
MD4
LD　I0.0
OR<>　MD0, MD4
=　Q0.0

图 5-27　数值比较指令的装载、串联和并联

下面结合图 5-28 所示的实例来分析数值比较指令的工作原理。

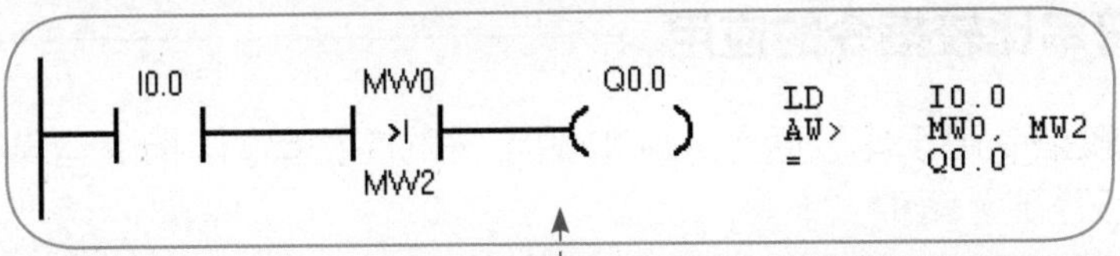
I0.0
MW0
>I
MW2
Q0.0
LD　I0.0
AW>　MW0, MW2
=　Q0.0

当 I0.0 闭合时，激活比较指令，MW0 中的整数和 MW2 中的整数比较，若 MW0 中的整数大于 MW2 中的整数，则线圈 Q0.0 输出为 1；否则，线圈 Q0.0 输出为 0。在 I0.0 不闭合时，线圈 Q0.0 输出为 0。

图 5-28　数值比较指令的工作原理

【实例 5-5】货场货物进出管理系统

货场货物进出控制系统中，要求货场中储存的货物数量保持在一定数量，当货物数量多于指定值时，指示灯亮起。具体为当货场货物多于 4 000 件时，黄灯亮起；当货场货物多于 5 000 件时，红灯亮起。图 5-29 所示为所编写程序的梯形图。

（1）首先在货场入口和出口处设置有传感器，用来检测货物的进出。每检测到一个货物进入货场，或运出货场，传感器将信号传送到计数器 C25。
（2）当有一个货物进入货场时，传感器将信号传送到常开触点 I0.0，使触点接通，计数器 C25 当前值加 1；当有一个货物运出货场时，传感器将信号传送到常开触点 I0.1，使触点接通，计数器 C25 当前值减 1。

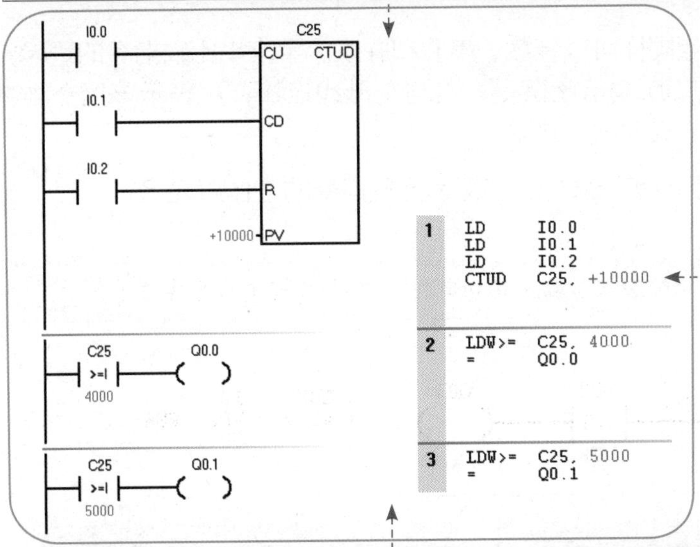
I0.0
C25
CU　CTUD
I0.1
CD
I0.2
R
+10000
PV
C25
>=I
4000
Q0.0
C25
>=I
5000
Q0.1
1　LD　I0.0
LD　I0.1
LD　I0.2
CTUD　C25, +10000
2　LDW>=　C25, 4000
=　Q0.0
3　LDW>=　C25, 5000
=　Q0.1

（3）同时，数值比较指令会被激活，第一个比较指令会将计数器 C25 的当前值与整数 4000 进行比较。当计数器 C25 的当前值大于等于 4 000 时，线圈 Q0.0 接通，其连接的黄色灯泡通电被点亮；当计数器 C25 的当前值小于 4 000 时，线圈 Q0.0 断开，其连接的黄色灯泡熄灭。

（4）第二个比较指令会将计数器 C25 的当前值与整数 5 000 进行比较。当计数器 C25 的当前值大于等于 5 000 时，线圈 Q0.1 接通，其连接的红色灯泡被点亮；当计数器 C25 的当前值小于 5 000 时，线圈 Q0.1 断开，其连接的红色灯泡熄灭。
（5）用户可通过常开触点 I0.3 对计数器 C25 进行复位操作，当常开触点 I0.3 接通时，计数器 C25 复位端（R）状态为 1，计数器 C25 复位，当前值被清 0。

图 5-29　货场货物进出控制系统程序梯形图

5.4.2 字符串比较指令的应用

字符串比较指令用于比较两个 ASCII 码字符的字符串。该指令运算符包括 ==（等于）、< >（不等于）两种。

图 5-30 所示为字符串比较指令的图形符号含义。

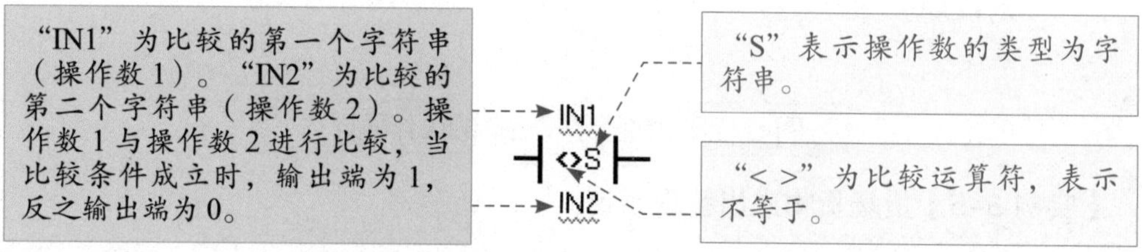
"IN1"为比较的第一个字符串（操作数 1）。"IN2"为比较的第二个字符串（操作数 2）。操作数 1 与操作数 2 进行比较，当比较条件成立时，输出端为 1，反之输出端为 0。
IN1
<>S
IN2
"S"表示操作数的类型为字符串。
"< >"为比较运算符，表示不等于。

图 5-30　字符串比较指令图形符号含义

字符串比较指令中的有效操作数如表 5-13 所示。

表 5-13　字符串比较指令中的有效操作数

类型	符号	操作数
字符串	S	VB、LB、*VD、*LD、*AC、常数

字符串比较指令的触点同样可以装载、串联和并联。字符串比较指令的逻辑关系有 LD、A、O 三种，其中 LD 表示该指令直接与左母线连接；A 表示该指令与其他触点串联；O 表示该指令与其他触点并联。

下面结合图 5-31 所示的实例来分析字符串比较指令的工作原理。

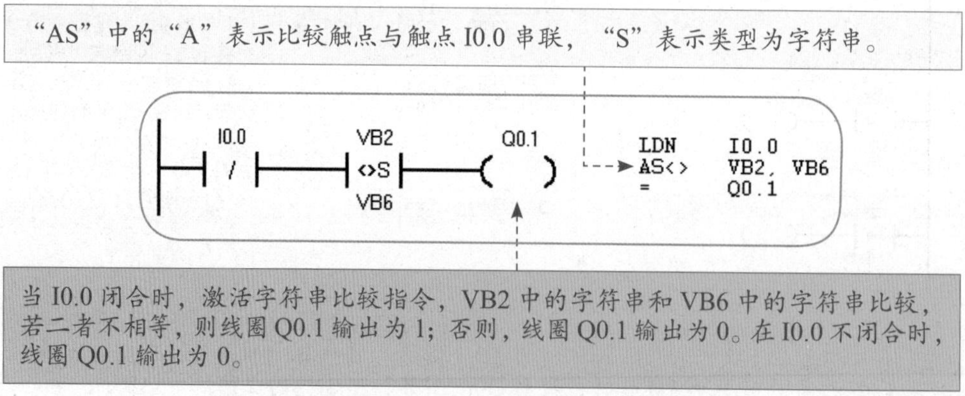
"AS"中的"A"表示比较触点与触点 I0.0 串联，"S"表示类型为字符串。
I0.0
VB2
<>S
VB6
Q0.1
LDN I0.0
AS<> VB2, VB6
= Q0.1
当 I0.0 闭合时，激活字符串比较指令，VB2 中的字符串和 VB6 中的字符串比较，若二者不相等，则线圈 Q0.1 输出为 1；否则，线圈 Q0.1 输出为 0。在 I0.0 不闭合时，线圈 Q0.1 输出为 0。

图 5-31　字符串比较指令的工作原理

5.5 西门子 PLC 数学运算指令的应用

在西门子 STEP 7 中可以对整数、双整数和实数进行加减乘除运算。下面将详细讲解数学运算指令的应用。

5.5.1 加法指令的应用

西门子 PLC 加法指令用于对两个有符号数相加，即将输入 IN1 的值与输入 IN2 的值相加，并将加得结果存储在 OUT 设定的存放器中。

加法指令主要包括整数加法指令（ADD_I）(16 位数）、双精度整数加法指令（ADD_DI）（32 位数）和实数加法指令（ADD_R）(32 位数）三种。图 5-32 所示为加法指令的含义。

（1）整数加法指令是指将两个 16 位带符号的整数相加（IN1 和 IN2），将相加后得到的 16 位带符号整数存储到 OUT 指定的存储单元中。
（2）当允许输入端 EN 为高电平时，输入端 IN1 和 IN2 中的整数相加，结果送入 OUT 中，IN1 和 IN2 中的数可以是常数。整数加法指令的表达式为：IN1+IN2=OUT。

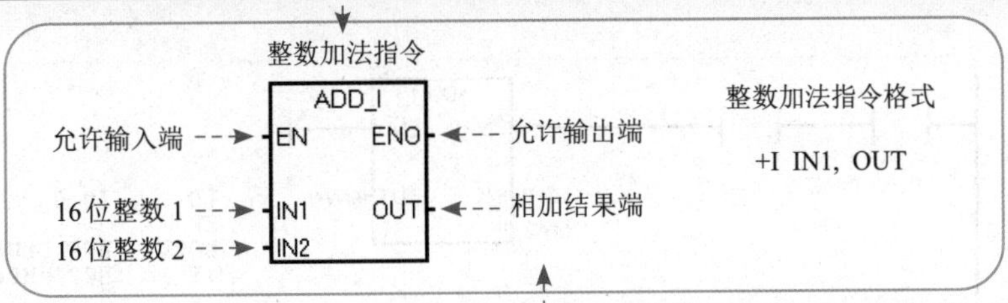
整数加法指令
ADD_I
允许输入端
EN
ENO
允许输出端
16 位整数 1
IN1
OUT
相加结果端
16 位整数 2
IN2
整数加法指令格式
+I IN1, OUT

此指令操作数为：
IN1/IN2：IW、QW、VW、MW、SW、SMW、LW、AC、T、C、AIW、常数
OUT：IW、QW、VW、MW、SW、SMW、LW、AC、T、C

（1）双精度整数加法指令是指将两个 32 位带符号的整数相加（IN1 和 IN2），将相加后得到的 32 位带符号整数存储到 OUT 指定的存储单元中。
（2）当允许输入端 EN 为高电平时，输入端 IN1 和 IN2 中的双精度整数相加，结果送入 OUT 中，IN1 和 IN2 中的数可以是常数。双精度整数加法指令的表达式为：IN1+IN2=OUT。

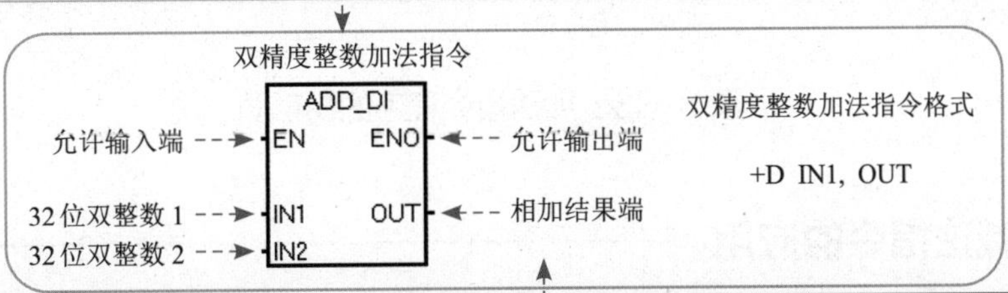
双精度整数加法指令
ADD_DI
允许输入端
EN
ENO
允许输出端
32 位双整数 1
IN1
OUT
相加结果端
32 位双整数 2
IN2
双精度整数加法指令格式
+D IN1, OUT

此指令操作数为：
IN1/IN2：ID、QD、VD、MD、SD、SMD、LD、AC、HC、常数
OUT：ID、QD、VD、MD、SD、SMD、LD、AC

图 5-32　加法指令的含义

（1）实数加法指令是指将两个 32 位实数相加（IN1 和 IN2），将相加后得到的 32 位实数存储到 OUT 指定的存储单元中。
（2）当允许输入端 EN 为高电平时，输入端 IN1 和 IN2 中的实数相加，结果送入 OUT 中，IN1 和 IN2 中的数可以是常数。实数加法指令的表达式为：IN1+IN2=OUT。

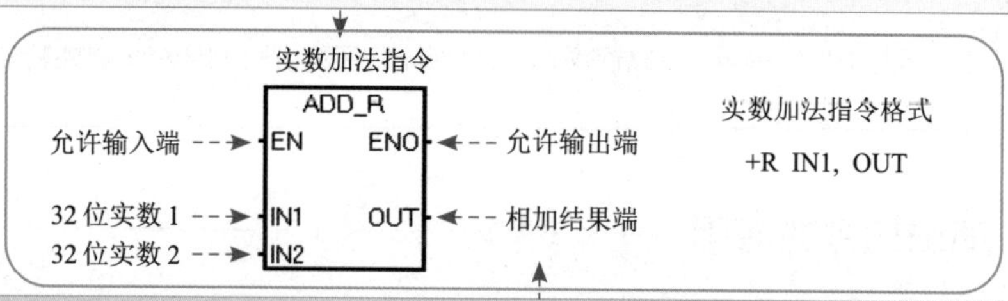
实数加法指令
ADD_R
允许输入端
EN
ENO
允许输出端
32 位实数 1
IN1
OUT
相加结果端
32 位实数 2
IN2
实数加法指令格式
+R IN1, OUT

此指令操作数为：
IN1/IN2：ID、QD、VD、MD、SD、SMD、LD、AC、常数
OUT：ID、QD、VD、MD、SD、SMD、LD、AC

图 5-32　加法指令的含义（续）

【实例 5-6】按下启动按钮灯泡是否被点亮

在 MW0 中存储的整数为 8，在 MW2 中存储的整数为 12，当接通常开触点 I0.0 时，判断灯泡是否被点亮。图 5-33 所示为编写的加法指令程序的梯形图。

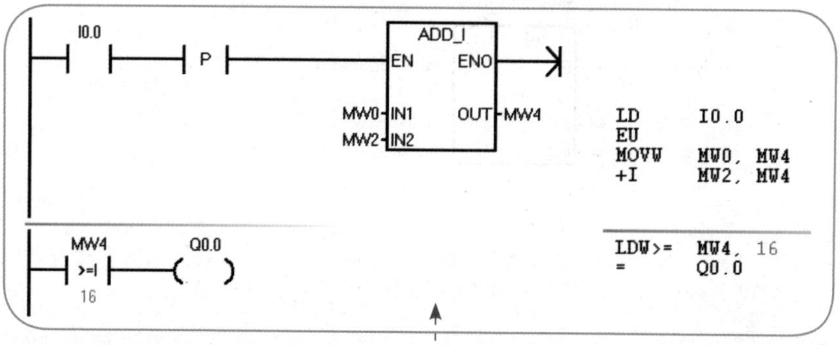
I0.0
P
ADD_I
EN
ENO
MW0
IN1
OUT
MW4
MW2
IN2
LD I0.0
EU
MOVW MW0, MW4
+I MW2, MW4
MW4
>=I
16
Q0.0
LDW>= MW4, 16
= Q0.0

当常开触点 I0.0 闭合时，激活整数加法指令，MW0 中存储的整数为 8，与 MW2 中存储的整数为 12 进行相加，得到的结果 20 存储在 MW4 中。然后比较指令将 MW4 中存储的 20 与常数 16 进行比较，由于 20>=16 条件成立，因此比较指令输出 1，线圈 Q0.0 被接通，灯泡被点亮。

图 5-33　加法指令程序的梯形图

5.5.2　减法指令的应用

西门子 PLC 减法指令用于对两个有符号数相减，即将输入 IN1 的值与输入 IN2 的值相减，并将得到的结果存储在 OUT 设定的存放器中。

减法指令主要包括整数减法指令（SUB_I）（16 位数）、双精度整数减法指令（SUB_

DI）(32 位数）和实数减法指令（SUB_R）（32 位数）。图 5-34 所示为减法指令的含义。

（1）整数减法指令是指将两个 16 位带符号的整数相减（IN1 和 IN2），将相减后得到的 16 位带符号整数存储到 OUT 指定的存储单元中。
（2）当允许输入端 EN 为高电平时，输入端 IN1 和 IN2 中的整数相减，结果送入 OUT 中，IN1 和 IN2 中的数可以是常数。整数减法指令的表达式为：IN1 — IN2=OUT。

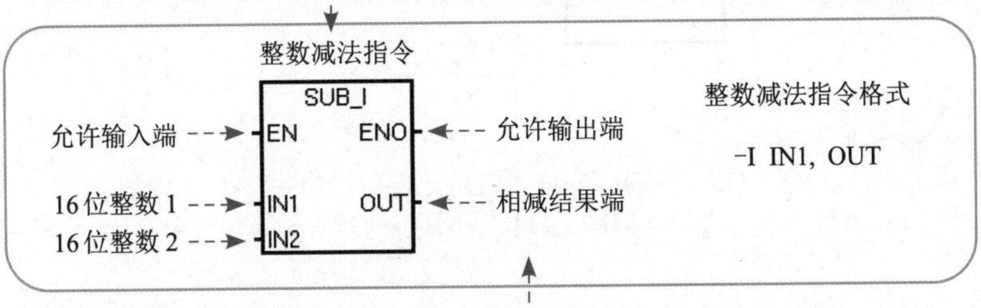
整数减法指令
SUB_I
允许输入端
EN
ENO
允许输出端
16 位整数 1
16 位整数 2
IN1
IN2
OUT
相减结果端
整数减法指令格式
-I IN1, OUT

此指令操作数为：
IN1/IN2：IW、QW、VW、MW、SW、SMW、LW、AC、T、C、AIW、常数
OUT：IW、QW、VW、MW、SW、SMW、LW、AC、T、C

（1）双精度整数减法指令是指将两个 32 位带符号的整数相减（IN1 和 IN2），将相减后得到的 32 位带符号整数存储到 OUT 指定的存储单元中。
（2）当允许输入端 EN 为高电平时，输入端 IN1 和 IN2 中的双精度整数相减，结果送入 OUT 中，IN1 和 IN2 中的数可以是常数。双精度整数减法指令的表达式为：IN1 — IN2=OUT。

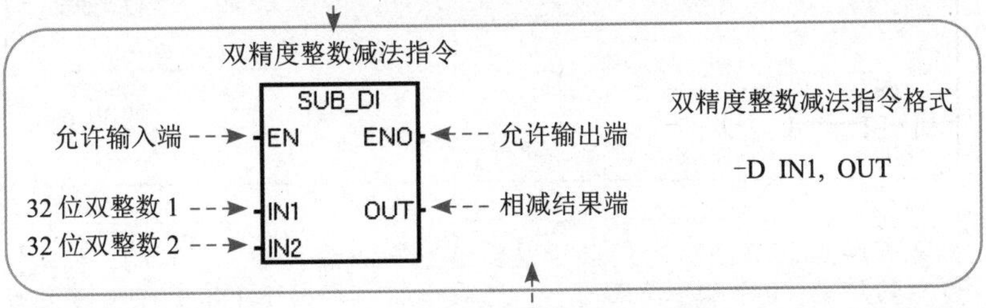
双精度整数减法指令
SUB_DI
允许输入端
EN
ENO
允许输出端
32 位双整数 1
32 位双整数 2
IN1
IN2
OUT
相减结果端
双精度整数减法指令格式
-D IN1, OUT

此指令操作数为：
IN1/IN2：ID、QD、VD、MD、SD、SMD、LD、AC、HC、常数
OUT：ID、QD、VD、MD、SD、SMD、LD、AC

图 5-34　减法指令的含义

（1）实数减法指令是指将两个 32 位实数相减（IN1 和 IN2），将相减后得到的 32 位实数存储到 OUT 指定的存储单元中。
（2）当允许输入端 EN 为高电平时，输入端 IN1 和 IN2 中的实数相减，结果送入 OUT 中，IN1 和 IN2 中的数可以是常数。实数减法指令的表达式为：IN1 — IN2=OUT。

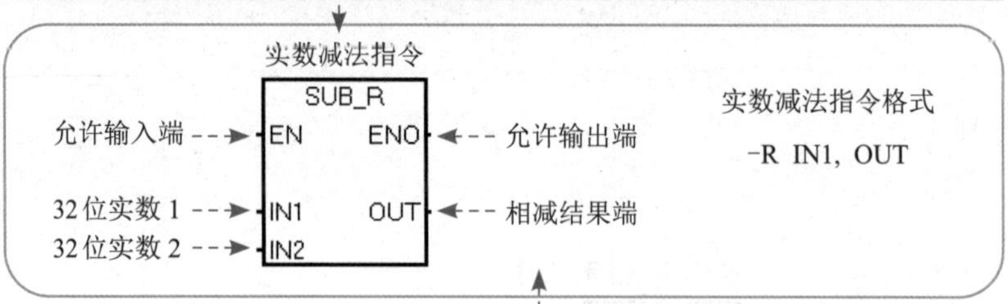
实数减法指令
SUB_R
允许输入端
EN
ENO
允许输出端
32 位实数 1
IN1
OUT
相减结果端
32 位实数 2
IN2
实数减法指令格式
-R IN1, OUT

此指令操作数为：
IN1/IN2：ID、QD、VD、MD、SD、SMD、LD、AC、常数
OUT：ID、QD、VD、MD、SD、SMD、LD、AC

图 5-34　减法指令的含义（续）

【实例 5-7】通过数字控制信号灯

在减法指令的两个输入端存储精度整数，当接通常开触点 I0.0 时，控制信号灯的点亮和熄灭。图 5-35 所示为编写的梯形图。

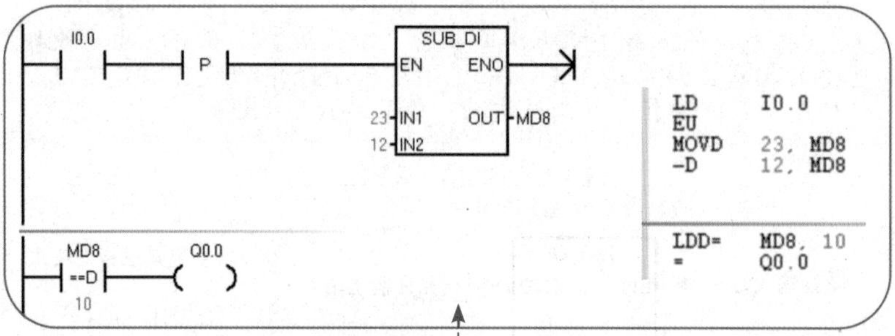
I0.0
P
SUB_DI
EN
ENO
23
IN1
OUT
MD8
12
IN2
MD8
==D
10
Q0.0
LD I0.0
EU
MOVD 23, MD8
-D 12, MD8
LDD= MD8, 10
= Q0.0

当常开触点 I0.0 闭合时，激活双精度整数减法指令，23 和 12 相减得到的结果 11 存储在 MD8 中。然后比较指令将 MD8 中存储的 11 与常数 10 进行比较，由于 11==10 条件不成立，因此比较指令输出 0，线圈 Q0.0 断开，信号灯熄灭。只有当相减结果等于 10 时，信号灯才能被点亮。

图 5-35　通过数字控制信号灯梯形图

5.5.3　乘法指令的应用

西门子 PLC 乘法指令用于对两个有符号数相乘，即将输入 IN1 的值与输入 IN2 的值相乘，并将得到的结果存储在 OUT 设定的存放器中。

乘法指令主要包括整数乘法指令（MUL_I）（16 位数）、整数相乘双精度整数指令（MUL）（将两个 16 位整数相乘，得到 32 位结果，其中高 16 位存储余数，低 16 位存储商）、双精度整数乘法指令（MUL_DI）（32 位数）和实数乘法指令（MUL_R）（32 位数）。图 5–36 所示为乘法指令的含义。

（1）整数乘法指令是指将两个 16 位带符号的整数相乘（IN1 和 IN2），将相乘后得到的 16 位带符号整数存储到 OUT 指定的存储单元中。
（2）当允许输入端 EN 为高电平时，输入端 IN1 和 IN2 中的整数相乘，结果送入 OUT 中，IN1 和 IN2 中的数可以是常数。整数乘法指令的表达式为：IN1 × IN2=OUT。

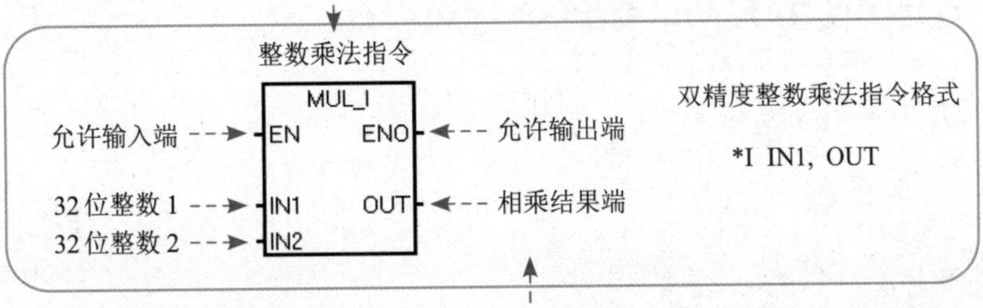
整数乘法指令
MUL_I
允许输入端
EN
ENO
允许输出端
32 位整数 1
IN1
OUT
相乘结果端
32 位整数 2
IN2
双精度整数乘法指令格式
*I IN1, OUT

此指令操作数为：
IN1/IN2：IW、QW、VW、MW、SW、SMW、LW、AC、T、C、AIW、常数
OUT：IW、QW、VW、MW、SW、SMW、LW、AC、T、C

（1）整数相乘得双精度整数指令是指将两个 16 位带符号的整数相乘（IN1 和 IN2），将相乘后得到的 32 位带符号整数存储到 OUT 指定的存储单元中。
（2）当允许输入端 EN 为高电平时，输入端 IN1 和 IN2 中的整数相乘，结果送入 OUT 中，IN1 和 IN2 中的数可以是常数。整数相乘得双精度整数指令的表达式为：IN1 × IN2=OUT。

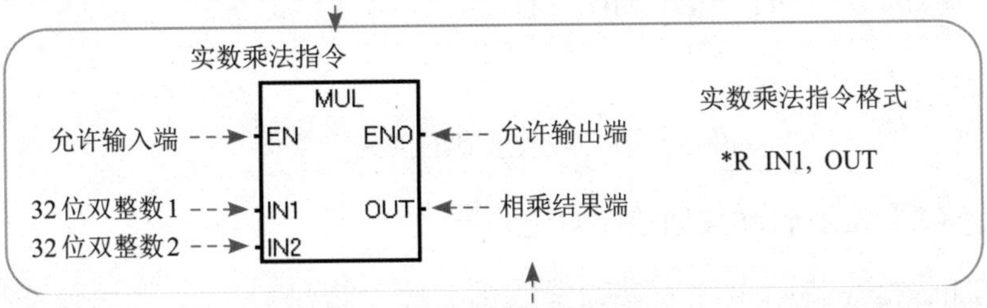
实数乘法指令
MUL
允许输入端
EN
ENO
允许输出端
32 位双整数 1
IN1
OUT
相乘结果端
32 位双整数 2
IN2
实数乘法指令格式
*R IN1, OUT

此指令操作数为：
IN1/IN2：IW、QW、VW、MW、SW、SMW、LW、AC、T、C、AIW、常数
OUT：ID、QD、VD、MD、SD、SMD、LD、AC

图 5–36　乘法指令的含义

（1）双精度整数乘法指令是指将两个 32 位带符号的整数相乘（IN1 和 IN2），将相乘后得到的 32 位带符号整数存储到 OUT 指定的存储单元中。
（2）当允许输入端 EN 为高电平时，输入端 IN1 和 IN2 中的双精度整数相乘，结果送入 OUT 中，IN1 和 IN2 中的数可以是常数。双精度整数乘法指令的表达式为：IN1 × IN2=OUT。

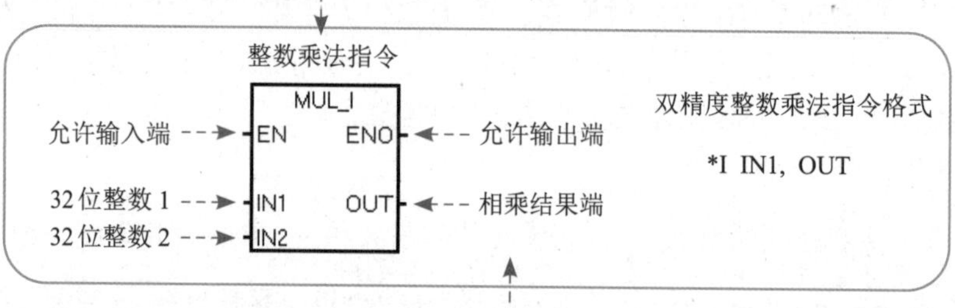
整数乘法指令
MUL_I
允许输入端
EN
ENO
允许输出端
32 位整数 1
IN1
OUT
相乘结果端
32 位整数 2
IN2
双精度整数乘法指令格式
*I IN1, OUT

此指令操作数为：
IN1/IN2：ID、QD、VD、MD、SD、SMD、LD、AC、HC、常数
OUT：ID、QD、VD、MD、SD、SMD、LD、AC

（1）实数乘法指令是指将两个 32 位实数相乘（IN1 和 IN2），将相乘后得到的 32 位实数存储到 OUT 指定的存储单元中。
（2）当允许输入端 EN 为高电平时，输入端 IN1 和 IN2 中的实数相乘，结果送入 OUT 中，IN1 和 IN2 中的数可以是常数。实数乘法指令的表达式为：IN1 × IN2=OUT。

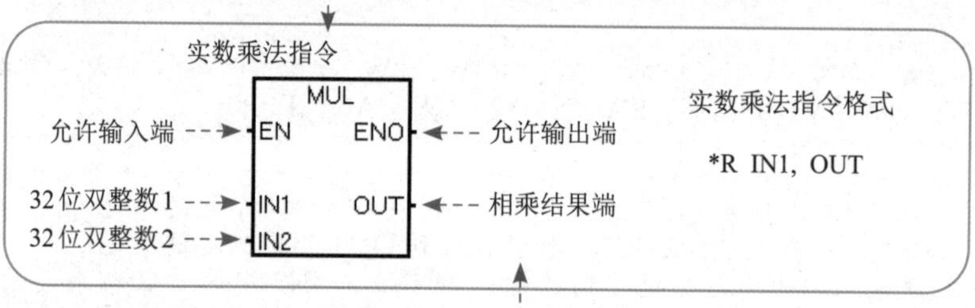
实数乘法指令
MUL
允许输入端
EN
ENO
允许输出端
32 位双整数 1
IN1
OUT
相乘结果端
32 位双整数 2
IN2
实数乘法指令格式
*R IN1, OUT

此指令操作数为：
IN1/IN2：ID、QD、VD、MD、SD、SMD、LD、AC、常数
OUT：ID、QD、VD、MD、SD、SMD、LD、AC

图 5-36　乘法指令的含义（续）

【实例 5-8】按下启动按钮控制灯泡点亮

分别在加法指令的两个输入端的整数相加后存储在 OUT，然后乘整数指令将两个输入端的整数相乘后存储在 OUT 中，再将乘整数 OUT 中的整数与 20 相比较，通过比较结果点亮或不点亮灯泡。图 5-37 所示为编写的乘法指令程序的梯形图。

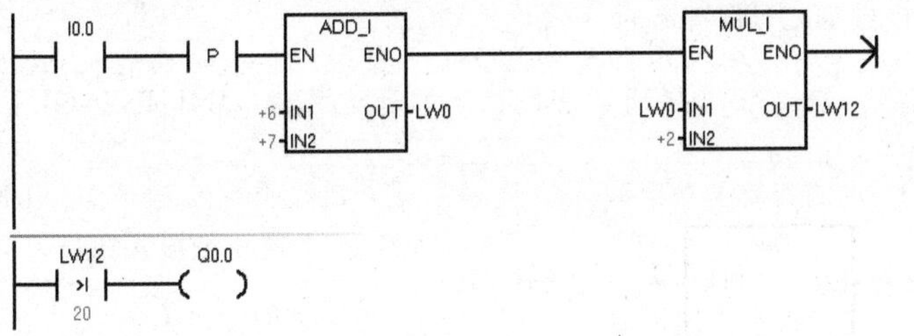
I0.0
P
ADD_I
EN
ENO
+6 IN1
+7 IN2
OUT LW0
MUL_I
EN
ENO
LW0 IN1
+2 IN2
OUT LW12
LW12
>I
20
Q0.0

```
LD      I0.0
EU
MOVW    +6, LW0
AENO
+I      +7, LW0
AENO
MOVW    LW0, LW12
*I      +2, LW12

LDW>    LW12, 20
=       Q0.0
```

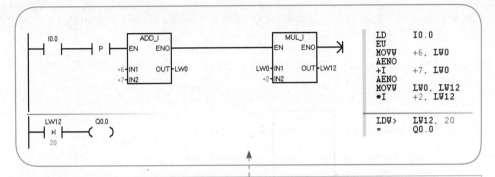

当常开触点 I0.0 闭合时，激活整数加法指令 ADD_I，IN1 和 IN2 中的整数相加得到的结果 13，并存储在 LW0 中。由于加整数指令未超出计算范围，然后激活整数乘法指令 MUL_I，LW0 中存储的整数 13 和 2 相乘，并将结果 26 存储在 LW12 中。最后，比较指令将 LW12 中存储的 26 与常数 20 进行比较，由于 26>20 条件成立，因此比较指令输出 1，线圈 Q0.0 接通，线圈连接的灯泡被点亮。

图 5-37　乘法指令程序的梯形图

5.5.4　除法指令的应用

西门子 PLC 除法指令用于对两个有符号数相除，即将输入 IN1 的值与输入 IN2 的值相除，并将得到的结果存储在 OUT 设定的存放器中。

除法指令主要包括整数除法指令（DVI_I）（16 位数，余数不被保留）、整数相除得商 / 余数指令（DVI）（将两个 16 位整数相除，得出一个 32 位结果，其中高 16 位放余数，低 16 位放商）、双精度整数除法指令（DVI_DI）（32 位数，余数不被保留）和实数除法指令（DVI_R）（32 位数）。图 5-38 所示为除法指令的含义。

（1）整数除法指令是指将两个 16 位带符号的整数相除（IN1 和 IN2），将相除后得到的 16 位带符号整数存储到 OUT 指定的存储单元中。
（2）当允许输入端 EN 为高电平时，输入端 IN1 和 IN2 中的整数相除，结果送入 OUT 中，IN1 和 IN2 中的数可以是常数。整数除法指令的表达式为：IN1/IN2=OUT。

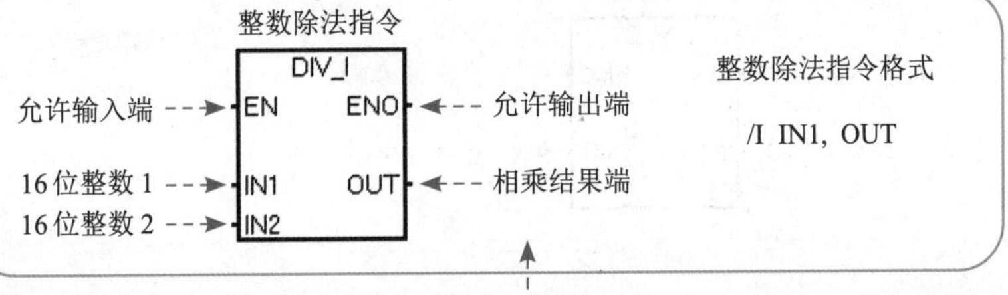
整数除法指令
DIV_I
允许输入端
EN
ENO
允许输出端
16 位整数 1
IN1
OUT
相乘结果端
16 位整数 2
IN2
整数除法指令格式
/I IN1, OUT

此指令操作数为：
IN1/IN2：IW、QW、VW、MW、SW、SMW、LW、AC、T、C、AIW、常数
OUT：IW、QW、VW、MW、SW、SMW、LW、AC、T、C

图 5-38　除法指令的含义

（1）整数相除得商 / 余数指令是指将两个 16 位带符号的整数相除（IN1 和 IN2），将相除后得到的 32 位带符号整数存储到 OUT 指定的存储单元中。
（2）当允许输入端 EN 为高电平时，输入端 IN1 和 IN2 中的整数相除，结果送入 OUT 中，IN1 和 IN2 中的数可以是常数。整数相除得商 / 余数指令的表达式为：IN1/IN2=OUT。

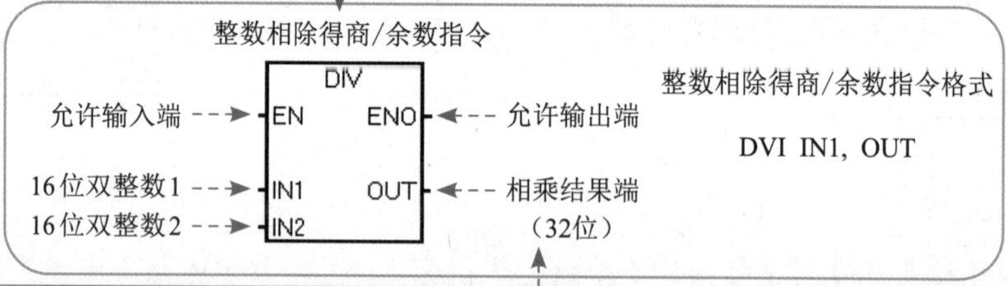
整数相除得商/余数指令
DIV
允许输入端
EN
ENO
允许输出端
16 位双整数 1
IN1
OUT
相乘结果端
（32位）
16 位双整数 2
IN2
整数相除得商/余数指令格式
DVI IN1, OUT

此指令操作数为：
IN1/IN2：IW、QW、VW、MW、SW、SMW、LW、AC、T、C、AIW 常数
OUT：ID、QD、VD、MD、SD、SMD、LD、AC

（1）双精度整数除法指令是指将两个 32 位带符号的整数相除（IN1 和 IN2），将相除后得到的 32 位带符号整数存储到 OUT 指定的存储单元中。
（2）当允许输入端 EN 为高电平时，输入端 IN1 和 IN2 中的双精度整数相除，结果送入 OUT 中，IN1 和 IN2 中的数可以是常数。双精度整数除法指令的表达式为：IN1/IN2=OUT。

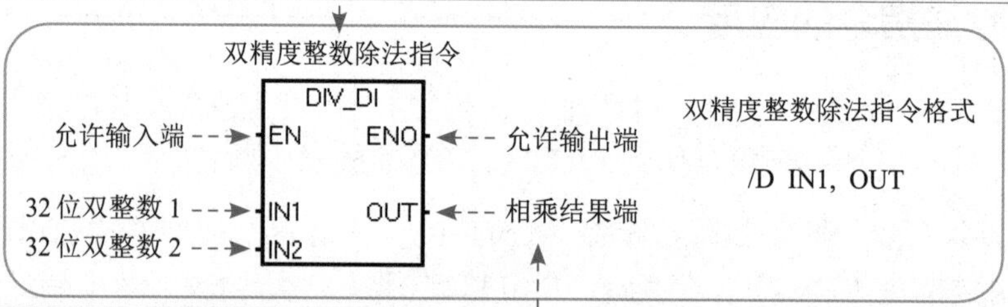
双精度整数除法指令
DIV_DI
允许输入端
EN
ENO
允许输出端
32 位双整数 1
IN1
OUT
相乘结果端
32 位双整数 2
IN2
双精度整数除法指令格式
/D IN1, OUT

此指令操作数为：
IN1/IN2：ID、QD、VD、MD、SD、SMD、LD、AC、HC、常数
OUT：ID、QD、VD、MD、SD、SMD、LD、AC

（1）实数除法指令是指将两个 32 位实数相除（IN1 和 IN2），将相除后得到的 32 位实数存储到 OUT 指定的存储单元中。
（2）当允许输入端 EN 为高电平时，输入端 IN1 和 IN2 中的实数相除，结果送入 OUT 中，IN1 和 IN2 中的数可以是常数。实数除法指令的表达式为：IN1/IN2=OUT。

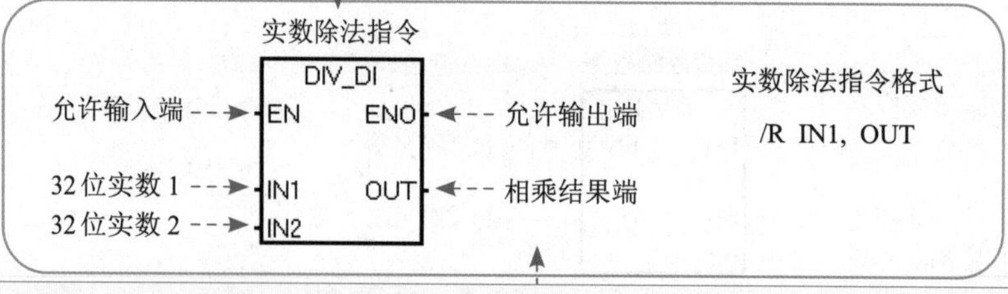
实数除法指令
DIV_DI
允许输入端
EN
ENO
允许输出端
32 位实数 1
IN1
OUT
相乘结果端
32 位实数 2
IN2
实数除法指令格式
/R IN1, OUT

此指令操作数为：
IN1/IN2：ID、QD、VD、MD、SD、SMD、LD、AC、常数
OUT：ID、QD、VD、MD、SD、SMD、LD、AC

图 5-38　除法指令的含义（续）

【实例 5-9】判断灯泡是否被点亮

双精度整数加法指令 ADD_DI 的 IN1 中的双精度整数存储在 VD0 中，数值为 15，IN2 中的双精度整数存储在 VD4 中，数值为 6。双精度整数除法指令 DVI_DI 的 IN1 中的双精度整数存储在 VD8 中，数值为 VD0 和 VD4 中数值相加的结果，IN2 中的双精度整数为 3，IN1/IN2 的相除结果存储在 VD16 中。然后再将 VD16 中的整数与 7 相比较，通过比较结果判断灯泡是否点亮。图 5-39 所示为编写的除法指令程序的梯形图。

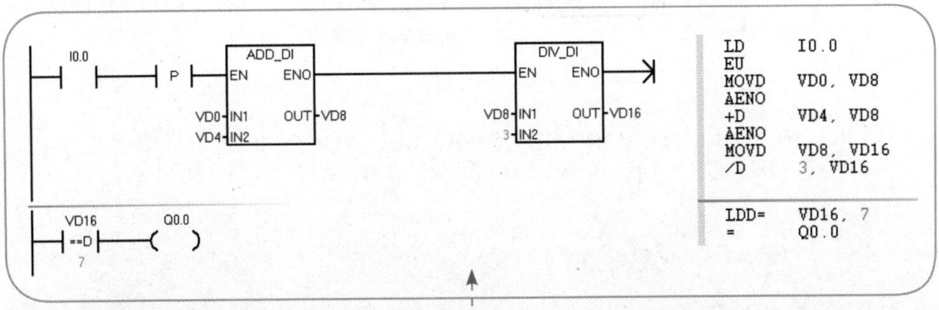
I0.0
P
ADD_DI
EN
ENO
VD0
IN1
OUT
VD8
VD4
IN2
DIV_DI
EN
ENO
VD8
IN1
OUT
VD16
3
IN2
VD16
==D
7
Q0.0
LD　I0.0
EU
MOVD　VD0, VD8
AENO
+D　VD4, VD8
AENO
MOVD　VD8, VD16
/D　3, VD16
LDD=　VD16, 7
=　Q0.0

当常开触点 I0.0 闭合时，激活双精度整数加法指令 ADD_DI，IN1 和 IN2 中的整数相加得到的结果为 21，并存储在 VD8 中。由于整数加法指令未超出计算范围，然后激活双精度整数除法指令 DVI_DI，VD8 中存储的整数 21 与 3 相除，并将结果 7 存储在 VD16 中。最后，比较指令将 VD16 中存储的 7 与常数 7 进行比较，由于 7=7 条件成立，因此比较指令输出 1，线圈 Q0.0 接通，线圈连接的灯泡被点亮。

图 5-39　除法指令程序的梯形图

5.5.5　递增指令的应用

西门子 PLC 递增指令在输入端（IN）上加 1，并将结果存放到 OUT 中。递增指令的操作数类型为字节、字和双字。其中字节增加是无符号的数，字和双字增加是有符号的数。

递增指令根据数据长度不同分为字节递增指令（INC-B）、字递增指令（INC-W）、双字递增指令（INC-DW）三种。图 5-40 所示为递增指令的含义。

当使能端（IN）输入有效时，将一个字节的无符号 IN 增 1，并将结果送至 OUT 指定的存储器单元输出。字节递增指令的表达式为：IN+1=OUT。

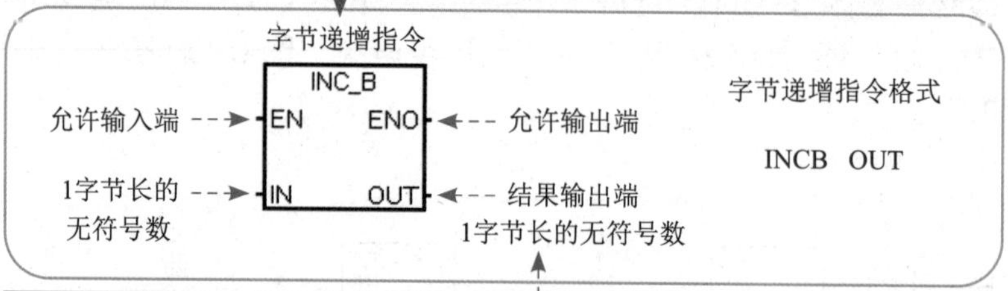
字节递增指令
INC_B
允许输入端
EN
ENO
允许输出端
1字节长的无符号数
IN
OUT
结果输出端
1字节长的无符号数
字节递增指令格式
INCB OUT

此指令操作数为：
IN：IB、QB、VB、MB、SB、SMB、LB、AC、常数
OUT：IB、QB、VB、MB、SB、SMB、LB、AC

当使能端（IN）输入有效时，将一个字长的有符号 IN 增 1，并将结果送至 OUT 指定的存储器单元输出。字递增指令的表达式为：IN+1=OUT。

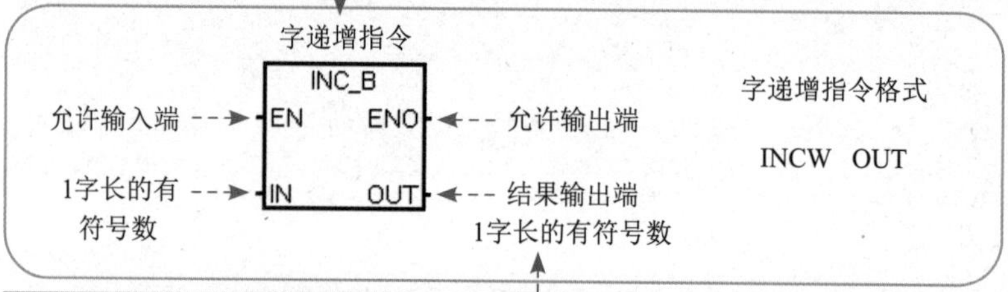
字递增指令
INC_B
允许输入端
EN
ENO
允许输出端
1字长的有符号数
IN
OUT
结果输出端
1字长的有符号数
字递增指令格式
INCW OUT

此指令操作数为：
IN：IW、QW、VW、MW、SW、SMW、LW、AC、T、C、AIW、常数
OUT：IW、QW、VW、MW、SW、SMW、LW、AC、T、C

当使能端（IN）输入有效时，将双字长的有符号 IN 增 1，并将结果送至 OUT 指定的存储器单元输出。双字递增指令的表达式为：IN+1=OUT。

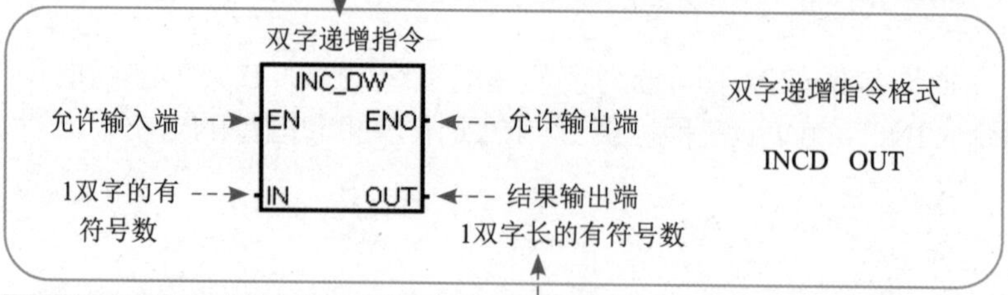
双字递增指令
INC_DW
允许输入端
EN
ENO
允许输出端
1双字的有符号数
IN
OUT
结果输出端
1双字长的有符号数
双字递增指令格式
INCD OUT

此指令操作数为：
IN：ID、QD、VD、MD、SD、SMD、LD、AC、HC、常数
OUT：ID、QD、VD、MD、SD、SMD、LD、AC

图 5-40 递增指令的含义

【实例 5-10】按下启动按钮灯泡是否被点亮

在第一个递增指令的 IN 中存储整数 5，当接通常开触点 I0.0 时，判断灯泡是否被点亮。图 5-41 所示为编写的递增指令程序的梯形图。

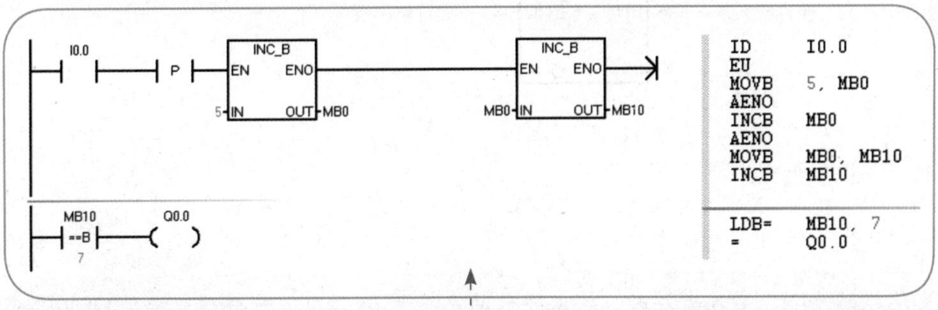
I0.0
P
INC_B
EN
ENO
5
IN
OUT
MB0
INC_B
EN
ENO
MB0
IN
OUT
MB10
ID I0.0
EU
MOVB 5, MB0
AENO
INCB MB0
AENO
MOVB MB0, MB10
INCB MB10
MB10
==B
7
Q0.0
LDB= MB10, 7
= Q0.0

当常开触点 I0.0 闭合时，激活第一个字节递增指令，将 IN 中的整数 5 递增 1，存储到 MB0 中，然后激活第二个字节递增指令，将 MB0 中存储的整数 6 递增 1，存储到 MB10 中。最后，比较指令将 MB10 中存储的 7 与常数 7 进行比较，由于 7=7 条件成立，因此比较指令输出 1，线圈 Q0.0 被接通，灯泡被点亮。

图 5-41　递增指令程序的梯形图

5.5.6　递减指令的应用

西门子 PLC 递减指令在输入端（IN）上减 1，并将结果存放到 OUT 中。递减指令的操作数类型为字节、字和双字。其中字节递减是无符号的数，字和双字递减是有符号的数。

递减指令根据数据长度不同分为字节递减指令（DEC–B）、字递减指令（DEC–W）、双字递减指令（DEC–DW）三种。图 5-42 所示递减指令的含义。

当使能端（IN）输入有效时，将一个字节的无符号 IN 减 1，并将结果送至 OUT 指定的存储器单元输出。字节递减指令的表达式为：IN – 1=OUT。

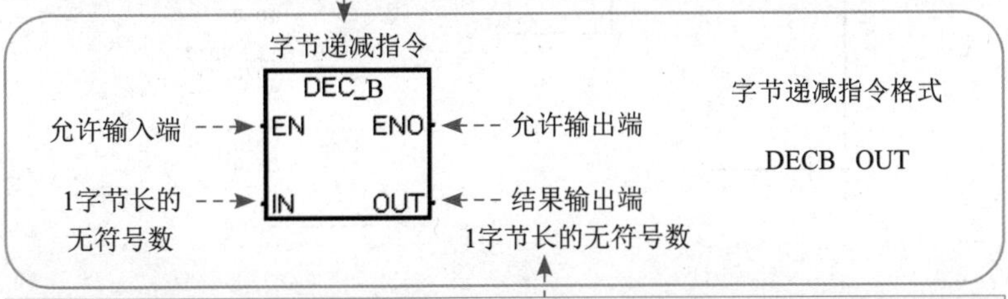
字节递减指令
DEC_B
EN
ENO
IN
OUT
允许输入端
允许输出端
1字节长的
无符号数
结果输出端
1字节长的无符号数
字节递减指令格式
DECB OUT

此指令操作数为：
IN：IB、QB、VB、MB、SB、SMB、LB、AC、常数
OUT：IB、QB、VB、MB、SB、SMB、LB、AC

图 5-42　递减指令的含义

当使能端（IN）输入有效时，将一个字长的有符号 IN 减 1，并将结果送至 OUT 指定的存储器单元输出。字递减指令的表达式为：IN − 1=OUT。

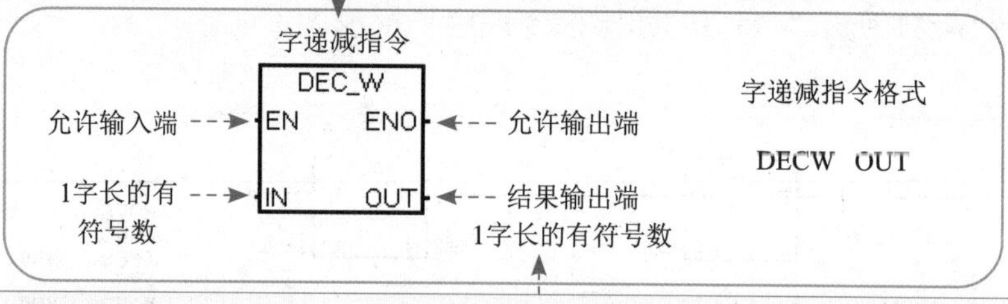

字递减指令
DEC_W
允许输入端
EN
ENO
允许输出端
1字长的有符号数
IN
OUT
结果输出端
1字长的有符号数
字递减指令格式
DECW OUT

此指令操作数为：
IN：IW、QW、VW、MW、SW、SMW、LW、AC、T、C、AIW、常数
OUT：IW、QW、VW、MW、SW、SMW、LW、AC、T、C

当使能端（IN）输入有效时，将双字长的有符号 IN 减 1，并将结果送至 OUT 指定的存储器单元输出。双字递减指令的表达式为：IN − 1=OUT。

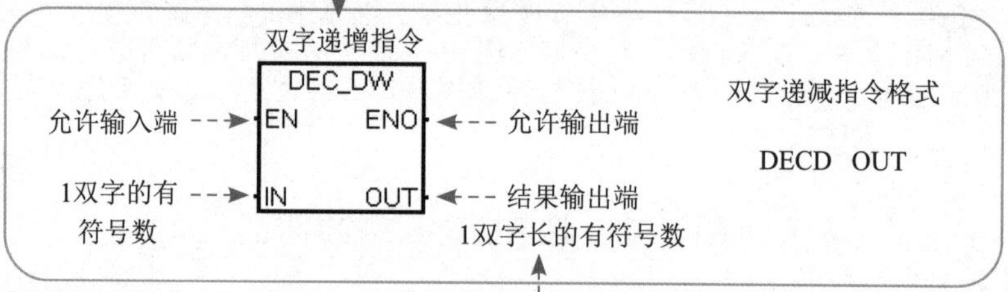

双字递增指令
DEC_DW
允许输入端
EN
ENO
允许输出端
1双字的有符号数
IN
OUT
结果输出端
1双字长的有符号数
双字递减指令格式
DECD OUT

此指令操作数为：
IN：ID、QD、VD、MD、SD、SMD、LD、AC、HC、常数
OUT：ID、QD、VD、MD、SD、SMD、LD、AC

图 5-42 递减指令的含义（续）

【实例 5-11】按下启动按钮，加热器是否加热

在递减指令的 IN 中存储整数 10，当接通常开触点 I0.0 时，判断加热器是否开始加热。图 5-43 所示为编写的递减指令程序的梯形图。

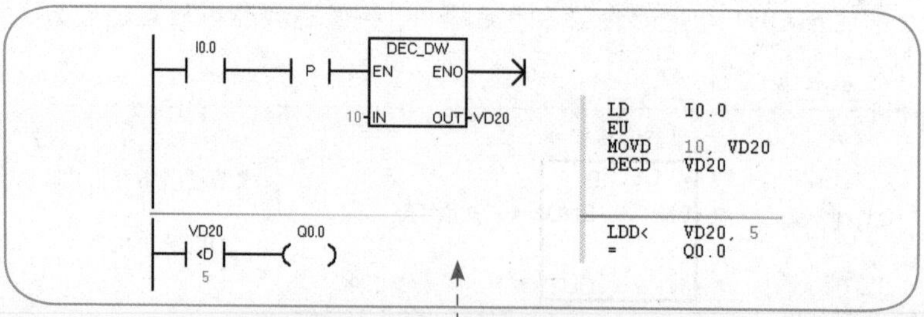

I0.0
P
DEC_DW
EN
ENO
10
IN
OUT
VD20
VD20
<D
5
Q0.0
LD I0.0
EU
MOVD 10, VD20
DECD VD20
LDD< VD20, 5
= Q0.0

当常开触点 I0.0 闭合时，激活双字递减指令，将 IN 中的整数 10 减 1，存储到 VD20 中，然后比较指令将 VD20 中存储的 9 与常数 5 进行比较，由于 9<5 条件不成立，因此比较指令输出 0，线圈 Q0.0 断开，加热器不工作。

图 5-43 递减指令程序的梯形图

5.6 西门子 PLC 逻辑运算指令的应用

西门子 PLC 中的逻辑运算指令是对逻辑数（无符号数）进行逻辑运算处理的指令。逻辑运算指令包括逻辑与指令、逻辑或指令、逻辑异或指令、逻辑取反指令。下面将详细讲解这些逻辑运算指令的应用。

5.6.1 逻辑与指令的应用

西门子 PLC 中的逻辑与指令是指对两个输入值 IN1 和 IN2 的相应位执行逻辑与运算，并将计算结果存储到 OUT 指定的存储单元中。

逻辑与指令分为字节逻辑与指令（WAND_B）、字逻辑与指令（WAND_W）、双字逻辑与指令（WAND_DW）三种。图 5-44 所示为逻辑与指令的含义。

当允许输入端 EN 为高电平时，输入端 IN1 和 IN2 中的两个 1 字节长无符号数按位相与，然后将运算生成的 1 字节长的结果存入 OUT 中。IN2 和 OUT 使用同一存储单元。

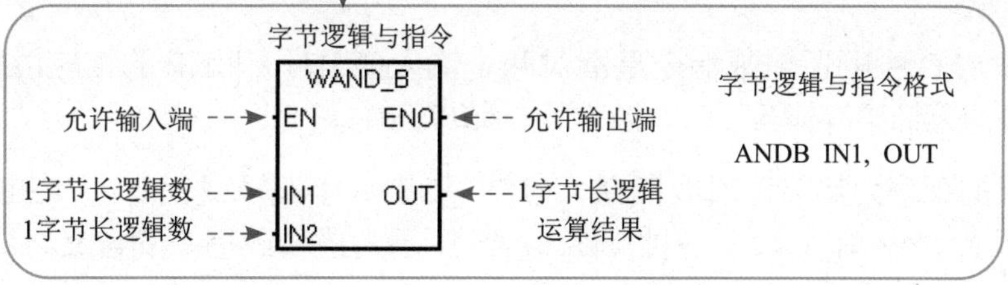
字节逻辑与指令
WAND_B
允许输入端
EN
ENO
允许输出端
1字节长逻辑数
IN1
OUT
1字节长逻辑运算结果
1字节长逻辑数
IN2
字节逻辑与指令格式
ANDB IN1, OUT

此指令操作数为：
IN1/IN2：IB、QB、MB、SMB、VB、SB、LB、AC、常数
OUT：IB、QB、MB、SMB、VB、SB、LB、AC

当允许输入端 EN 为高电平时，输入端 IN1 和 IN2 中的两个 1 字长无符号数按位相与，然后将运算生成的 1 字长的结果存入 OUT 中。IN2 和 OUT 使用同一存储单元。

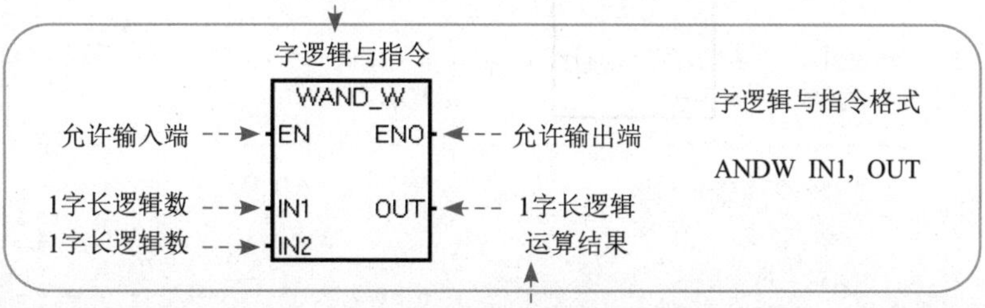
字逻辑与指令
WAND_W
允许输入端
EN
ENO
允许输出端
1字长逻辑数
IN1
OUT
1字长逻辑运算结果
1字长逻辑数
IN2
字逻辑与指令格式
ANDW IN1, OUT

此指令操作数为：
IN1/IN2：IW、QW、VW、MW、SW、SMW、LW、AC、T、C、AIW、常数
OUT：IW、QW、VW、MW、SW、SMW、LW、AC、T、C、AQW

图 5-44　逻辑与指令的含义

当允许输入端 EN 为高电平时，输入端 IN1 和 IN2 中的两个 1 双字长无符号数按位相与，然后将运算生成的 1 双字长的结果存入 OUT 中。IN2 和 OUT 使用同一存储单元。

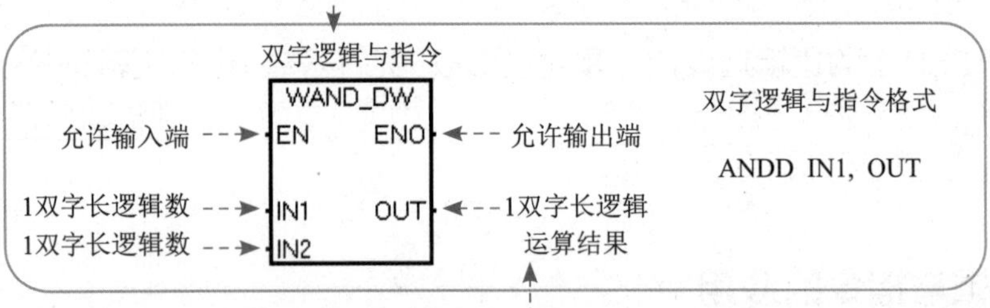
双字逻辑与指令
WAND_DW
允许输入端
EN
ENO
允许输出端
1双字长逻辑数
IN1
OUT
1双字长逻辑运算结果
1双字长逻辑数
IN2
双字逻辑与指令格式
ANDD IN1, OUT

此指令操作数为：
IN1/IN2：ID、QD、VD、MD、SD、SMD、LD、AC、HC、常数
OUT：ID、QD、VD、MD、SD、SMD、LD、AC

图 5-44　逻辑与指令的含义（续）

5.6.2　逻辑或指令的应用

西门子 PLC 中的逻辑或指令是指对两个输入值 IN1 和 IN2 的相应位执行逻辑或运算，并将计算结果存储到 OUT 指定的存储单元中。

逻辑或指令分为字节逻辑或指令（WOR_B）、字逻辑或指令（WOR_W）、双字逻辑或指令（WOR_DW）三种。图 5-45 所示为逻辑或指令的含义。

当允许输入端 EN 为高电平时，输入端 IN1 和 IN2 中的两个 1 字节长无符号数按位相或，然后将运算生成的 1 字节长的结果存入 OUT 中。IN2 和 OUT 使用同一存储单元。

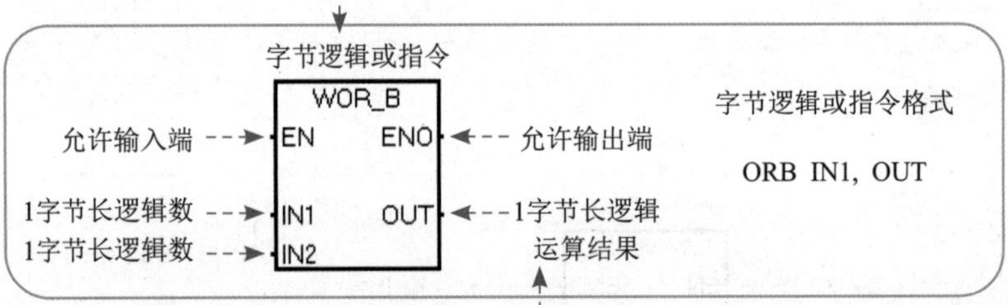
字节逻辑或指令
WOR_B
允许输入端
EN
ENO
允许输出端
1字节长逻辑数
IN1
OUT
1字节长逻辑运算结果
1字节长逻辑数
IN2
字节逻辑或指令格式
ORB IN1, OUT

此指令操作数为：
IN1/IN2：IB、QB、MB、SMB、VB、SB、LB、AC、常数
OUT：IB、QB、MB、SMB、VB、SB、LB、AC

图 5-45　逻辑或指令的含义

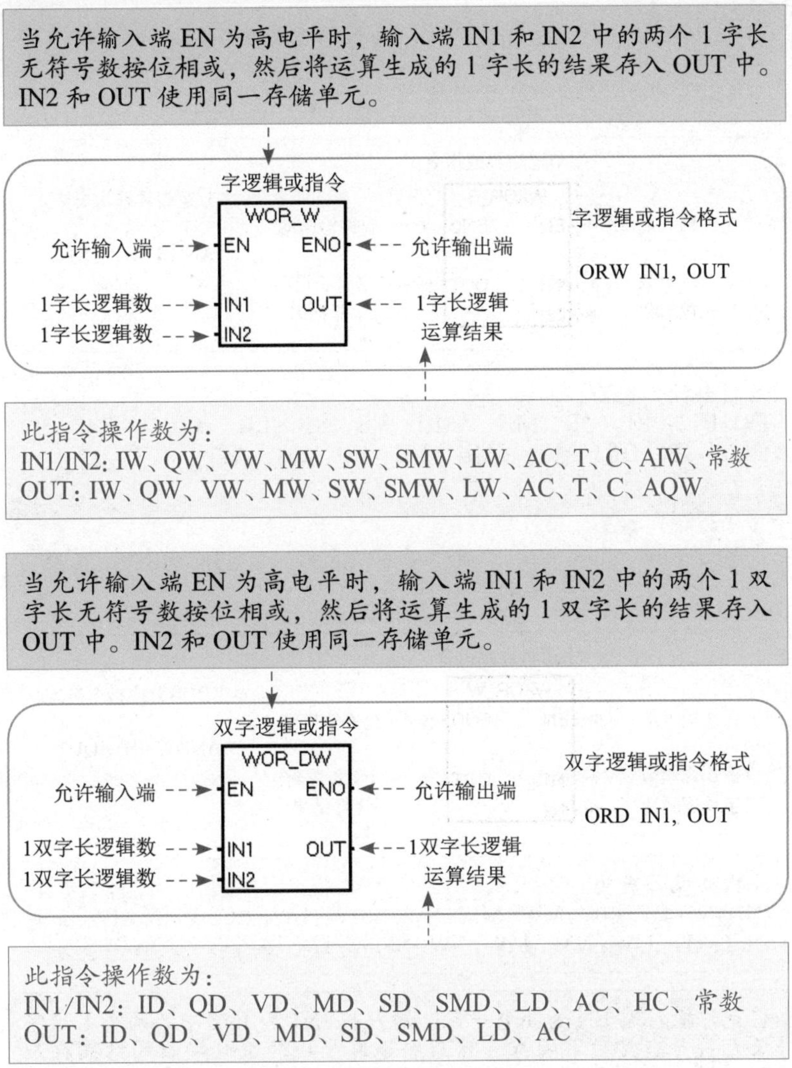
当允许输入端 EN 为高电平时，输入端 IN1 和 IN2 中的两个 1 字长无符号数按位相或，然后将运算生成的 1 字长的结果存入 OUT 中。IN2 和 OUT 使用同一存储单元。
字逻辑或指令
WOR_W
EN
ENO
IN1
OUT
IN2
允许输入端
1字长逻辑数
1字长逻辑数
允许输出端
1字长逻辑运算结果
字逻辑或指令格式
ORW IN1, OUT
此指令操作数为：
IN1/IN2: IW、QW、VW、MW、SW、SMW、LW、AC、T、C、AIW、常数
OUT: IW、QW、VW、MW、SW、SMW、LW、AC、T、C、AQW
当允许输入端 EN 为高电平时，输入端 IN1 和 IN2 中的两个 1 双字长无符号数按位相或，然后将运算生成的 1 双字长的结果存入 OUT 中。IN2 和 OUT 使用同一存储单元。
双字逻辑或指令
WOR_DW
EN
ENO
IN1
OUT
IN2
允许输入端
1双字长逻辑数
1双字长逻辑数
允许输出端
1双字长逻辑运算结果
双字逻辑或指令格式
ORD IN1, OUT
此指令操作数为：
IN1/IN2：ID、QD、VD、MD、SD、SMD、LD、AC、HC、常数
OUT：ID、QD、VD、MD、SD、SMD、LD、AC

图 5-45　逻辑或指令的含义（续）

5.6.3　逻辑异或指令的应用

西门子 PLC 中的逻辑异或指令是指对两个输入值 IN1 和 IN2 的相应位执行逻辑异或运算，并将计算结果存储到 OUT 指定的存储单元中。

逻辑异或指令分为字节逻辑异或指令（WXOR_B）、字逻辑异或指令（WXOR_W）、双字逻辑异或指令（WXOR_DW）三种。图 5-46 所示为逻辑异或指令的含义。

当允许输入端 EN 为高电平时，输入端 IN1 和 IN2 中的两个 1 字节长无符号数按位相异或，然后将运算生成的 1 字节长的结果存入 OUT 中。IN2 和 OUT 使用同一存储单元。

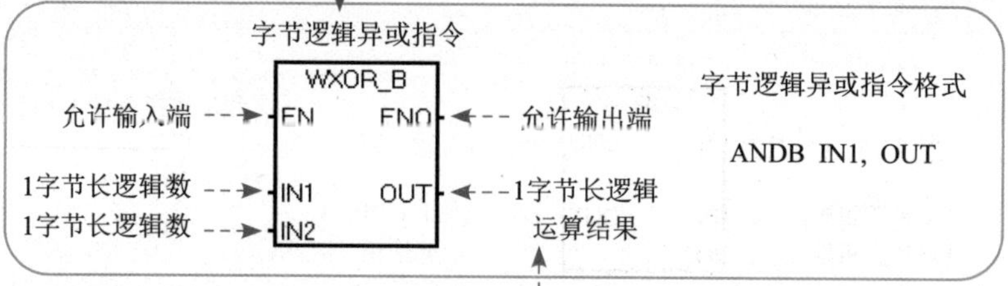
字节逻辑异或指令
WXOR_B
允许输入端
EN
ENO
允许输出端
1字节长逻辑数
IN1
OUT
1字节长逻辑运算结果
1字节长逻辑数
IN2
字节逻辑异或指令格式
ANDB IN1, OUT

此指令操作数为：
IN1/IN2：IB、QB、MB、SMB、VB、SB、LB、AC、常数
OUT：IB、QB、MB、SMB、VB、SB、LB、AC

当允许输入端 EN 为高电平时，输入端 IN1 和 IN2 中的两个 1 字长无符号数按位相异或，然后将运算生成的 1 字长的结果存入 OUT 中。IN2 和 OUT 使用同一存储单元。

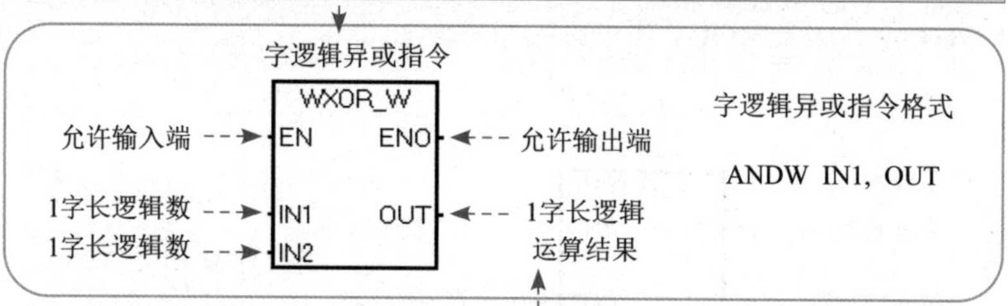
字逻辑异或指令
WXOR_W
允许输入端
EN
ENO
允许输出端
1字长逻辑数
IN1
OUT
1字长逻辑运算结果
1字长逻辑数
IN2
字逻辑异或指令格式
ANDW IN1, OUT

此指令操作数为：
IN1/IN2: IW、QW、VW、MW、SW、SMW、LW、AC、T、C、AIW、常数
OUT: IW、QW、VW、MW、SW、SMW、LW、AC、T、C、AQW

当允许输入端 EN 为高电平时，输入端 IN1 和 IN2 中的两个 1 双字长无符号数按位相异或，然后将运算生成的 1 双字长的结果存入 OUT 中。IN2 和 OUT 使用同一存储单元。

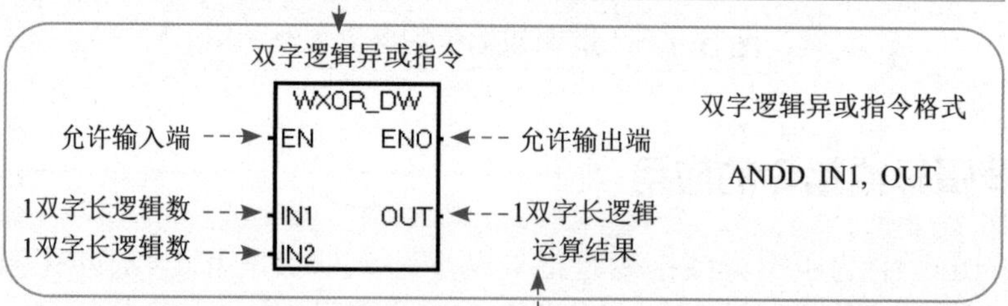
双字逻辑异或指令
WXOR_DW
允许输入端
EN
ENO
允许输出端
1双字长逻辑数
IN1
OUT
1双字长逻辑运算结果
1双字长逻辑数
IN2
双字逻辑异或指令格式
ANDD IN1, OUT

此指令操作数为：
IN1/IN2：ID、QD、VD、MD、SD、SMD、LD、AC、HC、常数
OUT：ID、QD、VD、MD、SD、SMD、LD、AC

5-46 逻辑异或指令的含义

5.6.4　逻辑取反指令的应用

西门子 PLC 中的逻辑取反指令是指对两个输入值 IN1 和 IN2 的相应位执行逻辑取反运算，并将计算结果存储到 OUT 指定的存储单元中。

逻辑取反指令分为字节逻辑取反指令（INV_B）、字逻辑取反指令（INV_W）、双字逻辑取反指令（INV_DW）三种。图 5-47 所示为逻辑取反指令的含义。

当允许输入端 EN 为高电平时，输入端 IN1 和 IN2 中的两个 1 字节长无符号数按位取反，然后将运算生成的 1 字节长的结果存入 OUT 中。IN2 和 OUT 使用同一存储单元。

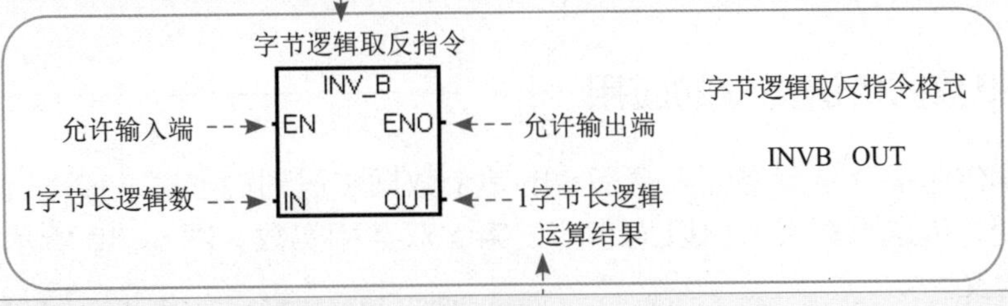
字节逻辑取反指令
INV_B
EN
ENO
IN
OUT
允许输入端
允许输出端
1字节长逻辑数
1字节长逻辑运算结果
字节逻辑取反指令格式
INVB OUT

此指令操作数为：
IN1/IN2：IB、QB、MB、SMB、VB、SB、LB、AC、常数
OUT：IB、QB、MB、SMB、VB、SB、LB、AC

当允许输入端 EN 为高电平时，输入端 IN1 和 IN2 中的两个 1 字长无符号数按位取反，然后将运算生成的 1 字长的结果存入 OUT 中。IN2 和 OUT 使用同一存储单元。

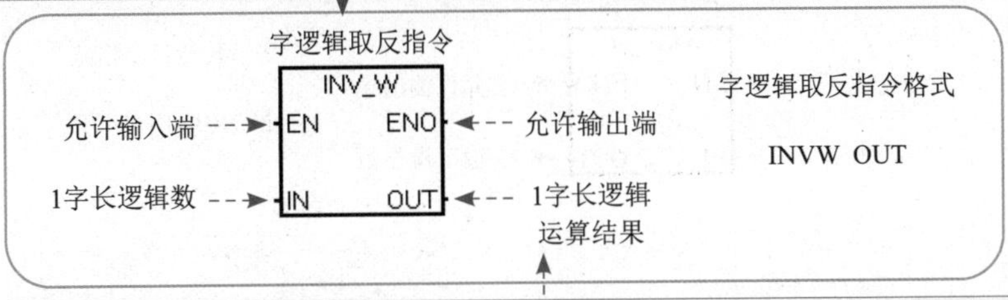
字逻辑取反指令
INV_W
EN
ENO
IN
OUT
允许输入端
允许输出端
1字长逻辑数
1字长逻辑运算结果
字逻辑取反指令格式
INVW OUT

此指令操作数为：
IN1/IN2: IW、QW、VW、MW、SW、SMW、LW、AC、T、C、AIW、常数
OUT: IW、QW、VW、MW、SW、SMW、LW、AC、T、C、AQW

当允许输入端 EN 为高电平时，输入端 IN1 和 IN2 中的两个 1 双字长无符号数按位取反，然后将运算生成的 1 双字长的结果存入 OUT 中。IN2 和 OUT 使用同一存储单元。

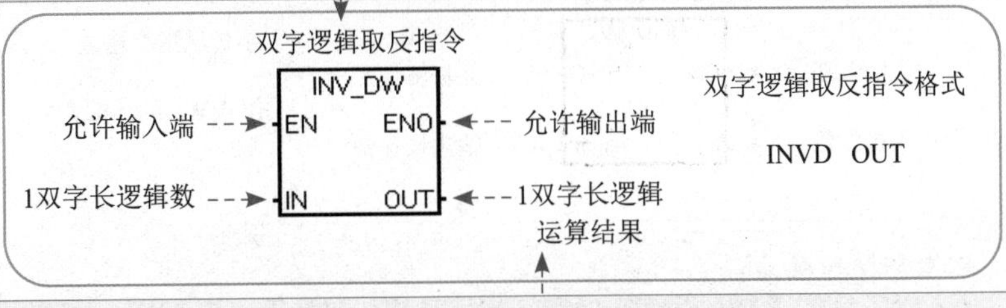
双字逻辑取反指令
INV_DW
EN
ENO
IN
OUT
允许输入端
允许输出端
1双字长逻辑数
1双字长逻辑运算结果
双字逻辑取反指令格式
INVD OUT

此指令操作数为：
IN1/IN2：ID、QD、VD、MD、SD、SMD、LD、AC、HC、常数
OUT：ID、QD、VD、MD、SD、SMD、LD、AC

图 5-47　逻辑取反指令的含义

5.7 西门子 PLC 数据传送指令的应用

西门子 PLC 中的数据传送指令用来完成各存储单元之间一个或多个数据的传送，传送过程中数值保持不变。数据传送指令适用于存储单元的清零、程序的初始化等场合。

数据传送指令包括单数据传送指令（字节、字、双字、实数）和数据块传送指令。下面将详细讲解数据传送指令的应用。

5.7.1 单数据传送指令的应用

单数据传送指令是指将输入端指定的单个数据传送到输出端，传送过程中数据的值保持不变。传送数据类型可以为字节、字、双字和实数。图 5-48 所示为单数据传送指令的含义。

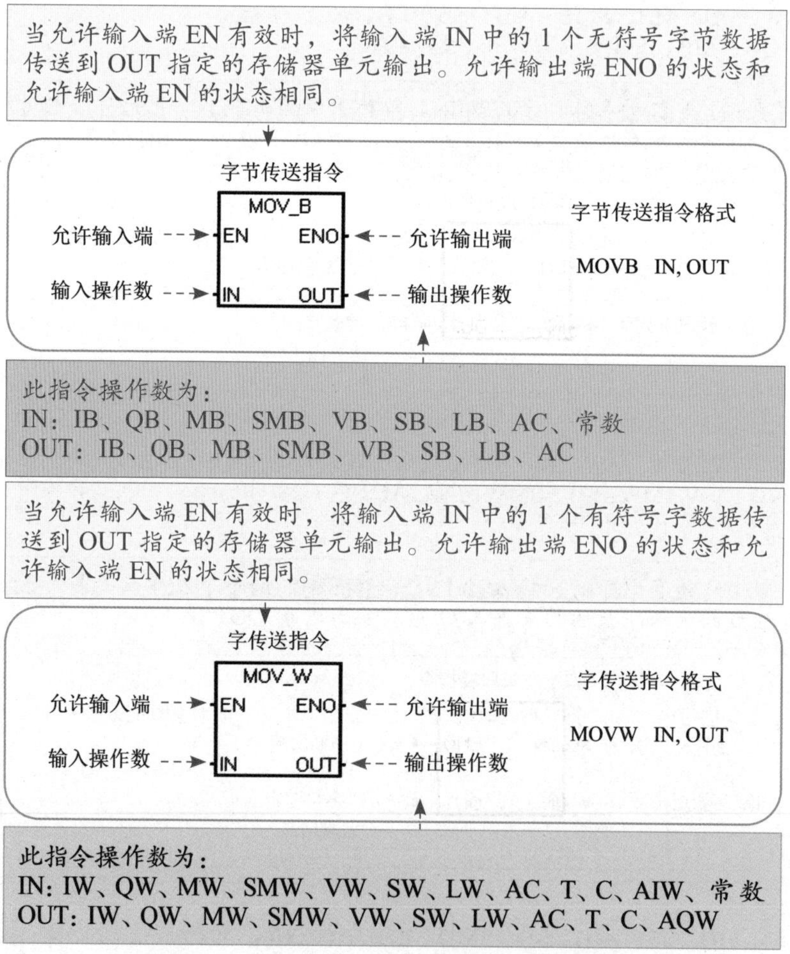
当允许输入端 EN 有效时，将输入端 IN 中的 1 个无符号字节数据传送到 OUT 指定的存储器单元输出。允许输出端 ENO 的状态和允许输入端 EN 的状态相同。
字节传送指令
MOV_B
允许输入端
EN
ENO
允许输出端
输入操作数
IN
OUT
输出操作数
字节传送指令格式
MOVB IN, OUT
此指令操作数为：
IN：IB、QB、MB、SMB、VB、SB、LB、AC、常数
OUT：IB、QB、MB、SMB、VB、SB、LB、AC
当允许输入端 EN 有效时，将输入端 IN 中的 1 个有符号字数据传送到 OUT 指定的存储器单元输出。允许输出端 ENO 的状态和允许输入端 EN 的状态相同。
字传送指令
MOV_W
允许输入端
EN
ENO
允许输出端
输入操作数
IN
OUT
输出操作数
字传送指令格式
MOVW IN, OUT
此指令操作数为：
IN：IW、QW、MW、SMW、VW、SW、LW、AC、T、C、AIW、常数
OUT：IW、QW、MW、SMW、VW、SW、LW、AC、T、C、AQW

图 5-48 单数据传送指令的含义

当允许输入端 EN 有效时，将输入端 IN 中的 1 个有符号双字数据传送到 OUT 指定的存储器单元输出。允许输出端 ENO 的状态和允许输入端 EN 的状态相同。

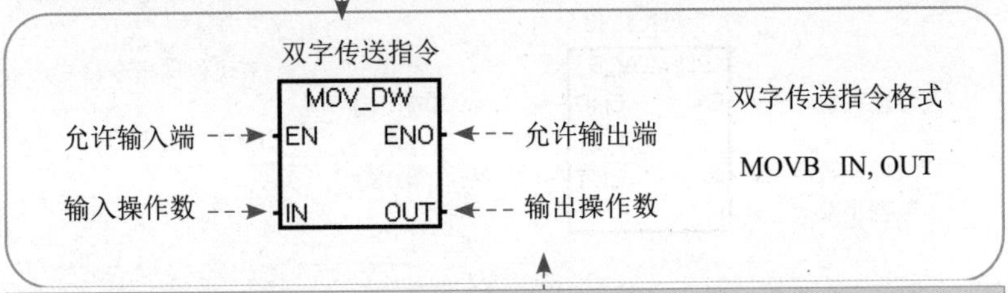
双字传送指令
MOV_DW
允许输入端
EN
ENO
允许输出端
输入操作数
IN
OUT
输出操作数
双字传送指令格式
MOVB　IN, OUT

此指令操作数为：
IN：ID、QD、MD、SMD、VD、SD、LD、AC、HC、常数
OUT：ID、QD、MD、SMD、VD、SD、LD、AC

当允许输入端 EN 有效时，将输入端 IN 中的 1 个有符号实数数据传送到 OUT 指定的存储器单元输出。允许输出端 ENO 的状态和允许输入端 EN 的状态相同。

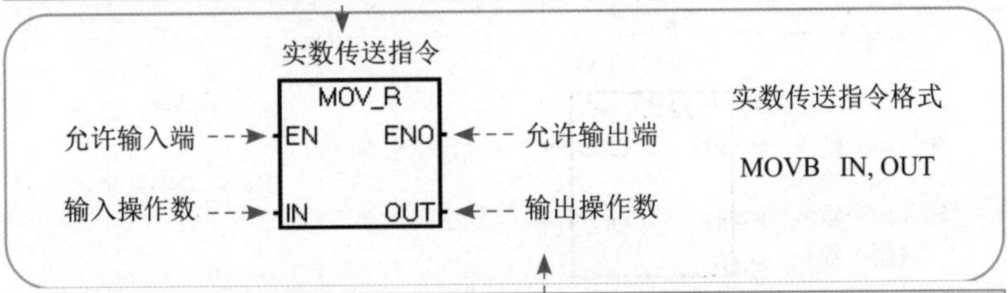
实数传送指令
MOV_R
允许输入端
EN
ENO
允许输出端
输入操作数
IN
OUT
输出操作数
实数传送指令格式
MOVB　IN, OUT

此指令操作数为：
IN：ID、QD、MD、SMD、VD、SD、LD、AC、常数
OUT：ID、QD、MD、SMD、VD、SD、LD、AC

图 5-48　单数据传送指令的含义（续）

5.7.2　数据块传送指令的应用

数据块传送指令用于一次传输多个数据，即将输入端（IN）指定的多个数据（最多 255 个）传送到输出端（OUT）。

数据块传送指令包括字节块传送指令（BLKMOV B）、字块传送指令（BLKMOV_W）和双字块传送指令（BLKMOV_D）三种。图 5-49 所示为数据块传送指令的含义。

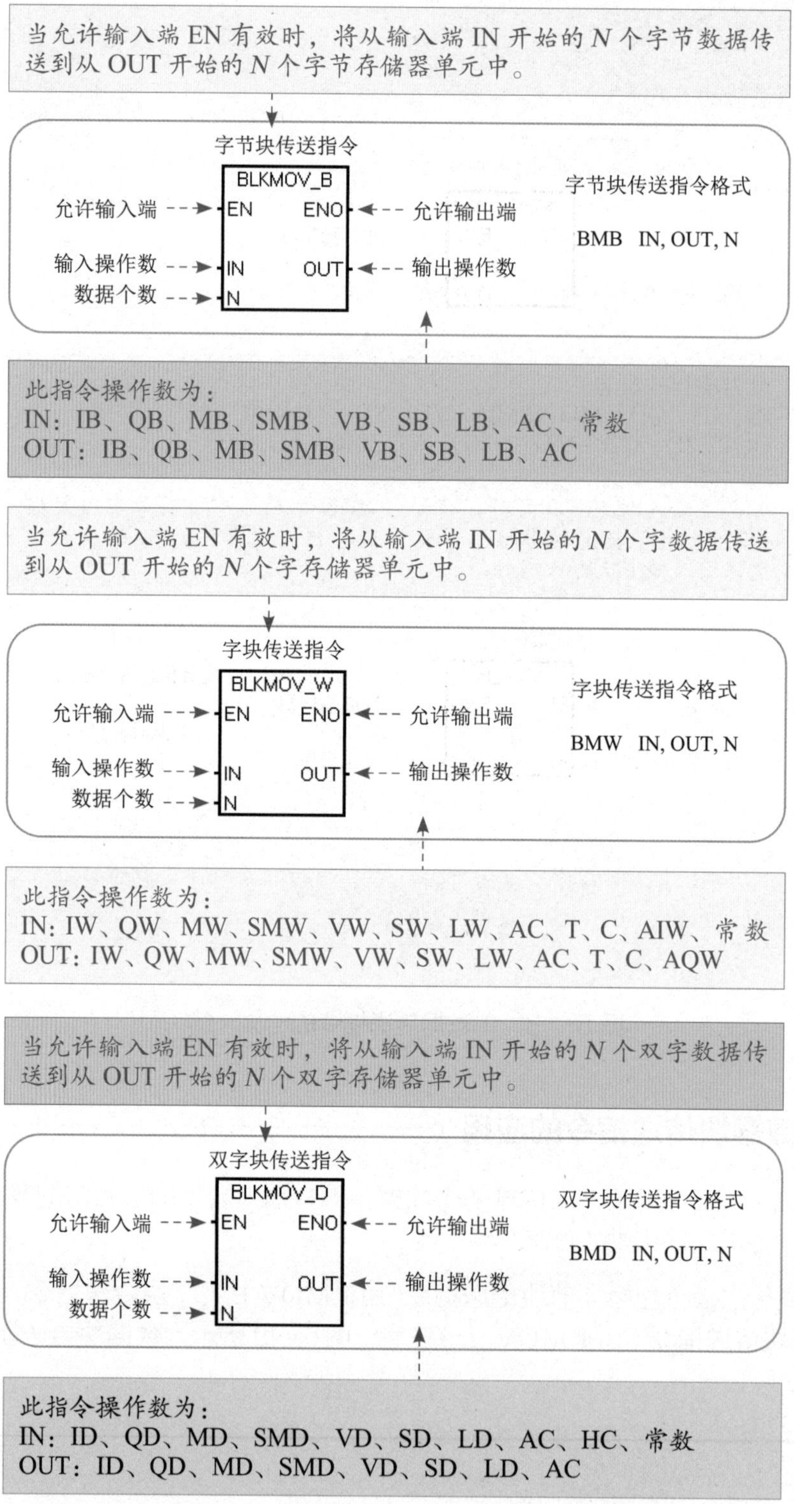
当允许输入端 EN 有效时，将从输入端 IN 开始的 N 个字节数据传送到从 OUT 开始的 N 个字节存储器单元中。
字节块传送指令
BLKMOV_B
允许输入端
EN
ENO
允许输出端
输入操作数
IN
OUT
输出操作数
数据个数
N
字节块传送指令格式
BMB IN, OUT, N
此指令操作数为：
IN：IB、QB、MB、SMB、VB、SB、LB、AC、常数
OUT：IB、QB、MB、SMB、VB、SB、LB、AC
当允许输入端 EN 有效时，将从输入端 IN 开始的 N 个字数据传送到从 OUT 开始的 N 个字存储器单元中。
字块传送指令
BLKMOV_W
允许输入端
EN
ENO
允许输出端
输入操作数
IN
OUT
输出操作数
数据个数
N
字块传送指令格式
BMW IN, OUT, N
此指令操作数为：
IN: IW、QW、MW、SMW、VW、SW、LW、AC、T、C、AIW、常数
OUT：IW、QW、MW、SMW、VW、SW、LW、AC、T、C、AQW
当允许输入端 EN 有效时，将从输入端 IN 开始的 N 个双字数据传送到从 OUT 开始的 N 个双字存储器单元中。
双字块传送指令
BLKMOV_D
允许输入端
EN
ENO
允许输出端
输入操作数
IN
OUT
输出操作数
数据个数
N
双字块传送指令格式
BMD IN, OUT, N
此指令操作数为：
IN：ID、QD、MD、SMD、VD、SD、LD、AC、HC、常数
OUT：ID、QD、MD、SMD、VD、SD、LD、AC

图 5-49 数据块传送指令的含义

5.7.3　字节立即传送指令的应用

字节立即传送指令用于输入 / 输出的立即处理。字节立即传送指令包括字节立即读传送指令（MOV_BIR）和字节立即写传送指令（MOV_BIW）。图 5–50 所示为字节立即传送指令的含义。

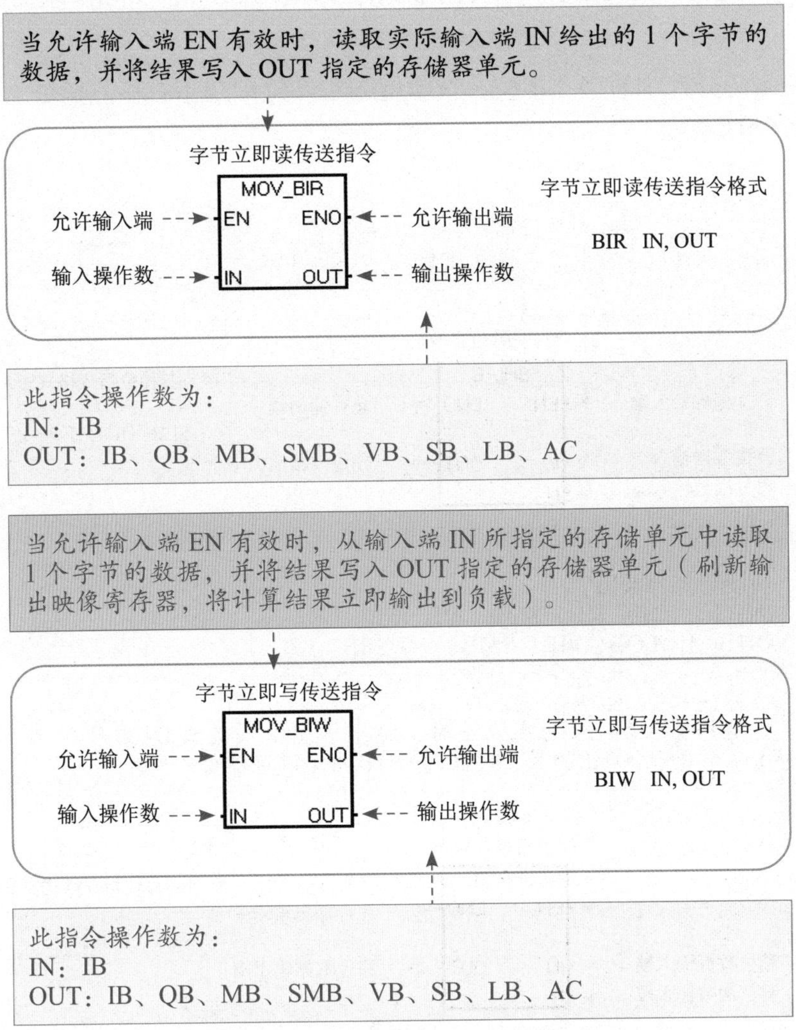
当允许输入端 EN 有效时，读取实际输入端 IN 给出的 1 个字节的数据，并将结果写入 OUT 指定的存储器单元。
字节立即读传送指令
MOV_BIR
EN
ENO
IN
OUT
允许输入端
输入操作数
允许输出端
输出操作数
字节立即读传送指令格式
BIR　IN, OUT
此指令操作数为：
IN：IB
OUT：IB、QB、MB、SMB、VB、SB、LB、AC
当允许输入端 EN 有效时，从输入端 IN 所指定的存储单元中读取 1 个字节的数据，并将结果写入 OUT 指定的存储器单元（刷新输出映像寄存器，将计算结果立即输出到负载）。
字节立即写传送指令
MOV_BIW
EN
ENO
IN
OUT
允许输入端
输入操作数
允许输出端
输出操作数
字节立即写传送指令格式
BIW　IN, OUT
此指令操作数为：
IN：IB
OUT：IB、QB、MB、SMB、VB、SB、LB、AC

图 5–50　字节立即传送指令的含义

5.8　西门子 PLC 移位 / 循环指令的应用

西门子 PLC 中的移位 / 循环指令是将存储器的内容逐位向左或向右移动的指令。移位 / 循环指令包括移位指令、循环移位指令、移位寄存器指令三种。下面将详细讲解移位 / 循环指令的应用。

5.8.1 移位指令的应用

西门子 PLC 中的移位指令是指在满足使能条件的情况下，将输入值 IN 中的数据，向左或向右移 N 位后，将结果存储到 OUT 指定的存储单元中，移位指令对移出位自动补 0，移出位的数值将保存在 SM1.1 中。如果移动位数 N 大于允许值（字节操作允许值为 8，字操作允许值为 16，双字操作允许值为 32），实际移动位数为最大允许值。

移位指令可分为字节型、字型、双字型的左移位指令和右移位指令。图 5-51 所示为移位指令的含义。

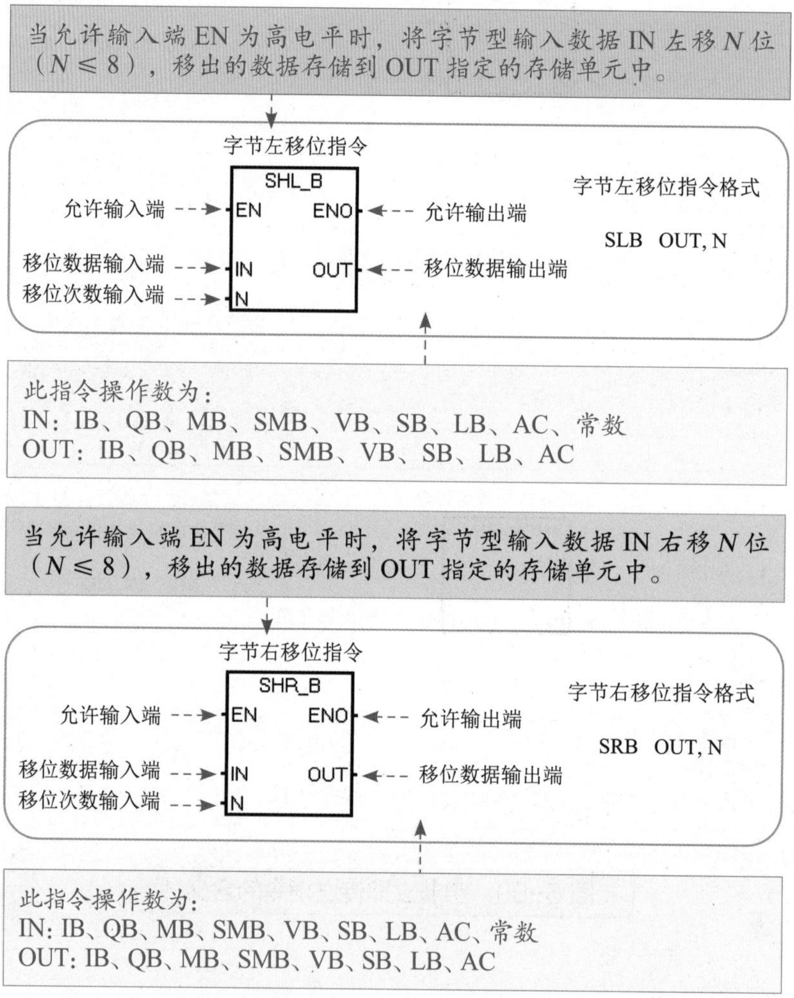
当允许输入端 EN 为高电平时，将字节型输入数据 IN 左移 N 位（N ≤ 8），移出的数据存储到 OUT 指定的存储单元中。
字节左移位指令
SHL_B
允许输入端
EN
ENO
允许输出端
移位数据输入端
IN
OUT
移位数据输出端
移位次数输入端
N
字节左移位指令格式
SLB OUT, N
此指令操作数为：
IN：IB、QB、MB、SMB、VB、SB、LB、AC、常数
OUT：IB、QB、MB、SMB、VB、SB、LB、AC
当允许输入端 EN 为高电平时，将字节型输入数据 IN 右移 N 位（N ≤ 8），移出的数据存储到 OUT 指定的存储单元中。
字节右移位指令
SHR_B
允许输入端
EN
ENO
允许输出端
移位数据输入端
IN
OUT
移位数据输出端
移位次数输入端
N
字节右移位指令格式
SRB OUT, N
此指令操作数为：
IN: IB、QB、MB、SMB、VB、SB、LB、AC、常数
OUT: IB、QB、MB、SMB、VB、SB、LB、AC

图 5-51 移位指令的含义

当允许输入端 EN 为高电平时，将字型输入数据 IN 左移 N 位（$N \leqslant 16$），移出的数据存储到 OUT 指定的存储单元中。

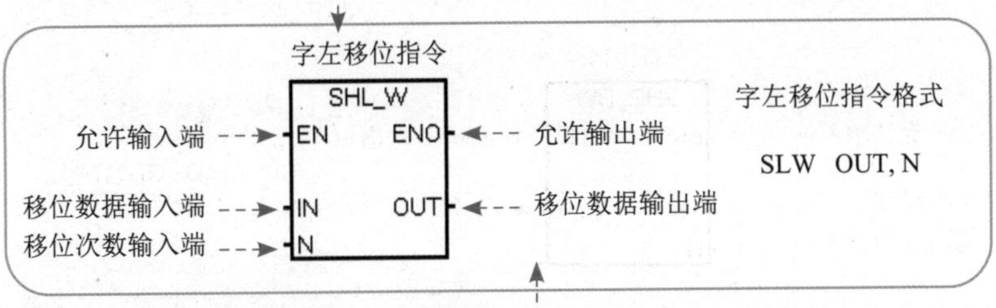
字左移位指令
SHL_W
允许输入端
EN
ENO
允许输出端
移位数据输入端
IN
OUT
移位数据输出端
移位次数输入端
N
字左移位指令格式
SLW　OUT, N

此指令操作数为：
IN：IW、QW、MW、SMW、VW、SW、LW、AC、T、C、AIW、常数
OUT：IW、QW、MW、SMW、VW、SW、LW、AC、T、C、AQW

当允许输入端 EN 为高电平时，将字型输入数据 IN 右移 N 位（$N \leqslant 16$），移出的数据存储到 OUT 指定的存储单元中。

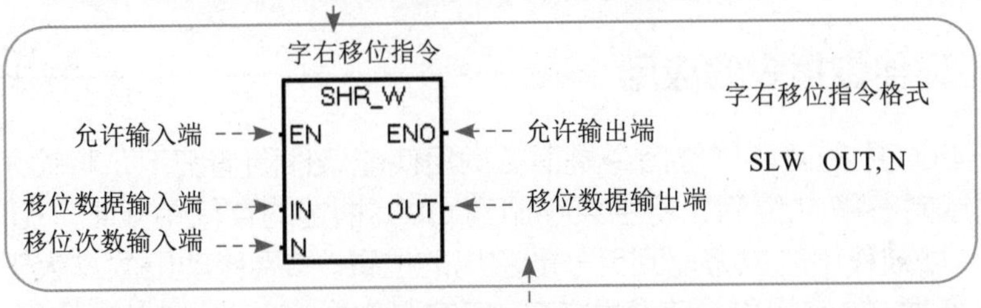
字右移位指令
SHR_W
允许输入端
EN
ENO
允许输出端
移位数据输入端
IN
OUT
移位数据输出端
移位次数输入端
N
字右移位指令格式
SLW　OUT, N

此指令操作数为：
IN：IW、QW、MW、SMW、VW、SW、LW、AC、T、C、AIW、常数
OUT：IW、QW、MW、SMW、VW、SW、LW、AC、T、C、AQW

当允许输入端 EN 为高电平时，将双字型输入数据 IN 左移 N 位（$N \leqslant 32$），移出的数据存储到 OUT 指定的存储单元中。

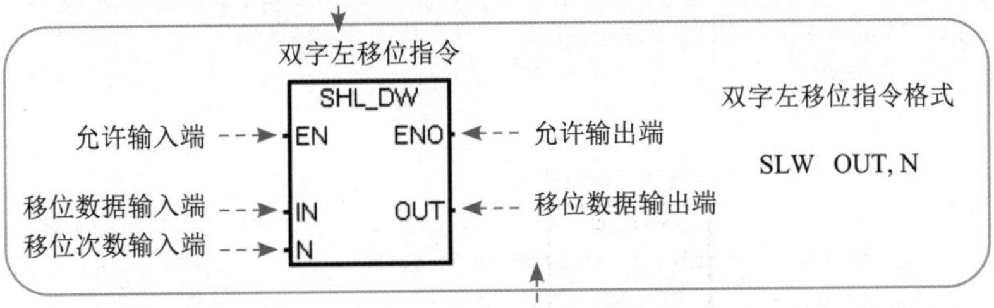
双字左移位指令
SHL_DW
允许输入端
EN
ENO
允许输出端
移位数据输入端
IN
OUT
移位数据输出端
移位次数输入端
N
双字左移位指令格式
SLW　OUT, N

此指令操作数为：
IN：ID、QD、MD、SMD、VD、SD、LD、AC、HC、常数
OUT：ID、QD、MD、SMD、VD、SD、LD、AC

图 5-51　移位指令的含义（续）

当允许输入端 EN 为高电平时，将双字型输入数据 IN 右移 N 位（$N \leqslant 32$），移出的数据存储到 OUT 指定的存储单元中。

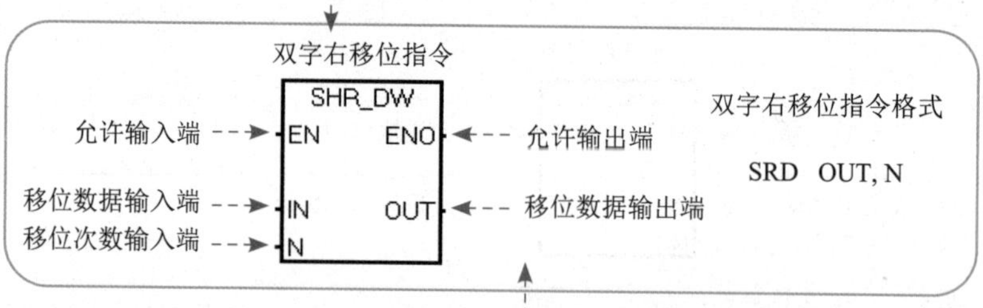
双字右移位指令
SHR_DW
允许输入端
EN
ENO
允许输出端
移位数据输入端
IN
OUT
移位数据输出端
移位次数输入端
N
双字右移位指令格式
SRD OUT, N

此指令操作数为：
IN：ID、QD、MD、SMD、VD、SD、LD、AC、HC、常数
OUT：ID、QD、MD、SMD、VD、SD、LD、AC

图 5-51　移位指令的含义（续）

5.8.2　循环移位指令的应用

西门子 PLC 中的循环移位指令是指在满足使能条件的情况下，将输入值 IN 中的数据，向左或向右移 N 位后，将结果存储到 OUT 指定的存储单元中，循环移位指令是一个环形，即被移出的位将返回另一端空出的位置。如果移动位数 N 大于允许值（字节操作允许值为 8，字操作允许值为 16，双字操作允许值为 32），执行循环移位之前先对 N 进行取模操作（将 N 除以操作数）。如当 N=34 时，操作数为双字（双字操作为 32），则通过模运算，实际移位为 2。

移位循环指令可分为字节型、字型、双字型的左移位指令和右移位指令。图 5-52 所示为循环移位指令的含义。

当允许输入端 EN 为高电平时，将字节型输入数据 IN 循环左移 N 位（$N \leqslant 8$），移出的数据存储到 OUT 指定的存储单元中。移位时，会将最后一次移出位的数值存放在 SM1.1 中。

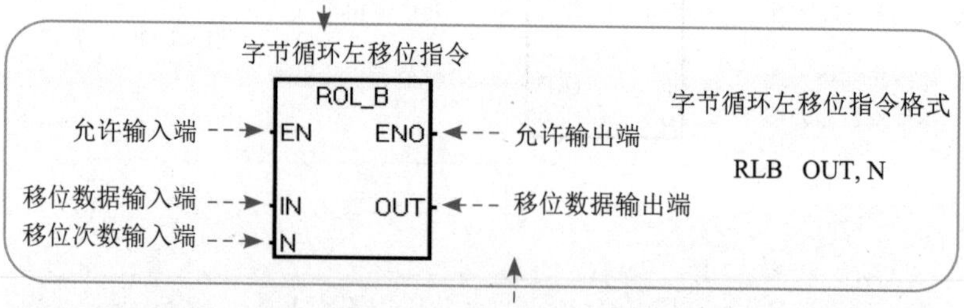
字节循环左移位指令
ROL_B
允许输入端
EN
ENO
允许输出端
移位数据输入端
IN
OUT
移位数据输出端
移位次数输入端
N
字节循环左移位指令格式
RLB OUT, N

此指令操作数为：
IN：IB、QB、MB、SMB、VB、SB、LB、AC、常数
OUT：IB、QB、MB、SMB、VB、SB、LB、AC

图 5-52　循环移位指令的含义

当允许输入端 EN 为高电平时，将字节型输入数据 IN 循环右移 N 位（$N \leqq 8$），移出的数据存储到 OUT 指定的存储单元中。移位时，会将最后一次移出位的数值存放在 SM1.1 中。

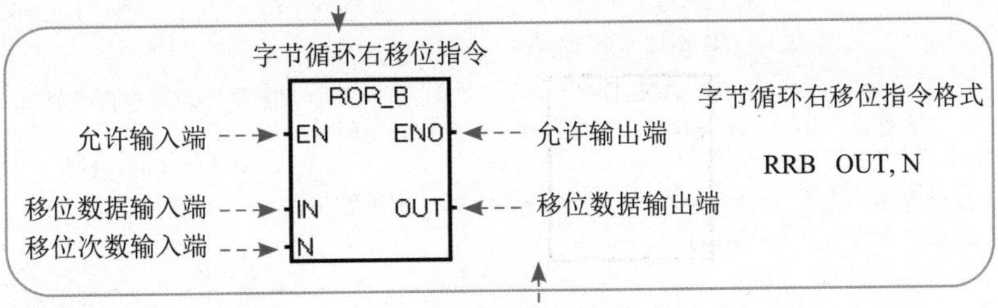
字节循环右移位指令
ROR_B
允许输入端
EN
ENO
允许输出端
移位数据输入端
IN
OUT
移位数据输出端
移位次数输入端
N
字节循环右移位指令格式
RRB OUT, N

此指令操作数为：
IN：IB、QB、MB、SMB、VB、SB、LB、AC、常数
OUT：IB、QB、MB、SMB、VB、SB、LB、AC

当允许输入端 EN 为高电平时，将字型输入数据 IN 循环左移 N 位（$N \leq 16$），移出的数据存储到 OUT 指定的存储单元中。移位时，会将最后一次移出位的数值存放在 SM1.1 中。

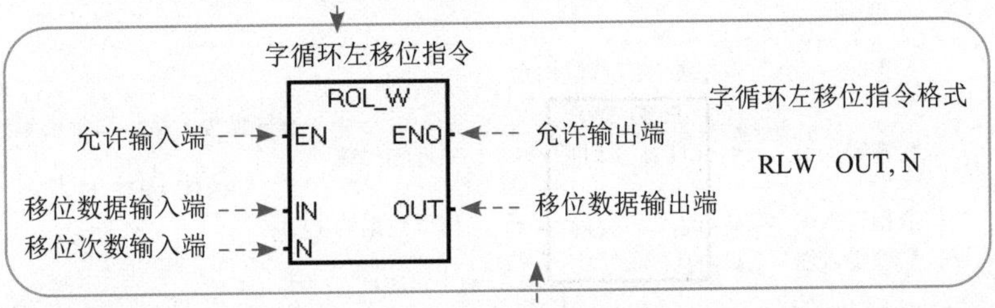
字循环左移位指令
ROL_W
允许输入端
EN
ENO
允许输出端
移位数据输入端
IN
OUT
移位数据输出端
移位次数输入端
N
字循环左移位指令格式
RLW OUT, N

此指令操作数为：
IN：IW、QW、MW、SMW、VW、SW、LW、AC、T、C、AIW、常数
OUT：IW、QW、MW、SMW、VW、SW、LW、AC、T、C、AQW

当允许输入端 EN 为高电平时，将字型输入数据 IN 循环右移 N 位（$N \leq 16$），移出的数据存储到 OUT 指定的存储单元中。移位时，会将最后一次移出位的数值存放在 SM1.1 中。

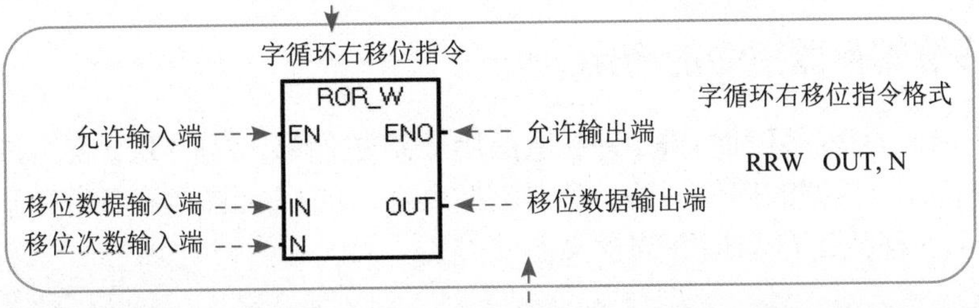
字循环右移位指令
ROR_W
允许输入端
EN
ENO
允许输出端
移位数据输入端
IN
OUT
移位数据输出端
移位次数输入端
N
字循环右移位指令格式
RRW OUT, N

此指令操作数为：
IN：IW、QW、MW、SMW、VW、SW、LW、AC、T、C、AIW、常数
OUT：IW、QW、MW、SMW、VW、SW、LW、AC、T、C、AQW

图 5-52　循环移位指令的含义（续）

当允许输入端 EN 为高电平时，将双字型输入数据 IN 循环左移 *N* 位（$N \leqslant 32$），移出的数据存储到 OUT 指定的存储单元中。移位时，会将最后一次移出位的数值存放在 SM1.1 中。

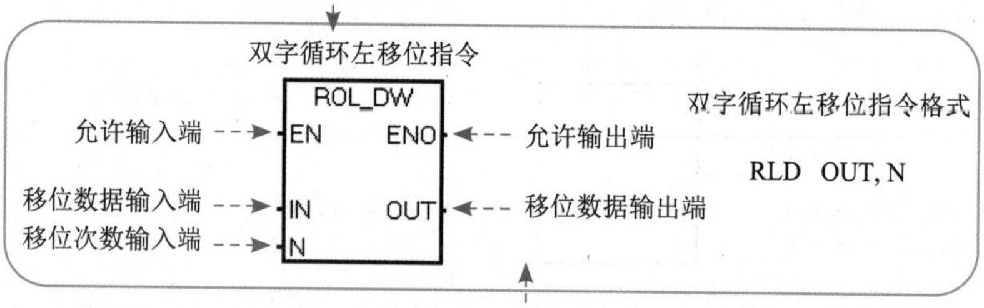
双字循环左移位指令
ROL_DW
允许输入端
EN
ENO
允许输出端
移位数据输入端
IN
OUT
移位数据输出端
移位次数输入端
N
双字循环左移位指令格式
RLD OUT, N

此指令操作数为：
IN：ID、QD、MD、SMD、VD、SD、LD、AC、HC、常数
OUT：ID、QD、MD、SMD、VD、SD、LD、AC

当允许输入端 EN 为高电平时，将双字型输入数据 IN 循环右移 *N* 位（$N \leqslant 32$），移出的数据存储到 OUT 指定的存储单元中。移位时，会将最后一次移出位的数值存放在 SM1.1 中。

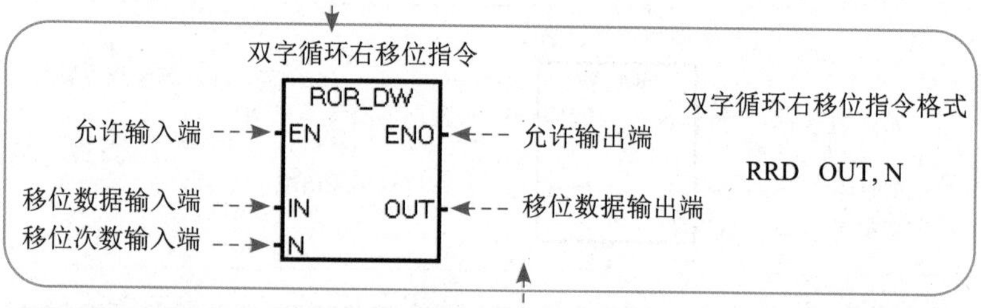
双字循环右移位指令
ROR_DW
允许输入端
EN
ENO
允许输出端
移位数据输入端
IN
OUT
移位数据输出端
移位次数输入端
N
双字循环右移位指令格式
RRD OUT, N

此指令操作数为：
IN：ID、QD、MD、SMD、VD、SD、LD、AC、HC、常数
OUT：ID、QD、MD、SMD、VD、SD、LD、AC

图 5-52 循环移位指令的含义（续）

5.8.3 移位寄存器指令的应用

西门子 PLC 中的移位寄存器指令是指用于将数值移入寄存器。该指令提供了排序和控制产品流或数据的简便方法，使用该指令在每次扫描时将整个寄存器移动 1 位。图 5-53 所示为移位寄存器指令的含义。

（1）当允许输入端 EN 为高电平时，则在每个 EN 上升沿将数据输入端 DATA 的位数据装入移位寄存器的最低位 S_BIT。此后在每个输入允许输入端 EN 上升沿，移位寄存器都会移动 1 位。
（2）移位长度和方向与 N 有关，移位长度为 1～64；移位方向取决于 N 的符号，当 $N>0$ 时，移位方向向左，输入数据 DATA 移入移位寄存器的最低位 S_BIT，并移出移位寄存器的最高位；当 $N<0$ 时，移位方向向右，输入数据移入移位寄存器的最高位，并移出最低位 S_BIT，移出的数据被放置在溢出位 SM1.1 中。

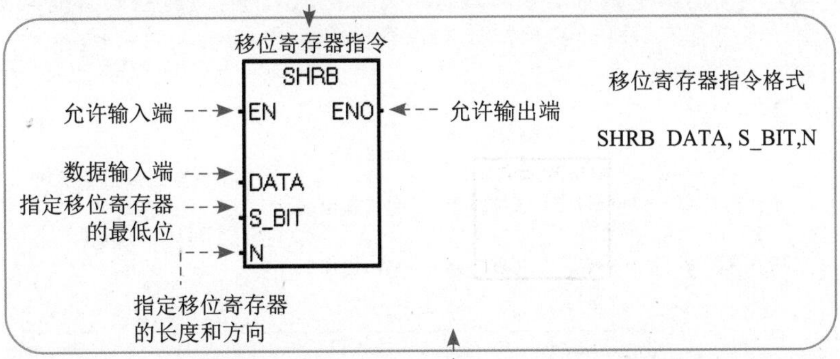
移位寄存器指令
SHRB
允许输入端
EN
ENO
允许输出端
数据输入端
DATA
指定移位寄存器
的最低位
S_BIT
N
指定移位寄存器
的长度和方向
移位寄存器指令格式
SHRB DATA, S_BIT,N

此指令操作数为：
DATA：I、Q、M、SM、V、S、L、T、C
S_BIT：I、Q、M、SM、V、S、L、T、C
N：IB、QB、VB、MB、SMB、SB、LB、AC、常数

图 5-53　移位寄存器指令的含义

5.9 西门子 PLC 数据转换指令的应用

西门子 PLC 中的数据转换指令用于对操作数的类型进行转换（将一种数据格式转换成另一种格式）。数据转换指令将操作数类型转换后，把输出结果存入到指定的目标地址中。

数据转换指令包括数据类型转换指令、编码指令和解码指令三种。下面将详细讲解这三种数据转换指令的应用。

5.9.1 数据类型转换指令的应用

西门子 PLC 中的数据类型转换指令可以将该输入值 IN 转换为指定的数据类型，并存储到由 OUT 指定的存储单元中。

数据类型转换指令包括字节与整数间的转换指令、整数与双精度整数间的转换指令、双精度整数与实数间的转换指令及 BCD 码与整数间的转换指令四种。

1. 字节与整数间的转换指令

字节与整数间的转换指令是将输入端 IN 指定的内容以字节 / 整数的格式读入，然后将其转换为整数 / 字节格式存储到 OUT 指定的存储单元中。图 5-54 所示为字节与整数间的转换指令的含义。

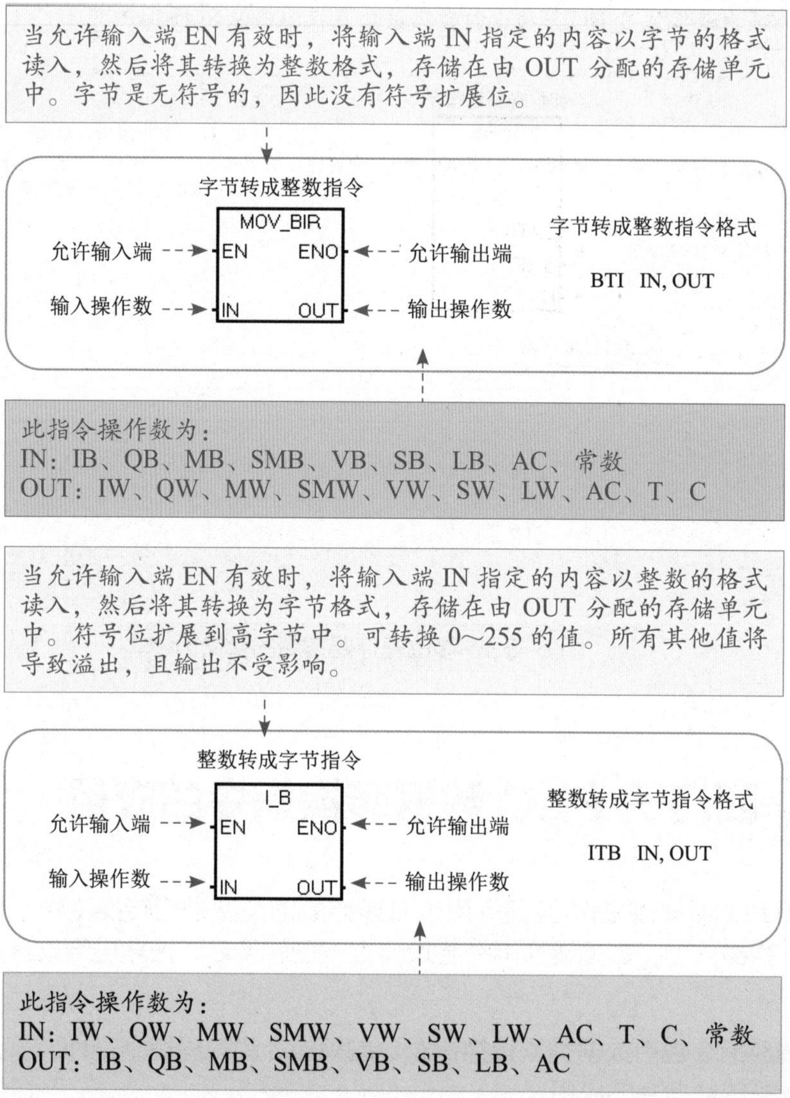
当允许输入端 EN 有效时，将输入端 IN 指定的内容以字节的格式读入，然后将其转换为整数格式，存储在由 OUT 分配的存储单元中。字节是无符号的，因此没有符号扩展位。
字节转成整数指令
MOV_BIR
允许输入端
EN
ENO
允许输出端
输入操作数
IN
OUT
输出操作数
字节转成整数指令格式
BTI IN, OUT
此指令操作数为：
IN：IB、QB、MB、SMB、VB、SB、LB、AC、常数
OUT：IW、QW、MW、SMW、VW、SW、LW、AC、T、C
当允许输入端 EN 有效时，将输入端 IN 指定的内容以整数的格式读入，然后将其转换为字节格式，存储在由 OUT 分配的存储单元中。符号位扩展到高字节中。可转换 0~255 的值。所有其他值将导致溢出，且输出不受影响。
整数转成字节指令
I_B
允许输入端
EN
ENO
允许输出端
输入操作数
IN
OUT
输出操作数
整数转成字节指令格式
ITB IN, OUT
此指令操作数为：
IN：IW、QW、MW、SMW、VW、SW、LW、AC、T、C、常数
OUT：IB、QB、MB、SMB、VB、SB、LB、AC

图 5-54 字节与整数间的转换指令的含义

2. 整数与双精度整数间的转换指令

整数与双精度整数间的转换指令是将输入端 IN 指定的内容以整数 / 双精度整数的格式读入，然后将其转换为双精度整数 / 整数格式存储到 OUT 指定的存储单元中。图 5-55 所示为整数与双精度整数间的转换指令的含义。

当允许输入端 EN 有效时，将输入端 IN 指定的内容以整数的格式读入，然后将其转换为双精度整数格式，存储在由 OUT 分配的存储单元中。符号位扩展到高字节中。

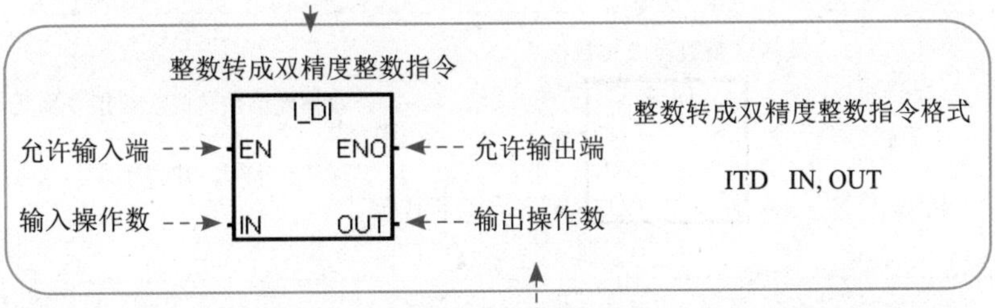
整数转成双精度整数指令
I_DI
允许输入端
EN
ENO
允许输出端
输入操作数
IN
OUT
输出操作数
整数转成双精度整数指令格式
ITD IN, OUT

此指令操作数为：
IN：IW、QW、MW、SMW、VW、SW、LW、AC、常数
OUT：ID、QD、MD、SMD、VD、SD、LD、AC

当允许输入端 EN 有效时，将输入端 IN 指定的内容以双精度整数的格式读入，然后将其转换为整数格式，存储在由 OUT 分配的存储单元中。若输出数值超出整数的范围，则产生溢出，特殊标志位寄存器 SM1.1 置 1。

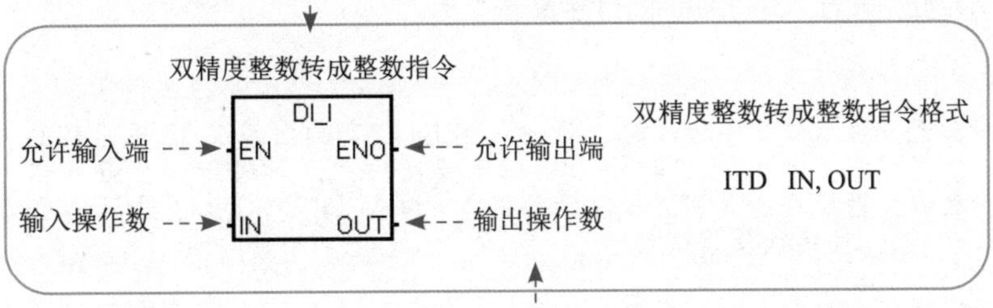
双精度整数转成整数指令
DI_I
允许输入端
EN
ENO
允许输出端
输入操作数
IN
OUT
输出操作数
双精度整数转成整数指令格式
ITD IN, OUT

此指令操作数为：
IN：ID、QD、MD、SMD、VD、SD、LD、AC、HC、常数
OUT：IW、QW、MW、SMW、VW、SW、LW、AC、T、C

图 5-55　整数与双精度整数间的转换指令的含义

3. 双精度整数与实数间的转换指令

双精度整数与实数间的转换指令是将输入端 IN 指定的内容以双精度整数 / 实数的格式读入，然后将其转换为实数 / 双精度整数格式存储到 OUT 指定的存储单元中；在具体应用中，双精度整数与实数间的转换指令又分为双精度整数转战实收指令、四舍五入取整指令和截位取整指令三种。

（1）双精度整数转成实数指令

双精度整数转成实数指令的含义如图 5-56 所示。

当允许输入端 EN 有效时，将输入端 IN 指定的内容以双精度整数的格式读入，然后将其转换为实数格式，存储在由 OUT 分配的存储单元中。

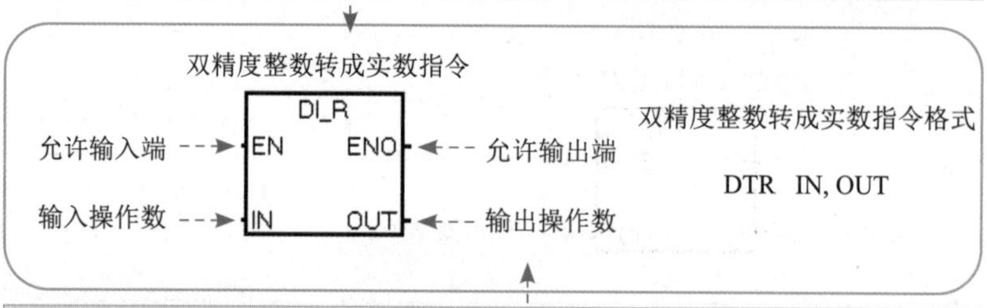
双精度整数转成实数指令
DI_R
允许输入端
EN
ENO
允许输出端
输入操作数
IN
OUT
输出操作数
双精度整数转成实数指令格式
DTR IN, OUT

此指令操作数为：
IN：ID、QD、MD、SMD、VD、SD、LD、AC、HC、常数
OUT：ID、QD、MD、SMD、VD、SD、LD、AC

图 5-56　双精度整数转成实数指令的含义

（2）四舍五入取整指令

四舍五入取整指令用于将实数进行四舍五入取整后转换成双精度整数的格式。图 5-57 所示为四舍五入取整指令的含义。

当允许输入端 EN 有效时，将输入端 IN 指定的内容以 32 位实数的格式读入，然后将其转换为双精度整数格式，再进行四舍五入取整后，存储在由 OUT 分配的存储单元中。如果小数部分大于或等于 0.5，该实数值将进位。

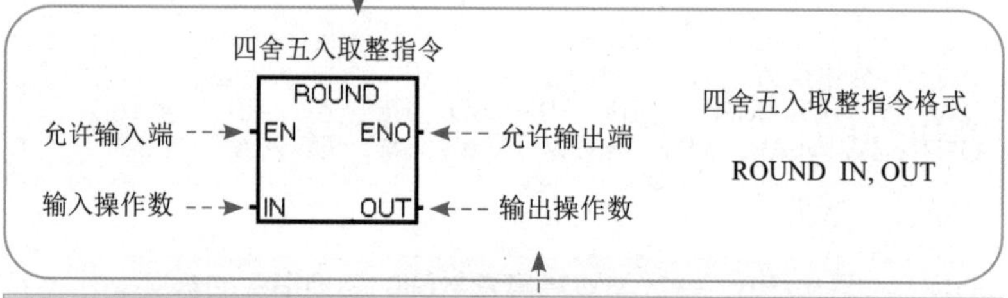
四舍五入取整指令
ROUND
允许输入端
EN
ENO
允许输出端
输入操作数
IN
OUT
输出操作数
四舍五入取整指令格式
ROUND IN, OUT

此指令操作数为：
IN：ID、QD、MD、SMD、VD、SD、LD、AC、HC、常数
OUT：ID、QD、MD、SMD、VD、SD、LD、AC

图 5-57　四舍五入取整指令的含义

（3）截位取整指令

截位取整指令按小数部分直接舍去原则，将 32 位实数值 IN 转换为双精度整数值，存储到 OUT 指定的存储单元中。如果要转换的值不是一个有效实数或由于过大不能在输出中表示，则溢出位置位，但输出不受影响。图 5-58 所示为截位取整指令的含义。

当允许输入端 EN 有效时，将输入端 IN 指定的内容以 32 位实数的格式读入，然后将其转换为双精度整数格式，再舍去小数部分后，存储在由 OUT 分配的存储单元中。

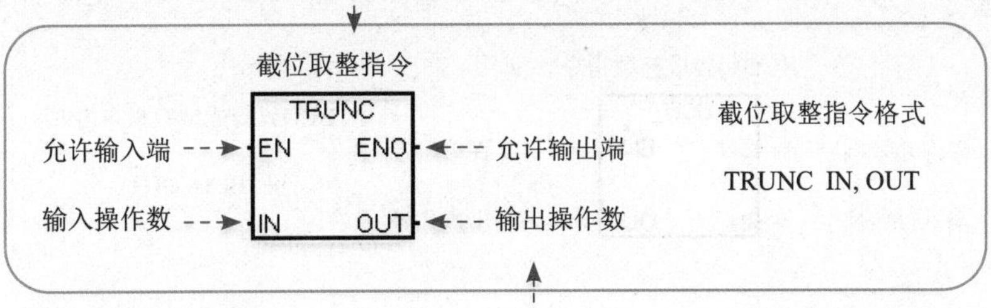
截位取整指令
TRUNC
允许输入端
EN
ENO
允许输出端
输入操作数
IN
OUT
输出操作数
截位取整指令格式
TRUNC IN, OUT

此指令操作数为：
IN：ID、QD、MD、SMD、VD、SD、LD、AC、HC、常数
OUT：ID、QD、MD、SMD、VD、SD、LD、AC

图 5-58　截位取整指令的含义

4. BCD 码与整数间的转换指令

BCD 码与整数间的转换指令用于将整数 /BCD 码（二进制编码的十进制数）转换成 BCD 码 / 整数，并将结果存储到 OUT 指定的存储单元中。图 5-59 所示为 BCD 码与整数间的转换指令的含义。

当允许输入端 EN 有效时，将从输入端 IN 输入的整数型数据转换成 BCD 码，并且将结果存储在由 OUT 分配的存储单元中。IN 的有效范围为 0~9999 的整数。

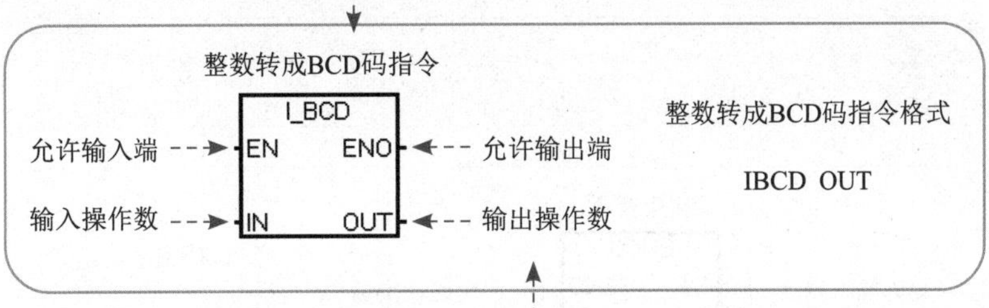
整数转成BCD码指令
I_BCD
允许输入端
EN
ENO
允许输出端
输入操作数
IN
OUT
输出操作数
整数转成BCD码指令格式
IBCD OUT

此指令操作数为：
IN：IW、QW、MW、SMW、VW、SW、LW、AC、T、C、AIW、常数 OUT：IW、QW、MW、SMW、VW、SW、LW、AC、T、C

图 5-59　BCD 码与整数间的转换指令的含义

当允许输入端 EN 有效时，将输入端 IN 输入的 BCD 码 IN 转换成整数型数据，并且将结果存储在由 OUT 分配的存储单元中。IN 的有效范围为 0~9999 的 BCD 码。

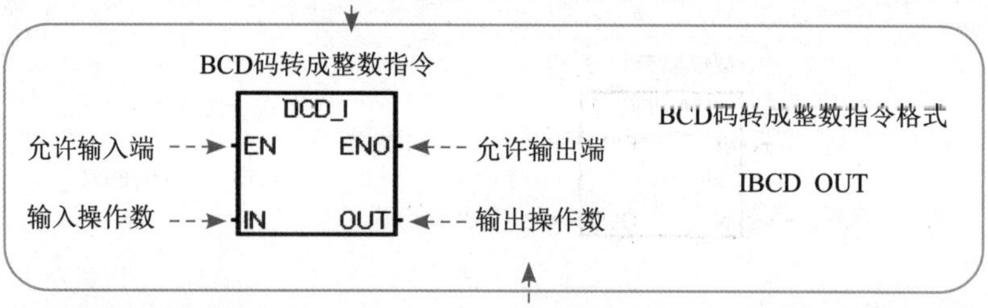
BCD码转成整数指令
BCD_I
允许输入端
EN
ENO
允许输出端
输入操作数
IN
OUT
输出操作数
BCD码转成整数指令格式
IBCD OUT

此指令操作数为：
IN：IW、QW、MW、SMW、VW、SW、LW、AC、T、C、AIW、常数 OUT：IW、QW、MW、SMW、VW、SW、LW、AC、T、C

图 5-59　BCD 码与整数间的转换指令的含义（续）

5.9.2　编码指令和解码指令的应用

编码指令是将输入端 IN 输入的字数据的最低有效位（数值为 1 的位）的位号（0~15）编码成 4 位进制数，并存入 OUT 指定字节型存储器的低 4 位中。

解码指令是根据输入端 IN 输入的字节型数据的低 4 位所表示的位号（0~15），将输出端 OUT 所指定的字型单元中的相应位号上的数值置 1，其他位置 0。

图 5-60 所示为编码指令和解码指令的含义。

当允许输入端 EN 有效时，将输入字 IN 的最低有效位的位号写入输出字节 OUT 的最低有效“半字节”（4 位）中。

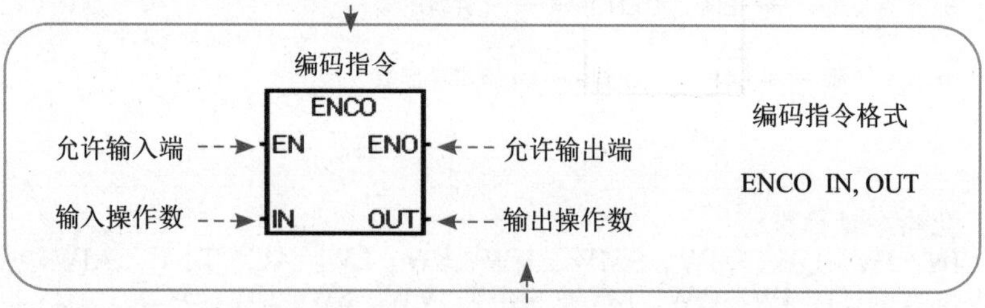
编码指令
ENCO
允许输入端
EN
ENO
允许输出端
输入操作数
IN
OUT
输出操作数
编码指令格式
ENCO IN, OUT

此指令操作数为：
IN：IW、QW、MW、SMW、VW、SW、LW、AC、T、C、AIW
OUT：IB、QB、MB、SMB、VB、SB、LB、AC、常数

图 5-60　编码指令和解码指令的含义

当允许输入端 EN 有效时，根据输入字的 IN 中设置的最低有效位的位编号写入输出字节 OUT 的最低有效“半字节”（4 位）中。

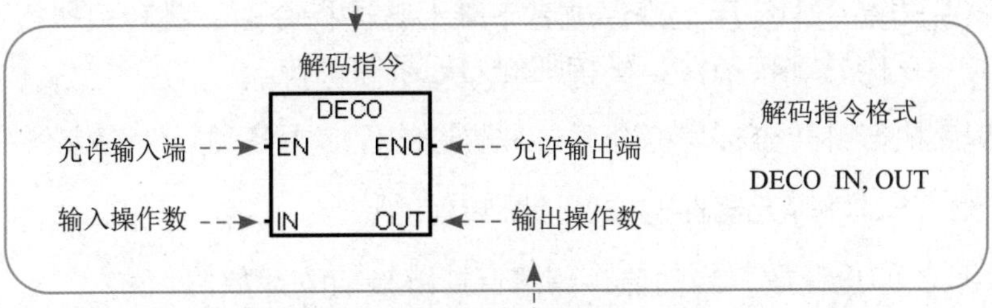
解码指令
DECO
允许输入端
EN
ENO
允许输出端
输入操作数
IN
OUT
输出操作数
解码指令格式
DECO IN, OUT

此指令操作数为：
IN：IB、QB、MB、SMB、VB、SB、LB、AC、常数
OUT：IW、QW、MW、SMW、VW、SW、LW、AC、T、C、AIW

图 5-60　编码指令和解码指令的含义（续）

5.10 西门子 PLC 程序控制类指令的应用

程序控制类指令用于程序结构及流程的控制，该指令能使程序结构灵活，合理使用该指令可以优化程序结构，增强程序功能。

程序控制类指令主要包括跳转指令和标号指令、循环指令、子程序指令、中断指令、有条件结束指令和暂停指令等。下面将详细讲解这些程序控制类指令的应用。

5.10.1　跳转指令和标号指令的应用

西门子 PLC 跳转指令可以使程序出现跳跃以实现程序段的选择，即用来跳过部分程序使其不执行。跳转指令和标号指令配合实现程序的跳转，使用时必须成对使用。

跳转指令主要用于工作方式的切换、选择性分支控制和并列分支控制。图 5-61 所示为跳转指令和标号指令的含义。

跳转指令的使用注意以下几点：

当允许输入端有效时，使程序跳转到同一程序的指定标号 N 处，跳转标号 N=0~255。当使能端输入端无效时，程序顺序执行。

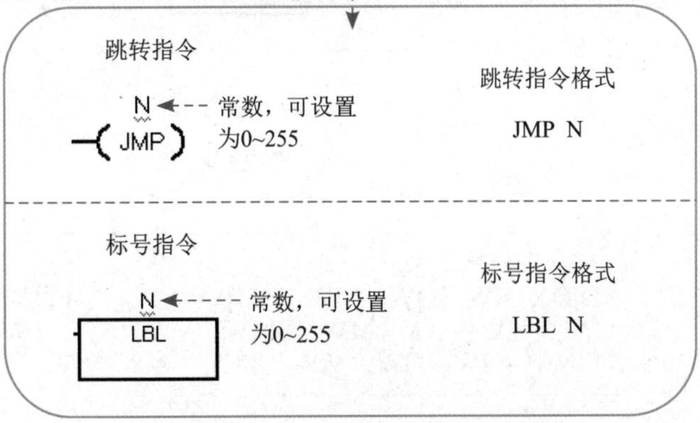
跳转指令
N
常数，可设置为0~255
JMP
跳转指令格式
JMP N
标号指令
N
常数，可设置为0~255
LBL
标号指令格式
LBL N

图 5-61　跳转指令和标号指令的含义

（1）跳转指令和标号指令必须匹配使用，而且只能使用在同一程序块中，如主程序、同一子程序或同一中断程序。不能在不同的程序块中互相跳转。

（2）若跳转指令中使用上升沿或者下降沿脉冲指令时，跳转只执行一个周期，但若使用 SM0.0 作为跳转条件，跳转则称为无条件跳转。

（3）程序执行跳转至标号指令后，被跳过的程序中各类元件的状态如下：

①Q、M、S、C 等元器件的位保持跳转前的状态。

②计数器 C 停止计数，当前值存储器保持跳转前的计数值。

③在跳转期间，分辨率为 1ms 和 10ms 的定时器会一直保持跳转前的工作状态，原来工作的继续工作，到预置值后，其位的状态也会改变，输出触点动作，其当前值存储器一直累计到最大值 32 767 才停止；对于分辨率为 100ms 的定时器来说，跳转期间停止工作，但不会复位，存储器里的值为跳转时的值，跳转结束后，若输入条件允许，可继续计时，但已失去了准确值的意义，所以在跳转段里的定时器要慎用。

5.10.2 循环指令的应用

西门子 PLC 循环指令可用于一段程序的重复循环执行，其主要包括循环开始指令（FOR）和循环结束指令（NEXT）。其中 FOR 标记循环的开始，NEXT 标记循环的结束，二者之间的程序称为循环体。图 5-62 所示为循环指令的含义。

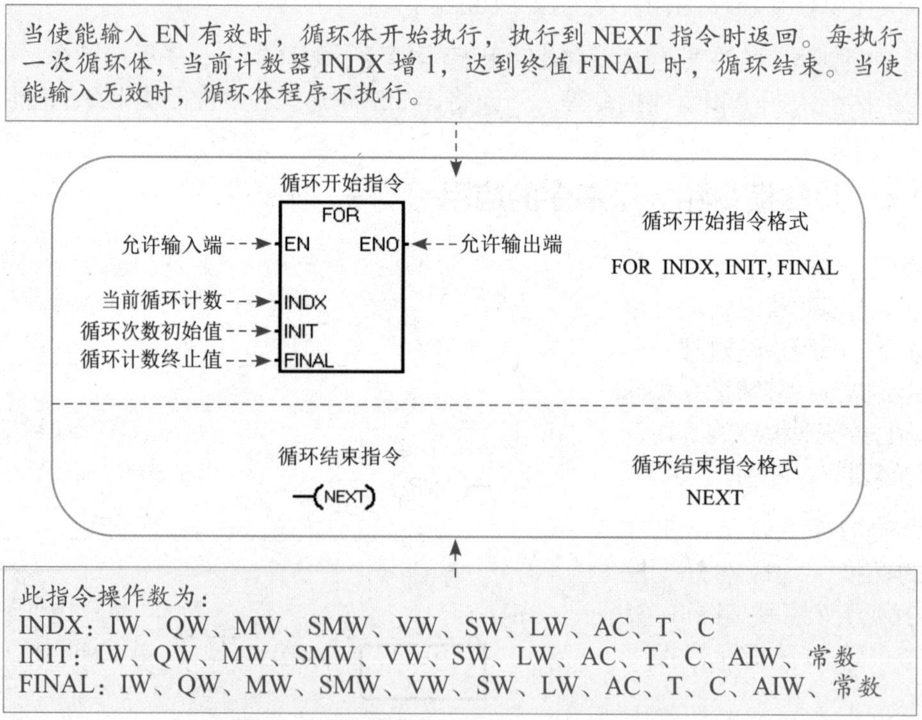
当使能输入 EN 有效时，循环体开始执行，执行到 NEXT 指令时返回。每执行一次循环体，当前计数器 INDX 增 1，达到终值 FINAL 时，循环结束。当使能输入无效时，循环体程序不执行。
循环开始指令
FOR
允许输入端
EN
ENO
允许输出端
当前循环计数
INDX
循环次数初始值
INIT
循环计数终止值
FINAL
循环开始指令格式
FOR INDX, INIT, FINAL
循环结束指令
NEXT
循环结束指令格式
NEXT
此指令操作数为：
INDX：IW、QW、MW、SMW、VW、SW、LW、AC、T、C
INIT：IW、QW、MW、SMW、VW、SW、LW、AC、T、C、AIW、常数
FINAL：IW、QW、MW、SMW、VW、SW、LW、AC、T、C、AIW、常数

图 5-62 循环指令的含义

循环指令的使用注意以下几点：

（1）循环开始指令（FOR）和循环结束指令（NEXT）必须成对使用。

（2）循环指令可以嵌套使用，最多为 8 层。

（3）每次使能输入端重新有效时，指令将自动复位各参数。

（4）当初始值大于终止值时，循环体不执行。

5.10.3　子程序指令的应用

西门子 S7-200 PLC 的程序主要分为主程序、子程序和中断程序。其中子程序主要应用于程序中被反复多次执行的程序段，用户只需写一次子程序，当别的程序需要时可以调用它，而无须重新编写该程序。而子程序仅在被其他程序调用时执行，未调用它时不会执行子程序中的指令，因此使用子程序可以减少程序扫描时间。

子程序使程序结构简单清晰，易于调试、检查错误和维修，因此在编写复杂程序时，建议将全部功能划分为几个符合控制工艺的子程序块。

子程序的创建方法如图 5-63 所示。

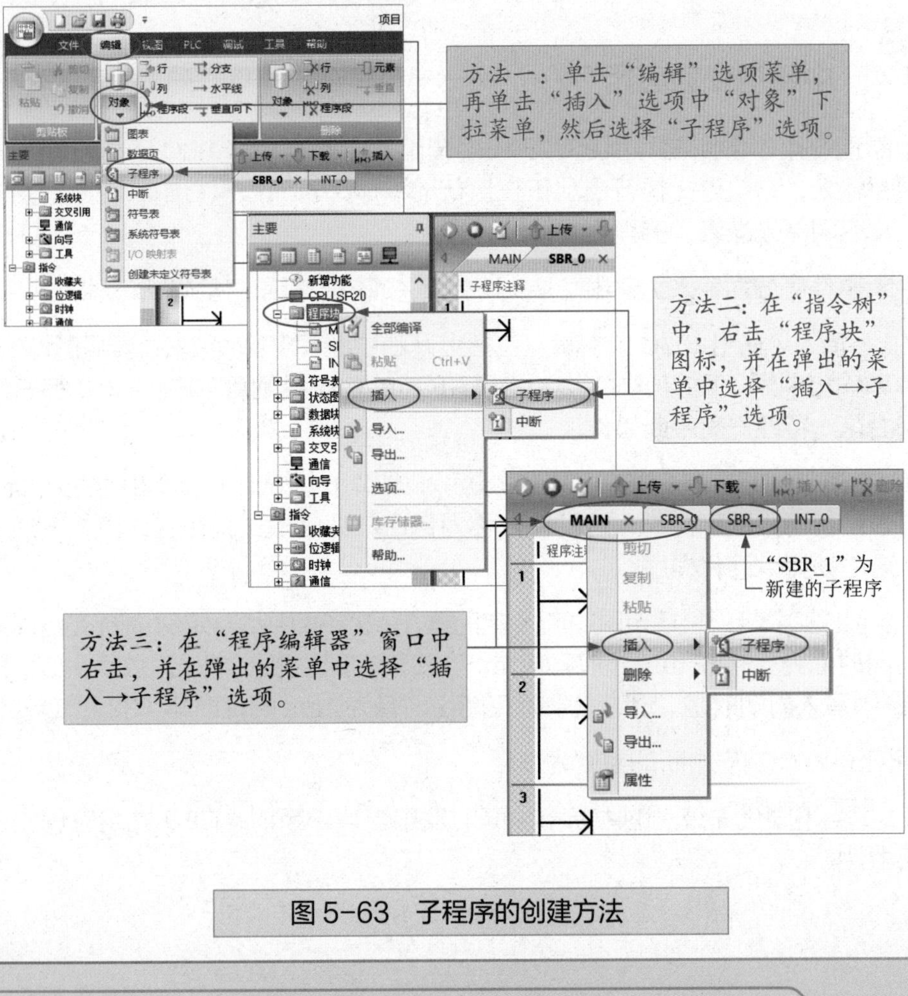
方法一：单击“编辑”选项菜单，再单击“插入”选项中“对象”下拉菜单，然后选择“子程序”选项。
方法二：在“指令树”中，右击“程序块”图标，并在弹出的菜单中选择“插入→子程序”选项。
方法三：在“程序编辑器”窗口中右击，并在弹出的菜单中选择“插入→子程序”选项。
“SBR_1”为新建的子程序
MAIN
SBR_0
SBR_1
INT_0
子程序
中断
插入
全部编译
粘贴
导入...
导出...
剪切
复制
删除
属性

图 5-63　子程序的创建方法

子程序指令包括子程序调用指令和子程序返回指令。图 5-64 所示为子程序调用指令和子程序返回指令的含义。

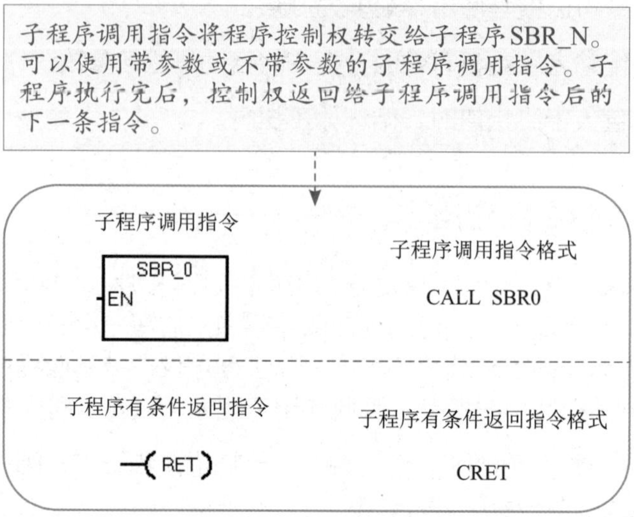
子程序调用指令将程序控制权转交给子程序 SBR_N。可以使用带参数或不带参数的子程序调用指令。子程序执行完后，控制权返回给子程序调用指令后的下一条指令。
子程序调用指令
SBR_0
EN
子程序调用指令格式
CALL SBR0
子程序有条件返回指令
RET
子程序有条件返回指令格式
CRET

图 5-64 子程序调用指令和子程序返回指令的含义

5.10.4 中断指令的应用

中断指令用于中断信号引起的子程序调用。中断是指当 PLC 正执行程序时，如果有中断输入，它会停止执行当前正在执行的程序，转而去执行中断程序，当执行完毕后，又返回原先被终止的程序并继续运行。

中断事件可分为输入 / 输出（I/O）中断、通信中断和时基中断三种。

（1）输入 / 输出（I/O）中断：包括上升沿中断和下降沿中断、高速计数器中断和脉冲串输出中断。西门子 S7-200 SMART PLC 可以利用 I0.0 ~ I0.3 都有上升沿和下降沿这一特性产生中断事件。

（2）通信中断：包括端口 0（Port0）和端口 1（Portl）接收和发送中断。PLC 的串行通信口可由程序控制，这种模式称为自由口通信模式，在这种模式下通信，接收和发送中断可以简化程序。

（3）时基中断：包括定时中断及定时器 T32/T96 中断。定时中断支持周期性活动，周期时间为 1~255ms，时基为 1ms。使用定时中断 0 或 1，必须在 SMB34 或 SMB35 中写入周期时基。定时器中断只能由时基为 1ms 的定时器 T32 和 T96 构成。

西门子 PLC 响应中断的原则为：

（1）当不同优先级别的中断事件同时发出申请中断时，CPU 先响应优先级别高的中断事件。

（2）在相同优先级别的中断事件中，CPU 按“先来后到”的原则处理中断事件。

（3）CPU 在任何时刻只执行一个中断程序，当 CPU 正在处理某中断时，不会被别的中断程序打断，一直执行到结束，新出现的中断事件需要排队，等待处理。

（4）中断事件被触发，立刻执行中断程序，中断程序不存在嵌套。

中断指令包括中断连接指令、中断分离指令、清除中断事件指令、中断启用指令、中断禁止指令、中断有条件返回指令等，如图 5-65 所示为中断指令的含义。

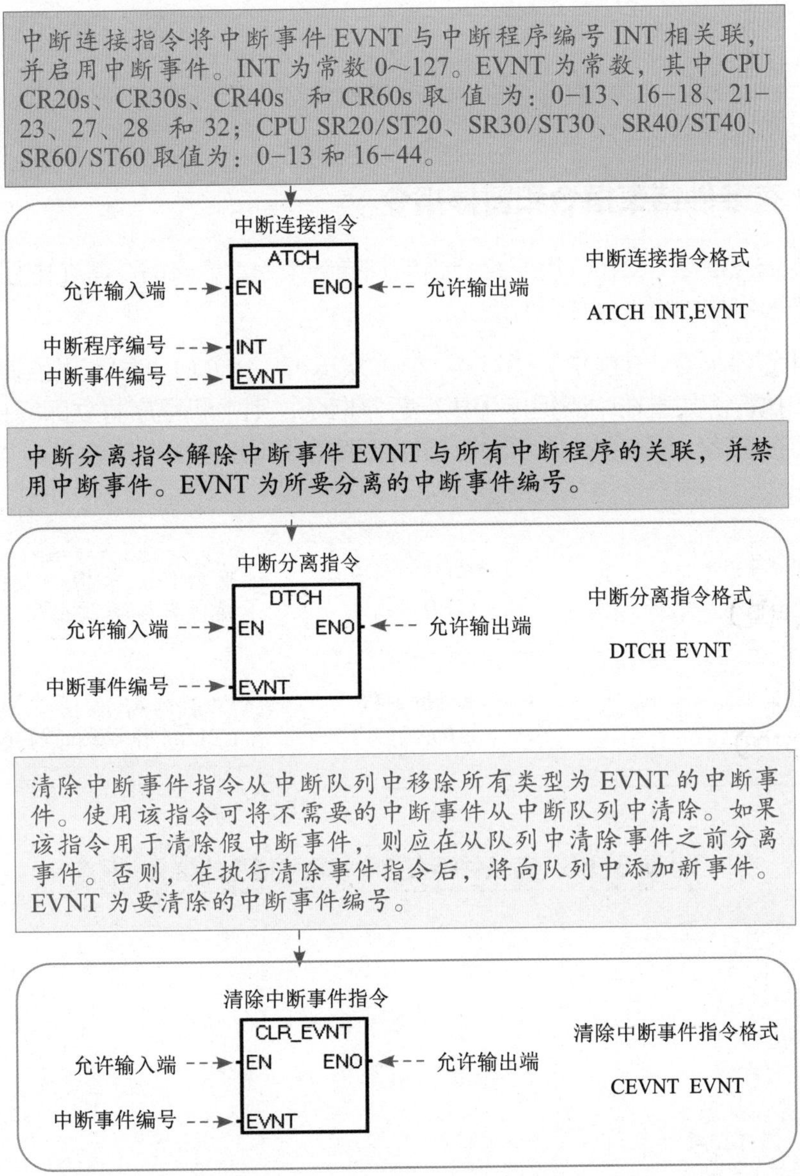
中断连接指令将中断事件 EVNT 与中断程序编号 INT 相关联，并启用中断事件。INT 为常数 0～127。EVNT 为常数，其中 CPU CR20s、CR30s、CR40s 和 CR60s 取值为：0–13、16–18、21–23、27、28 和 32；CPU SR20/ST20、SR30/ST30、SR40/ST40、SR60/ST60 取值为：0–13 和 16–44。
中断连接指令
ATCH
允许输入端
EN
ENO
允许输出端
中断程序编号
INT
中断事件编号
EVNT
中断连接指令格式
ATCH INT,EVNT
中断分离指令解除中断事件 EVNT 与所有中断程序的关联，并禁用中断事件。EVNT 为所要分离的中断事件编号。
中断分离指令
DTCH
允许输入端
EN
ENO
允许输出端
中断事件编号
EVNT
中断分离指令格式
DTCH EVNT
清除中断事件指令从中断队列中移除所有类型为 EVNT 的中断事件。使用该指令可将不需要的中断事件从中断队列中清除。如果该指令用于清除假中断事件，则应在从队列中清除事件之前分离事件。否则，在执行清除事件指令后，将向队列中添加新事件。EVNT 为要清除的中断事件编号。
清除中断事件指令
CLR_EVNT
允许输入端
EN
ENO
允许输出端
中断事件编号
EVNT
清除中断事件指令格式
CEVNT EVNT

图 5-65　中断指令的含义

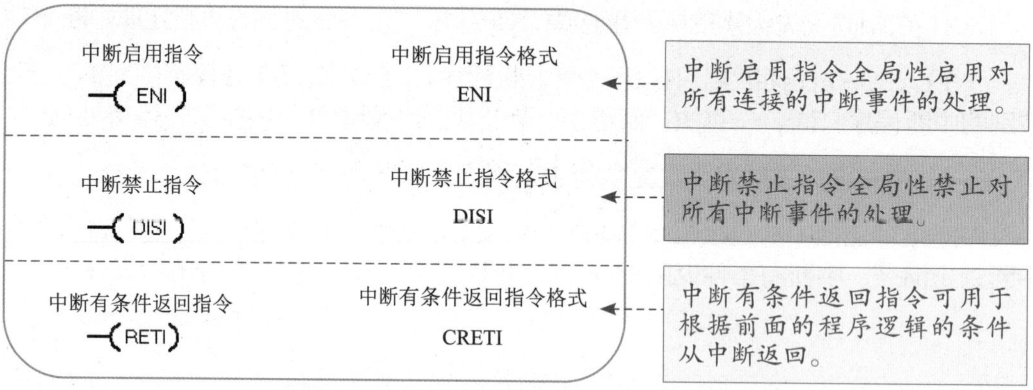
中断启用指令
ENI
中断启用指令格式
ENI
中断启用指令全局性启用对所有连接的中断事件的处理。
中断禁止指令
DISI
中断禁止指令格式
DISI
中断禁止指令全局性禁止对所有中断事件的处理。
中断有条件返回指令
RETI
中断有条件返回指令格式
CRETI
中断有条件返回指令可用于根据前面的程序逻辑的条件从中断返回。

图 5-65　中断指令的含义（续）

5.10.5　有条件结束指令和暂停指令

有条件结束指令（END）用于终止当前扫描结束程序。该指令可在主程序中使用，但不能在子程序或中断程序中使用。

有条件暂停指令（STOP）通过将 CPU 从运行（RUN）模式切换到暂停模式来终止程序的执行。如果在中断程序中执行暂停指令，则中断程序将立即终止，所有挂起的中断将被忽略。图 5-66 所示为有条件结束指令和暂停指令的含义。

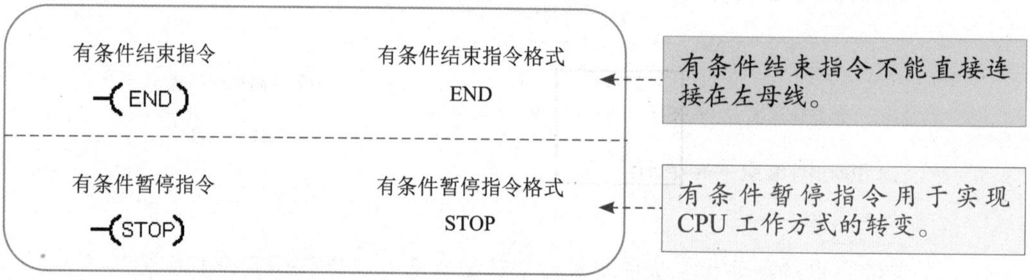
有条件结束指令
END
有条件结束指令格式
END
有条件结束指令不能直接连接在左母线。
有条件暂停指令
STOP
有条件暂停指令格式
STOP
有条件暂停指令用于实现CPU 工作方式的转变。

图 5-66　有条件结束指令和暂停指令的含义

第6章

三菱 PLC 编程软件安装使用实战

编写三菱 PLC 程序，需要用专用的三菱编程软件来编写程序，本章将详细讲解三菱 PLC 编程软件的安装及使用方法。

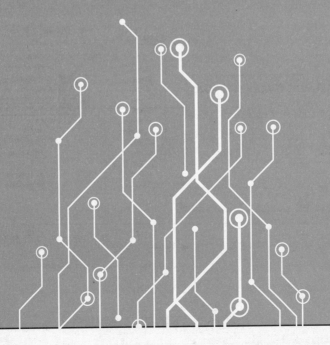

6.1 三菱 PLC 编程软件安装方法

三菱 PLC 编程软件中，GX Developer 编程软件是三菱通用的编程软件，此编程软件拥有丰富的调试功能，且应用广泛。下面以三菱 GX Developer 编程软件为例讲解三菱 PLC 编程软件的下载和安装方法。

6.1.1 下载三菱 PLC 编程软件

三菱 GX Developer 编程软件是免费软件，可以在三菱电机自动化官方网站（http://www.mitsubishielectric-fa.cn）下载获取，方法如图 6-1 所示。

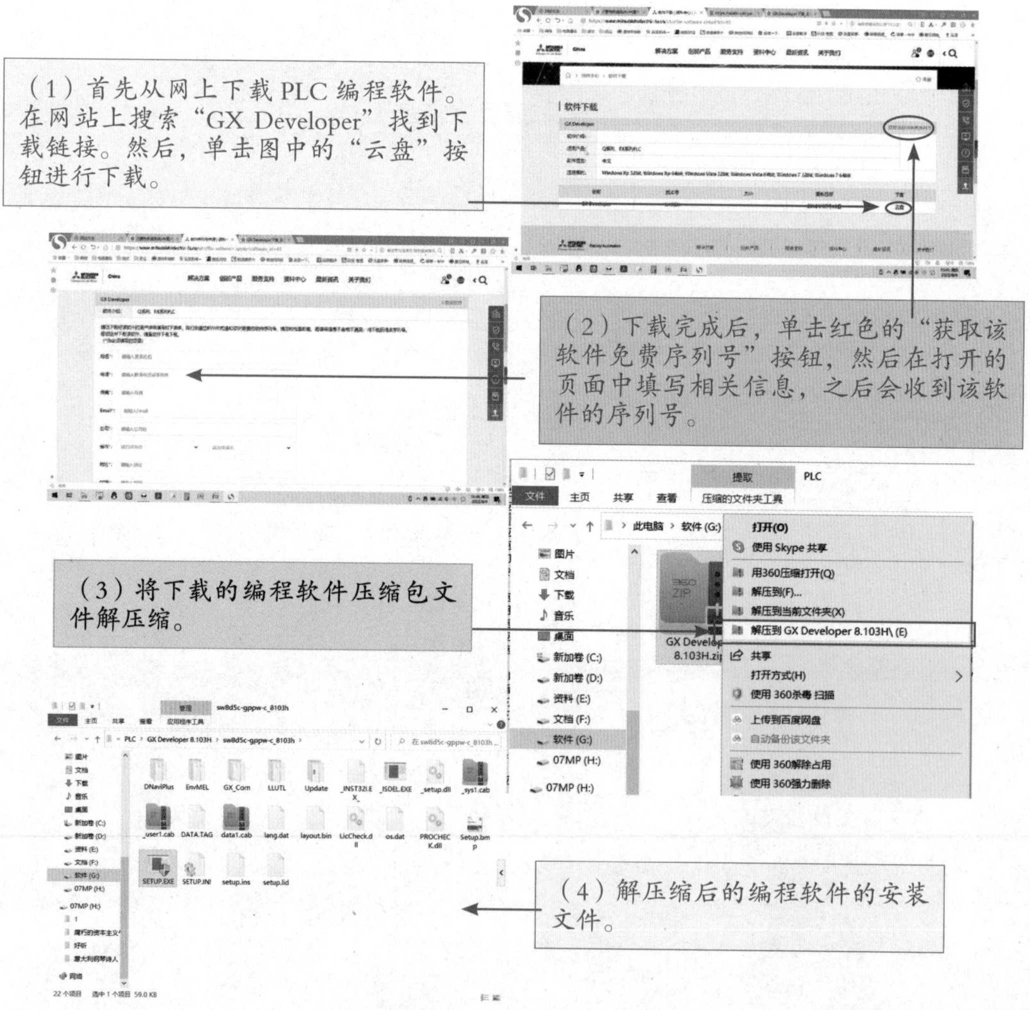
（1）首先从网上下载 PLC 编程软件。在网站上搜索“GX Developer”找到下载链接。然后，单击图中的“云盘”按钮进行下载。
（2）下载完成后，单击红色的“获取该软件免费序列号”按钮，然后在打开的页面中填写相关信息，之后会收到该软件的序列号。
（3）将下载的编程软件压缩包文件解压缩。
（4）解压缩后的编程软件的安装文件。

图 6-1　下载 PLC 编程软件

6.1.2　三菱 PLC 编程软件的安装方法

下面以 GX Developer 编程软件为例讲解三菱 PLC 编程软件的安装方法。安装时要先安装环境包，再安装主程序，安装方法如图 6-2 所示。

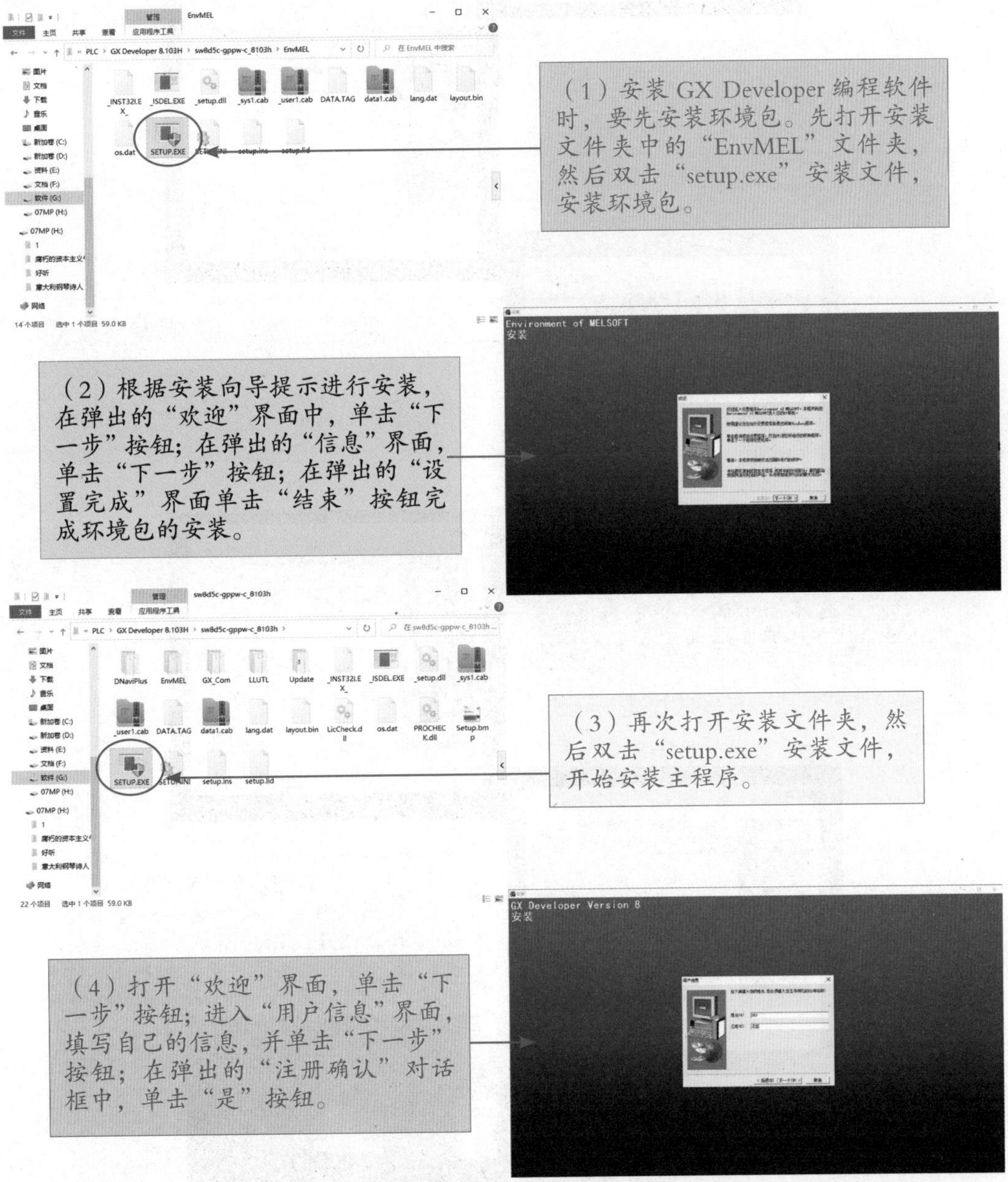
（1）安装 GX Developer 编程软件时，要先安装环境包。先打开安装文件夹中的“EnvMEL”文件夹，然后双击“setup.exe”安装文件，安装环境包。
Environment of MELSOFT
安装
（2）根据安装向导提示进行安装，在弹出的“欢迎”界面中，单击“下一步”按钮；在弹出的“信息”界面，单击“下一步”按钮；在弹出的“设置完成”界面单击“结束”按钮完成环境包的安装。
（3）再次打开安装文件夹，然后双击“setup.exe”安装文件，开始安装主程序。
GX Developer Version 8
安装
（4）打开“欢迎”界面，单击“下一步”按钮；进入“用户信息”界面，填写自己的信息，并单击“下一步”按钮；在弹出的“注册确认”对话框中，单击“是”按钮。

图 6-2　安装三菱 PLC 编程软件

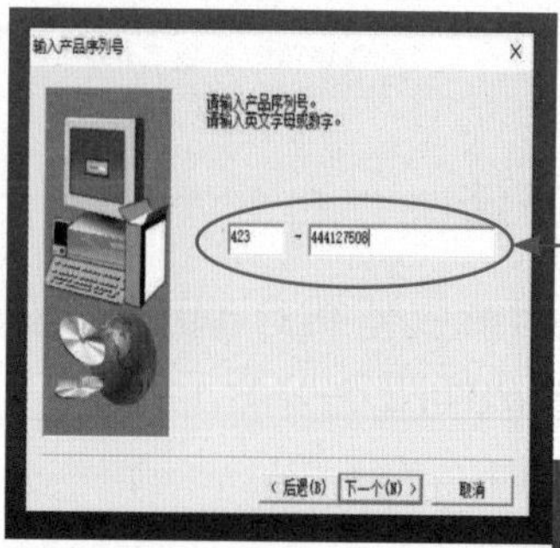
输入产品序列号
请输入产品序列号。
请输入英文字母或数字。
423
444127508
< 后退(B)
下一个(N) >
取消

（5）进入“输入产品序列号”界面，输入之前申请的序列号，单击“下一步”按钮。

（6）进入“选择部件”界面，先勾选“结构化文本（ST）语言编程功能”复选框，然后单击“下一步”按钮。

选择部件
结构化文本(ST)语言编程功能
< 后退(B)
下一个(N) >
取消

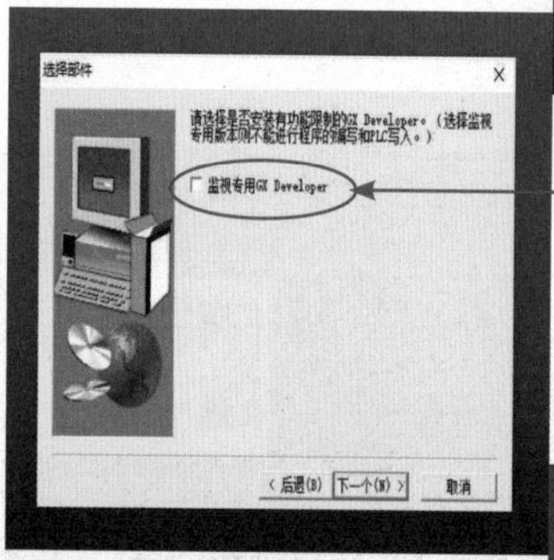
选择部件
监视专用GX Developer
< 后退(B)
下一个(N) >
取消

（7）在进入此界面后，一定不能勾选“监视专用 GX Developer”复选框，直接单击“下一步”按钮即可。

（8）勾选此界面中的两个复选框，然后单击“下一步”按钮。

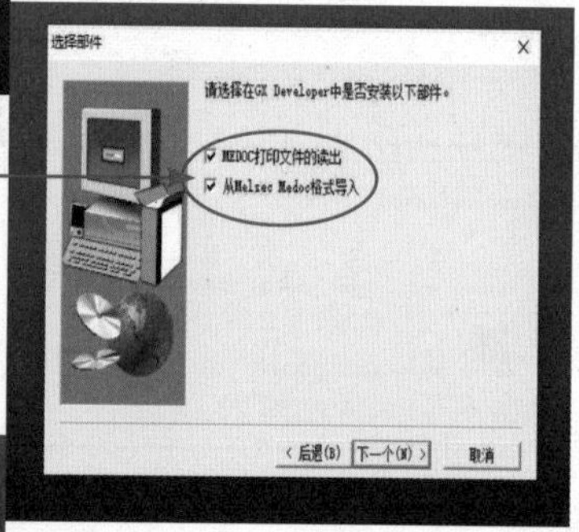
选择部件
请选择在GX Developer中是否安装以下部件。
MEDOC打印文件的读出
从Melsec Medoc格式导入
< 后退(B)
下一个(N) >
取消

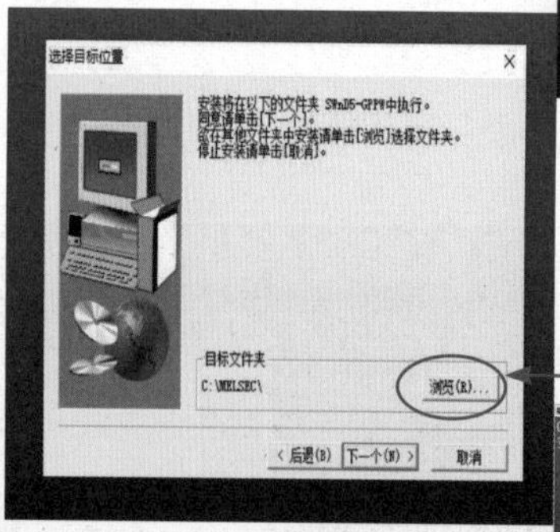
选择目标位置
目标文件夹
C:\MELSEC\
浏览(R)...
< 后退(B)
下一个(N) >
取消

（9）进入“选择目标位置”界面，可以单击“浏览”按钮选择程序安装目录，也可以保持默认设置，单击“下一步”按钮。

（10）开始复制安装文件，安装完成后，弹出“本产品安装完毕”对话框，最后单击“确定”按钮，完成安装。

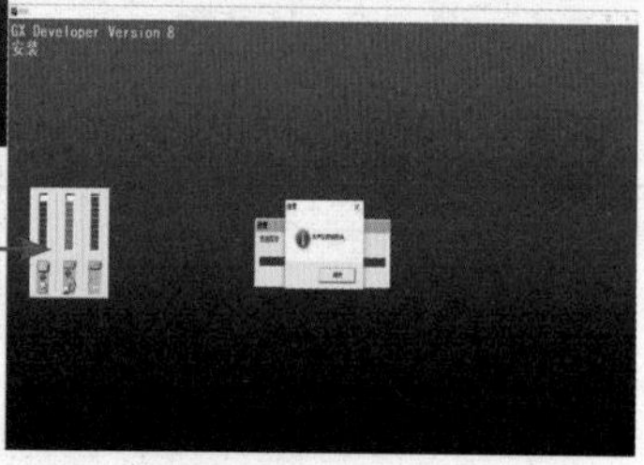
GX Developer Version 8
安装

图 6-2 安装三菱 PLC 编程软件（续）

6.2 三菱 PLC 编程软件的使用操作

下面以 GX Developer 编程软件为例讲解三菱 PLC 编程软件的使用操作方法。

6.2.1 启动三菱 PLC 编程软件

在软件安装完成后，启动运行编程软件，进入编程环境，如图 6-3 所示。

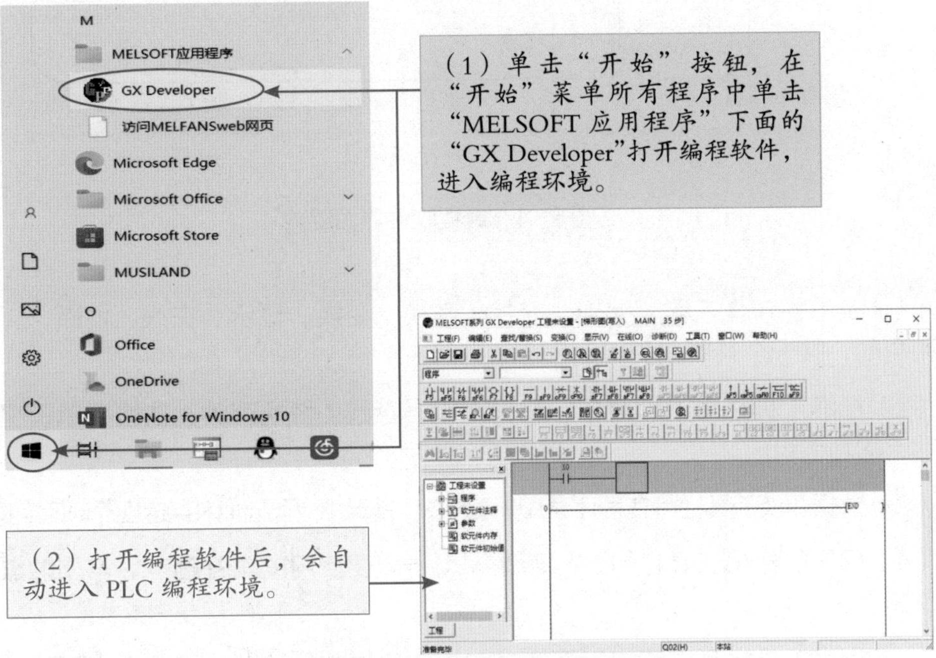
M
MELSOFT应用程序
GX Developer
访问MELFANSweb网页
Microsoft Edge
Microsoft Office
Microsoft Store
MUSILAND
O
Office
OneDrive
OneNote for Windows 10
（1）单击“开始”按钮，在“开始”菜单所有程序中单击“MELSOFT 应用程序”下面的“GX Developer”打开编程软件，进入编程环境。
（2）打开编程软件后，会自动进入 PLC 编程环境。

图 6-3　启动 PLC 编程软件

6.2.2 三菱 GX Developer 编程软件操作界面

在使用三菱 GX Developer 编程软件前应该先熟悉编程软件界面各个模块的功能作用。图 6-4 所示为编程软件的界面。

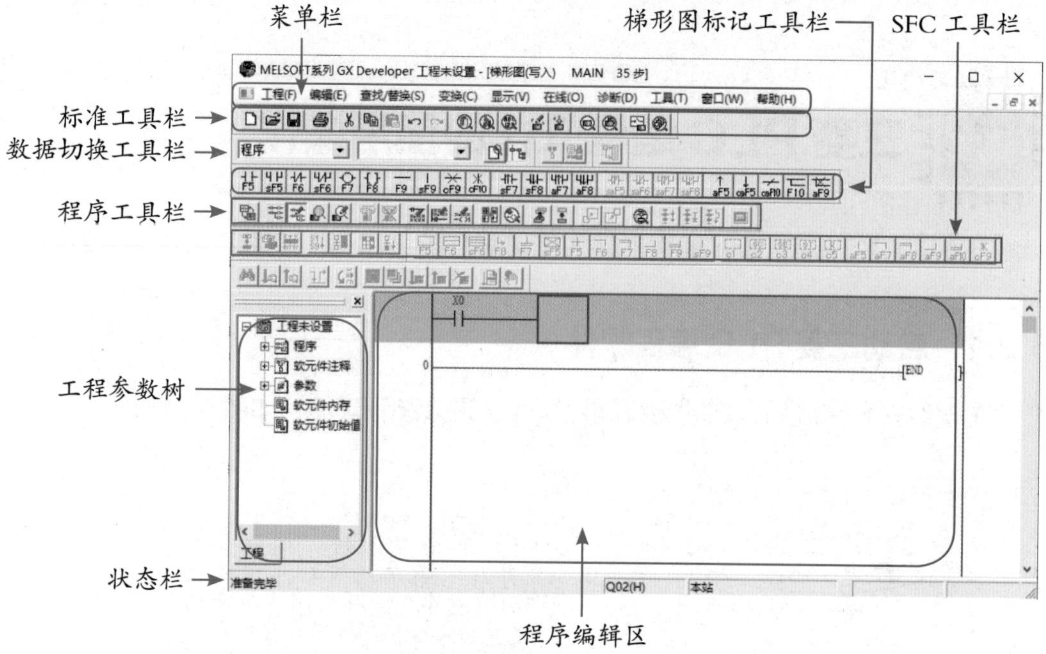
菜单栏
梯形图标记工具栏
SFC 工具栏
标准工具栏
数据切换工具栏
程序工具栏
工程参数树
状态栏
程序编辑区
MELSOFT系列 GX Developer 工程未设置 - [梯形图(写入) MAIN 35 步]
工程(F) 编辑(E) 查找/替换(S) 变换(C) 显示(V) 在线(O) 诊断(D) 工具(T) 窗口(W) 帮助(H)
程序
工程未设置
程序
软元件注释
参数
软元件内存
软元件初始值
工程
准备完毕
Q02(H)
本站
X0
END

图6-4　编程软件界面组成

（1）菜单栏包含工程、编辑、查找 / 替换、变换、显示、在线、诊断、工具、窗口和帮助，共十个菜单工具。

（2）标准工具栏由工程菜单、编辑菜单、查找 / 替换菜单、在线菜单、工具菜单中常用的功能组成。

（3）数据切换工具栏可在程序菜单、参数、注释和编程元件内存这四个项目间切换。

（4）梯形图标记工具栏包含梯形图编辑所需要使用的常开触点、常闭触点、应用指令等内容。

（5）程序工具栏可进行梯形图模式与指令表模式的转换；进行读出模式、写入模式、监视模式、监视写入模式间的转换。

（6）SFC 工具栏可对 SFC 程序进行块变换、块信息设置、排序和块监视操作。

（7）工程参数树用来显示程序、软元件注释、参数、软元件内存等内容，可实现这些工程参数列表目的数据的设定。

（8）状态栏提示当前的操作，显示 PLC 类型以及当前操作状态等。

（9）程序编辑区是完成程序的编辑、修改、监控等的区域。

6.2.3　编写程序

本节将重点讲解如何编写梯形图，包括程序元件的输入与删除、横线的输入与删除、添加注释、查找与替换元件等。

1. 程序元件的输入与删除方法

在三菱 GX Developer 编程软件中，程序的输入方法有多种，下面讲解常用的三种输入方法其具体操作分别如图 6–5、图 6–6 和图 6–7 所示，删除程序元件的方法如图 6–8 所示。

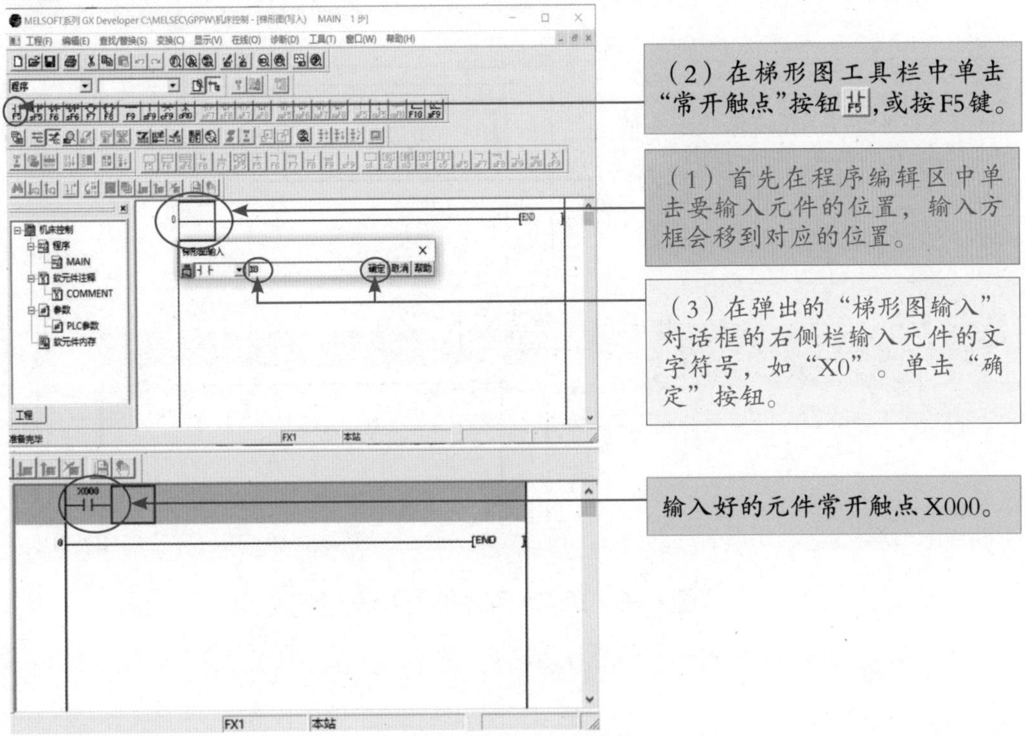
（2）在梯形图工具栏中单击“常开触点”按钮，或按 F5 键。
（1）首先在程序编辑区中单击要输入元件的位置，输入方框会移到对应的位置。
（3）在弹出的“梯形图输入”对话框的右侧栏输入元件的文字符号，如“X0”。单击“确定”按钮。
输入好的元件常开触点 X000。

图 6–5　第一种程序输入方法

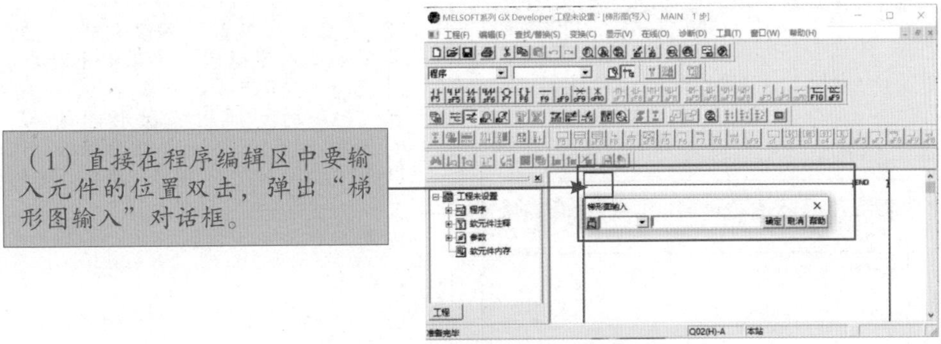
（1）直接在程序编辑区中要输入元件的位置双击，弹出“梯形图输入”对话框。

图 6–6　第二种程序输入方法

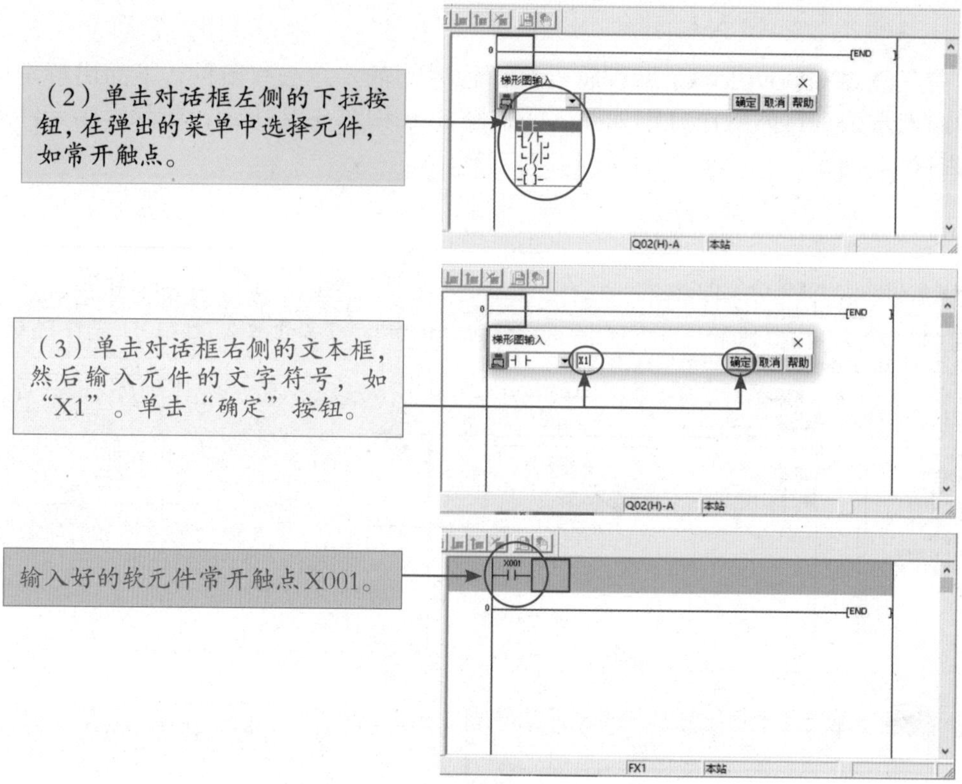
（2）单击对话框左侧的下拉按钮，在弹出的菜单中选择元件，如常开触点。
梯形图输入
确定 取消 帮助
END
Q02(H)-A 本站
（3）单击对话框右侧的文本框，然后输入元件的文字符号，如“X1”。单击“确定”按钮。
梯形图输入
X1
确定 取消 帮助
END
Q02(H)-A 本站
输入好的软元件常开触点 X001。
X001
END
FX1 本站

图 6-6　第二种程序输入方法（续）

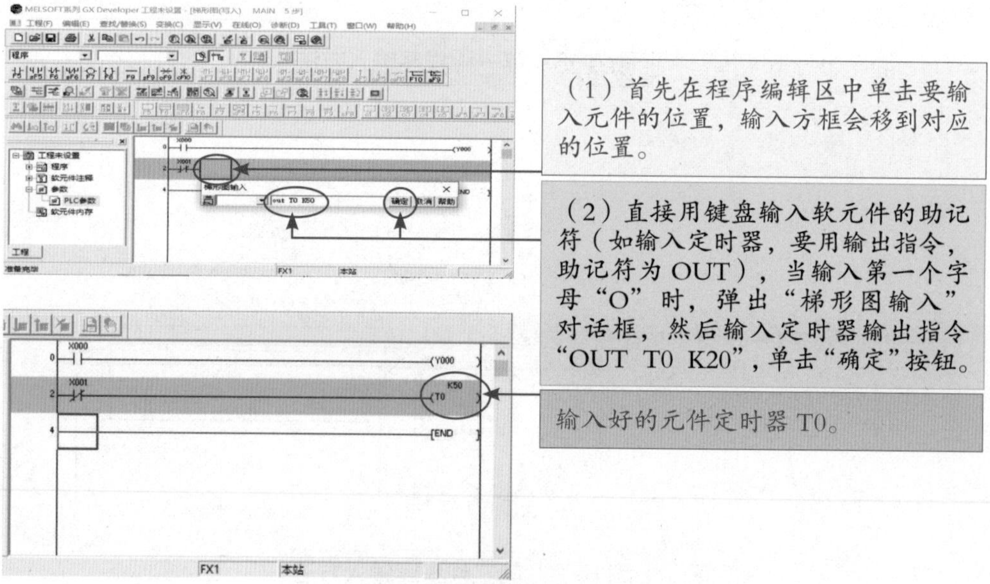
（1）首先在程序编辑区中单击要输入元件的位置，输入方框会移到对应的位置。
（2）直接用键盘输入软元件的助记符（如输入定时器，要用输出指令，助记符为 OUT），当输入第一个字母“O”时，弹出“梯形图输入”对话框，然后输入定时器输出指令“OUT T0 K20”，单击“确定”按钮。
输入好的元件定时器 T0。
X000
Y000
X001
K50
T0
END
FX1 本站

图 6-7　第三种程序输入方法

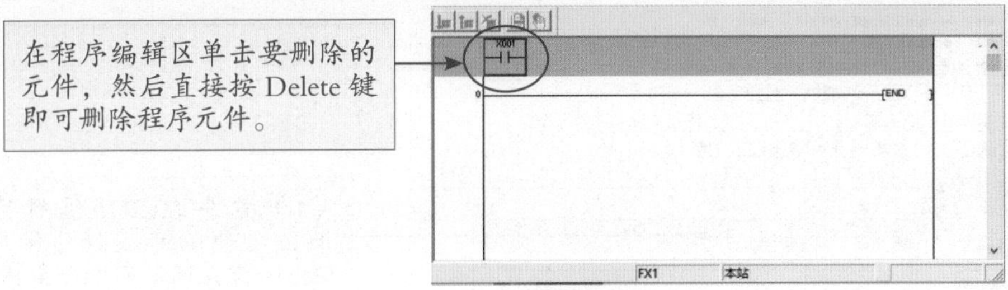
在程序编辑区单击要删除的元件，然后直接按 Delete 键即可删除程序元件。
X001
END
FX1
本站

图 6-8　删除程序元件

2. 横线的输入与删除方法

在三菱 GX Developer 编程软件中，横线的输入方法如图 6-9 所示，横线的删除方法如图 6-10 所示。

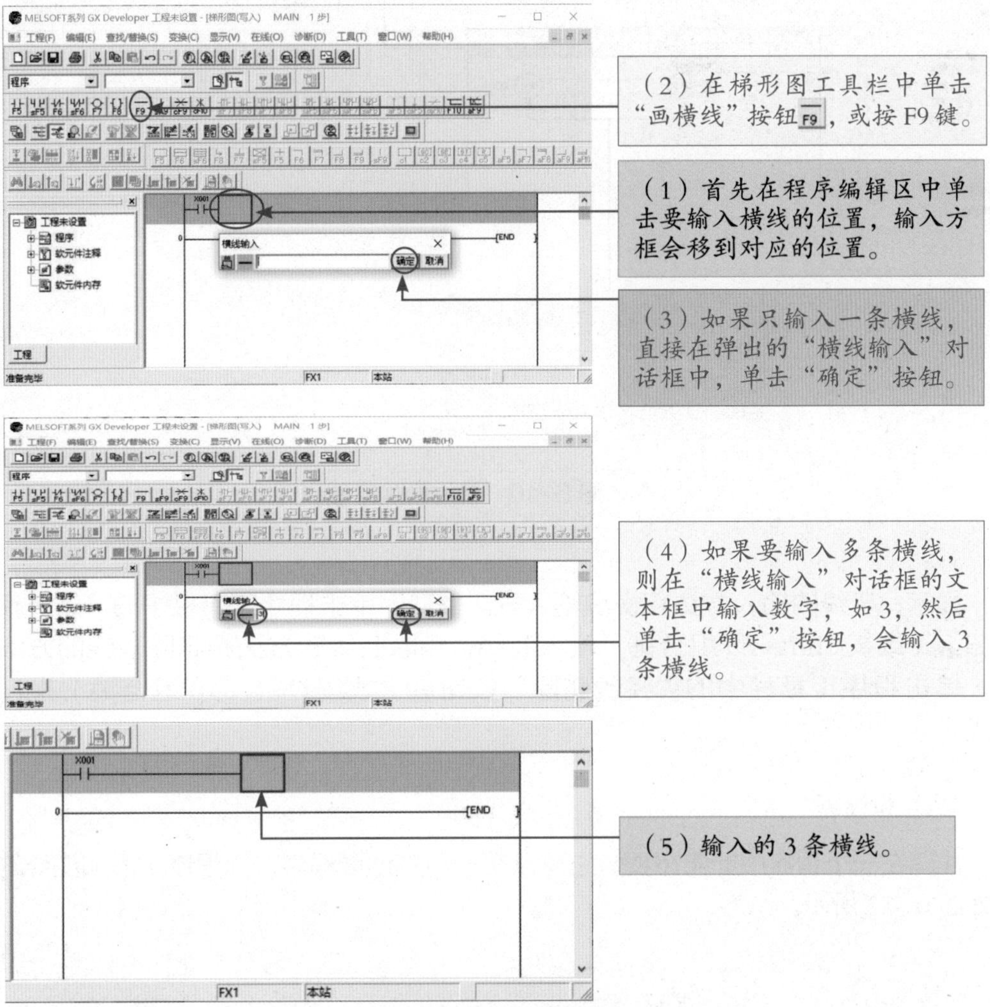
（2）在梯形图工具栏中单击“画横线”按钮 F9，或按 F9 键。
（1）首先在程序编辑区中单击要输入横线的位置，输入方框会移到对应的位置。
（3）如果只输入一条横线，直接在弹出的“横线输入”对话框中，单击“确定”按钮。
（4）如果要输入多条横线，则在“横线输入”对话框的文本框中输入数字，如 3，然后单击“确定”按钮，会输入 3 条横线。
（5）输入的 3 条横线。
横线输入
确定
取消
X001
END
FX1
本站

图 6-9　横线的输入方法

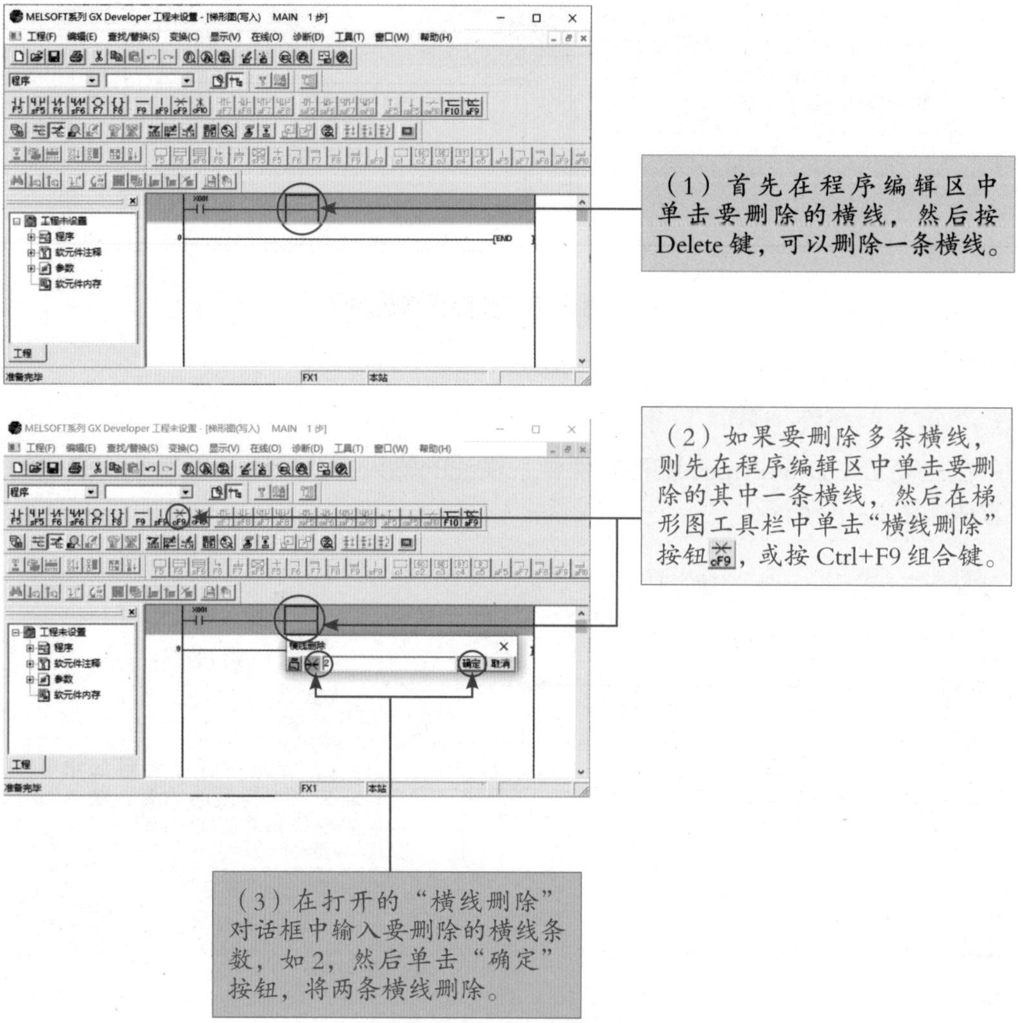
（1）首先在程序编辑区中单击要删除的横线，然后按Delete键，可以删除一条横线。
（2）如果要删除多条横线，则先在程序编辑区中单击要删除的其中一条横线，然后在梯形图工具栏中单击“横线删除”按钮，或按Ctrl+F9组合键。
（3）在打开的“横线删除”对话框中输入要删除的横线条数，如2，然后单击“确定”按钮，将两条横线删除。

图 6-10　横线删除方法

提示：竖线的输入方法和横线输入方法类似，单击程序工具栏中的“画竖线”按钮（或按 Shift+F9 组合键）输入竖线，删除竖线的方法和删除横线的方法类型，单击程序工具栏中的“竖线删除”按钮（或按 Ctrl+F10 组合键）来删除竖线。

3. 添加注释

注释在一个程序中非常重要，它可以帮助用户读懂程序。向程序中添加注释的方法如图 6-11 所示。

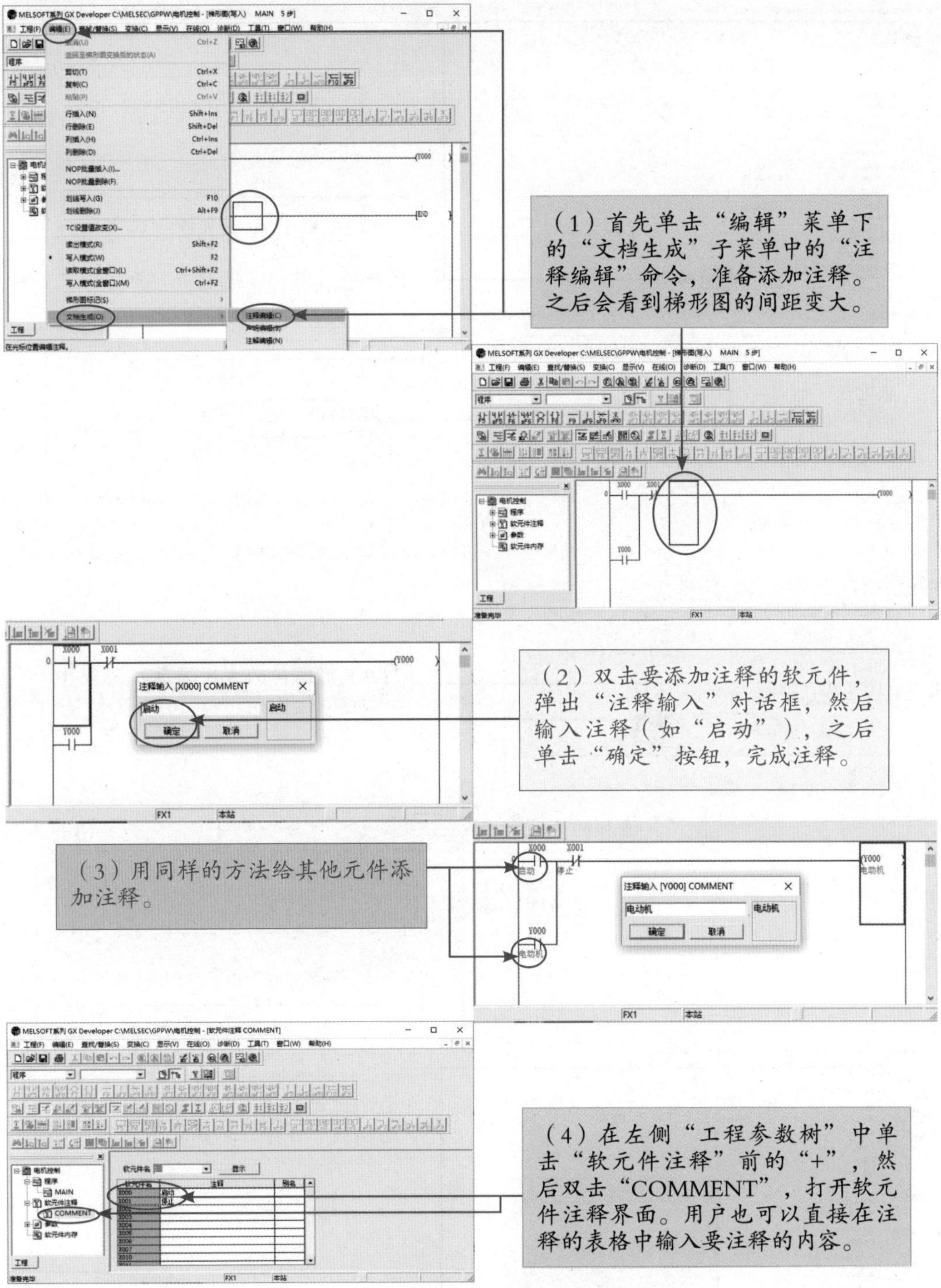
（1）首先单击“编辑”菜单下的“文档生成”子菜单中的“注释编辑”命令，准备添加注释。之后会看到梯形图的间距变大。
（2）双击要添加注释的软元件，弹出“注释输入”对话框，然后输入注释（如“启动”），之后单击“确定”按钮，完成注释。
（3）用同样的方法给其他元件添加注释。
（4）在左侧“工程参数树”中单击“软元件注释”前的“+”，然后双击“COMMENT”，打开软元件注释界面。用户也可以直接在注释的表格中输入要注释的内容。

图 6-11　添加注释

前面讲解的注释主要用来对软元件进行描述，还可以利用声明和注解对梯形图的功能及应用指令进行描述。其中声明用来对梯形图功能进行文字描述（行间声明），注解用来对应用指令进行文字描述。图 6-12 所示为添加声明，图 6-13 所示为添加注解。

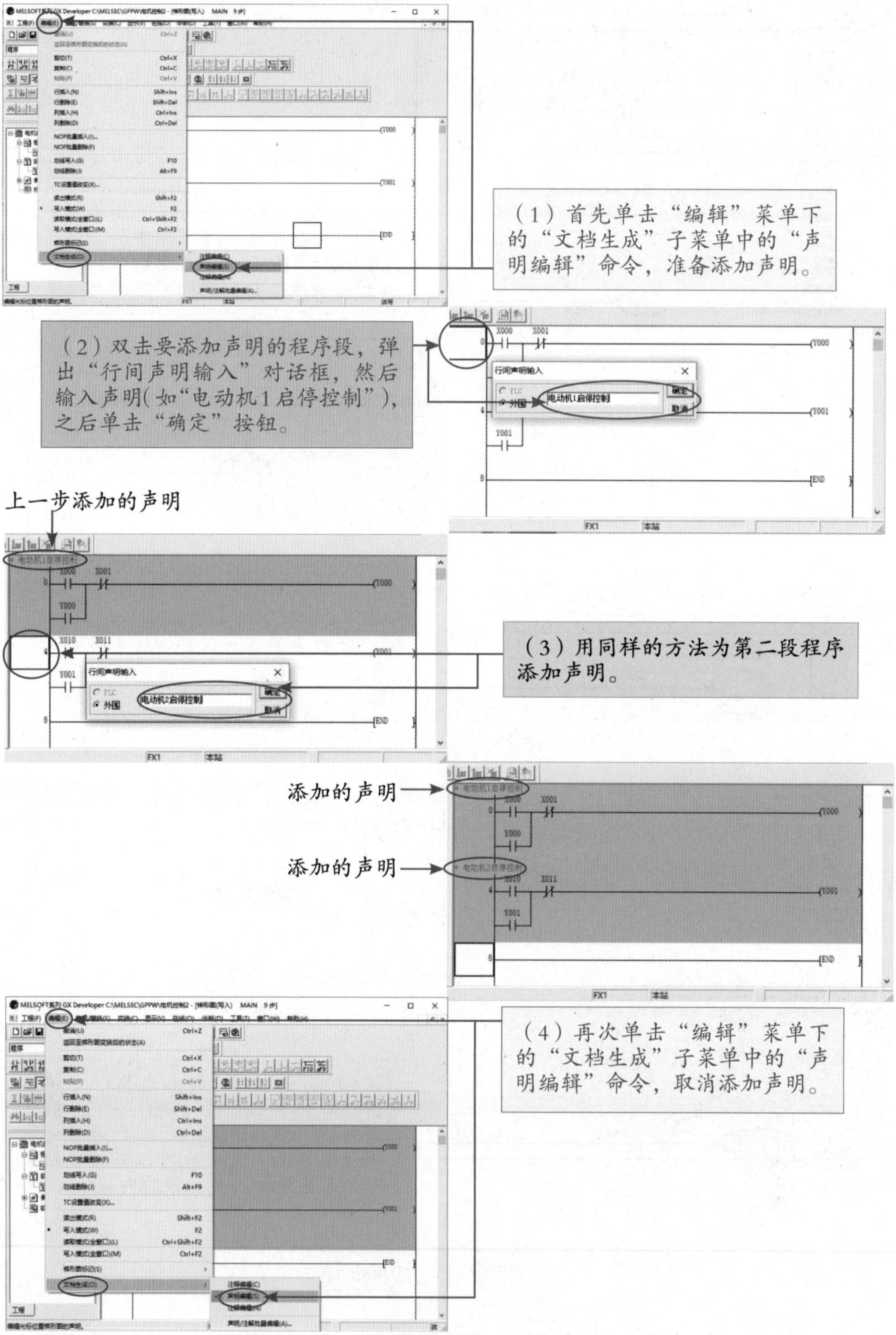
（1）首先单击“编辑”菜单下的“文档生成”子菜单中的“声明编辑”命令，准备添加声明。
（2）双击要添加声明的程序段，弹出“行间声明输入”对话框，然后输入声明(如“电动机1启停控制”)，之后单击“确定”按钮。
行间声明输入
电动机1启停控制
确定
取消
上一步添加的声明
（3）用同样的方法为第二段程序添加声明。
电动机2启停控制
添加的声明
添加的声明
（4）再次单击“编辑”菜单下的“文档生成”子菜单中的“声明编辑”命令，取消添加声明。

图6-12　添加声明

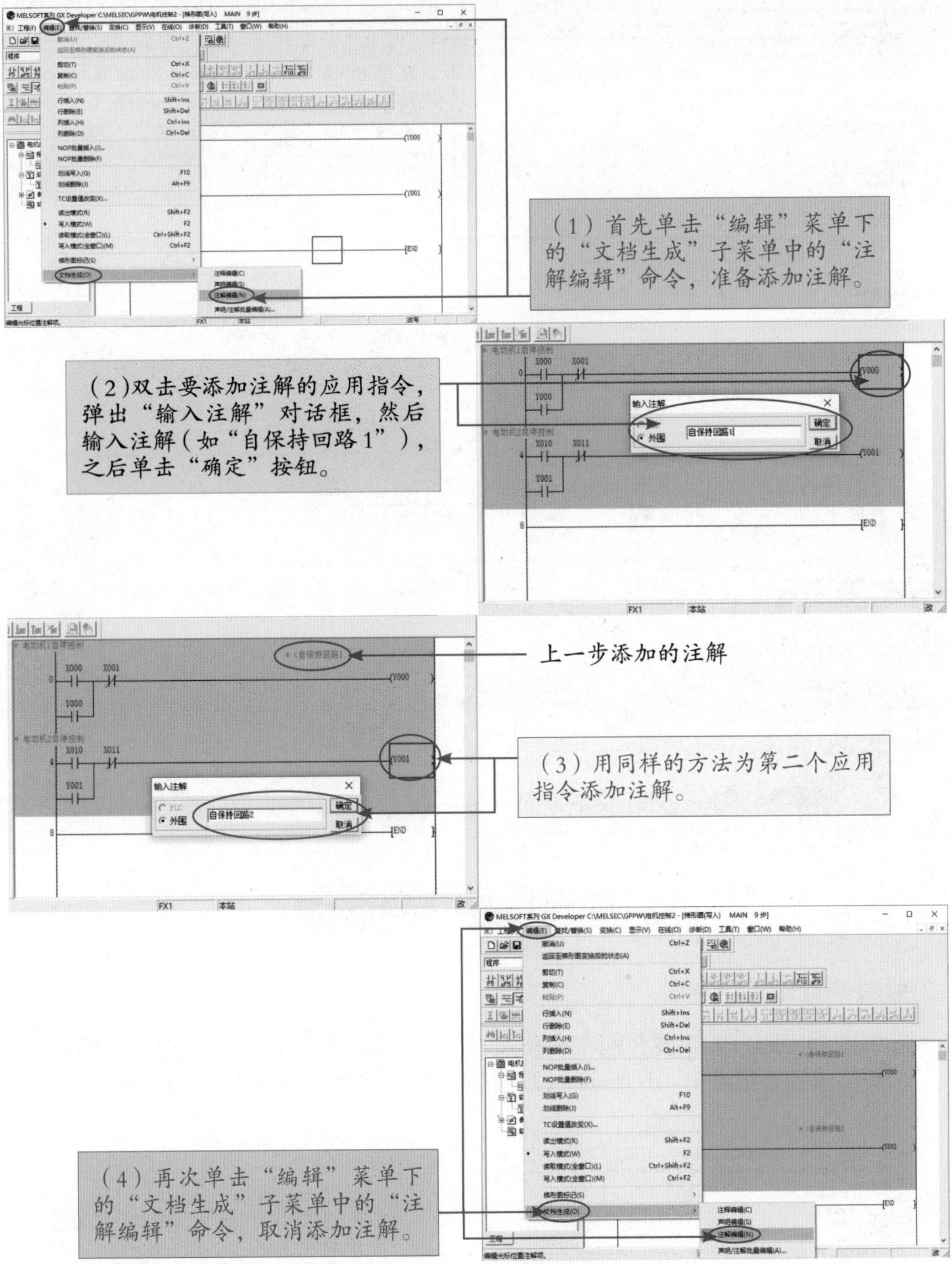
（1）首先单击“编辑”菜单下的“文档生成”子菜单中的“注解编辑”命令，准备添加注解。
（2）双击要添加注解的应用指令，弹出“输入注解”对话框，然后输入注解（如“自保持回路 1”），之后单击“确定”按钮。
上一步添加的注解
（3）用同样的方法为第二个应用指令添加注解。
（4）再次单击“编辑”菜单下的“文档生成”子菜单中的“注解编辑”命令，取消添加注解。

图 6-13　添加注解

4. 程序元件的复制 / 粘贴

程序元件的复制 / 粘贴与办公软件 Word 中的复制 / 粘贴方法类似，如图 6-14 所示。

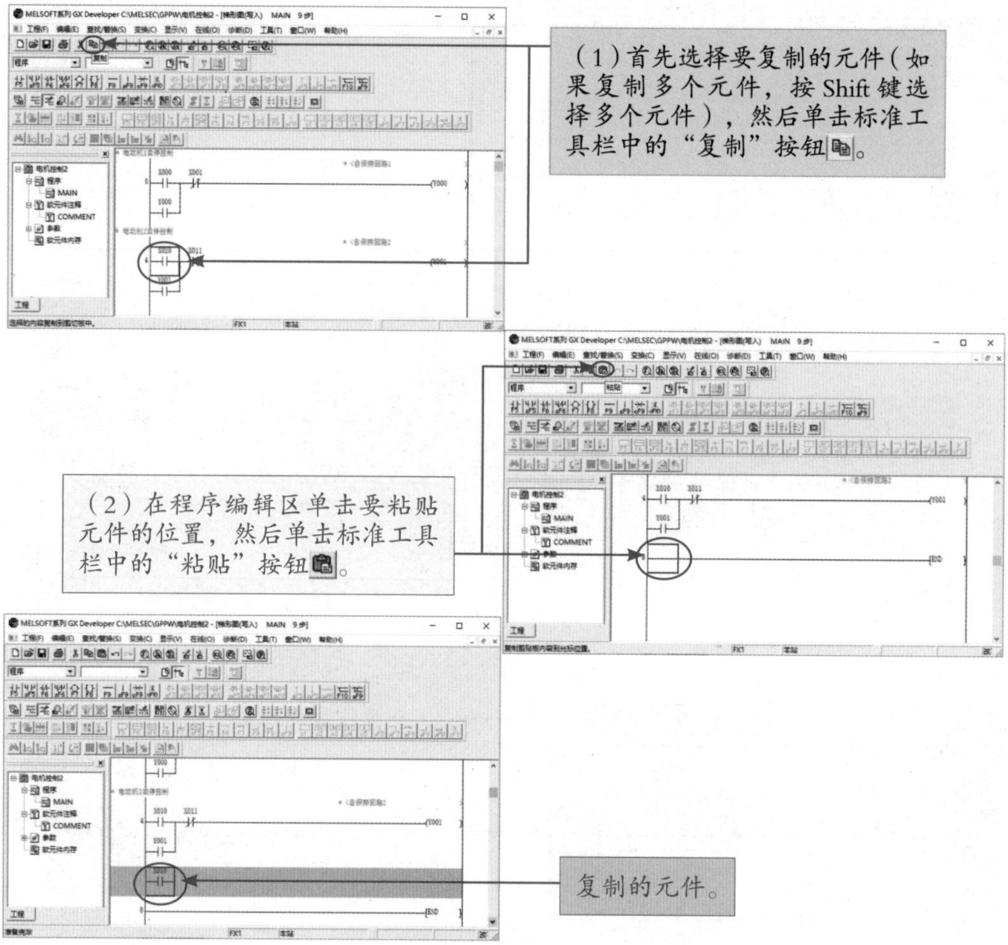
（1）首先选择要复制的元件（如果复制多个元件，按 Shift 键选择多个元件），然后单击标准工具栏中的“复制”按钮。
（2）在程序编辑区单击要粘贴元件的位置，然后单击标准工具栏中的“粘贴”按钮。
复制的元件。

图 6-14　复制 / 粘贴程序元件

5. 程序中插入 / 删除一行或一列

在修改程序时，如果要在程序中插入一行或一列，可以使用“行插入”和“列插入”功能来实现，如图 6-15 所示（以在常开触点 X010 上方插入一行为例讲解）。

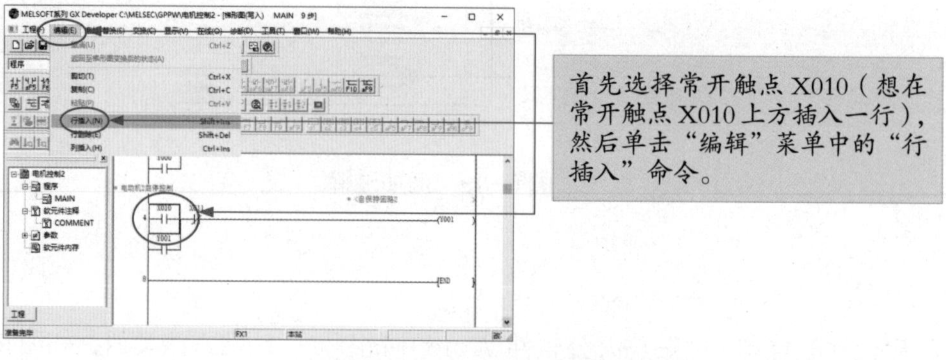
首先选择常开触点 X010（想在常开触点 X010 上方插入一行），然后单击“编辑”菜单中的“行插入”命令。

图 6-15　在程序中插入一行

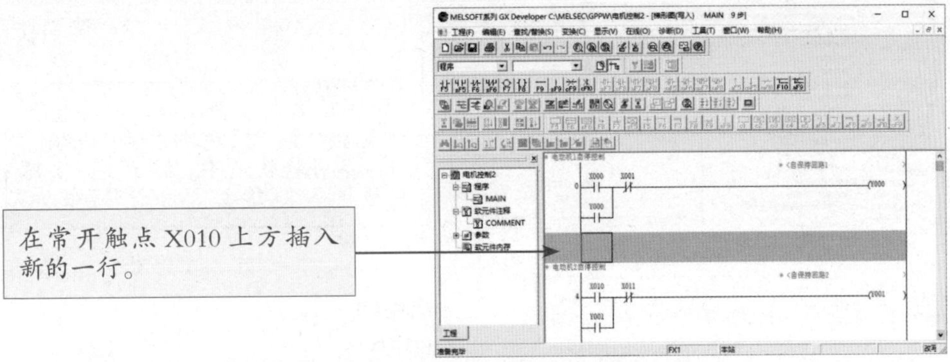
在常开触点 X010 上方插入新的一行。

图 6-15　在程序中插入一行（续）

提示：如果要在程序中删除一行，则选择要删除的行，然后单击“编辑”菜单中的“行删除”命令；如果要在程序中插入一列，则选择要插入列右侧的元件，然后单击“编辑”菜单中的“列插入”命令，则会在所选元件左侧插入一列；如果要在程序中删除一列，则选择要删除的列，然后单击“编辑”菜单中的“列删除”命令。

6. 程序元件的查找与替换

程序元件的查找与替换功能与办公软件中的“查找与替换”的功能和操作方法类似。图 6-16 所示为查找软元件，图 6-17 所示为替换软元件。

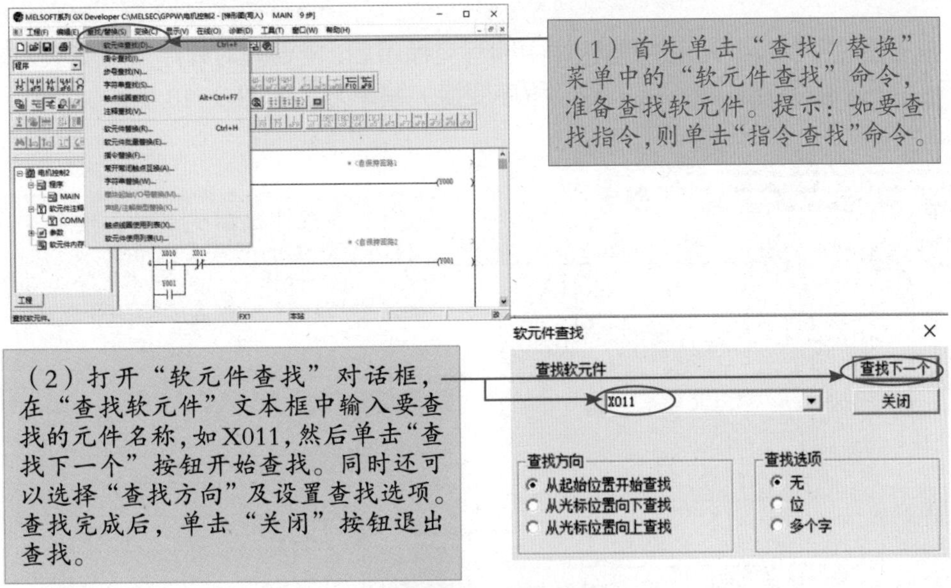
（1）首先单击“查找 / 替换”菜单中的“软元件查找”命令，准备查找软元件。提示：如要查找指令，则单击“指令查找”命令。
（2）打开“软元件查找”对话框，在“查找软元件”文本框中输入要查找的元件名称，如 X011，然后单击“查找下一个”按钮开始查找。同时还可以选择“查找方向”及设置查找选项。查找完成后，单击“关闭”按钮退出查找。
软元件查找
查找软元件
X011
查找下一个
关闭
查找方向
从起始位置开始查找
从光标位置向下查找
从光标位置向上查找
查找选项
无
位
多个字

图 6-16　查找软元件

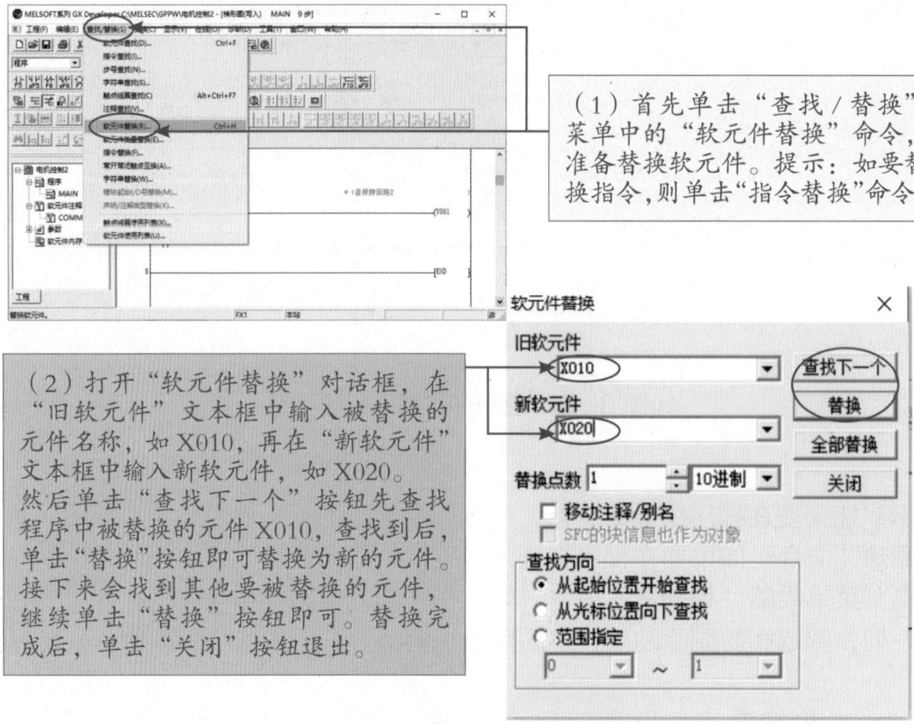
（1）首先单击“查找 / 替换”菜单中的“软元件替换”命令，准备替换软元件。提示：如要替换指令，则单击“指令替换”命令。
软元件替换
旧软元件
X010
查找下一个
新软元件
X020
替换
全部替换
替换点数
10进制
关闭
移动注释/别名
SFC的块信息也作为对象
查找方向
从起始位置开始查找
从光标位置向下查找
范围指定
（2）打开“软元件替换”对话框，在“旧软元件”文本框中输入被替换的元件名称，如 X010，再在“新软元件”文本框中输入新软元件，如 X020。然后单击“查找下一个”按钮先查找程序中被替换的元件 X010，查找到后，单击“替换”按钮即可替换为新的元件。接下来会找到其他要被替换的元件，继续单击“替换”按钮即可。替换完成后，单击“关闭”按钮退出。

图 6–17　替换软元件

6.2.4　程序变换 / 编译

在三菱 GX Developer 编程软件中编写完程序后，需要先对程序进行变换 / 编译，否则程序既不能保存，也不能下载。程序变换 / 编译方法如图 6–18 所示。

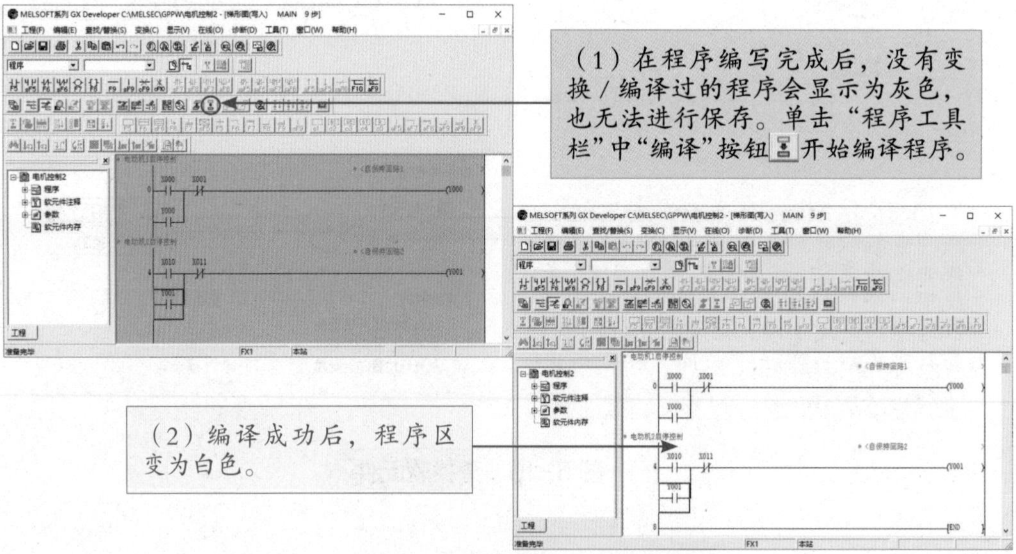
（1）在程序编写完成后，没有变换 / 编译过的程序会显示为灰色，也无法进行保存。单击“程序工具栏”中“编译”按钮开始编译程序。
（2）编译成功后，程序区变为白色。

图 6–18　程序变换 / 编译方法

6.3 案例：创建第一个完整的编程项目

下面以图 6–19 所示的梯形图为例，讲解一个三菱 PLC 程序从编写到下载、运行和监控的完整过程。

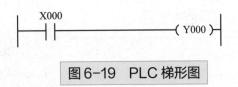

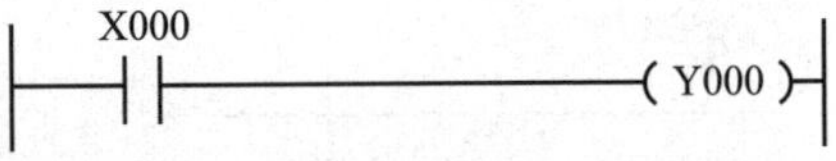
X000
Y000

图 6–19　PLC 梯形图

6.3.1 创建新工程

首先在计算机中启动 GX Developer 编程软件，然后新建一个工程，如图 6–20 所示。

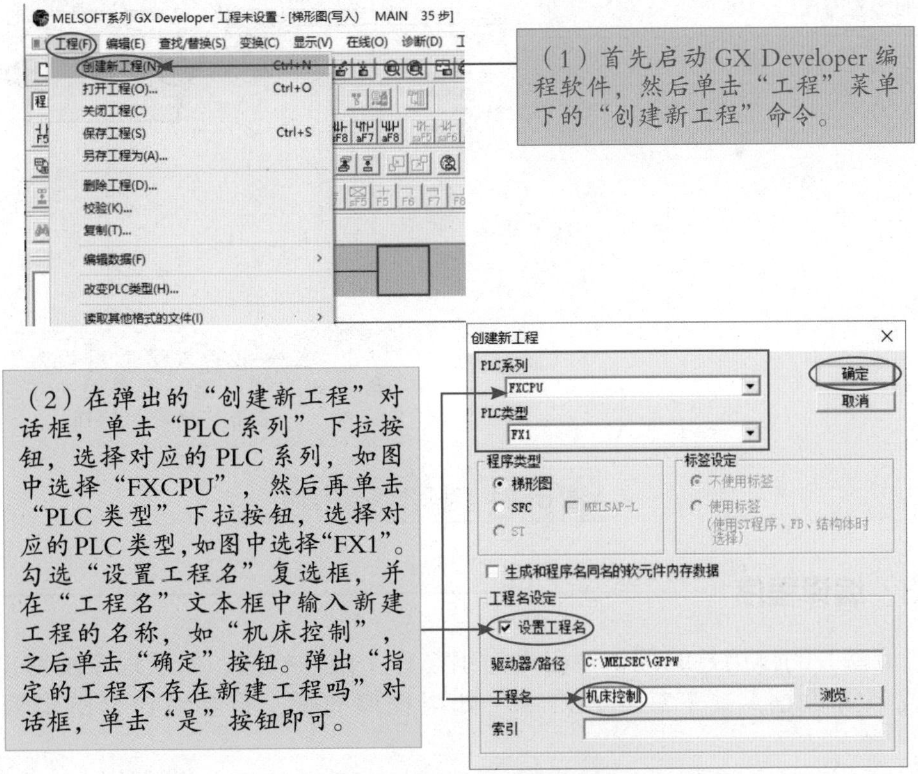
MELSOFT系列 GX Developer 工程未设置 - [梯形图(写入)　MAIN　35 步]
工程(F)　编辑(E)　查找/替换(S)　变换(C)　显示(V)　在线(O)　诊断(D)
创建新工程(N)... Ctrl+N
打开工程(O)... Ctrl+O
关闭工程(C)
保存工程(S) Ctrl+S
另存工程为(A)...
删除工程(D)...
校验(K)...
复制(T)...
编辑数据(F)
改变PLC类型(H)...
读取其他格式的文件(I)
（1）首先启动 GX Developer 编程软件，然后单击“工程”菜单下的“创建新工程”命令。
创建新工程
PLC系列
FXCPU
PLC类型
FX1
确定
取消
程序类型
梯形图
SFC
MELSAP-L
ST
标签设定
不使用标签
使用标签
(使用ST程序、FB、结构体时选择)
生成和程序名同名的软元件内存数据
工程名设定
设置工程名
驱动器/路径　C:\MELSEC\GPPW
工程名　机床控制
浏览...
索引
（2）在弹出的“创建新工程”对话框，单击“PLC 系列”下拉按钮，选择对应的 PLC 系列，如图中选择“FXCPU”，然后再单击“PLC 类型”下拉按钮，选择对应的PLC类型,如图中选择“FX1”。勾选“设置工程名”复选框，并在“工程名”文本框中输入新建工程的名称，如“机床控制”，之后单击“确定”按钮。弹出“指定的工程不存在新建工程吗”对话框，单击“是”按钮即可。

图 6–20　创建新工程

6.3.2 编写梯形图程序

在创建好新的工程后，即可开始编写梯形图，如图 6-21 所示。

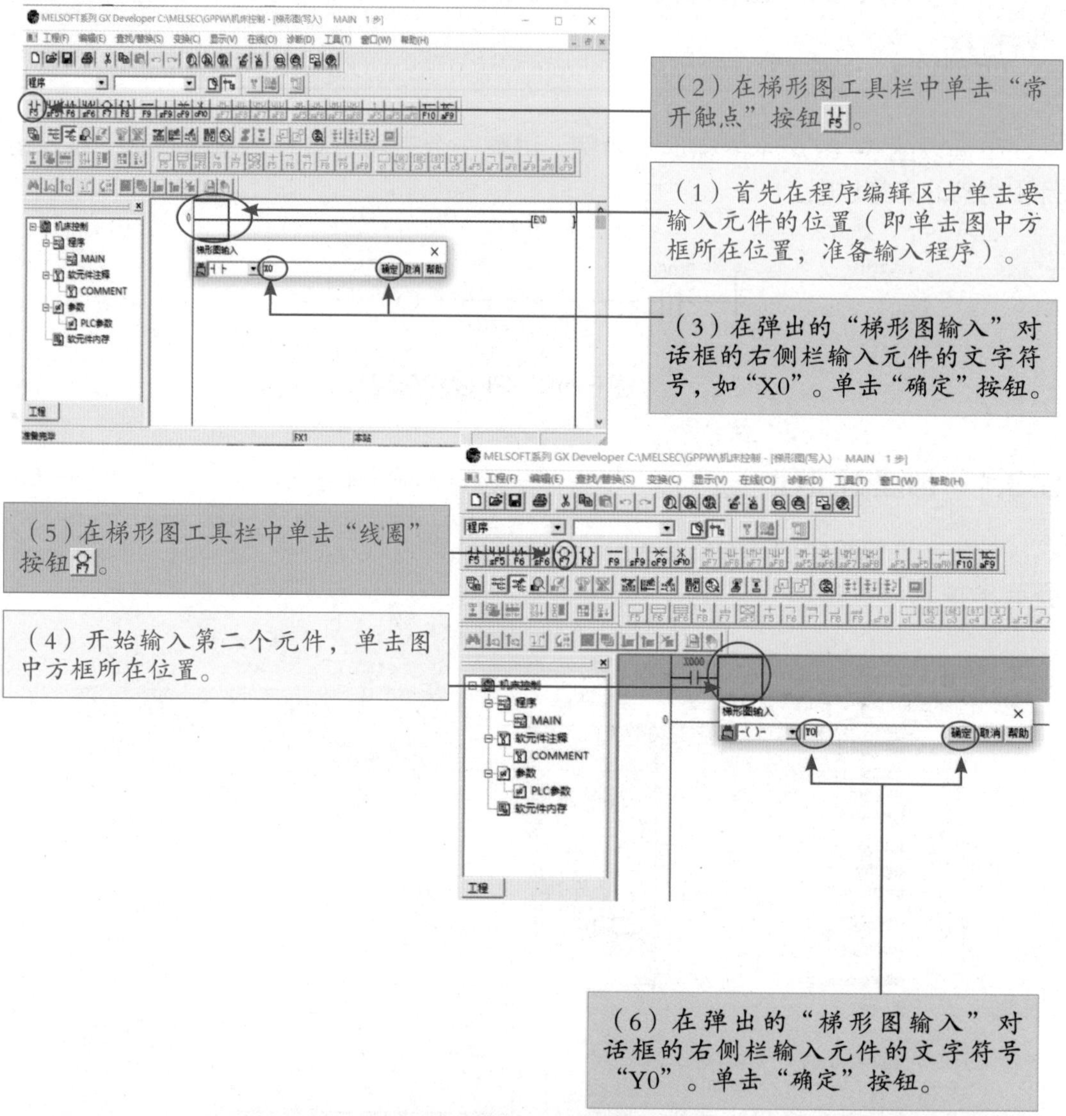
（2）在梯形图工具栏中单击“常开触点”按钮
（1）首先在程序编辑区中单击要输入元件的位置（即单击图中方框所在位置，准备输入程序）。
（3）在弹出的“梯形图输入”对话框的右侧栏输入元件的文字符号，如“X0”。单击“确定”按钮。
（5）在梯形图工具栏中单击“线圈”按钮
（4）开始输入第二个元件，单击图中方框所在位置。
（6）在弹出的“梯形图输入”对话框的右侧栏输入元件的文字符号“Y0”。单击“确定”按钮。

图 6-21　编写梯形图程序

6.3.3 编译程序

“编译”的作用是编程软件自动对组态作一致性检查。如果程序没有出错，将生成系统数据，并下载到 PLC 中；如果程序有错，将会对包含的错误进行提示。

编译程序的方法如图 6-22 所示。

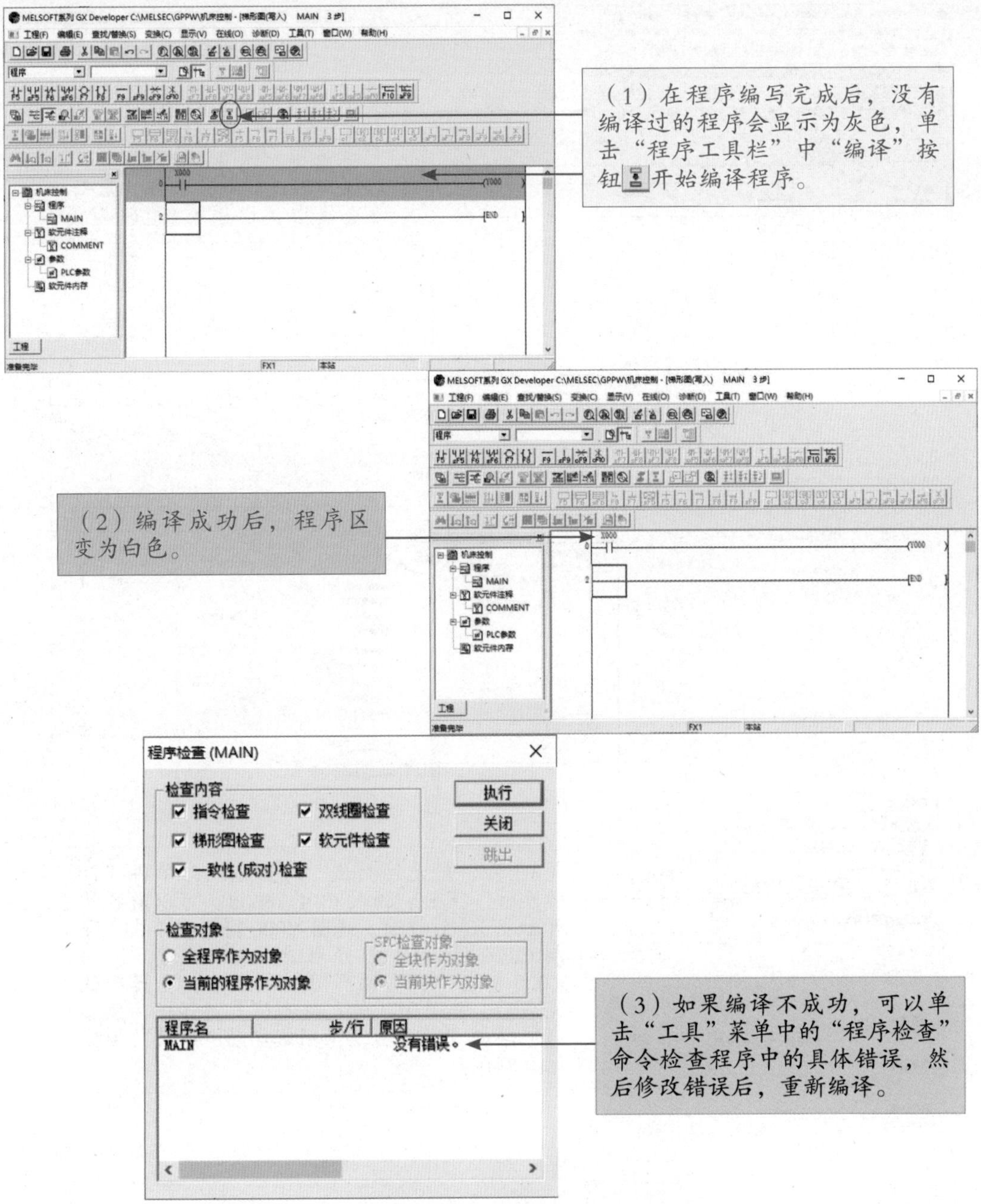
(1) 在程序编写完成后，没有编译过的程序会显示为灰色，单击“程序工具栏”中“编译”按钮 开始编译程序。
(2) 编译成功后，程序区变为白色。
程序检查 (MAIN)
检查内容
指令检查
双线圈检查
梯形图检查
软元件检查
一致性(成对)检查
执行
关闭
跳出
检查对象
全程序作为对象
当前的程序作为对象
SFC检查对象
全块作为对象
当前块作为对象
程序名
步/行
原因
MAIN
没有错误。
(3) 如果编译不成功，可以单击“工具”菜单中的“程序检查”命令检查程序中的具体错误，然后修改错误后，重新编译。

图6-22　编译程序的方法

6.3.4　梯形图逻辑测试

编译完梯形图程序后，接下来对编写的程序做梯形图逻辑测试（需要安装三菱 PLC 仿真软件），如图 6-23 所示。

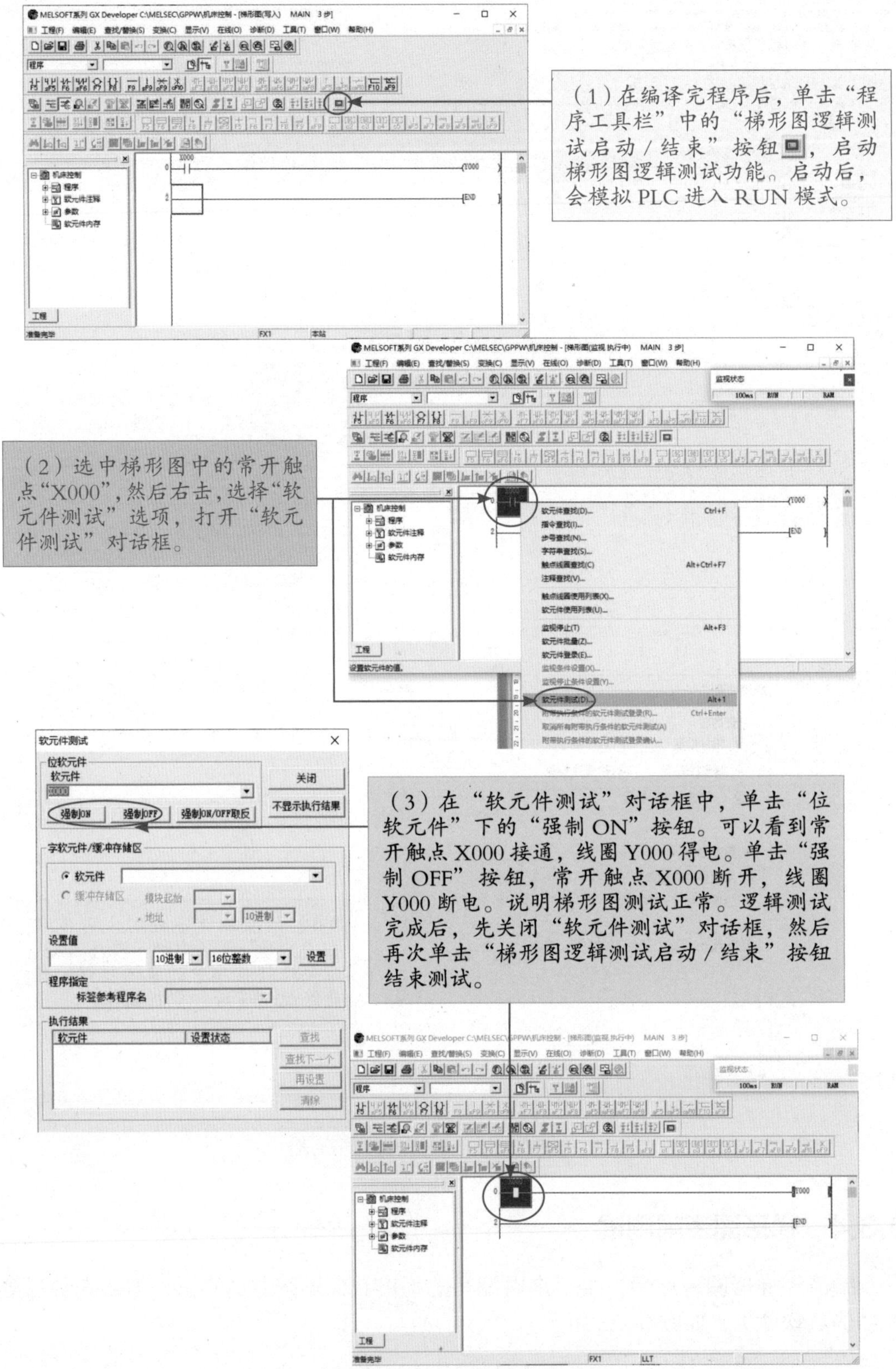
（1）在编译完程序后，单击“程序工具栏”中的“梯形图逻辑测试启动 / 结束”按钮，启动梯形图逻辑测试功能。启动后，会模拟 PLC 进入 RUN 模式。
（2）选中梯形图中的常开触点“X000”，然后右击，选择“软元件测试”选项，打开“软元件测试”对话框。
（3）在“软元件测试”对话框中，单击“位软元件”下的“强制 ON”按钮。可以看到常开触点 X000 接通，线圈 Y000 得电。单击“强制 OFF”按钮，常开触点 X000 断开，线圈 Y000 断电。说明梯形图测试正常。逻辑测试完成后，先关闭“软元件测试”对话框，然后再次单击“梯形图逻辑测试启动 / 结束”按钮结束测试。

图6-23　梯形图逻辑测试

6.3.5　下载程序

在测试完程序后，即可将编写的程序下载到 CPU，下载程序的方法如图 6–24 所示。

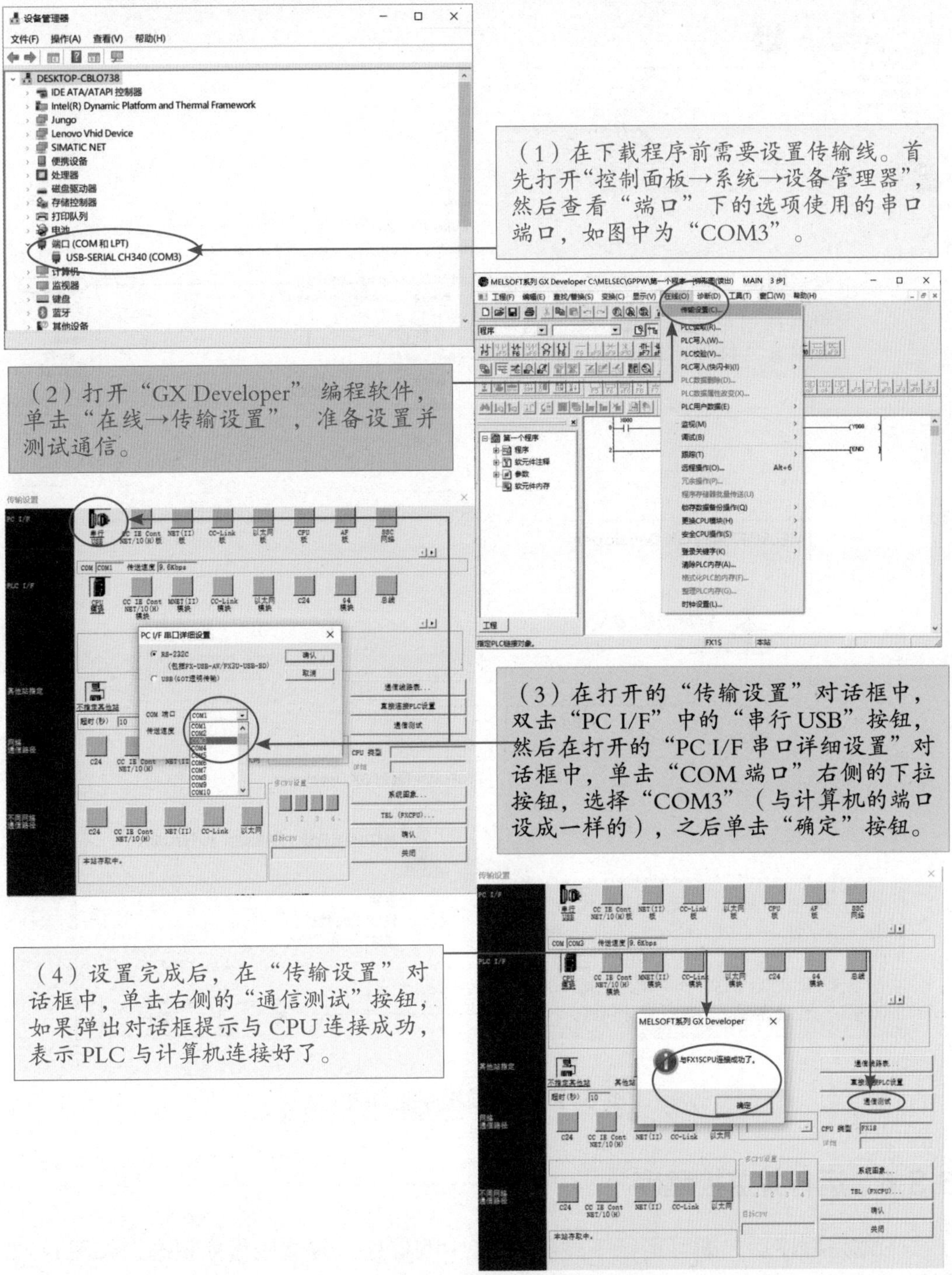
（1）在下载程序前需要设置传输线。首先打开“控制面板→系统→设备管理器”，然后查看“端口”下的选项使用的串口端口，如图中为“COM3”。
（2）打开“GX Developer”编程软件，单击“在线→传输设置”，准备设置并测试通信。
（3）在打开的“传输设置”对话框中，双击“PC I/F”中的“串行 USB”按钮，然后在打开的“PC I/F 串口详细设置”对话框中，单击“COM 端口”右侧的下拉按钮，选择“COM3”（与计算机的端口设成一样的），之后单击“确定”按钮。
（4）设置完成后，在“传输设置”对话框中，单击右侧的“通信测试”按钮，如果弹出对话框提示与 CPU 连接成功，表示 PLC 与计算机连接好了。

图6–24　下载程序的方法

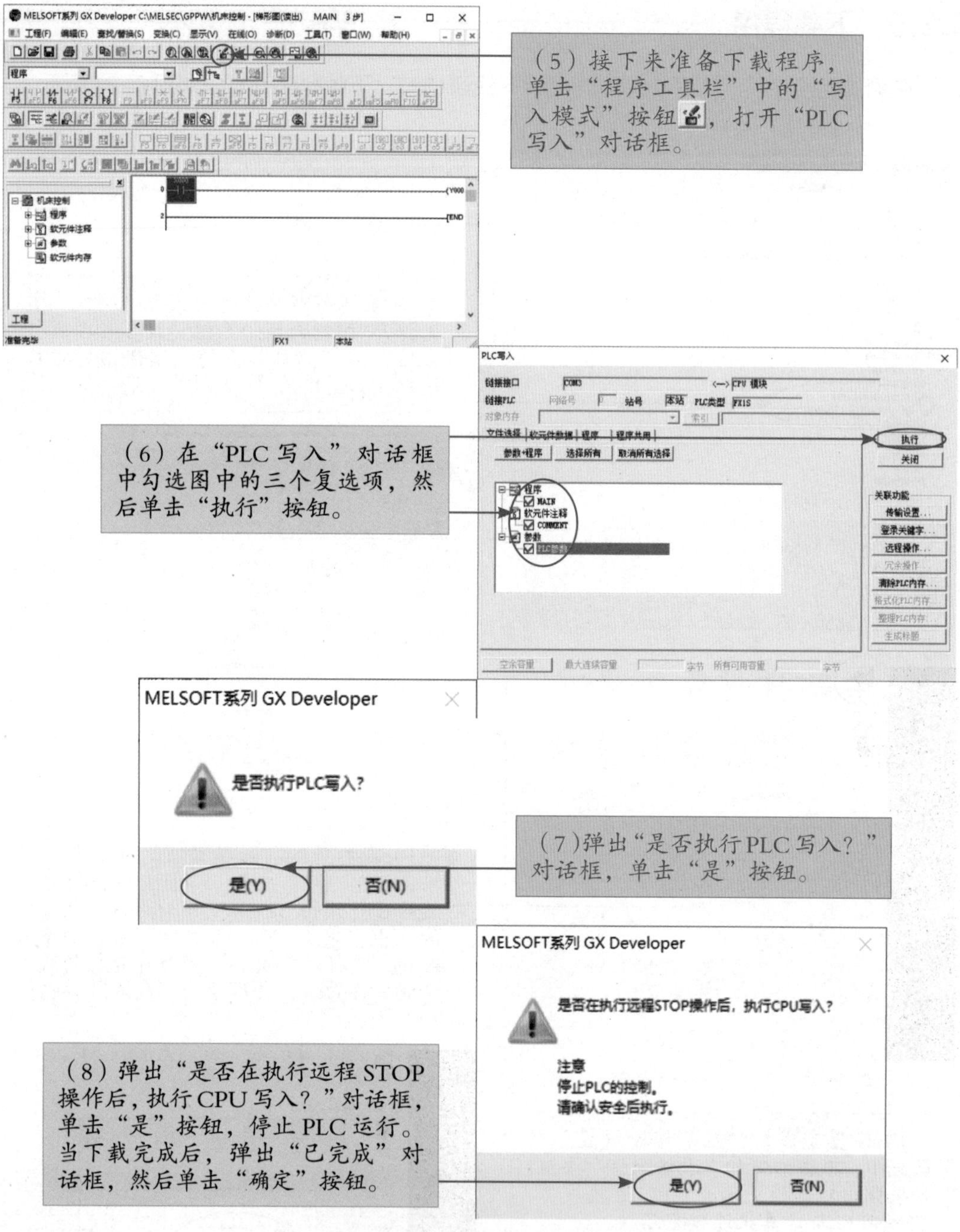
（5）接下来准备下载程序，单击“程序工具栏”中的“写入模式”按钮，打开“PLC写入”对话框。
（6）在“PLC 写入”对话框中勾选图中的三个复选项，然后单击“执行”按钮。
MELSOFT系列 GX Developer
是否执行PLC写入？
是(Y)
否(N)
（7）弹出“是否执行 PLC 写入？”对话框，单击“是”按钮。
MELSOFT系列 GX Developer
是否在执行远程STOP操作后，执行CPU写入？
注意
停止PLC的控制。
请确认安全后执行。
是(Y)
否(N)
（8）弹出“是否在执行远程 STOP 操作后，执行 CPU 写入？”对话框，单击“是”按钮，停止 PLC 运行。当下载完成后，弹出“已完成”对话框，然后单击“确定”按钮。

图 6-24　下载程序的方法（续）

6.3.6　运行并监控程序

下载完程序后，即可运行下载到 PLC 中的程序，并监控程序状态，如图 6-25 所示。

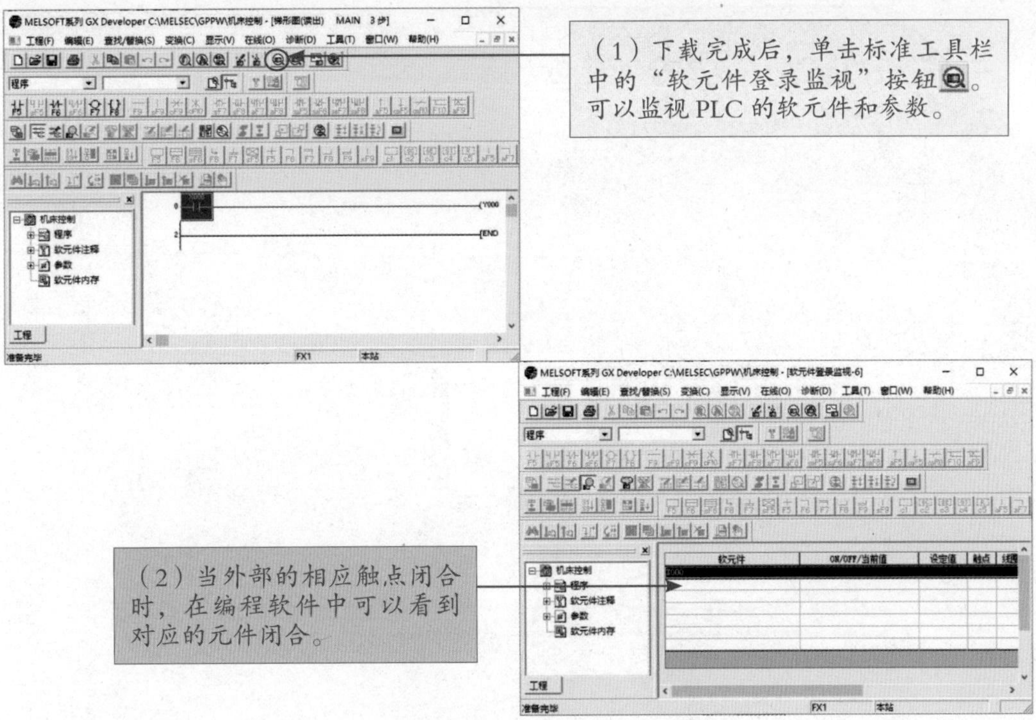
（1）下载完成后，单击标准工具栏中的“软元件登录监视”按钮。可以监视 PLC 的软元件和参数。
（2）当外部的相应触点闭合时，在编程软件中可以看到对应的元件闭合。

图6-25　运行并监控程序

第7章

三菱 PLC 梯形图

三菱 PLC 梯形图用来控制三菱 PLC 的运行过程，三菱 PLC 的梯形图程序都有自己的特点，本章将详细讲解三菱 PLC 梯形图的组成结构及编程元件。

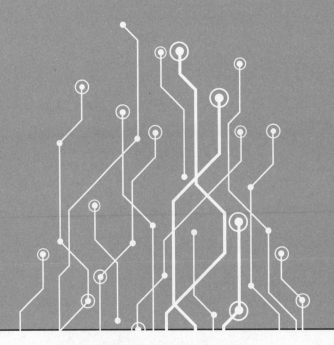

7.1 三菱PLC梯形图的组成结构

梯形图编程语言是目前使用最多的PLC编程语言，梯形图借助继电器控制线路的设计理念，采用图形符号的连接图形式来表示PLC输入与输出之间的逻辑关系。

7.1.1　三菱PLC梯形图的基本编程要素

三菱PLC梯形图通常由母线、触点、线圈等构成，下面结合一个程序图进行讲解，如图7–1所示。

梯形图的每个网络起始于左母线，然后是触点（如常开触点、常闭触点等）的串联、并联，再次是线圈，最后是右母线。梯形图中的编程元件按从左到右、自上而下的顺序排列。能流也按这个顺序从左母线开始，经编程元件，到右母线结束。

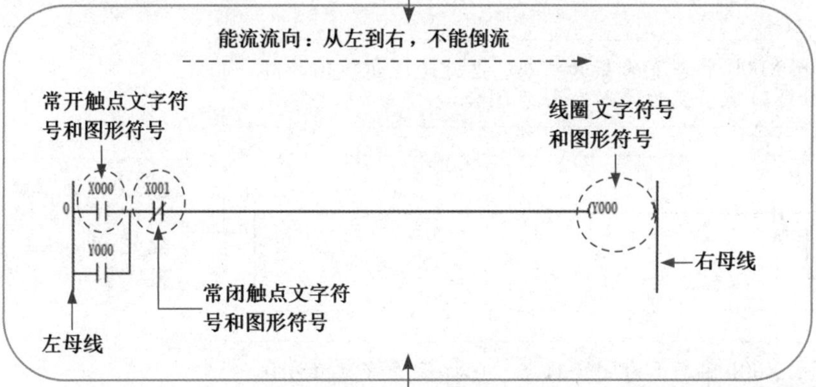
能流流向：从左到右，不能倒流
常开触点文字符号和图形符号
线圈文字符号和图形符号
X000
X001
Y000
0
Y000
右母线
常闭触点文字符号和图形符号
左母线

上图相当于把左母线假想为电源的“火线”，而把右母线假想为电源的“零线”。如果有“能流”从左至右流向线圈，则线圈被激励；如果没有“能流”，则线圈未被激励。例如，触点X000和X001接通时，有一个假想的“能流”从左母线开始向右流动，经输出线圈Y000到达右母线。

图7–1　梯形图的基本编程要素

7.1.2　三菱PLC梯形图的母线

梯形图的母线是指梯形图两侧的垂直公共线，梯形图从左母线开始，经过触点和线圈，终止于右母线，如图7–2所示。

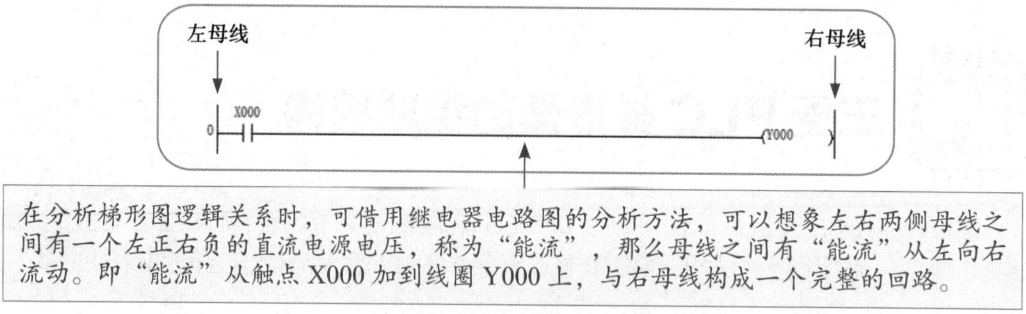
左母线
右母线
X000
0
Y000
在分析梯形图逻辑关系时，可借用继电器电路图的分析方法，可以想象左右两侧母线之间有一个左正右负的直流电源电压，称为“能流”，那么母线之间有“能流”从左向右流动。即“能流”从触点 X000 加到线圈 Y000 上，与右母线构成一个完整的回路。

图 7-2　梯形图的母线

7.1.3　三菱 PLC 梯形图的触点

三菱 PLC 梯形图中有两类触点：常开触点和常闭触点。梯形图中每一个触点都有一个标号，同一标号的触点可以反复使用。三菱 PLC 梯形图中，触点地址符号用 X、Y、M、T、C 等字母表示，格式为“地址符号字母 + 数字”表示，如 X0，X000，Y001 等。触点可以任意串联或并联，如图 7-3 所示，常开触点 X000 与常闭触点 X001 串联，常开触点 X000 和常开触点 Y000 并联。

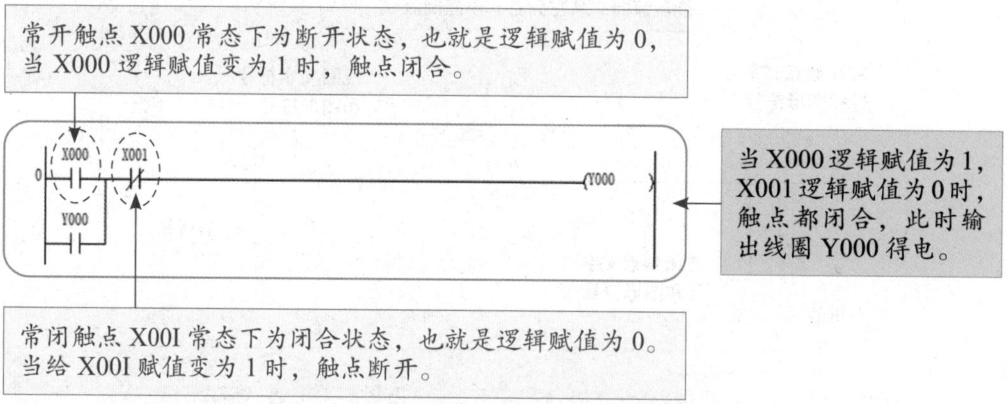
常开触点 X000 常态下为断开状态，也就是逻辑赋值为 0，当 X000 逻辑赋值变为 1 时，触点闭合。
X000
X001
0
Y000
Y000
当 X000 逻辑赋值为 1，X001 逻辑赋值为 0 时，触点都闭合，此时输出线圈 Y000 得电。
常闭触点 X00I 常态下为闭合状态，也就是逻辑赋值为 0。当给 X00I 赋值变为 1 时，触点断开。

图 7-3　梯形图中的触点

在三菱 PLC 中，用 X 表示输入继电器触点，Y 表示输出继电器触点，M 表示通用继电器触点，T 表示定时器触点，C 表示计数器触点。

7.1.4　三菱 PLC 梯形图的线圈

三菱 PLC 梯形图中的线圈与继电器、接触器中的线圈类似，代表逻辑输出的结果。PLC 采用循环扫描的工作方式，因此在 PLC 程序中，每个线圈只能使用一次（否则会出错）。线圈不能直接与左母线相连，只能放置在梯形图的右侧，也不能将触点画在线圈的右侧。如图 7-4 所示。三菱 PLC 梯形图中，线圈地址符号用 Y、M、T、C 等字母表示，格式为“地址符号字母 + 数字”，如 Y0，Y001，M2 等。

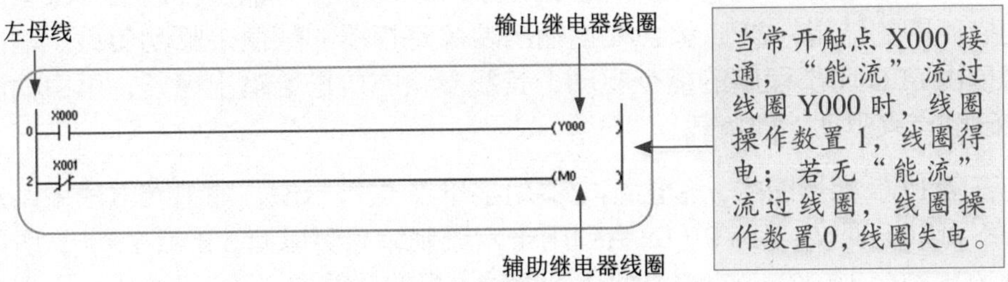
左母线
输出继电器线圈
X000
Y000
X001
M0
辅助继电器线圈
当常开触点 X000 接通，“能流”流过线圈 Y000 时，线圈操作数置 1，线圈得电；若无“能流”流过线圈，线圈操作数置 0，线圈失电。

图 7-4　梯形图的线圈

7.2 三菱 PLC 梯形图的编程元件

在三菱 PLC 梯形图中，除触点、线圈外，还有一些常用的编程元件，包括输入继电器（X）、输出继电器（Y）、辅助继电器（M）、定时器（T）、计数器（C）等。

7.2.1　输入继电器（X）

输入继电器（X）是专门用来接收 PLC 外部输入信号的元件。在每次扫描周期的开始，PLC 的 CPU 对物理输入点进行采样，并将采样值输入映像寄存器中，作为程序处理时输入点状态的依据。

在三菱 PLC 梯形图中，输入继电器用字母 X 进行标识，输入继电器采用八进制编号，不可以出现 X8 和 X9（Q 系列用十六进制编号可以有 X8 和 X9）。所以它的编号为 X0～X7，或 X0～X267，型号不同输入点的个数会不同。

每一个输入继电器均与 PLC 的一个输入端子对应，用于接收外部输入的开关信号。图 7-5 所示为梯形图中的输入继电器。

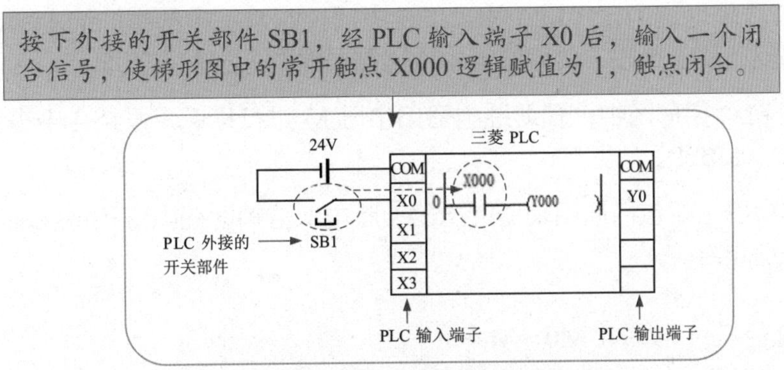
按下外接的开关部件 SB1，经 PLC 输入端子 X0 后，输入一个闭合信号，使梯形图中的常开触点 X000 逻辑赋值为 1，触点闭合。
24V
三菱 PLC
COM
X0
X1
X2
X3
X000
Y000
COM
Y0
PLC 外接的开关部件
SB1
PLC 输入端子
PLC 输出端子

图7-5　梯形图中的输入继电器

7.2.2 输出继电器（Y）

三菱 PLC 的输出继电器（Y）是用来将 PLC 内部信号输出传送给外部负载。在每次扫描周期的结尾，CPU 都会根据输出映像寄存器的数值来驱动负载。输出映像寄存器是由 PLC 内部程序的指令驱动，其线圈状态传送给输出单元，再由输出单元对应的硬触点来驱动外部负载。

在三菱 PLC 梯形图中，输出继电器用字母 Y 进行标识，输出继电器采用八进制编号，不可以出现 Y8 和 Y9（Q 系列用十六进制编号可以有 Y8 和 Y9）。所以它的编号为 Y0~Y7，或 Y0~Y267，型号不同输入点的个数会不同。

每一个输出继电器均与 PLC 的一个输出端子对应，用于控制 PLC 外接的负载，如图 7-6 所示。

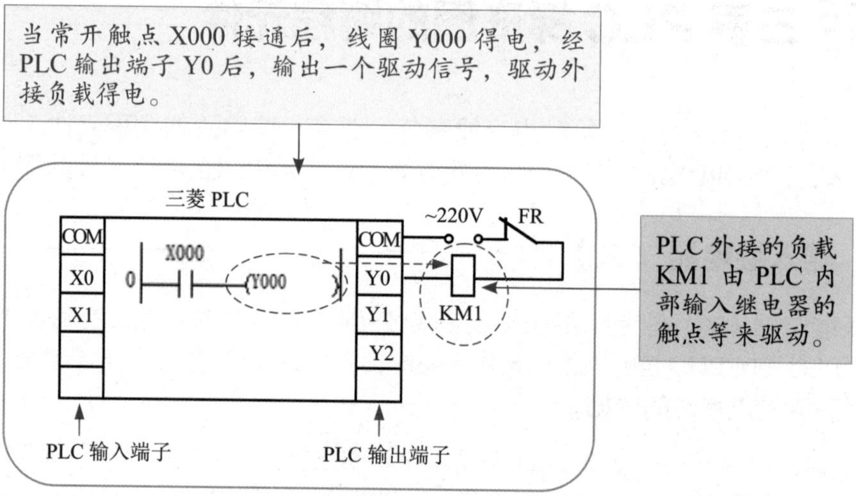
当常开触点 X000 接通后，线圈 Y000 得电，经 PLC 输出端子 Y0 后，输出一个驱动信号，驱动外接负载得电。
三菱 PLC
COM
X0
X1
X000
0
Y000
COM
Y0
Y1
Y2
~220V
FR
KM1
PLC 外接的负载 KM1 由 PLC 内部输入继电器的触点等来驱动。
PLC 输入端子
PLC 输出端子

图 7-6　输出继电器

7.2.3 辅助继电器（M）

三菱 PLC 辅助继电器（M）相当于继电器控制系统中的中间继电器，辅助继电器不能直接驱动外部负载，负载只能由输出继电器的外部触点驱动。

在三菱 PLC 梯形图中，辅助继电器用字母 M 进行标识，再结合十进制数进行编号，如 M10、M620。

辅助继电器主要包括通用辅助继电器、断电保持辅助继电器和特殊辅助继电器三种。下面分别介绍。

1. 通用辅助继电器（M0~M499）

通用辅助继电器常用于逻辑运算中的辅助运算、状态暂存、移位等。通用辅助继电器不具备断电保持功能，即在 PLC 运行时，如果电源突然断电，通用辅助继电器的全部线圈均变为OFF状态。当电源再次接通时，由外部输入信号控制的通用辅助继电器变为ON状态，其余通用辅助继电器仍将保持OFF状态，如图7-7所示。在三菱FX2N、FX3U等系列PLC的通用辅助继电器共有500点，编号为M0~M499。

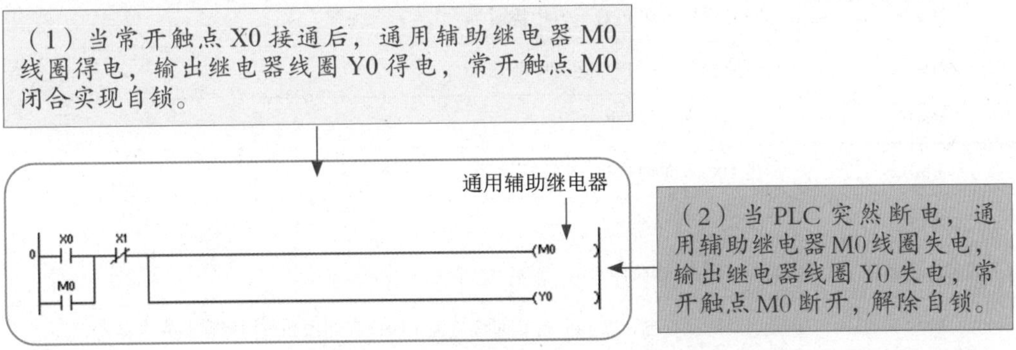
（1）当常开触点X0接通后，通用辅助继电器M0线圈得电，输出继电器线圈Y0得电，常开触点M0闭合实现自锁。
通用辅助继电器
X0
X1
M0
M0
Y0
（2）当PLC突然断电，通用辅助继电器M0线圈失电，输出继电器线圈Y0失电，常开触点M0断开，解除自锁。

图7-7　通用辅助继电器梯形图

2. 断电保持辅助继电器（M500~M7180）

断电保持辅助继电器在断电时能记忆电源中断前的瞬时状态，并在重启通电后再现其状态。在三菱FX2N、FX3U等系列PLC的断电保持辅助继电器共有7180点，编号为M500~M7180，如图7-8所示。

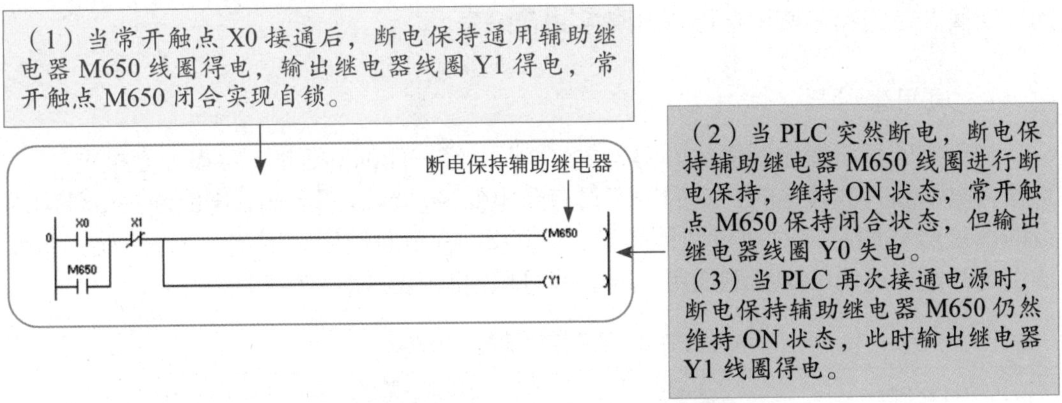
（1）当常开触点X0接通后，断电保持通用辅助继电器M650线圈得电，输出继电器线圈Y1得电，常开触点M650闭合实现自锁。
断电保持辅助继电器
X0
X1
M650
M650
Y1
（2）当PLC突然断电，断电保持辅助继电器M650线圈进行断电保持，维持ON状态，常开触点M650保持闭合状态，但输出继电器线圈Y0失电。
（3）当PLC再次接通电源时，断电保持辅助继电器M650仍然维持ON状态，此时输出继电器Y1线圈得电。

图7-8　断电保持继电器梯形图

3. 特殊辅助继电器（M8000~M8255）

特殊辅助继电器是指具有特殊功能的辅助继电器，用来表示PLC的某些状态，提供时钟脉冲和标志（如进位、借位标志），设定PLC的运行方式，或者用于步进顺控、禁止中断以及设定计数器是加计数还是减计数等。

三菱 PLC 的特殊辅助继电器共有 256 点，编号为 M8000~M8255。表 7-1 所示为部分特殊辅助继电器的功能。

表 7-1　部分特殊辅助继电器的功能

编　号	功　能
M8000	运行监视器（在 PLC 运行中接通）
M8001	运行监视器（在 PLC 运行中断开）
M8011	产生 10ms 时钟脉冲
M8012	产生 100ms 时钟脉冲
M8013	产生 1s 时钟脉冲
M8014	产生 1min 时钟脉冲
M8033	若使其线圈得电，则 PLC 停止时保持输出映像存储器和数据寄存器的内容
M8034	若使其线圈得电，则 PLC 的输出全部停止
M8039	若使其线圈得电，则 PLC 按 M8039 中指定的扫描时间工作

7.2.4　定时器（T）

定时器在 PLC 中的作用相当于一个时间继电器，在三菱 FX2N、FX3U 系列 PLC 中定时器分为通用定时器、累积定时器两种，二者均通过对一定周期的时钟脉冲进行累计而实现定时，时钟脉冲有周期 1ms、10ms、100ms 三种，当所计数达到设定值时触点动作。定时器设定值可以直接用常数 K 或间接用数据寄存器 D 的内容作为设定值。定时器常使用字母 T 和数字进行编号。

1. 通用定时器

通用定时器是指定时器线圈得电或失电后，经一段时间延时，触点才会相应动作，当输入电路断开或停电时，定时器不具有断电保持功能。即当输入电路断开或停电时定时器复位。通用定时器有两种类型，一种是 100ms 通用定时器，另一种是 10ms 通用定时器。这两种类型的通用定时器编号和定时范围如表 7-2 所示。

表 7-2　通用定时器的分辨率等级

定时器类型	定时器编号	分辨率等级（ms）	定时范围（s）
通用定时器	T0~T199	100	0.1~3 276.7
	T200~T245	10	0.01~327.67

【实例 7-1】仓库的排气扇控制开关

图 7-9 所示为仓库排气扇控制开关，试分析当输入 X0 接通后，排气扇的运转情况。

（1）当输入 X0 接通时，定时器 T210 从 0 开始对 10ms 时钟脉冲进行累积计数，当 1s 后（100×0.01s=1s），计数值与设定值 K100 相等时，定时器的常开触点 T210 接通，输出线圈 Y0 得电，其所连接的排气扇开始工作。

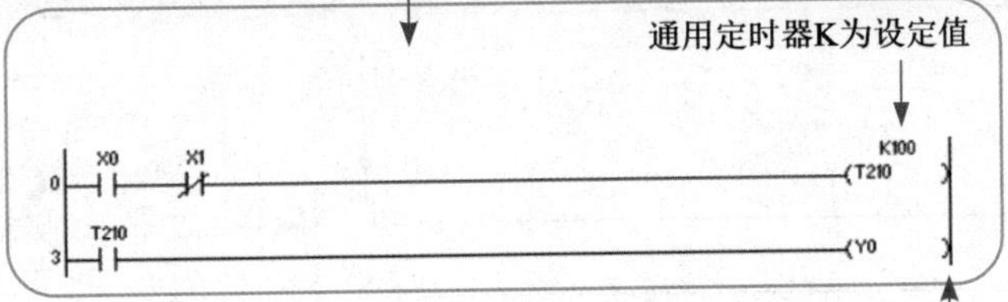
通用定时器K为设定值
X0
X1
K100
T210
T210
Y0

（2）当 X0 断开后定时器复位，计数值变为 0，其常开触点 T210 断开，输出线圈 Y0 失电，其连接的排气扇停止工作。

图 7-9　仓库排气扇控制开关

2. 累积定时器

累积定时器与通用定时器的不同是，累积定时器具有断电保持功能，当定时器断电或输入电路断开后能保持当前的计数值，当通电或输入电路闭合时，定时器会在保持当前计数值的基础上继续累计计数。只有将累积定时器复位，当前值才变为 0。

累积定时器有两种类型，一种是 100ms 累积定时器，另一种是 1ms 累积定时器。这两种类型的累积定时器编号和定时范围如表 7-3 所示。

表 7-3　累积定时器的分辨率等级

定时器类型	定时器编号	分辨率等级（ms）	定时范围（s）
累积定时器	T246～T249	1	0.001～32.767
	T250～T255	100	0.1～3 276.7

【实例 7-2】车间电动机控制系统

图 7-10 所示为车间电动机控制系统，试分析当输入 X0 接通后，电动机的运转情况。

（1）当常开触点 X0 接通时，累积定时器 T255 当前值计数器从 0 开始计数（累积的时钟脉冲为 100ms × 300=30000ms=30s）。
（2）当计数 20s 后，常开触点 X0 断开，累积定时器 T255 保留当前计数值；当常开触点 X0 再次接通后，累积定时器 T255 从保留的当前值开始继续累积，经过 10s 后，当前值达到设定值 K300 时，定时器 T255 的常开触点 T255 接通，输出线圈 Y0 得电，其连接的电动机被接通开始工作。

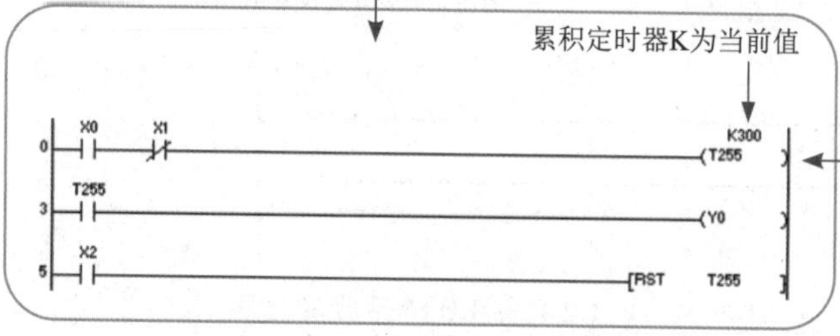
累积定时器K为当前值
X0
X1
K300
T255
T255
Y0
X2
RST
T255
0
3
5

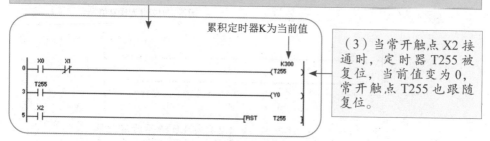

（3）当常开触点 X2 接通时，定时器 T255 被复位，当前值变为 0，常开触点 T255 也跟随复位。

图 7-10　电动机控制系统

7.2.5　计数器（C）

计数器（C）是 PLC 中常用的计数元件，主要用来累计输入脉冲的次数，比如累计 PLC 输入端脉冲电平由低到高的次数。三菱 PLC 的计数器分为内部计数器，外部高速计数器。

1. 内部计数器（C0～C234）

三菱 PLC 内部计数器是在执行扫描操作时对内部信号（如 X、Y、M、S、T 等）进行计数。当计数值到达计数器的设定值时，计数器的常开触点、常闭触点会相应动作。

内部计数器分为 16 位加计数器和 32 位加 / 减计数器。

（1）16 位加计数器（C0～C199）

16 位加计数器是指在计数过程中，当计数端有上升沿脉冲输入时，当前值加 1，当脉冲数累加到设定值 K 时，16 位加计数器相应触点动作（常开触点闭合，常闭触点断开）。

16 位加计数器的参数信息如表 7-4 所示。

表 7-4　16 位加计数器的参数信息

计数器类型	计数器功能类型	计数器编号	设定值范围
16 位加计数器	通用型计数器	C0～C99	1～32 767
	累积计数器（断电保持型）	C100～C199	1～32 767

【实例 7-3】礼堂观众超限报警系统

图 7-11 所示为某单位礼堂人数超限报警系统梯形图，礼堂入口传感器连接常开

触点 X0，每当进入 1 个人时，传感器信号会使常开触点 X0 依次接通，输出线圈 Y0 连接报警灯，当礼堂人数超过 1000 人时，报警灯被点亮。

（1）常开触点 X0 是计数输入，每当礼堂进入 1 个人时，入口传感器信号会使常开触点 X0 接通一次，同时计数器 C10 当前值增加 1。当礼堂进入 1000 人时，计数器的当前值等于设定值 1000，此时计数器 C10 动作，常开触点 C10 接通，输出线圈 Y0 得电接通，报警灯被点亮。此后即使常开触点 X0 再接通，计数器 C10 的当前值也保持不变。

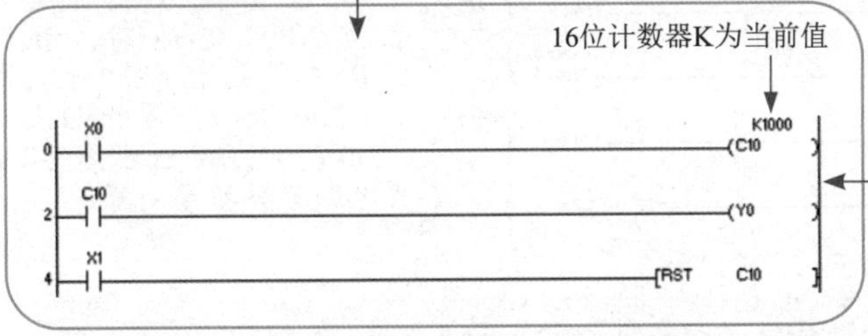
16位计数器K为当前值
K1000
X0
C10
Y0
X1
RST
C10
0
2
4

（2）当复位输入常开触点 X1 接通时，执行 RST 复位指令，计数器 C10 复位，常开触点 C10 断开，输出线圈 Y0 失电断开，报警灯熄灭。

图 7-11　礼堂人数超限报警系统梯形图

（2）32 位加 / 减计数器（C200～C234）

32 位加 / 减计数器能通过控制实现加 / 减双向计数，其由特殊辅助继电器 M8200～M8234 设定，当特殊辅助继电器被置为 ON 状态时为减计数，置为 OFF 时为增计数。

32 位加 / 减计数器的参数信息如表 7-5 所示。

表 7-5　32 位加 / 减计数器的参数信息

计数器类型	计数器功能类型	计数器编号	设定值范围
32 位加 / 减计数器	通用型双向计数器	C200～C219	−2 147 483 648～+2 147 483 647
	累积双向计数器（断电保持型）	C220～C234	−2 147 483 648～+2 147 483 647

【实例 7-4】仓库货物超额报警系统

图 7-12 所示为仓库货物数量超额报警系统梯形图，货物进入传感器连接常开触点 X002，每进入 1 件货物，入口传感器信号会使常开触点 X002 接通一次。货物出库传感器连接常开触点 X001 和 X002，每出去 1 件货物，出口传感器信号会使常开触点 X001 和 X002 接通一次。输出线圈 Y0 连接报警灯，当仓库中的货物超过 5 000 件时，报警灯被点亮。

（1）常开触点 X001 用来控制特殊辅助继电器 M8200，当常开触点 X001 接通时，M8200 被置为 ON，为减计数方式；当常开触点 X001 断开时，M8200 被置为 OFF，为加计数方式。常开触点 X002 为计数输入，32 位加 / 减计数器 C200 的设定值 K 为 5000。
（2）当有货物进入仓库时，入口传感器信号会使常开触点 X002 接通一次，此时常开触点 X001 处于断开状态，特殊辅助继电器 M8200 被置为 OFF，计数器 C200 为加计数方式，当前值被加 1。

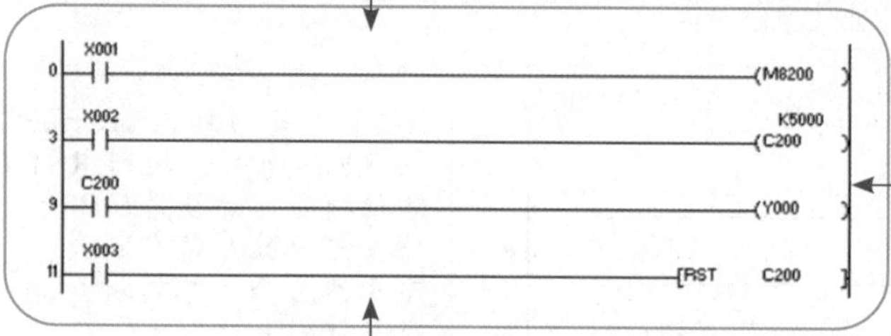

X001
0
M8200
X002
3
K5000
C200
C200
9
Y000
X003
11
RST
C200

（5）当复位输入常开触点 X003 接通时，执行 RST 复位指令，计数器 C200 复位，常开触点 C200 断开，输出线圈 Y0 失电断开，报警灯熄灭。

（3）当有货物出仓库时，出口传感器信号会使常开触点 X001 和 X002 接通一次，特殊辅助继电器 M8200 被置为 ON，计数器 C200 为减计数方式，当前值被减 1。
（4）当计数器 C200 的当前值等于 5 000 时（仓库货物大于等于 5 000 件），计数器 C200 动作，常开触点 C200 接通，输出线圈 Y0 得电接通，报警灯被点亮。

图 7-12　仓库货物数量超限报警系统梯形图

2. 外部高速计数器（C235~C255）

三菱 PLC 外部高速计数器允许输入的频率高，有断电保持功能，且还可通过参数设定变成非断电保持。三菱 FX2N、FX3U PLC 共有 21 点高速计数器，元件范围为 C235~C255。适用于作为高速计数器输入的 PLC 输入端口有 X0~X7。

三菱 PLC 外部高速计数器主要有单相单计数输入高速计数器、单相双计数输入高速计数器、双相双计数输入高速计数器三种类型。表 7-6 所示为外部高速计数器的参数。

表 7-6　外部高速计数器的参数

计数器类型	功能类型	计数器编号	计数方向
单相单计数输入高速计数器	具有一个计数器输入端	C235~C245	取决于特殊辅助继电器 M8235~M8245 的状态
单相双计数输入高速计数器	具有两个计数器输入端，用于加计数器和减计数器	C246~C250	取决于特殊辅助继电器 M8246~M8250 的状态
双相双计数输入高速计数器	也称为 A-B 相型高速计数器，具有两个计数器输入端	C251~C255	取决于 A 相和 B 相的信号，当 A 相为 ON 时，B 相由 OFF 到 ON，则为增计数；当 A 相为 ON 时，若 B 相由 ON 到 OFF，则为减计数

第8章 三菱 PLC 编程

若想编写三菱 PLC 程序，需要先掌握三菱 PLC 各种编程指令的应用技巧。本章以三菱 GX Developer 编程软件为例讲解三菱 PLC 编程指令的应用。

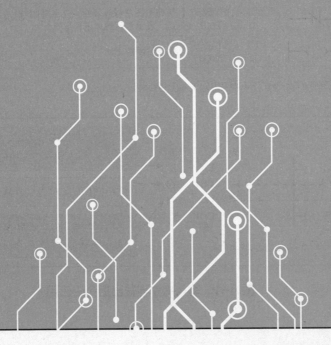

8.1 三菱 PLC 基本逻辑指令的应用

基本逻辑指令是三菱 PLC 编程指令中最基本的指令，也是应用最多的指令。下面以三菱 FX2N PLC 为例进行讲解，在三菱 FX2N 中共有 27 条基本逻辑指令，本节将详细讲解这些指令的具体应用。

8.1.1 输入指令与输出指令的应用

常用的输入指令包括常开触点指令、常闭触点指令等，输出指令主要指线圈输出指令，下面将详细讲解这些指令的应用。

1. 输入指令与输出指令

输入指令与输出指令包括 LD、LDI、OUT 三条基本指令，其中 LD 是取指令，LDI 是取反指令，OUT 是输出指令，用于对输出继电器、辅助继电器、状态器、定时器、计数器的线圈驱动指令。

表 8-1 所示为三条基本指令的标识及梯形图符号。

表 8-1　输入指令和输出指令标识及梯形图符号

指令名称	梯形图符号	指令格式	功能	操作数
取指令（LD）		LD < 操作数 > 如 LD　X001	从梯形图左母线开始，连接常开触点，表示常开触点逻辑运算开始	X、Y、M、S、T、C
取反指令（LDI）		LDI < 操作数 > 如 LDI　X002	从梯形图左母线开始，连接常闭触点，表示常闭触点逻辑运算开始	X、Y、M、S、T、C
输出指令（OUT）		OUT < 操作数 > 如 OUT　Y000	用于线圈的驱动	Y、M、S、T、C

输入指令与输出指令的应用如图 8-1 所示。

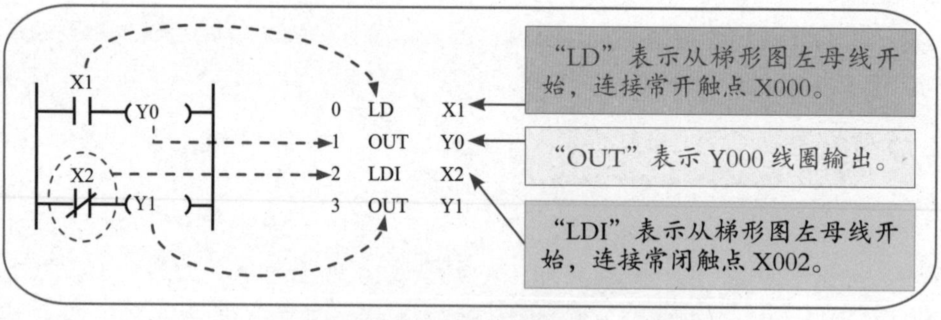
X1
Y0
X2
Y1
0　LD　X1
1　OUT　Y0
2　LDI　X2
3　OUT　Y1
“LD”表示从梯形图左母线开始，连接常开触点 X000。
“OUT”表示 Y000 线圈输出。
“LDI”表示从梯形图左母线开始，连接常闭触点 X002。

图 8-1　输入指令与输出指令的应用

2. 触点串联指令（AND、ANI）

触点串联指令标识及梯形图符号如表 8–2 所示。

表 8–2　触点串联指令标识及梯形图符号

指令名称	梯形图符号	指令格式	功能	操作数
常开触点串联指令	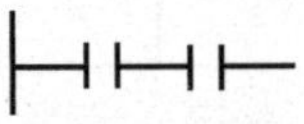	AND <操作数> 如 AND　X1	用于单个常开触点串联	X、Y、M、S、T、C
常闭触点串联指令	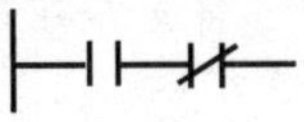	ANI　<操作数> 如 ANI　X2	用于单个常闭触点串联	X、Y、M、S、T、C

触点串联指令应用如图 8–2 所示。

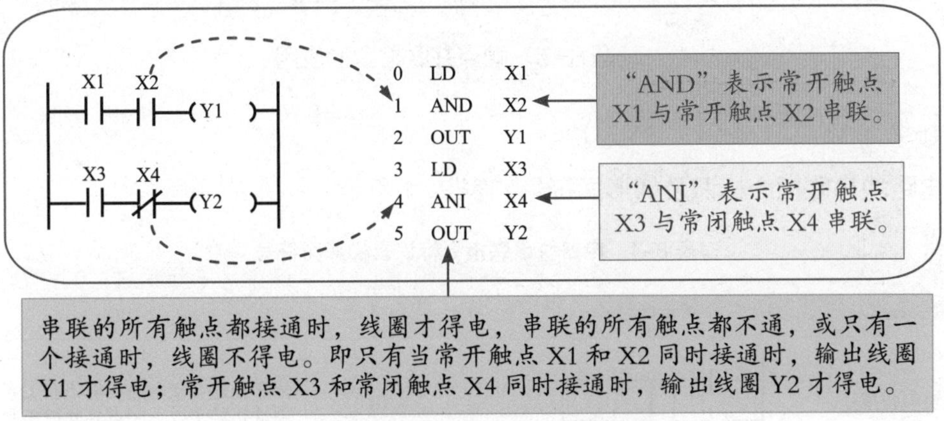
X1
X2
Y1
X3
X4
Y2
0 LD X1
1 AND X2
2 OUT Y1
3 LD X3
4 ANI X4
5 OUT Y2
“AND” 表示常开触点 X1 与常开触点 X2 串联。
“ANI” 表示常开触点 X3 与常闭触点 X4 串联。
串联的所有触点都接通时，线圈才得电，串联的所有触点都不通，或只有一个接通时，线圈不得电。即只有当常开触点 X1 和 X2 同时接通时，输出线圈 Y1 才得电；常开触点 X3 和常闭触点 X4 同时接通时，输出线圈 Y2 才得电。

图 8–2　触点串联指令应用

3. 触点并联指令（OR、ORI）

触点并联指令标识及梯形图符号如表 8–3 所示。

表 8–3　触点并联指令标识及梯形图符号

指令名称	梯形图符号	指令格式	功能	操作数
常开触点并联指令	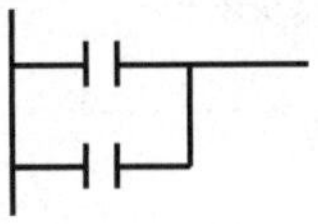	OR <操作数> 如 OR　X1	用于单个常开触点并联	X、Y、M、S、T、C
常闭触点并联指令	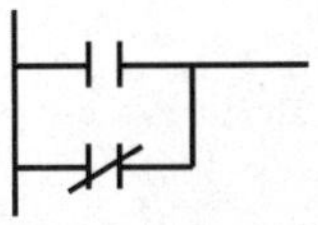	ORI <操作数> 如 ORI　X2	用于单个常闭触点并联	X、Y、M、S、T、C

触点并联指令的应用如图 8–3 所示。

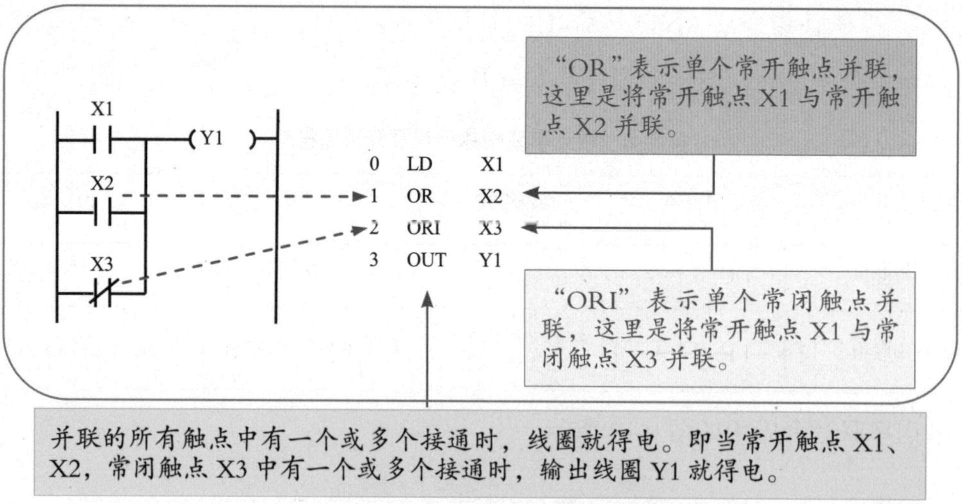
X1
Y1
X2
X3
0 LD X1
1 OR X2
2 ORI X3
3 OUT Y1
"OR"表示单个常开触点并联，这里是将常开触点 X1 与常开触点 X2 并联。
"ORI"表示单个常闭触点并联，这里是将常开触点 X1 与常闭触点 X3 并联。
并联的所有触点中有一个或多个接通时，线圈就得电。即当常开触点 X1、X2，常闭触点 X3 中有一个或多个接通时，输出线圈 Y1 就得电。

图 8-3 触点并联指令的应用

4. 电路块串联指令（ANB）

电路块串联指令标识及梯形图符号如表 8-4 所示。

表 8-4 电路块串联指令标识及梯形图符号

指令名称	梯形图符号	指令格式	功能
电路块串联指令	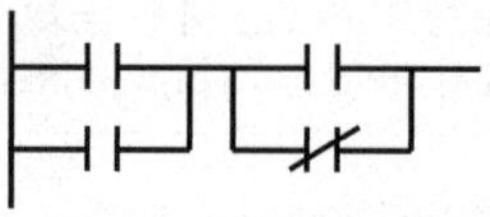	ANB	用于描述并联电路块的串联关系（电路块指两个以上触点并联或串联）

电路块串联指令的应用如图 8-4 所示。

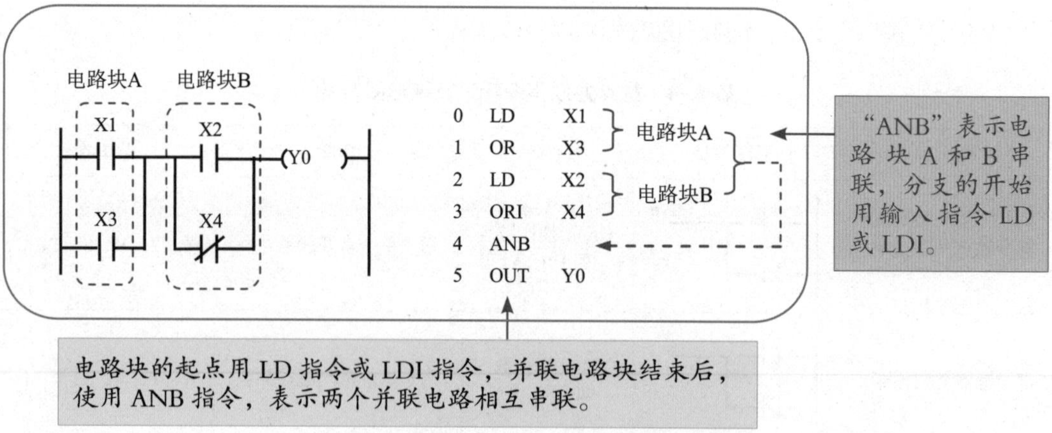
电路块A
电路块B
X1
X2
Y0
X3
X4
0 LD X1
1 OR X3
2 LD X2
3 ORI X4
4 ANB
5 OUT Y0
电路块A
电路块B
"ANB"表示电路块 A 和 B 串联，分支的开始用输入指令 LD 或 LDI。
电路块的起点用 LD 指令或 LDI 指令，并联电路块结束后，使用 ANB 指令，表示两个并联电路相互串联。

图 8-4 电路块串联指令的应用

5. 电路块并联指令（ORB）

电路块并联指令标识及梯形图符号如表 8-5 所示。

表 8-5　电路块并联指令标识及梯形图符号

指令名称	梯形图符号	指令格式	功能
电路块并联指令	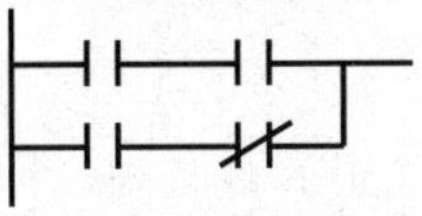	ORB	用于描述串联电路块的并联关系（电路块指两个以上触点并联或串联）

电路块并联指令的应用如图 8-5 所示。

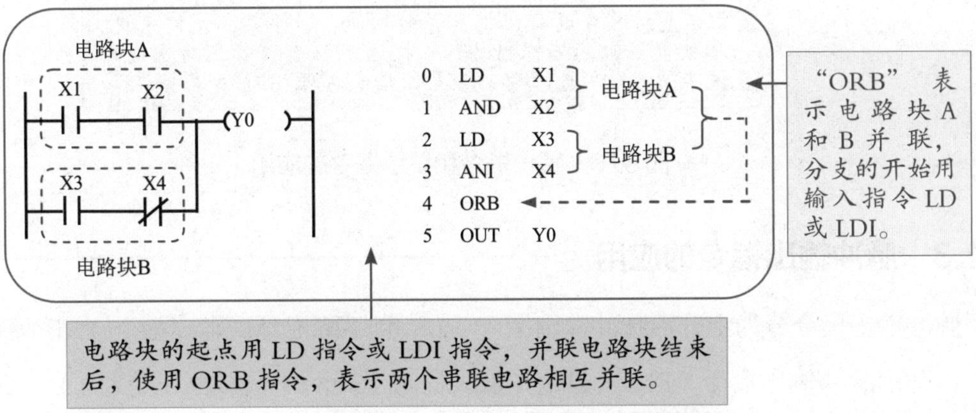
电路块A
X1
X2
Y0
X3
X4
电路块B
0 LD X1
1 AND X2
2 LD X3
3 ANI X4
4 ORB
5 OUT Y0
电路块A
电路块B
"ORB" 表示电路块 A 和 B 并联，分支的开始用输入指令 LD 或 LDI。
电路块的起点用 LD 指令或 LDI 指令，并联电路块结束后，使用 ORB 指令，表示两个串联电路相互并联。

图 8-5　电路块并联指令的应用

8.1.2　置位与复位指令的应用

置位指令（SET）使被操作的目标元件置位并保持 1（ON），当置位线圈受到脉冲前沿触发时，线圈通电锁存（存储器位置 1）。

复位指令（RST）使被操作的目标元件复位并保持 0（OFF），当复位线圈受到脉冲前沿触发时，线圈断电锁存（存储器位置 0）。

用复位指令可以对定时器、计数器、数据存储器和变址存储器的内容清零。

置位指令和复位指令标识及梯形图符号如表 8-6 所示。

表 8-6　置位指令和复位指令标识及梯形图符号

指令名称	梯形图符号	指令格式	功能	操作数
置位指令 SET	—[SET Y1]—	SET <操作数> 如 SET Y1	用于将操作对象置位并保持为 1（ON）	Y、M、S
复位指令 RST	—[RST Y1]—	RST <操作数> 如 RST Y1	用于将操作对象复位并保持为 0（OFF）	Y、M、S、D、V、Z、T、C

置位指令和复位指令的应用如图 8-6 所示。

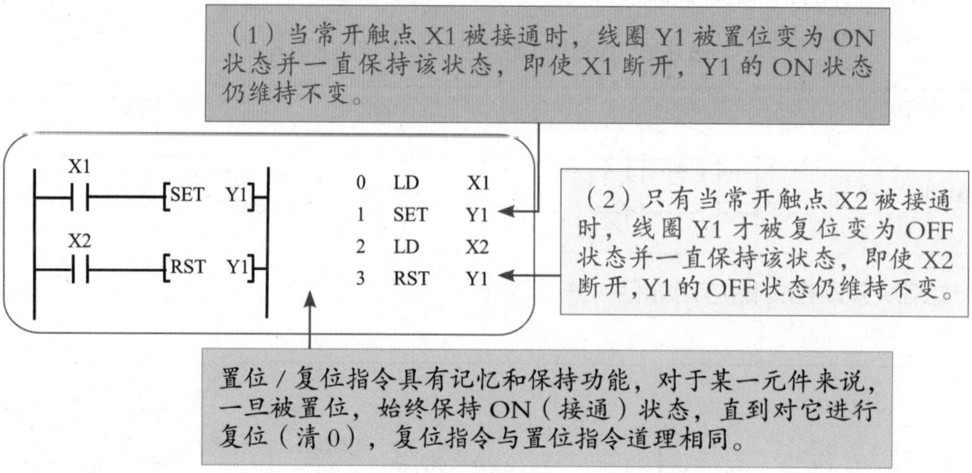
（1）当常开触点 X1 被接通时，线圈 Y1 被置位变为 ON 状态并一直保持该状态，即使 X1 断开，Y1 的 ON 状态仍维持不变。
X1
SET Y1
X2
RST Y1
0 LD X1
1 SET Y1
2 LD X2
3 RST Y1
（2）只有当常开触点 X2 被接通时，线圈 Y1 才被复位变为 OFF 状态并一直保持该状态，即使 X2 断开，Y1 的 OFF 状态仍维持不变。
置位 / 复位指令具有记忆和保持功能，对于某一元件来说，一旦被置位，始终保持 ON（接通）状态，直到对它进行复位（清 0），复位指令与置位指令道理相同。

图 8-6 置位指令和复位指令的应用

8.1.3 脉冲输出指令的应用

脉冲输出指令分为上升沿脉冲输出指令（PLS）和下降沿脉冲输出指令（PLF）两种。

上升沿脉冲输出指令（PLS）是指在输入信号上升沿（状态由 0 变为 1），产生一个 ON，并保持一个扫描周期的脉冲，且只存在一个扫描周期。

下降沿脉冲输出指令（PLF）是指在输入信号下降沿（状态由 1 变为 0），产生一个 ON，并保持一个扫描周期的脉冲，且只存在一个扫描周期。

脉冲输出指令标识及梯形图符号如表 8-7 所示。

表 8-7 脉冲输出指令标识及梯形图符号

指令名称	梯形图符号	指令格式	功能	操作数
上升沿脉冲输出指令（PLS）	—[PLS Y1]—	PLS <操作数> 如 PLS Y1	在输入信号上升沿产生宽度为一个扫描周期的脉冲输出	Y、M（特殊 M 除外）
下降沿脉冲输出指令（PLF）	—[PLF Y1]—	PLF <操作数> 如 PLF Y1	在输入信号下降沿产生宽度为一个扫描周期的脉冲输出	Y、M（特殊 M 除外）

脉冲输出指令的应用如图 8-7 所示。

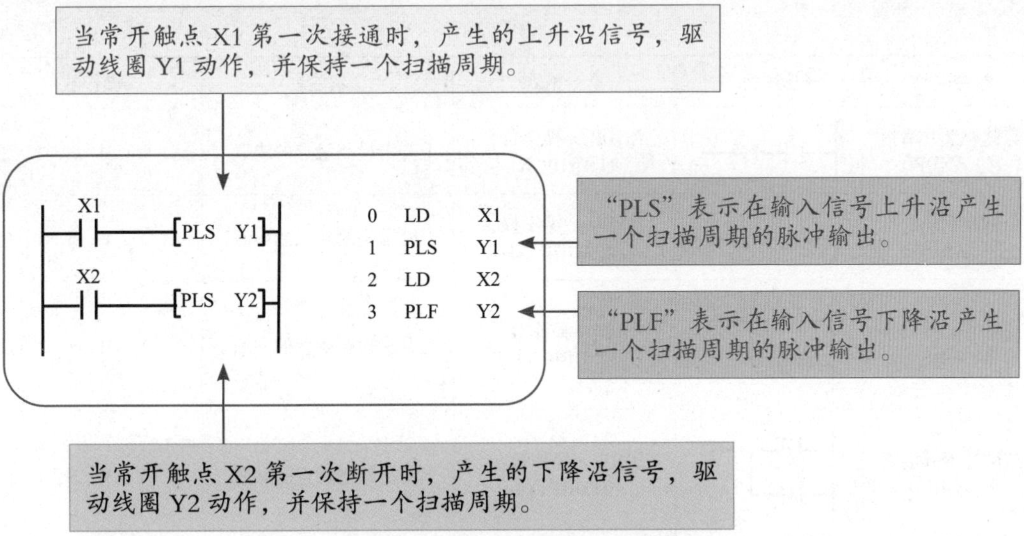
当常开触点 X1 第一次接通时，产生的上升沿信号，驱动线圈 Y1 动作，并保持一个扫描周期。
X1
PLS　Y1
X2
PLS　Y2
0　LD　X1
1　PLS　Y1
2　LD　X2
3　PLF　Y2
“PLS”表示在输入信号上升沿产生一个扫描周期的脉冲输出。
“PLF”表示在输入信号下降沿产生一个扫描周期的脉冲输出。
当常开触点 X2 第一次断开时，产生的下降沿信号，驱动线圈 Y2 动作，并保持一个扫描周期。

图8-7　脉冲输出指令的应用

8.1.4　脉冲触点指令的应用

脉冲触点指令包括取脉冲上升沿指令（LDP）、取脉冲下降沿指令（LDF）、与脉冲上升沿指令（ANDP）、与脉冲下降沿指令（ANDF）、或脉冲上升沿指令（ORP）、或脉冲下降沿指令（ORF）。

（1）取脉冲上升沿指令（LDP）用于将上升沿检测触点接到输入母线上，当指定的软元件由 OFF 转为 ON 上升沿变化时，才驱动线圈接通一个扫描周期。

（2）取脉冲下降沿指令（LDF）用于将下降沿检测触点接到输入母线上，当指定的软元件由 ON 转为 OFF 下降沿变化时，才驱动线圈接通一个扫描周期。

（3）与脉冲上升沿指令（ANDP）用于上升沿检测触点的串联。

（4）与脉冲下降沿指令（ANDF）用于下降沿检测触点的串联。

（5）或脉冲上升沿指令（ORP）用于上升沿检测触点的并联。

（6）或脉冲下降沿指令（ORF）用于下降沿检测触点的并联。

脉冲触点指令标识及梯形图符号如表 8-8 所示。

表 8-8　脉冲触点指令标识及梯形图符号

指令名称	梯形图符号	指令格式	功能	操作数
取脉冲上升沿指令（LDP）	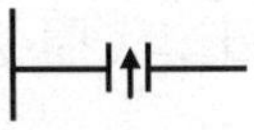	LDP <操作数> 如 LDP　X1	一个与输入母线相连的上升沿检测触点，即上升沿检测运算开始	X、Y、M、S、T、C
取脉冲下降沿指令（LDF）	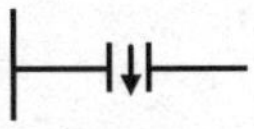	LDF <操作数> 如 LDF　X1	一个与输入母线相连的下降沿检测触点，即下降沿检测运算开始	X、Y、M、S、T、C

续表

指令名称	梯形图符号	指令格式	功能	操作数
与脉冲上升沿指令（ANDP）	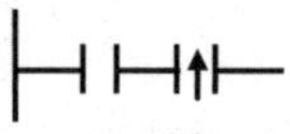	ANDP <操作数> 如 ANDP X1	上升沿检测触点的串联	X、Y、M、S、T、C
与脉冲下降沿指令（ANDF）	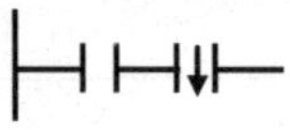	ANDF <操作数> 如 ANDF X1	下降沿检测触点的串联	X、Y、M、S、T、C
或脉冲上升沿指令（ORP）	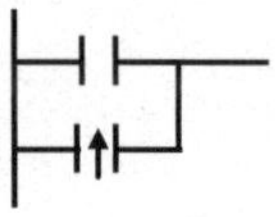	ORP <操作数> 如 ORP X1	上升沿检测触点的并联	X、Y、M、S、T、C
或脉冲下降沿指令（ORF）	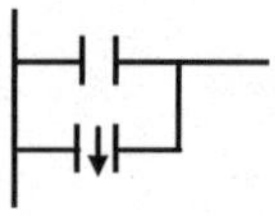	ORF <操作数> 如 ORF X1	下降沿检测触点的并联	X、Y、M、S、T、C

脉冲触点指令的应用如图 8-8 所示。

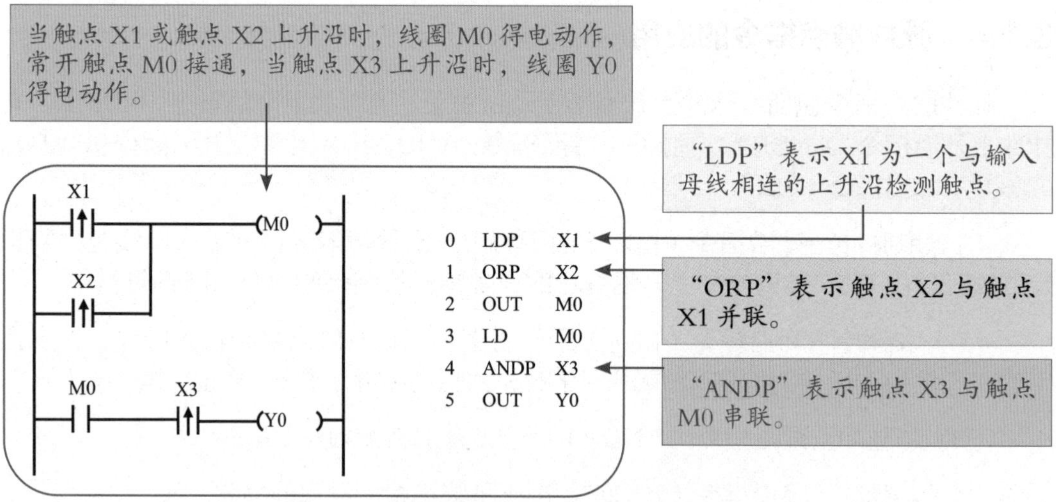
当触点 X1 或触点 X2 上升沿时，线圈 M0 得电动作，常开触点 M0 接通，当触点 X3 上升沿时，线圈 Y0 得电动作。
X1
M0
X2
M0
X3
Y0
0 LDP X1
1 ORP X2
2 OUT M0
3 LD M0
4 ANDP X3
5 OUT Y0
"LDP" 表示 X1 为一个与输入母线相连的上升沿检测触点。
"ORP" 表示触点 X2 与触点 X1 并联。
"ANDP" 表示触点 X3 与触点 M0 串联。

图 8-8　脉冲触点指令的应用

8.1.5　逻辑栈存储器指令的应用

在三菱 PLC 中，用来存储运算中间结果的存储器称为栈存储器。栈存储器存储数据和取出数据的原理与方法如图 8-9 所示。

逻辑栈存储器指令主要用来完成对触点进行复杂连接、配合数据块串联、并联指令使用。逻辑栈存储器指令包括逻辑进栈指令 MPS、逻辑读栈指令 MRD 和逻辑出栈指令 MPP 三种指令。

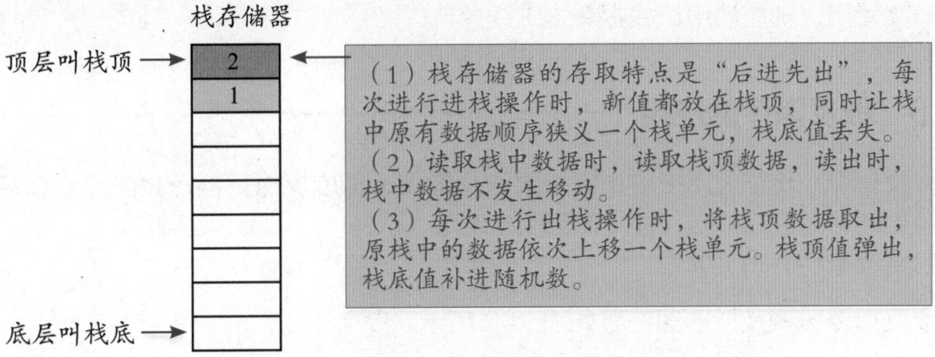
栈存储器
顶层叫栈顶
2
1
底层叫栈底
（1）栈存储器的存取特点是“后进先出”，每次进行进栈操作时，新值都放在栈顶，同时让栈中原有数据顺序狭义一个栈单元，栈底值丢失。
（2）读取栈中数据时，读取栈顶数据，读出时，栈中数据不发生移动。
（3）每次进行出栈操作时，将栈顶数据取出，原栈中的数据依次上移一个栈单元。栈顶值弹出，栈底值补进随机数。

图 8-9　逻辑栈存储器指令进栈、读栈、出栈规则

图 8–10 所示为梯形图中逻辑栈存储器指令的应用。

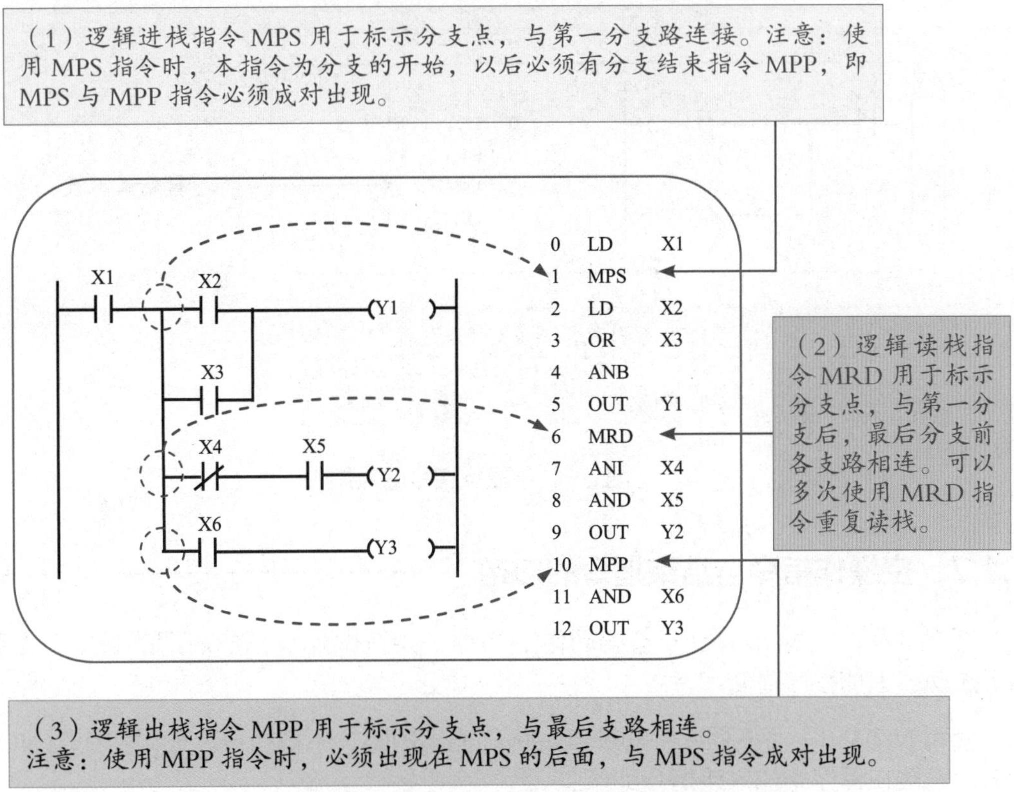
（1）逻辑进栈指令 MPS 用于标示分支点，与第一分支路连接。注意：使用 MPS 指令时，本指令为分支的开始，以后必须有分支结束指令 MPP，即 MPS 与 MPP 指令必须成对出现。
X1
X2
Y1
X3
X4
X5
Y2
X6
Y3
0 LD X1
1 MPS
2 LD X2
3 OR X3
4 ANB
5 OUT Y1
6 MRD
7 ANI X4
8 AND X5
9 OUT Y2
10 MPP
11 AND X6
12 OUT Y3
（2）逻辑读栈指令 MRD 用于标示分支点，与第一分支后，最后分支前各支路相连。可以多次使用 MRD 指令重复读栈。
（3）逻辑出栈指令 MPP 用于标示分支点，与最后支路相连。
注意：使用 MPP 指令时，必须出现在 MPS 的后面，与 MPS 指令成对出现。

图 8-10　梯形图中逻辑栈存储器指令的应用

说明：进栈的目的是将当前的逻辑运算结果暂时保存，完成本输出行指令。然后在进栈点上将逻辑运算结果读出来，完成下一重输出行指令。

如果是最后一次使用栈存储器内保存的结果，就必须是出栈指令 MPP，若不是

最后一次使用，则应该用读栈指令 MRD。

8.1.6 取反指令的应用

取反指令（INV）用来对逻辑结果取反操作，即取反执行指令之前的运算结果。即当运算结果为 0（OFF）时，取反后结果为 1（ON）；当运算结果为 1（ON）时，取反后结果变为 0（OFF）。

取反指令标识及梯形图符号如表 8-9 所示。

表 8-9 取反指令标识及梯形图符号

指令名称	梯形图符号	指令格式	功能
取反指令	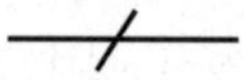	INV	对逻辑结果取反操作

取反指令的应用如图 8-11 所示。

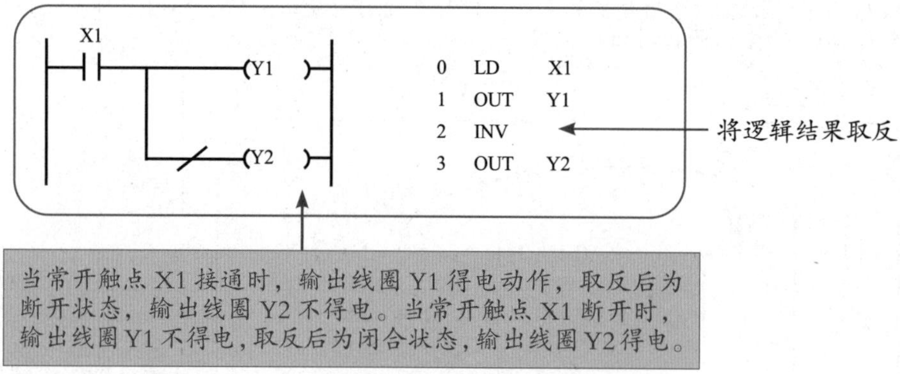
X1
Y1
Y2
0 LD X1
1 OUT Y1
2 INV
3 OUT Y2
将逻辑结果取反
当常开触点 X1 接通时，输出线圈 Y1 得电动作，取反后为断开状态，输出线圈 Y2 不得电。当常开触点 X1 断开时，输出线圈 Y1 不得电，取反后为闭合状态，输出线圈 Y2 得电。

图 8-11 取反指令的应用

8.1.7 空操作指令与结束指令的应用

空操作指令（NOP）是一条无动作的指令，会稍微延长扫描周期的长度，主要用于改动或追加程序时使用。

使用 NOP 指令可将程序中的触点短路、输出短路，不再执行。如果要使用 NOP 指令，直接在程序中加入该指令即可。

【实例 8-1】在给定程序中短路触点 X3

将下面程序中的常闭触点 X3 短路，具体方法如图 8-12 所示。

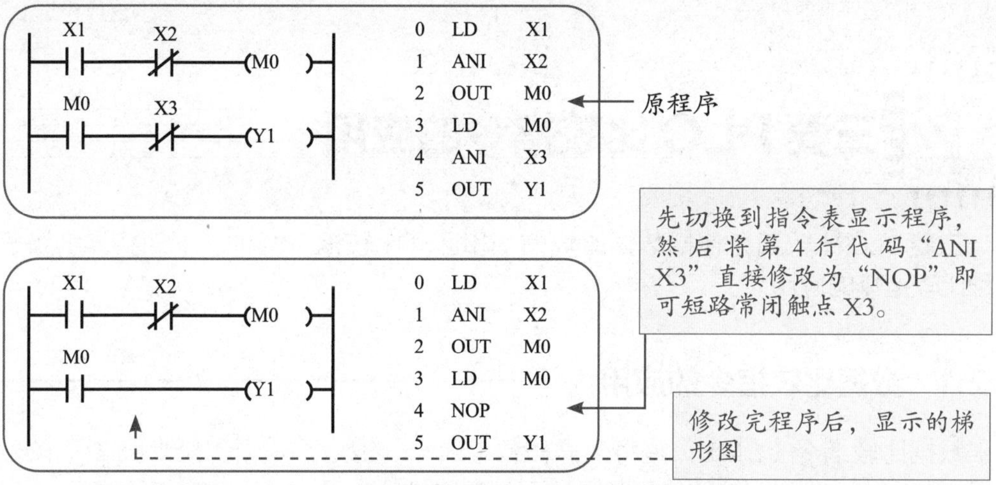
X1
X2
M0
M0
X3
Y1
0 LD X1
1 ANI X2
2 OUT M0
3 LD M0
4 ANI X3
5 OUT Y1
原程序
先切换到指令表显示程序，然后将第 4 行代码“ANI X3”直接修改为“NOP”即可短路常闭触点 X3。
X1
X2
M0
M0
Y1
0 LD X1
1 ANI X2
2 OUT M0
3 LD M0
4 NOP
5 OUT Y1
修改完程序后，显示的梯形图

图 8-12　短路触点 X3

结束指令（END）同样是一条无动作的指令，如果在一段程序后写入 END 指令，则 END 以后的程序不再执行，可将 END 指令前面的程序结果进行输出。

【实例 8-2】在给定程序中结束线圈输出 M0 后面的程序

将下面程序中线圈输出 M0 后面的程序结束，具体方法如图 8-13 所示。

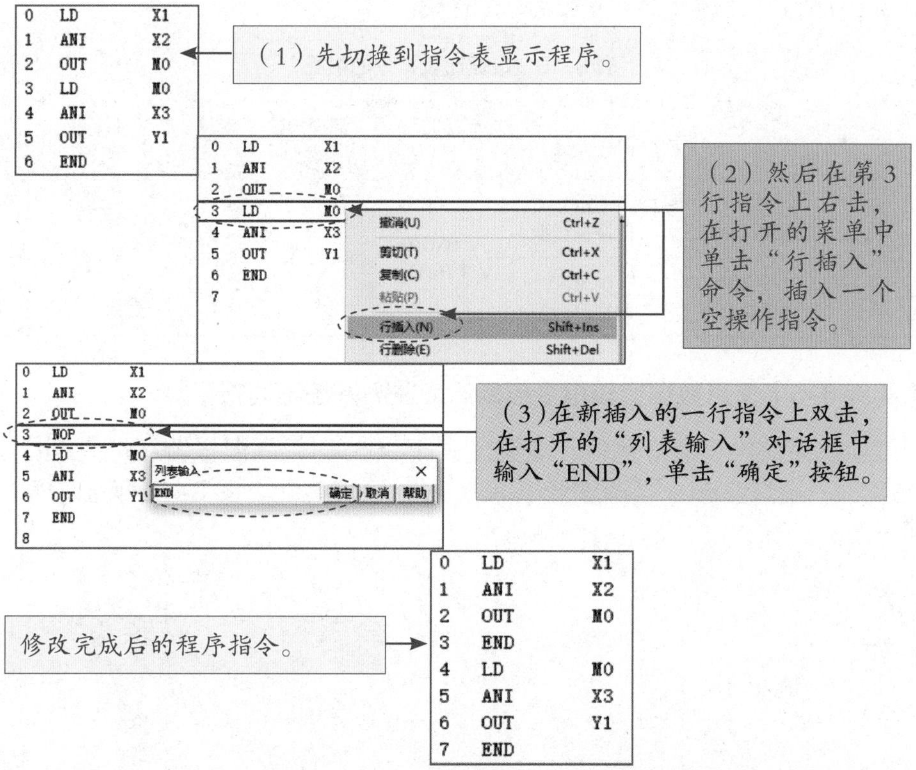
0 LD X1
1 ANI X2
2 OUT M0
3 LD M0
4 ANI X3
5 OUT Y1
6 END
（1）先切换到指令表显示程序。
撤消(U) Ctrl+Z
剪切(T) Ctrl+X
复制(C) Ctrl+C
粘贴(P) Ctrl+V
行插入(N) Shift+Ins
行删除(E) Shift+Del
（2）然后在第 3 行指令上右击，在打开的菜单中单击“行插入”命令，插入一个空操作指令。
3 NOP
列表输入
END
确定
取消
帮助
（3）在新插入的一行指令上双击，在打开的“列表输入”对话框中输入“END”，单击“确定”按钮。
修改完成后的程序指令。
0 LD X1
1 ANI X2
2 OUT M0
3 END
4 LD M0
5 ANI X3
6 OUT Y1
7 END

图 8-13　结束线圈输出 M0 后面的程序

8.2 三菱 PLC 比较指令的应用

三菱 PLC 比较指令包括数据比较指令和区间比较指令两种。下面将详细讲解这两种比较指令的应用。

8.2.1 数据比较指令的应用

数据比较指令（CMP）是将源操作数［S1•］的数据与源操作数［S2•］的数据进行比较大小，并将比较的结果传送到目标操作数［D•］中。比较有三种情况：大于、等于和小于。

数据比较指令可以比较两个 16 位二进制数，也可比较两个 32 位二进制数。在比较 32 位操作时，需使用前缀 D，即 DCMP 指令。

数据比较指令也有脉冲操作方式，使用后缀 P，即 CMPP 指令。CMPP 指令只有在驱动条件由 OFF 变为 ON 时进行一次比较。同样，如果比较 32 位脉冲操作需使用前缀 D，即 DCMPP 指令。

表 8–10 所示为数据比较所有指令的格式。

表 8–10 数据比较指令的格式

指令名称	助记符			功能码（处理位数）	源操作数［S1•］	源操作数［S2•］	目标操作数［D•］	占用程序步数
数据比较指令	16 位指令	CMP（连续执行型）	CMPP（脉冲执行型）	FNC10（16/32）	K、H、KnX、KnY、KnM、KnS、T、C、D、V、Z		Y、M、S	7 步
	32 位指令	DCMP（连续执行型）	DCMPP（脉冲执行型）					13 步

【实例 8–3】使用数据比较指令控制温度监测系统不同报警灯

温度监测系统中，有 3 盏灯，当温度高于 35℃时，高温报警红灯亮起；当温度等于 35℃时，黄灯亮起；当温度低于 35℃时，绿灯亮起。图 8–14 所示为温度监测系统梯形图。

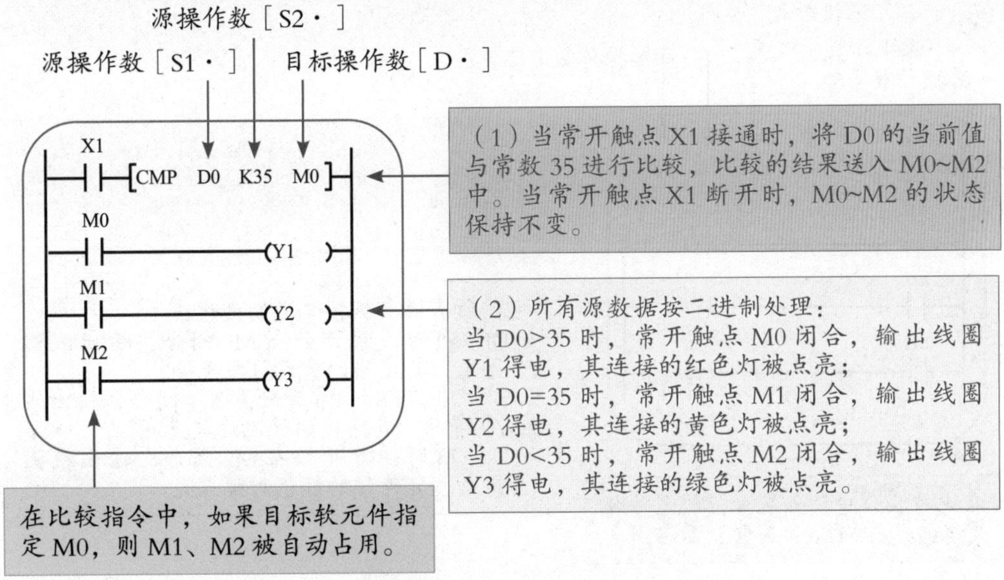
源操作数［S2·］
源操作数［S1·］
目标操作数［D·］
X1
CMP　D0　K35　M0
M0
Y1
M1
Y2
M2
Y3
（1）当常开触点 X1 接通时，将 D0 的当前值与常数 35 进行比较，比较的结果送入 M0~M2 中。当常开触点 X1 断开时，M0~M2 的状态保持不变。
（2）所有源数据按二进制处理：
当 D0>35 时，常开触点 M0 闭合，输出线圈 Y1 得电，其连接的红色灯被点亮；
当 D0=35 时，常开触点 M1 闭合，输出线圈 Y2 得电，其连接的黄色灯被点亮；
当 D0<35 时，常开触点 M2 闭合，输出线圈 Y3 得电，其连接的绿色灯被点亮。
在比较指令中，如果目标软元件指定 M0，则 M1、M2 被自动占用。

图 8-14　温度监测系统梯形图

8.2.2　区间比较指令的应用

区间比较指令 ZCP 是将源操作数［S•］的数据与两个源操作数［S1•］和［S2•］组成的数据区间进行代数比较，并将比较的结果传送到目标操作数［D•］中。［S1•］不得大于［S2•］。比较有三种情况：大于、等于、小于。

区间比较指令可以比较两个 16 位二进制数，也可比较两个 32 位二进制数。在比较 32 位操作时，需使用前缀 D，即 DZCP 指令。

区间比较指令也有脉冲操作方式，使用后缀 P，即 ZCPP 指令。ZCPP 指令只有在驱动条件由 OFF 变为 ON 时进行一次比较。同样，如果比较 32 位脉冲操作需使用前缀 D，即 DZCPP 指令。

表 8-11 所示为区间比较指令的格式。

表 8-11　区间比较指令的格式

指令名称	助记符			功能码（处理位数）	源操作数［S1•］、［S2•］、［S•］	目标操作数［D•］	占用程序步数
区间比较指令	16 位指令	ZCP（连续执行型）	ZCPP（脉冲执行型）	FNC11（16/32）	K、H、KnX、KnY、KnM、KnS、T、C、D、V、Z	Y、M、S	9 步
	32 位指令	DZCP（连续执行型）	DZCPP（脉冲执行型）				17 步

【实例 8-4】用温度监测系统检测锅炉温度

公共浴室温度监测系统中，有 3 盏灯，当温度高于 75℃时，高温报警红灯亮起；当温度小于 75℃大于 50℃时，绿灯亮起；当温度低于 50℃时，黄灯亮起。图 8-15 所示为锅炉温度监测系统梯形图。

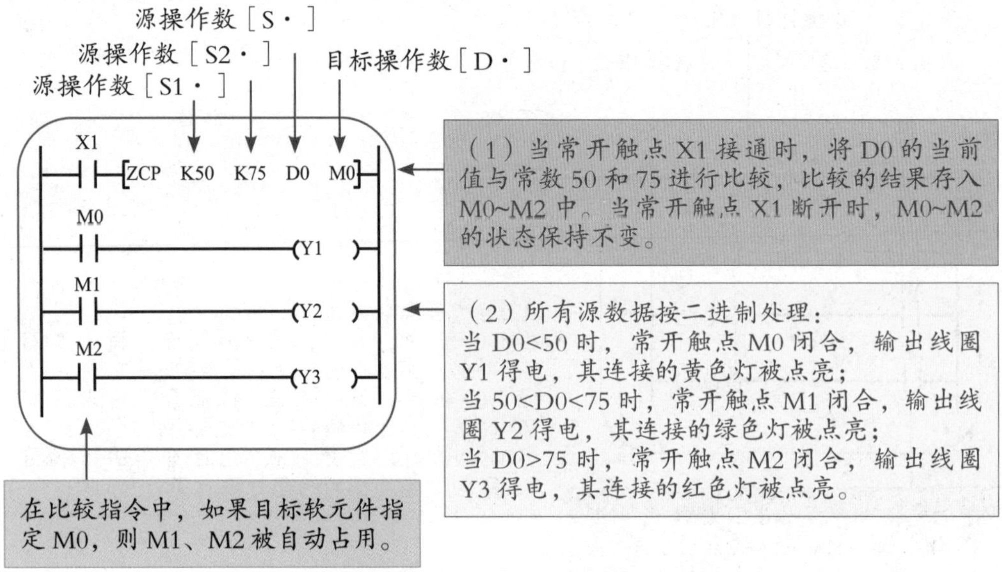
源操作数［S·］
源操作数［S2·］
目标操作数［D·］
源操作数［S1·］
X1
ZCP K50 K75 D0 M0
M0
Y1
M1
Y2
M2
Y3
（1）当常开触点 X1 接通时，将 D0 的当前值与常数 50 和 75 进行比较，比较的结果存入 M0~M2 中。当常开触点 X1 断开时，M0~M2 的状态保持不变。
（2）所有源数据按二进制处理：
当 D0<50 时，常开触点 M0 闭合，输出线圈 Y1 得电，其连接的黄色灯被点亮；
当 50<D0<75 时，常开触点 M1 闭合，输出线圈 Y2 得电，其连接的绿色灯被点亮；
当 D0>75 时，常开触点 M2 闭合，输出线圈 Y3 得电，其连接的红色灯被点亮。
在比较指令中，如果目标软元件指定 M0，则 M1、M2 被自动占用。

图 8-15　锅炉温度监测系统梯形图

8.3 三菱 PLC 数据处理指令的应用

三菱 PLC 数据处理指令主要包括区间复位指令（ZRST）、解码指令（DECO）、编码指令（ENCO）、浮点整数转换指令（FLT）等四种，下面将详细讲解以上四种数据处理指令的应用。

8.3.1 区间复位指令的应用

区间复位指令（ZRST），用来将指定范围内（［D1•］~［D2•］区间）的同类元件成批复位。

［D1•］和［D2•］可取 Y、M、S、T、C、D 操作数，且应为同类元件，同时［D1•］的元件号应小于［D2•］指定的元件号，若［D1•］的元件号大于［D2•］元件号，则只有［D1•］指定元件被复位。

表 8-12 所示为区间复位指令的格式。

表 8-12　区间复位指令的格式

指令名称	助记符	功能码（处理位数）	操作数［D1•］~［D2•］	占用程序步数
区间复位指令	ZRST/ZRSTP	FNC40（16）	Y、M、S、T、C、D D1 = D2	5 步

区间复位指令的应用如图 8-16 所示。

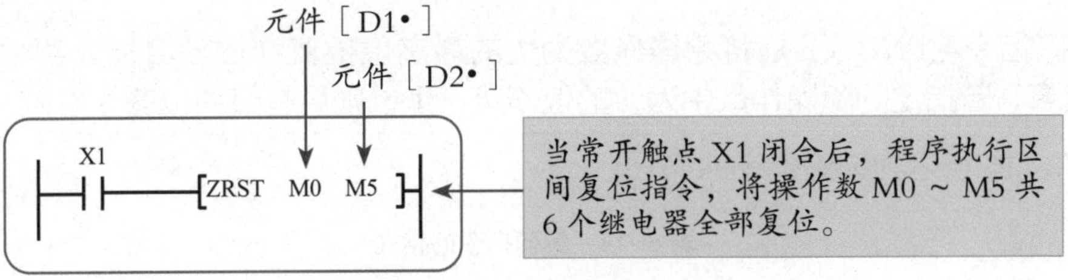
元件［D1•］
元件［D2•］
X1
ZRST　M0　M5
当常开触点 X1 闭合后，程序执行区间复位指令，将操作数 M0 ~ M5 共 6 个继电器全部复位。

图 8-16　区间复位指令的应用

8.3.2　解码指令的应用

解码指令（ENCO），也称译码指令，可通过源数据中的数值把目标元件的指定位置位。该指令将目标元件的某一位置 1，其他位置 0，置 1 位的位置由源操作数的十进制码决定。

表 8-13 所示为解码指令的格式。

表 8-13　解码指令的格式

指令名称	助记符	功能码（处理位数）	源操作数［S•］	目标操作数［D•］	n	占用程序步数
解码指令	DECO/DECOP	FNC41（16）	K、H、X、Y、M、S、T、C、D、V、Z	Y、M、S、T、C、D	K、H：1 = n = 8	7 步

解码指令的应用如图 8-17 所示。

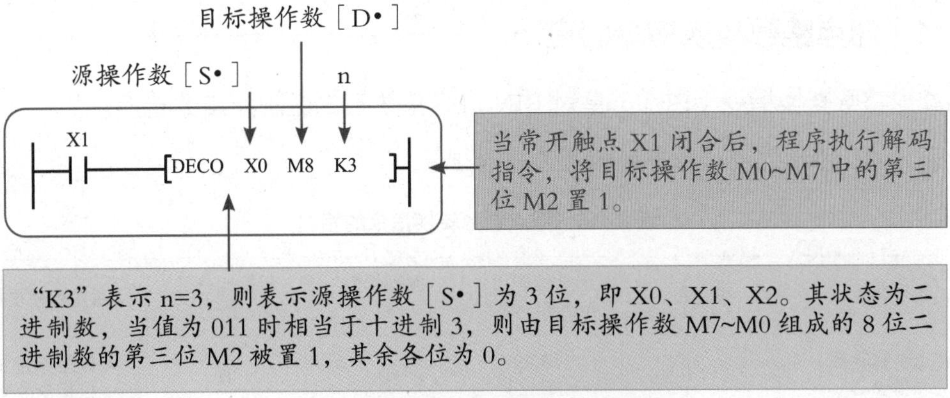
目标操作数［D•］
源操作数［S•］
n
X1
DECO　X0　M8　K3
当常开触点 X1 闭合后，程序执行解码指令，将目标操作数 M0~M7 中的第三位 M2 置 1。
“K3”表示 n=3，则表示源操作数［S•］为 3 位，即 X0、X1、X2。其状态为二进制数，当值为 011 时相当于十进制 3，则由目标操作数 M7~M0 组成的 8 位二进制数的第三位 M2 被置 1，其余各位为 0。

图 8-17　解码指令的应用

8.3.3 编码指令的应用

编码指令（ENCO）是将源操作数为 1 的最高位位置存放到目标元件中，只有 16 位运算。若指定的源操作数中为 1 的位不止一个，则只有最高位的 1 有效。

表 8–14 所示为编码指令的格式。

表 8–14 编码指令的格式

指令名称	助记符	功能码（处理位数）	源操作数［S•］	目标操作数［D•］	n	占用程序步数
编码指令	ENCO/ENCOP	FNC42（16）	X、Y、M、S、T、C、D、V、Z	T、C、D、V、Z	K、H：1 = n = 8	7 步

编码指令的应用如图 8–18 所示。

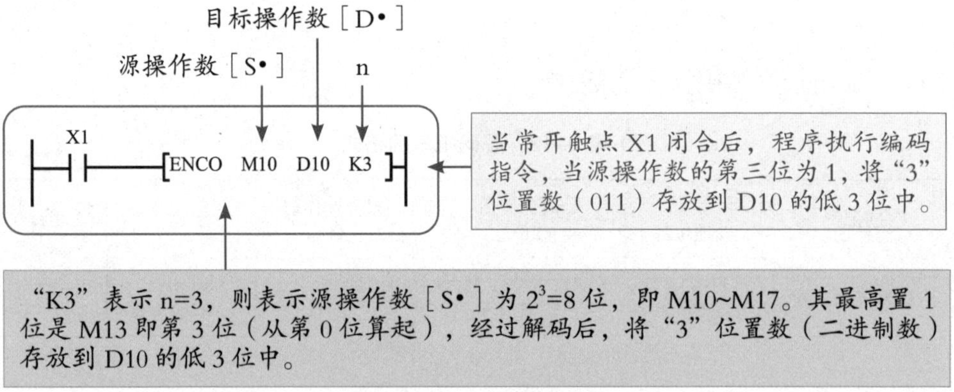
目标操作数［D•］
源操作数［S•］
n
X1
ENCO M10 D10 K3
当常开触点 X1 闭合后，程序执行编码指令，当源操作数的第三位为 1，将“3”位置数（011）存放到 D10 的低 3 位中。
“K3”表示 n=3，则表示源操作数［S•］为 2³=8 位，即 M10~M17。其最高置 1 位是 M13 即第 3 位（从第 0 位算起），经过解码后，将“3”位置数（二进制数）存放到 D10 的低 3 位中。

图 8–18 编码指令的应用

8.3.4 浮点整数转换指令的应用

浮点整数转换指令（FLT）是对 BIN 进行整数到二进制浮点数转换。

表 8–15 所示为浮点整数转换指令的格式。

表 8–15 浮点整数转换指令的格式

指令名称	助记符	功能码（处理位数）	源操作数［S•］	目标操作数［D•］	占用程序步数
浮点整数转换指令	FLT	FNC49（16/32）	D	D	16 位指令为 5 步 32 位指令为 9 步

浮点整数转换指令的应用如图 8-19 所示。

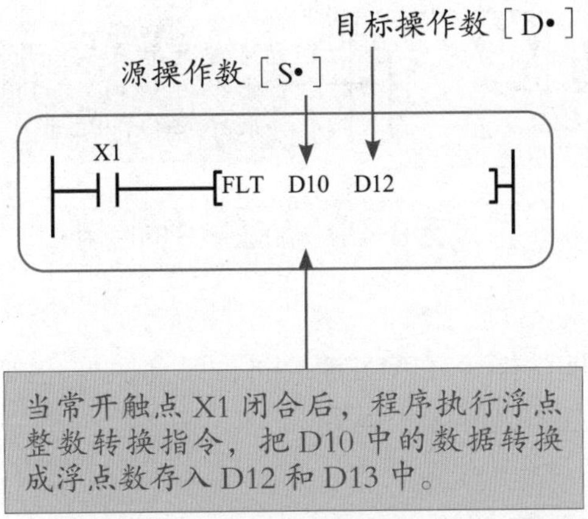
目标操作数［D•］
源操作数［S•］
X1
FLT　D10　D12
当常开触点 X1 闭合后，程序执行浮点整数转换指令，把 D10 中的数据转换成浮点数存入 D12 和 D13 中。

图 8-19　浮点整数转换指令的应用

8.4 三菱 PLC 四则运算指令的应用

三菱 PLC 可以对数据进行加减乘除四则运算。四则运算指令主要包括加法指令（ADD）、减法指令（SUB）、乘法指令（MUL）、除法指令（DIV）、加 1 指令（INC）和减 1 指令（DEC）等六种，下面将详细讲解四则运算指令的应用。

8.4.1　加法指令的应用

三菱 PLC 加法指令（ADD）用于将两个源元件中的二进制数相加，并将结果存入目标元件中。

表 8-16 所示为加法指令的格式。

表 8-16　加法指令的格式

指令名称	助记符			功能码（处理位数）	源操作数［S1•］	源操作数［S2•］	目标操作数［D•］	占用程序步数
加法指令	16 位指令	ADD（连续执行型）	ADDP（脉冲执行型）	FNC20（16/32）	K、H、KnX、KnY、KnM、KnS、T、C、D、V、Z		KnY、KnM、KnS、T、C、D、V、Z	7 步
	32 位指令	DADD（连续执行型）	DADDP（脉冲执行型）					13 步

加法指令的应用如图 8-20 所示。

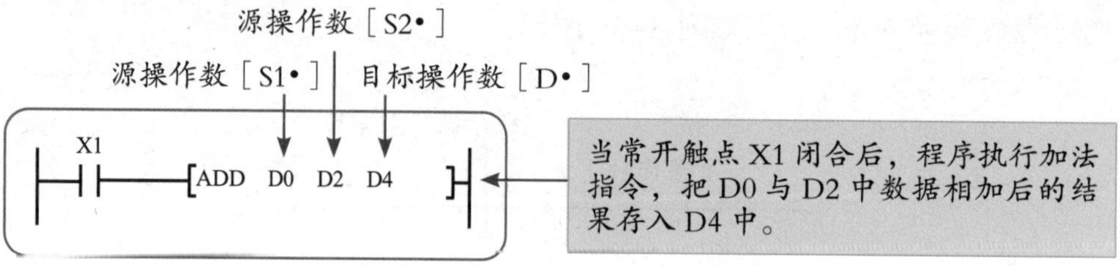
源操作数［S2•］
源操作数［S1•］
目标操作数［D•］
X1
ADD D0 D2 D4
当常开触点 X1 闭合后，程序执行加法指令，把 D0 与 D2 中数据相加后的结果存入 D4 中。

图 8-20 加法指令的应用

提示：在执行脉冲加法指令（ADDP）时，只会执行一次加法运算，此后即使连接的常开触点一直闭合也不执行加法运算。

8.4.2 减法指令的应用

三菱 PLC 减法指令（SUB）用于将第一个源元件和第二个源元件中的二进制数相减，并将结果存入目标元件中。

表 8-17 所示为减法指令的格式。

表 8-17 减法指令的格式

指令名称	助记符			功能码（处理位数）	源操作数［S1•］	源操作数［S2•］	目标操作数［D•］	占用程序步数
减法指令	16 位指令	SUB（连续执行型）	SUBP（脉冲执行型）	FNC21（16/32）	K、H、KnX、KnY、KnM、KnS、T、C、D、V、Z		KnY、KnM、KnS、T、C、D、V、Z	7 步
	32 位指令	DSUB（连续执行型）	DSUBP（脉冲执行型）					13 步

减法指令的应用如图 8-21 所示。

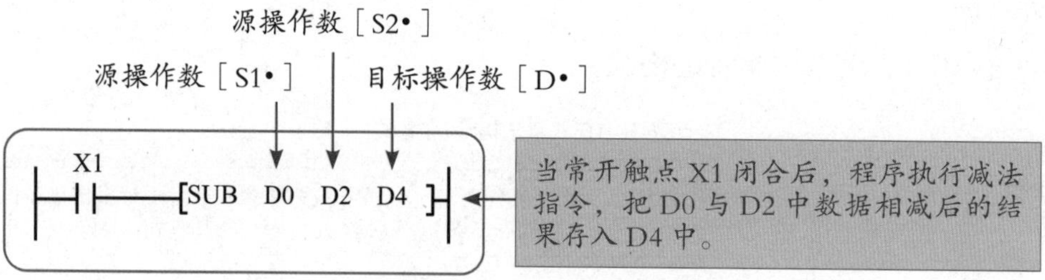
源操作数［S2•］
源操作数［S1•］
目标操作数［D•］
X1
SUB D0 D2 D4
当常开触点 X1 闭合后，程序执行减法指令，把 D0 与 D2 中数据相减后的结果存入 D4 中。

图 8-21 减法指令的应用

8.4.3 乘法指令的应用

三菱 PLC 乘法指令（MUL）用于将两个源元件中的二进制数相乘，并将结果存入目标元件中。如果是 16 位的乘法，乘积是 32 位；如果是 32 位的乘法，乘积是 64

位，数据的最高位是符号位。

表 8-18 所示为乘法指令的格式。

表 8-18　乘法指令的格式

指令名称	助记符			功能码（处理位数）	源操作数［S1•］	源操作数［S2•］	目标操作数［D•］	占用程序步数
乘法指令	16 位指令	MUL（连续执行型）	MULP（脉冲执行型）	FNC22（16/32）	K、H、KnX、KnY、KnM、KnS、T、C、D、V、Z		KnY、KnM、KnS、T、C、D、V、Z	7 步
	32 位指令	DMUL（连续执行型）	DMULP（脉冲执行型）		K、H、KnX、KnY、KnM、KnS、T、C、D			13 步

乘法指令的应用如图 8-22 所示。

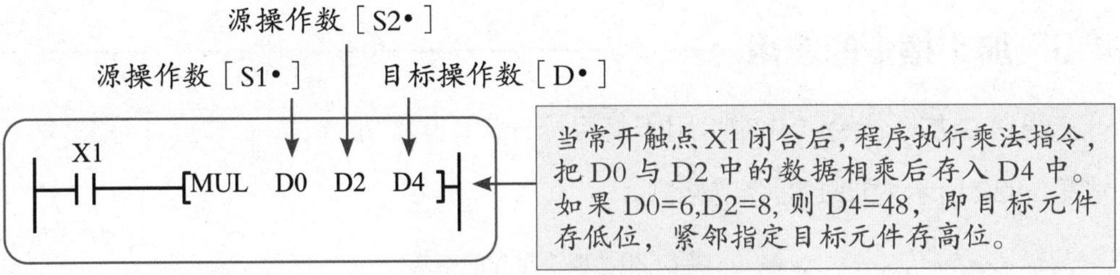
源操作数［S2•］
源操作数［S1•］
目标操作数［D•］
X1
MUL　D0　D2　D4
当常开触点 X1 闭合后，程序执行乘法指令，把 D0 与 D2 中的数据相乘后存入 D4 中。如果 D0=6,D2=8, 则 D4=48，即目标元件存低位，紧邻指定目标元件存高位。

图 8-22　乘法指令的应用

8.4.4　除法指令的应用

三菱 PLC 除法指令（DIV）用于将第一个源元件作为被除数，第二个源元件作为除数，将商存到指定的目标元件中。如果是 16 位除法，商和余数都是 16 位，商在低位，余数在高位。

表 8-19 所示为除法指令的格式。

表 8-19　除法指令的格式

指令名称	助记符			功能码（处理位数）	源操作数［S1•］	源操作数［S2•］	目标操作数［D•］	占用程序步数
除法指令	16 位指令	DIV（连续执行型）	DIVP（脉冲执行型）	FNC23（16/32）	K、H、KnX、KnY、KnM、KnS、T、C、D、V、Z		KnY、KnM、KnS、T、C、D、V、Z	7 步
	32 位指令	DDIV（连续执行型）	DDIVP（脉冲执行型）		K、H、KnX、KnY、KnM、KnS、T、C、D			13 步

除法指令的应用如图 8-23 所示。

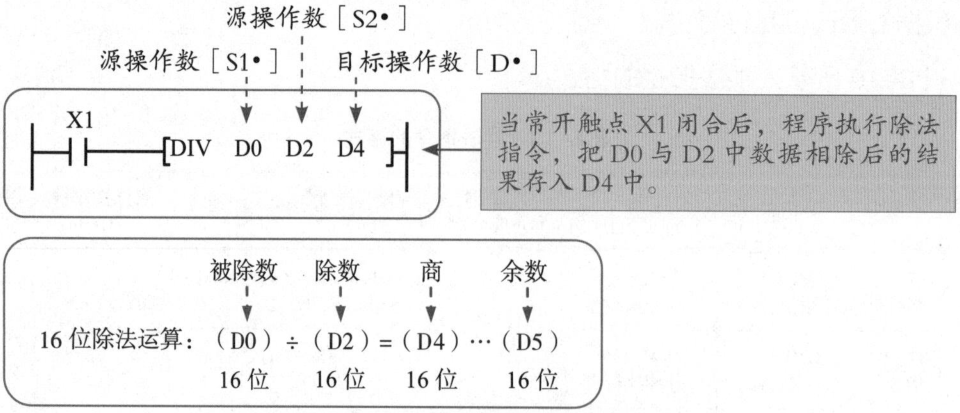
源操作数［S2•］
源操作数［S1•］
目标操作数［D•］
X1
DIV D0 D2 D4
当常开触点 X1 闭合后，程序执行除法指令，把 D0 与 D2 中数据相除后的结果存入 D4 中。
被除数 除数 商 余数
16 位除法运算：（D0）÷（D2）=（D4）…（D5）
16 位 16 位 16 位 16 位

图 8-23 除法指令的应用

8.4.5 加 1 指令的应用

三菱 PLC 加 1 指令（INC）用于将目标元件中的数加 1。

表 8-20 所示为加 1 指令的格式。

表 8-20 加 1 指令的格式

指令名称	助记符			功能码（处理位数）	目标操作数［D•］	占用程序步数
加 1 指令	16 位指令	INC（连续执行型）	INCP（脉冲执行型）	FNC24（16/32）	KnY、KnM、KnS、T、C、D、V、Z	3 步
	32 位指令	DINC（连续执行型）	DINCP（脉冲执行型）			5 步

加 1 指令的应用如图 8-24 所示。

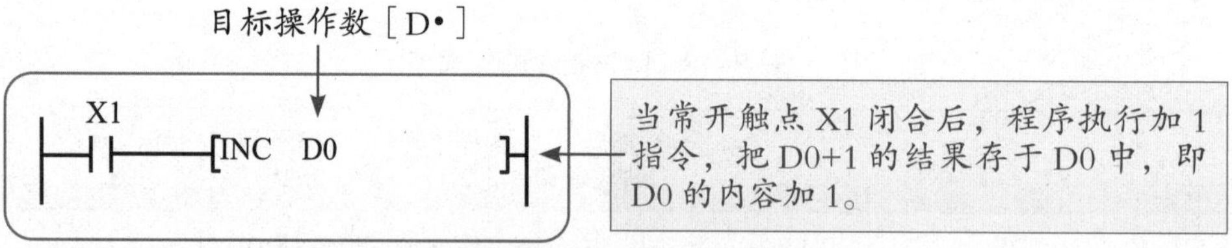
目标操作数［D•］
X1
INC D0
当常开触点 X1 闭合后，程序执行加 1 指令，把 D0+1 的结果存于 D0 中，即 D0 的内容加 1。

图 8-24 加 1 指令的应用

8.4.6 减 1 指令的应用

三菱 PLC 减 1 指令（DEC）用于将目标元件中的数减 1。

表 8-21 所示为减 1 指令的格式。

表 8-21　减 1 指令的格式

指令名称	助记符			功能码（处理位数）	目标操作数［D•］	占用程序步数
减 1 指令	16 位指令	DEC（连续执行型）	DECP（脉冲执行型）	FNC25（16/32）	KnY、KnM、KnS、T、C、D、V、Z	3 步
	32 位指令	DDEC（连续执行型）	DDECP（脉冲执行型）			5 步

减 1 指令的应用如图 8-25 所示。

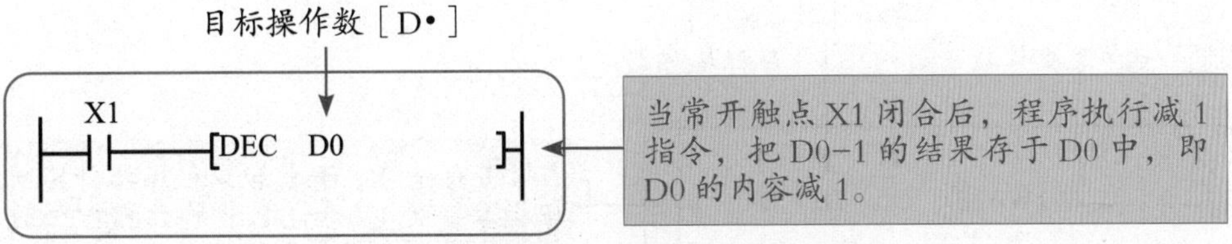
目标操作数［D•］
X1
DEC　D0
当常开触点 X1 闭合后，程序执行减 1 指令，把 D0-1 的结果存于 D0 中，即 D0 的内容减 1。

图 8-25　减 1 指令的应用

8.5 三菱 PLC 逻辑运算指令的应用

三菱 PLC 中的逻辑运算指令是对逻辑数（无符号数）进行逻辑运算处理的指令。逻辑运算指令包括逻辑字与指令（WAND）、逻辑字或指令（WOR）、逻辑字异或指令（WXOR）、逻辑求补指令（NEG）等四种。下面将详细讲解逻辑运算指令的应用。

8.5.1　逻辑字与指令的应用

逻辑字与指令（WAND）是指将两个源元件中的数按位进行与运算操作，并将结果存到指定的目标元件中。逻辑与的运算关系为：只有两个位数据都是真（1），逻辑与结果才是真（1）。表 8-22 所示为逻辑与运算关系（C=A•B）。

表 8-22　逻辑与运算关系

A	B	C
0	0	0
0	1	0
1	0	0
1	1	1

表 8–23 所示为逻辑字与指令的格式。

表 8–23　逻辑字与指令的格式

指令名称	助记符	功能码（处理位数）	源操作数［S1•］、［S2•］	目标操作数［D•］	占用程序步数
逻辑字与	WAND	FNC26（16/32）	K、H、KnX、KnY、KnM、KnS、T、C、D、V、Z（V、Z 只能用于 16 位计算）	KnY、KnM、KnS、T、C、D、V、Z	16 位指令为 7 步 32 位指令为 13 步

图 8–26 所示为逻辑字与指令的应用。

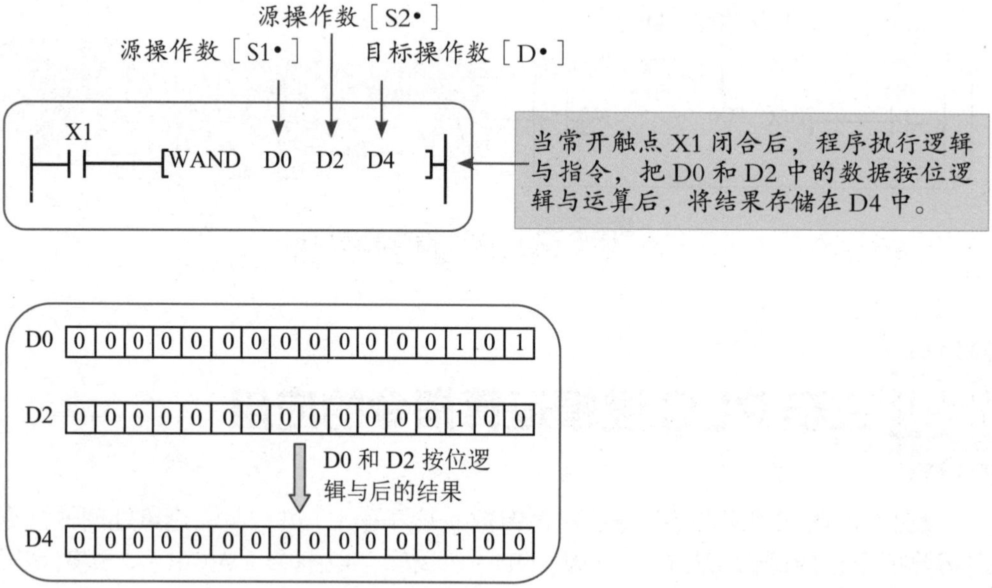
源操作数［S2•］
源操作数［S1•］
目标操作数［D•］
X1
WAND D0 D2 D4
当常开触点 X1 闭合后，程序执行逻辑与指令，把 D0 和 D2 中的数据按位逻辑与运算后，将结果存储在 D4 中。
D0 0 0 0 0 0 0 0 0 0 0 0 0 0 1 0 1
D2 0 0 0 0 0 0 0 0 0 0 0 0 0 1 0 0
D0 和 D2 按位逻辑与后的结果
D4 0 0 0 0 0 0 0 0 0 0 0 0 0 1 0 0

图8–26　逻辑字与指令的应用

8.5.2　逻辑字或指令的应用

逻辑字或指令（WOR），是指将两个源元件中的数按位进行或运算操作，并将结果存到指定的目标元件中。逻辑或的运算关系为：只要有一个位数据是真（1），逻辑或结果就为真（1）。表 8–24 所示为逻辑或运算关系（C=A+B）。

表 8–24　逻辑或运算关系

A	B	C
0	0	0
0	1	1
1	0	1
1	1	1

表 8–25 所示为逻辑字或指令的格式。

表 8–25　逻辑字或指令的格式

指令名称	助记符	功能码（处理位数）	源操作数［S1•］、［S2•］	目标操作数［D•］	占用程序步数
逻辑字或	WOR	FNC27（16/32）	K、H、KnX、KnY、KnM、KnS、T、C、D、V、Z（V、Z 只能用于 16 位计算）	KnY、KnM、KnS、T、C、D、V、Z	16 位指令为 7 步 32 位指令为 13 步

图 8–27 所示为逻辑字或指令的应用。

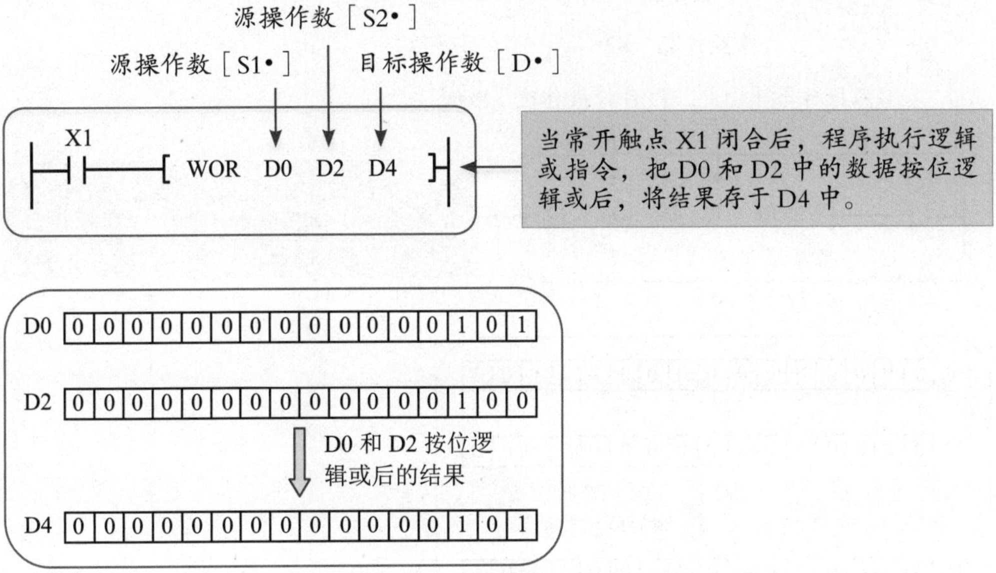
源操作数［S2•］
源操作数［S1•］
目标操作数［D•］
X1
WOR　D0　D2　D4
当常开触点 X1 闭合后，程序执行逻辑或指令，把 D0 和 D2 中的数据按位逻辑或后，将结果存于 D4 中。
D0　0 0 0 0 0 0 0 0 0 0 0 0 0 1 0 1
D2　0 0 0 0 0 0 0 0 0 0 0 0 0 1 0 0
D0 和 D2 按位逻辑或后的结果
D4　0 0 0 0 0 0 0 0 0 0 0 0 0 1 0 1

图 8–27　逻辑字或指令的应用

8.5.3　逻辑字异或指令的应用

逻辑字异或指令（WXOR）是指将两个源元件中的数按位进行异或运算操作，并将结果存到指定的目标元件中。逻辑异或的运算关系为：只有两个位数据不同时为真（1）或同时为假（0），逻辑异或结果才为真（1）。表 8–26 所示为逻辑异或运算关系（C=A ⊕ B）。

表 8–26　逻辑异或运算关系

A	B	C
0	0	0
0	1	1
1	0	1
1	1	0

表 8–27 所示为逻辑字异或指令的格式。

表 8–27　逻辑字异或指令的格式

指令名称	助记符	功能码（处理位数）	源操作数 [S1•]、[S2•]	目标操作数 [D•]	占用程序步数
逻辑字异或	WXOR	FNC28（16/32）	K、H、KnX、KnY、KnM、KnS、T、C、D、V、Z（V、Z 只能用于 16 位计算）	KnY、KnM、KnS、T、C、D、V、Z	16 位指令为 7 步 32 位指令为 13 步

图 8–28 所示为逻辑字异或指令的应用。

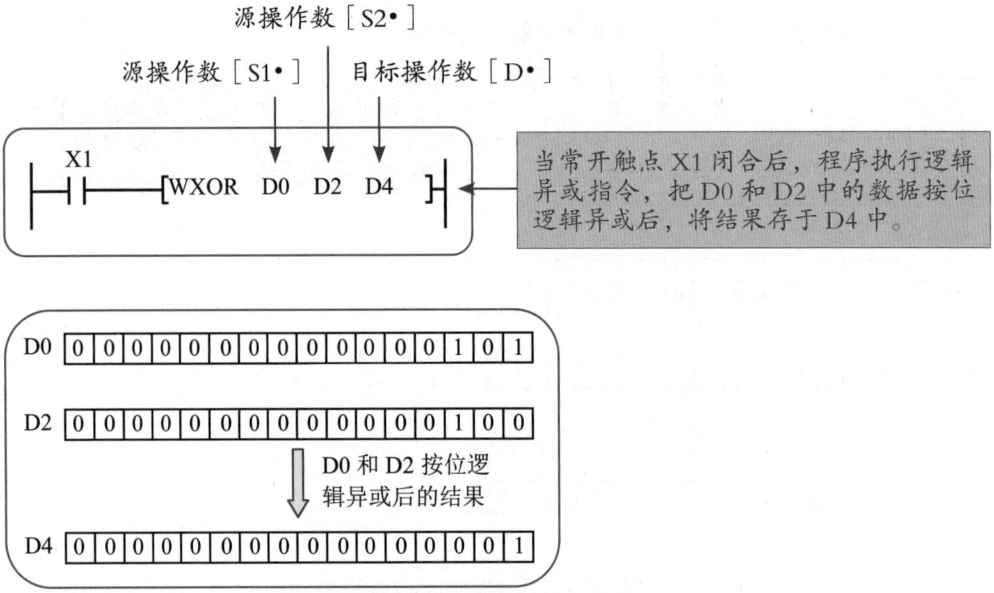
源操作数 [S2•]
源操作数 [S1•]
目标操作数 [D•]
X1
[WXOR D0 D2 D4]
当常开触点 X1 闭合后，程序执行逻辑异或指令，把 D0 和 D2 中的数据按位逻辑异或后，将结果存于 D4 中。
D0 0 0 0 0 0 0 0 0 0 0 0 0 0 1 0 1
D2 0 0 0 0 0 0 0 0 0 0 0 0 0 1 0 0
D0 和 D2 按位逻辑异或后的结果
D4 0 0 0 0 0 0 0 0 0 0 0 0 0 0 0 1

图 8–28　逻辑字异或指令的应用

8.5.4　求补指令的应用

求补指令（NEG）用于将目标地址中指定的数据每一位取反后再加 1，并将结果存在原单元中。求补指令是绝对值不变的变号操作，因此对正数求补得到的是它们的相反数，对负数求补得到它的绝对值。

表 8–28 所示为求补指令的格式。

表 8–28　求补指令的格式

指令名称	助记符	功能码（处理位数）	目标操作数 [D•]	占用程序步数
求补指令	NEG	FNC29（16/32）	KnY、KnM、KnS、T、C、D、V、Z	16 位指令为 3 步 32 位指令为 5 步

图 8-29 所示为求补指令的应用。

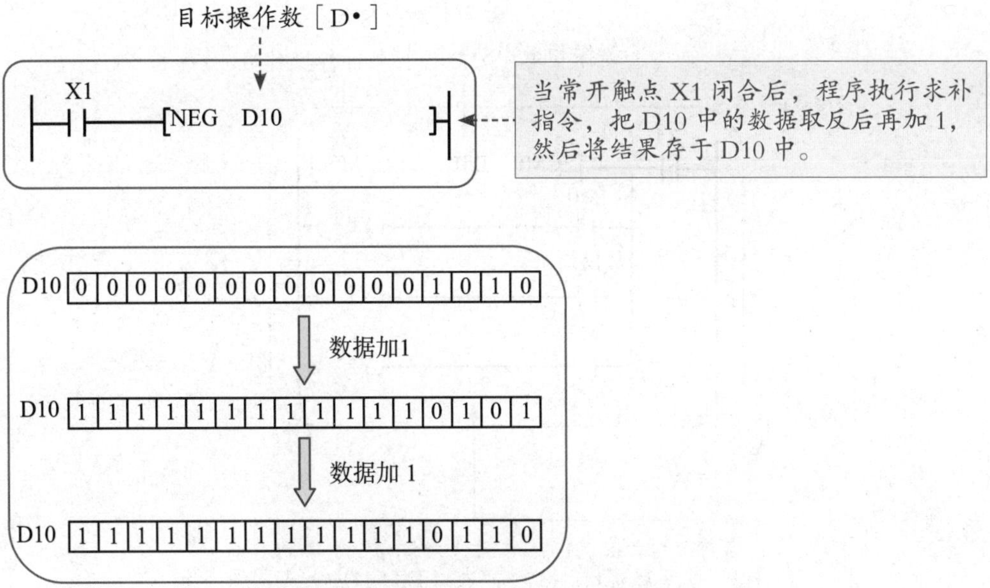
目标操作数［D•］
X1
NEG　D10
当常开触点 X1 闭合后，程序执行求补指令，把 D10 中的数据取反后再加 1，然后将结果存于 D10 中。
D10 0 0 0 0 0 0 0 0 0 0 0 0 1 0 1 0
数据加1
D10 1 1 1 1 1 1 1 1 1 1 1 1 0 1 0 1
数据加 1
D10 1 1 1 1 1 1 1 1 1 1 1 1 0 1 1 0

图8-29　求补指令的应用

8.6 三菱 PLC 浮点数运算指令的应用

三菱 PLC 不仅可以进行整数运算，还可以进行浮点数运算。浮点数运算指令包括二进制浮点数比较指令（ECMP）、二进制浮点数加法指令（EADD）、二进制浮点数减法指令（ESUB）、二进制浮点数乘法指令（EMUL）、二进制浮点数除法指令（EDIV）、二进制浮点数与十进制浮点数之间的转换指令（EBCD）等。

8.6.1　二进制浮点数比较指令的应用

二进制浮点数比较指令（ECMP）可以对两个源操作数进行比较，将结果存入目标操作数中。如果操作数为常数则自动转换成二进制浮点值处理。

表 8-29 所示为二进制浮点数比较指令的格式。

表 8-29　二进制浮点数比较指令的格式

指令名称	助记符	功能码（处理位数）	源操作数［S1•］、［S2•］	目标操作数［D•］	占用程序步数
二进制浮点数比较指令	ECMP	FNC110（只有 32 位）	K、H、D	Y、M、S	13 步

图 8–30 所示为二进制浮点数比较指令的应用。

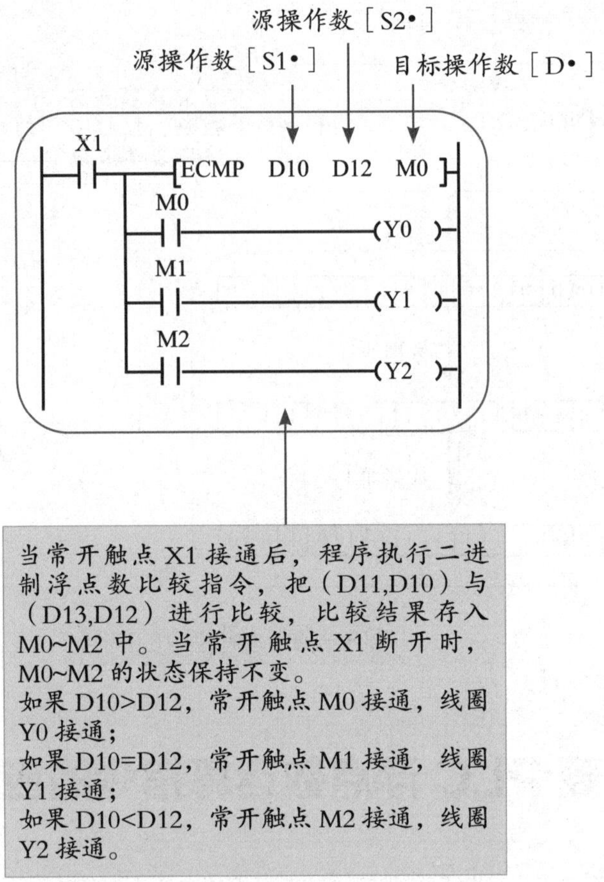
源操作数［S2•］
源操作数［S1•］
目标操作数［D•］
X1
ECMP D10 D12 M0
M0
Y0
M1
Y1
M2
Y2
当常开触点 X1 接通后，程序执行二进制浮点数比较指令，把（D11,D10）与（D13,D12）进行比较，比较结果存入 M0~M2 中。当常开触点 X1 断开时，M0~M2 的状态保持不变。
如果 D10>D12，常开触点 M0 接通，线圈 Y0 接通；
如果 D10=D12，常开触点 M1 接通，线圈 Y1 接通；
如果 D10<D12，常开触点 M2 接通，线圈 Y2 接通。

图8–30 二进制浮点数比较指令的应用

8.6.2 二进制浮点数区间比较指令的应用

二进制浮点数比较指令（EZCP），是将源操作数［S•］的数据与两个源操作数［S1•］和［S2•］组成的数据区间进行代数比较，并将比较的结果存到目标操作数［D•］中。如果操作数为常数则自动转换成二进制浮点值处理。

表 8–30 所示为二进制浮点数区间比较指令的格式。

表 8–30 二进制浮点数区间比较指令的格式

指令名称	助记符	功能码（处理位数）	源操作数［S•］、［S1•］、［S2•］	目标操作数［D•］	占用程序步数
二进制浮点数区间比较指令	EZCP	FNC111（只有 32 位）	K、H、D（［S1•］≤［S2•］）	Y、M、S	17 步

图 8–31 所示为二进制浮点数区间比较指令的应用。

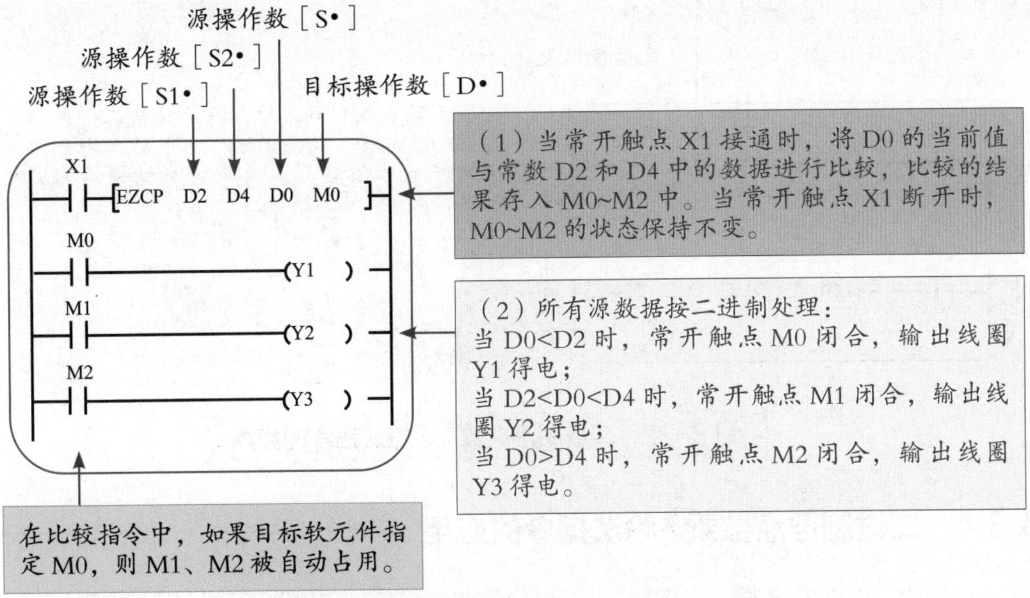

源操作数［S•］
源操作数［S2•］
源操作数［S1•］
目标操作数［D•］
X1
EZCP D2 D4 D0 M0
M0
Y1
M1
Y2
M2
Y3
（1）当常开触点 X1 接通时，将 D0 的当前值与常数 D2 和 D4 中的数据进行比较，比较的结果存入 M0~M2 中。当常开触点 X1 断开时，M0~M2 的状态保持不变。
（2）所有源数据按二进制处理：
当 D0<D2 时，常开触点 M0 闭合，输出线圈 Y1 得电；
当 D2<D0<D4 时，常开触点 M1 闭合，输出线圈 Y2 得电；
当 D0>D4 时，常开触点 M2 闭合，输出线圈 Y3 得电。
在比较指令中，如果目标软元件指定 M0，则 M1、M2 被自动占用。

图 8-31　二进制浮点数区间比较指令应用

8.6.3　二进制浮点数加 / 减法指令的应用

二进制浮点数加法指令（EADD）可以对两个源操作数的二进制浮点数进行加法运算，将结果存入目标操作数中。

二进制浮点数减法指令（ESUB）可以对两个源操作数的二进制浮点数进行减法运算，将结果存入目标操作数中。

表 8-31 所示为二进制浮点数加 / 减法指令的格式。

表 8-31　二进制浮点数加 / 减法指令的格式

指令名称	助记符	功能码（处理位数）	源操作数［S1•］、［S2•］	目标操作数［D•］	占用程序步数
二进制浮点数加法指令	EADD	FNC120（只有32位）	K、H、D	D	13 步
二进制浮点数减法指令	ESUB	FNC121（只有32位）	K、H、D	D	13 步

图 8-32 所示为二进制浮点数加 / 减法指令的应用。

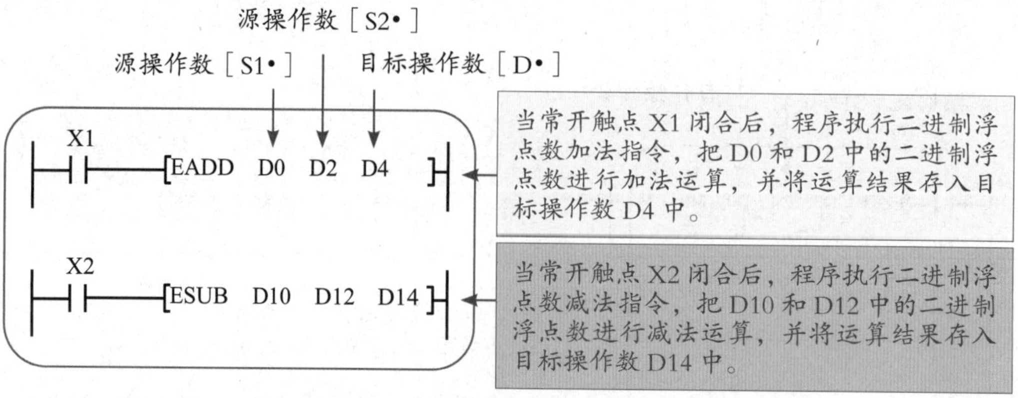
源操作数［S2•］
源操作数［S1•］
目标操作数［D•］
X1
EADD D0 D2 D4
X2
ESUB D10 D12 D14
当常开触点 X1 闭合后，程序执行二进制浮点数加法指令，把 D0 和 D2 中的二进制浮点数进行加法运算，并将运算结果存入目标操作数 D4 中。
当常开触点 X2 闭合后，程序执行二进制浮点数减法指令，把 D10 和 D12 中的二进制浮点数进行减法运算，并将运算结果存入目标操作数 D14 中。

图 8-32　二进制浮点数加 / 减法指令的应用

8.6.4　二进制浮点数乘 / 除法指令的应用

二进制浮点数乘法指令（EMUL）可以对两个源操作数的二进制浮点数进行乘法运算，将结果存入目标操作数中。

二进制浮点数乘法指令（EDIV）可以对两个源操作数的二进制浮点数进行除法运算，将结果存入目标操作数中。

表 8-32 所示为二进制浮点数乘 / 除法指令的格式。

表 8-32　二进制浮点数乘 / 除法指令的格式

指令名称	助记符	功能码（处理位数）	源操作数［S1•］、［S2•］	目标操作数［D•］	占用程序步数
二进制浮点数乘法指令	EMUL	FNC122（只有 32 位）	K、H、D	D	13 步
二进制浮点数除法指令	EDIV	FNC123（只有 32 位）	K、H、D	D	13 步

图 8-33 所示为二进制浮点数乘 / 除法指令的应用。

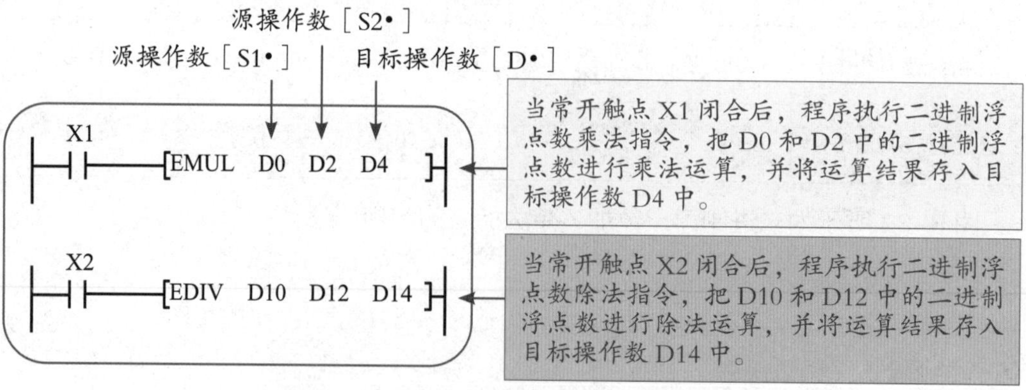
源操作数［S2•］
源操作数［S1•］
目标操作数［D•］
X1
EMUL D0 D2 D4
X2
EDIV D10 D12 D14
当常开触点 X1 闭合后，程序执行二进制浮点数乘法指令，把 D0 和 D2 中的二进制浮点数进行乘法运算，并将运算结果存入目标操作数 D4 中。
当常开触点 X2 闭合后，程序执行二进制浮点数除法指令，把 D10 和 D12 中的二进制浮点数进行除法运算，并将运算结果存入目标操作数 D14 中。

图 8-33　二进制浮点数乘 / 除法指令的应用

8.6.5　二进制浮点数和十进制浮点数转换指令的应用

二进制浮点数转十进制浮点数指令（EBCD），可以将源操作数的二进制浮点数转换成十进制浮点数，将结果存入目标操作数中。

十进制浮点数转二进制浮点数指令（EBIN），可以将源操作数的十进制浮点数转换成二进制浮点数，将结果存入目标操作数中。

表 8–33 所示为二进制浮点数和十进制浮点数转换指令的格式。

表 8–33　二进制浮点数和十进制浮点数转换指令的格式

指令名称	助记符	功能码（处理位数）	源操作数［S1•］、［S2•］	目标操作数［D•］
二进制浮点数转十进制浮点数	EBCD	FNC118（只有 32 位）	D	D
十进制浮点数转二进制浮点数	EBIN	FNC119（只有 32 位）	D	D

图 8–34 所示为二进制浮点数和十进制浮点数转换指令的应用。

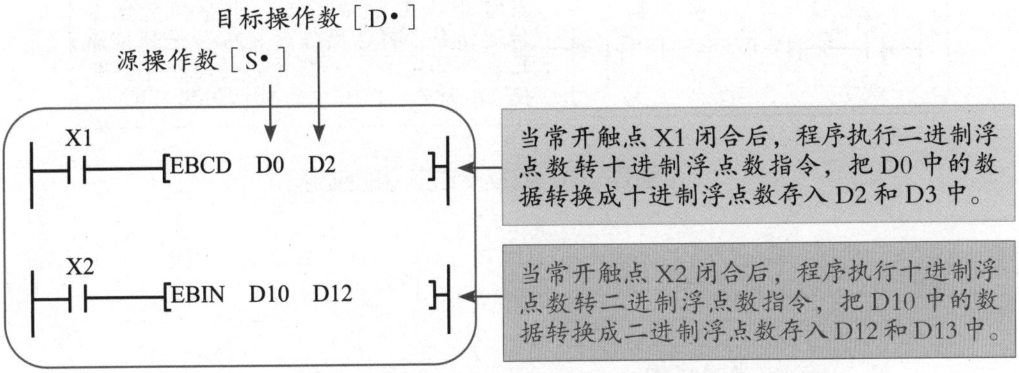
目标操作数［D•］
源操作数［S•］
X1
EBCD　D0　D2
X2
EBIN　D10　D12
当常开触点 X1 闭合后，程序执行二进制浮点数转十进制浮点数指令，把 D0 中的数据转换成十进制浮点数存入 D2 和 D3 中。
当常开触点 X2 闭合后，程序执行十进制浮点数转二进制浮点数指令，把 D10 中的数据转换成二进制浮点数存入 D12 和 D13 中。

图 8–34　二进制浮点数和十进制浮点数转换指令的应用

8.7 三菱 PLC 传送指令的应用

三菱 PLC 传送指令主要包括数据传送指令（MOV）、块传送指令（BMOV）和多点传送指令（FMOV）三种，下面将详细讲解传送指令的应用。

8.7.1 数据传送指令的应用

数据传送指令（MOV）是指将源数据传送到目标软元件中，传送过程中数据的值保持不变。

表 8–34 所示为数据传送指令的格式。

表 8–34 数据传送指令的格式

指令名称	助记符			功能码（处理位数）	源操作数［S•］	目标操作数［D•］	占用程序步数
数据传送指令	16 位指令	MOV（连续执行型）	MOVP（脉冲执行型）	FNC12（16/32）	K、H、KnX、KnY、KnM、KnS、T、C、D、V、Z	KnY、KnM、KnS、T、C、D、V、Z	5 步
	32 位指令	DMOV（连续执行型）	DMOVP（脉冲执行型）				9 步

数据传送指令的应用如图 8–35 所示。

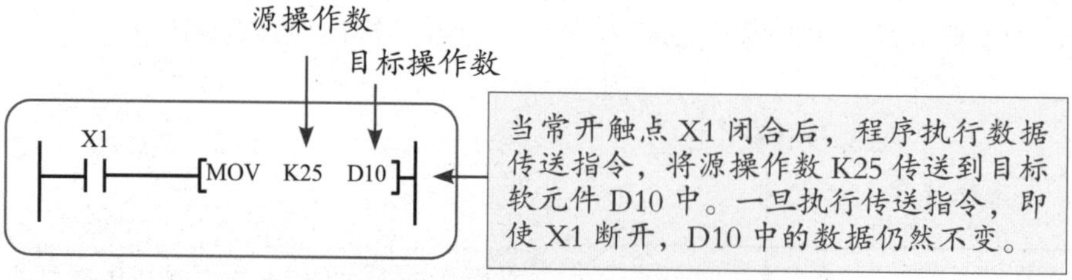
源操作数
目标操作数
X1
MOV K25 D10
当常开触点 X1 闭合后，程序执行数据传送指令，将源操作数 K25 传送到目标软元件 D10 中。一旦执行传送指令，即使 X1 断开，D10 中的数据仍然不变。

图 8–35 数据传送指令的应用

如果是 32 位数据传送指令则按图 8–36 所示的格式传送。

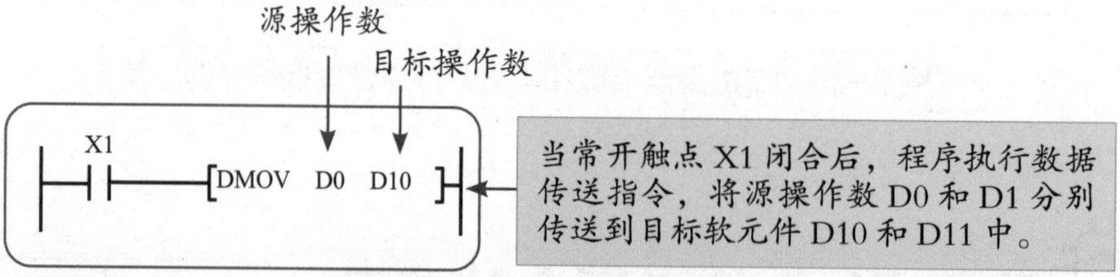
源操作数
目标操作数
X1
DMOV D0 D10
当常开触点 X1 闭合后，程序执行数据传送指令，将源操作数 D0 和 D1 分别传送到目标软元件 D10 和 D11 中。

图 8–36 位数据传送指令的应用

8.7.2 块传送指令的应用

块传送指令（BMOV）是指将源操作数指定的软元件开始的 n 个数据组成数据块传送到指定的目标操作元件为开始的 n 个软元件中。

表 8–35 所示为块传送指令的格式。

表 8-35　块传送指令的格式

指令名称	助记符	功能码（处理位数）	源操作数［S•］	目标操作数［D•］	n	占用程序步数
块传送指令	BMOV（连续执行型）	FNC15（16）	KnX、KnY、KnM、KnS、T、C、D	KnY、KnM、KnS、T、C、D	≤ 512	7 步
	BMOVP（脉冲执行型）					

块传送指令的应用如图 8-37 所示。

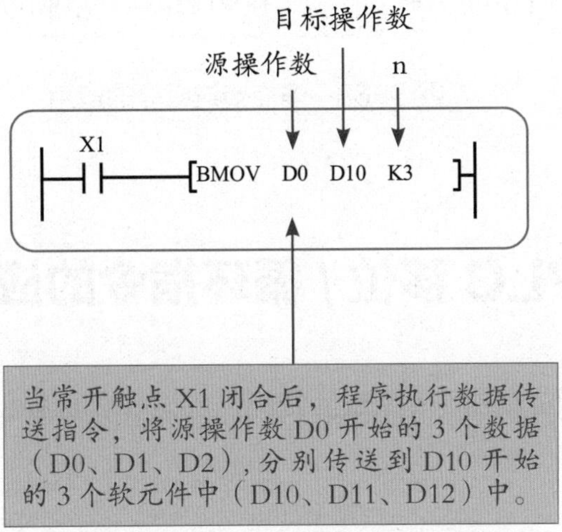
目标操作数
源操作数
n
X1
BMOV　D0　D10　K3
当常开触点 X1 闭合后，程序执行数据传送指令，将源操作数 D0 开始的 3 个数据（D0、D1、D2），分别传送到 D10 开始的 3 个软元件中（D10、D11、D12）中。

图 8-37　块传送指令的应用

8.7.3　多点传送指令的应用

多点传送指令（FMOV）是指将源操作数中的数据传送到指定目标开始的 n 个软元件中，传送后 n 个软元件中的数据完全相同。

表 8-36 所示为多点传送指令的格式。

表 8-36　多点传送指令的格式

指令名称	助记符			功能码（处理位数）	源操作数［S•］	目标操作数［D•］	n	占用程序步数
多点传送指令	16 位指令	FMOV（连续执行型）	FMOVP（脉冲执行型）	FNC16（16/32）	KnX、KnY、KnM、KnS、T、C、D	KnX、KnY、KnM、KnS、T、C、D	≤ 512	7 步
	32 位指令	DFMOV（连续执行型）	DFMOVP（脉冲执行型）					13 步

多点传送指令的应用如图 8-38 所示。

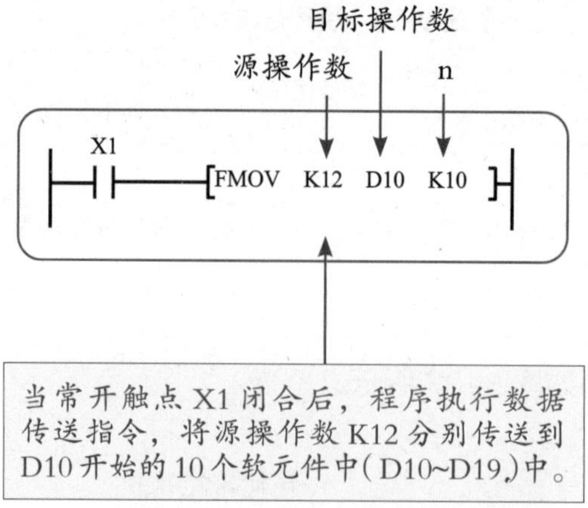
目标操作数
源操作数
n
X1
FMOV K12 D10 K10
当常开触点 X1 闭合后，程序执行数据传送指令，将源操作数 K12 分别传送到 D10 开始的 10 个软元件中(D10~D19)中。

图 8-38　多点传送指令的应用

8.8 三菱 PLC 移位 / 循环指令的应用

三菱 PLC 中的移位 / 循环指令包括循环移位指令和位移位指令两种。下面将详细讲解移位 / 循环指令的应用。

8.8.1　循环移位指令的应用

三菱 PLC 中的循环移位指令是指将一个字或双字的数据向右或向左环形移 n 位，最后一次移出来的那 1 位同时存入进位标志 M8022 中。循环移位指令可分为右循环移位指令（ROR）和左循环移位指令（ROL）。

表 8-37 所示为循环移位指令的格式。

表 8-37　循环移位指令的格式

指令名称	助记符	功能码（处理位数）	目标操作数［D•］	n	占用程序步数
右循环移位指令	ROR/RORP	FNC30（16/32）	KnY、KnM、KnS、T、C、D、V、Z	K、H 移位位数：n ≤ 16（16 位）n ≤ 32（32 位）	16 位指令为 7 步 32 位指令为 9 步
左循环移位指令	ROL/ROLP	FNC31（16/32）			

左循环移位指令的应用如图 8-39 所示（右循环移位指令同理，不再赘述）。

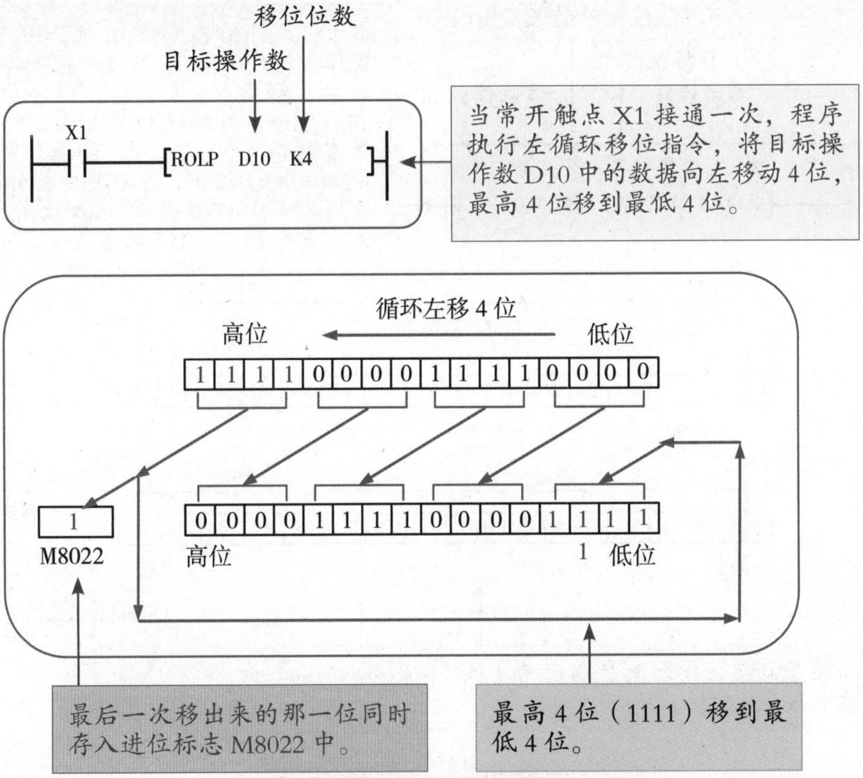

移位位数
目标操作数
X1
ROLP D10 K4
当常开触点 X1 接通一次，程序执行左循环移位指令，将目标操作数 D10 中的数据向左移动 4 位，最高 4 位移到最低 4 位。
循环左移 4 位
高位
低位
1 1 1 1 0 0 0 0 1 1 1 1 0 0 0 0
1
M8022
0 0 0 0 1 1 1 1 0 0 0 0 1 1 1 1
高位
1 低位
最后一次移出来的那一位同时存入进位标志 M8022 中。
最高 4 位（1111）移到最低 4 位。

图8-39　左循环移位指令的应用

8.8.2　位移位指令的应用

三菱 PLC 中的位移位指令是指将目标位元件中的状态（1 或 0）成组地向右或向左移动。位移位指令可分为位右移指令（SFTR）和位左移指令（SFTL）。

表 8-38 所示为位移位指令的格式。

表 8-38　位移位指令的格式

指令名称	助记符	功能码（处理位数）	源操作数［S•］	目标操作数［D•］	n1	n2	占用程序步数
位右移指令	SFTR/SFTRP	FNC34（16）	X、Y、M、S	X、Y、M、S	K、H 移位位数：N2 ≤ n1 ≤ 1024		9 步
位左移指令	SFTL/SFTLP	FNC35（16）					

位移位指令的应用如图 8-40 所示。

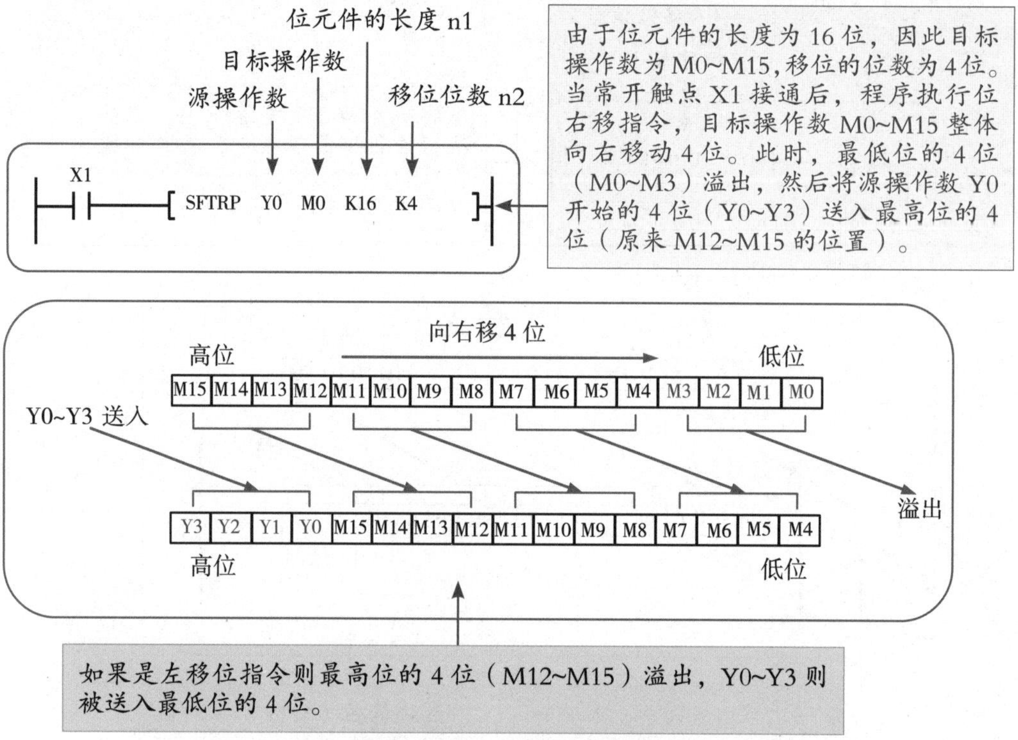
位元件的长度 n1
目标操作数
源操作数
移位位数 n2
X1
SFTRP Y0 M0 K16 K4
由于位元件的长度为 16 位，因此目标操作数为 M0~M15，移位的位数为 4 位。当常开触点 X1 接通后，程序执行位右移指令，目标操作数 M0~M15 整体向右移动 4 位。此时，最低位的 4 位（M0~M3）溢出，然后将源操作数 Y0 开始的 4 位（Y0~Y3）送入最高位的 4 位（原来 M12~M15 的位置）。
向右移 4 位
高位
低位
M15 M14 M13 M12 M11 M10 M9 M8 M7 M6 M5 M4 M3 M2 M1 M0
Y0~Y3 送入
溢出
Y3 Y2 Y1 Y0 M15 M14 M13 M12 M11 M10 M9 M8 M7 M6 M5 M4
高位
低位
如果是左移位指令则最高位的 4 位（M12~M15）溢出，Y0~Y3 则被送入最低位的 4 位。

图8-40　位移位指令的应用

8.9 程序流程指令的应用

三菱 PLC 程序流程指令是指改变程序运行顺序的指令，具体而言可能是运行不同位置的指令，或是在二段（或多段）程序中选择一段运行。程序流程指令包括条件跳转指令、循环指令、子程序调用指令、子程序返回指令、循环指令等。下面将详细讲解程序流程指令的应用。

8.9.1　条件跳转指令的应用

条件跳转指令（CJ）用于跳过顺序程序中的某一部分（跳转到指令的标号处），以控制程序的流程。指针 P 用于指示分支和跳步程序，在梯形图中，指针放在左侧母线的左边，操作元件指针为 P0~P127，也称为标号。

表 8–39 所示为条件跳转指令的格式。

表 8-39　条件跳转指令的格式

指令名称	助记符	功能码（处理位数）	操作数范围 [D•]	占用程序步数
条件跳转指令	CJ/CJP	FNC000	P0~P127	3 步

图 8-41 所示为条件跳转指令的应用。

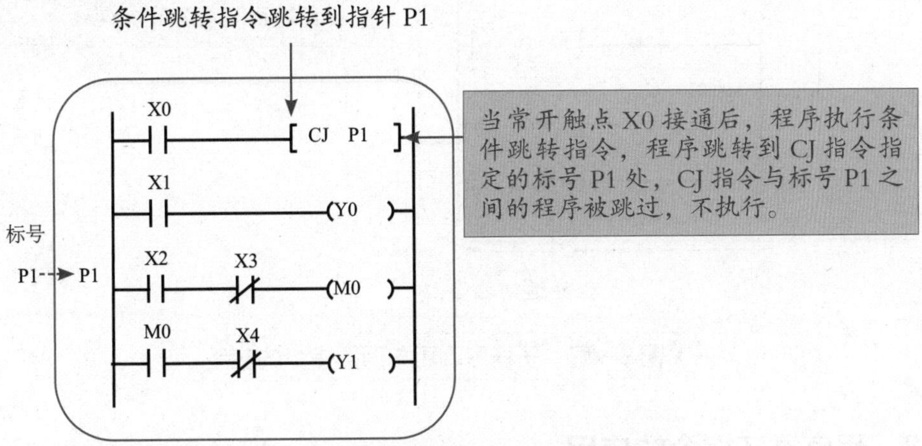
条件跳转指令跳转到指针 P1
X0
CJ P1
X1
Y0
标号
P1
P1
X2
X3
M0
M0
X4
Y1
当常开触点 X0 接通后，程序执行条件跳转指令，程序跳转到 CJ 指令指定的标号 P1 处，CJ 指令与标号 P1 之间的程序被跳过，不执行。

图 8-41　条件跳转指令的应用

8.9.2　子程序调用与返回指令的应用

子程序是为一些特定的控制目的而编制的相对独立的程序。子程序调用指令（CALL）用于子程序的调用，各子程序用指针 P0 ~ P62 及 P64 ~ P127 表示。

子程序返回指令（SRET）用于返回主程序中原 CALL 指令的下一条指令位置。

主程序结束指令（FEND）表示主程序的结束和子程序的开始。子程序的标号应写在 FEND 指令之后，且子程序必须以 SRET 指令结束。

表 8-40 所示为子程序调用与返回指令的格式。

表 8-40　子程序调用与返回指令的格式

指令名称	助记符	功能码（处理位数）	操作数范围 [D•]	占用程序步数
子程序调用指令	CALL/CALLP	FNC01	P0~P127	3 步
子程序返回指令	SRET	FNC02	无	3 步

图 8–42 所示为子程序调用与返回指令的应用。

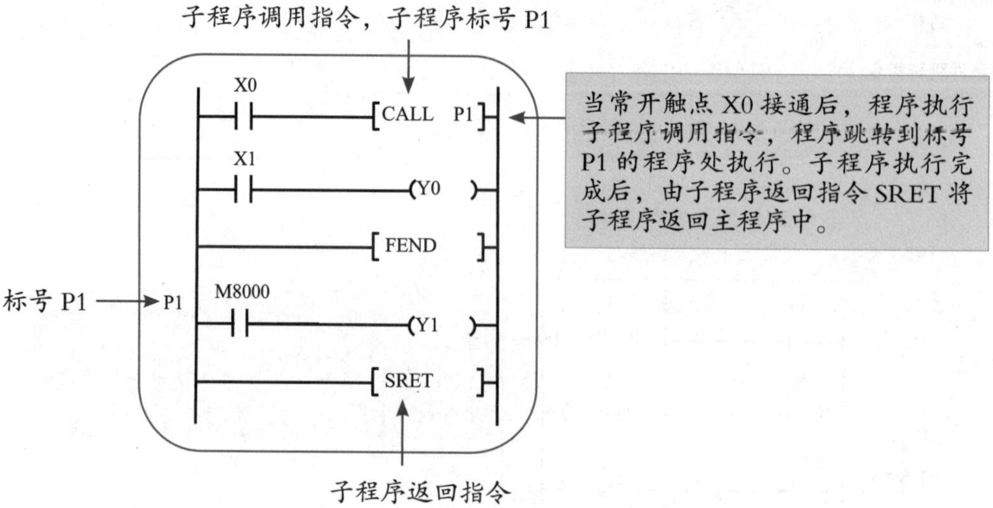
子程序调用指令，子程序标号 P1
X0
CALL P1
X1
Y0
FEND
标号 P1
P1
M8000
Y1
SRET
子程序返回指令
当常开触点 X0 接通后，程序执行子程序调用指令，程序跳转到标号 P1 的程序处执行。子程序执行完成后，由子程序返回指令 SRET 将子程序返回主程序中。

图8–42　子程序调用与返回指令的应用

8.9.3　程序循环指令的应用

程序循环指令由循环范围开始指令（FOR）和循环范围结束指令（NEXT）两条指令构成。FOR 用来表示循环区的起点，NEXT 表示循环区终点。FOR 与 NEXT 之间的程序被反复执行，循环的次数由 FOR 指令的操作数指定，执行完成后，执行 NEXT 后面的指令。

表 8–41 所示为程序循环指令的格式。

表 8–41　程序循环指令的格式

指令名称	助记符	功能码（处理位数）	源操作数 [S•]	占用程序步数
循环范围开始指令	FOR	FNC08	K、H、KnY、KnM、KnS、T、C、D、V、Z	3 步
循环范围结束指令	NEXT	FNC09	无	1 步

图 8–43 所示为程序循环指令的应用。

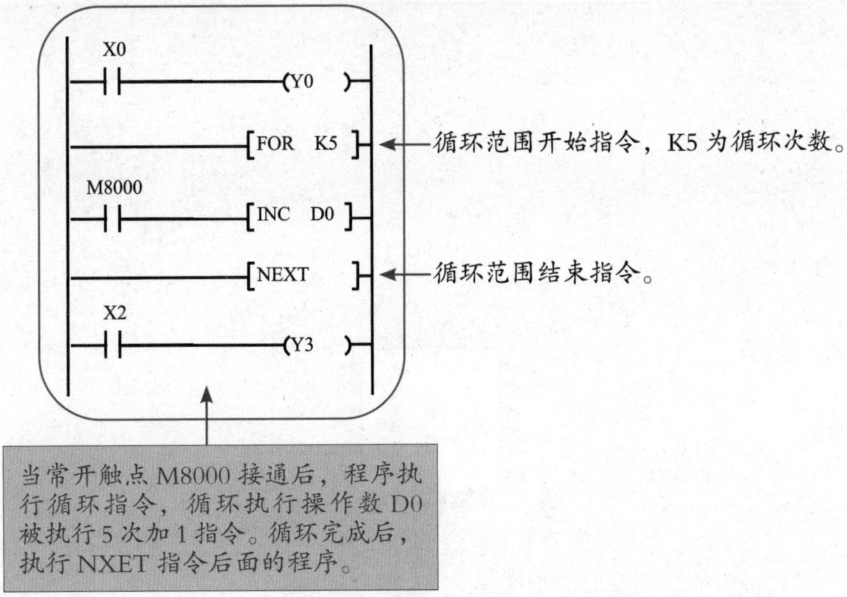
X0
Y0
FOR K5
循环范围开始指令，K5 为循环次数。
M8000
INC D0
NEXT
循环范围结束指令。
X2
Y3
当常开触点 M8000 接通后，程序执行循环指令，循环执行操作数 D0 被执行 5 次加 1 指令。循环完成后，执行 NXET 指令后面的程序。

图 8-43　程序循环指令的应用

第 9 章 PLC 基础编程实战案例

若想学好 PLC 编程，就需要理论结合实际，本章将结合大量的实战案例来深入学习西门子 PLC 和三菱 PLC 的各种编程应用。

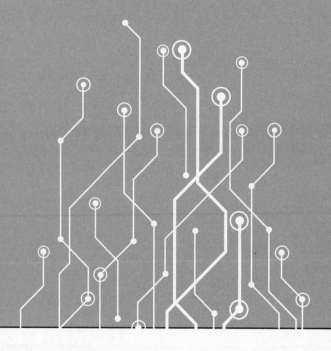

9.1 PLC 基本控制程序编程实战

基本控制中路包括自锁、点动、连续运行、按钮互锁、两地控制、有条件启动 / 停止、按时间控制的自循环、终止运行保护等电路。本节将详细分析这些基本控制程序的控制电路原理图及 PLC 编程方法。

【案例 9-1】自锁 PLC 控制程序

自锁也称自保持，是当按钮松开以后接点断开，电路中的接触器线圈还能得电保持吸合，这是利用接触器本身的辅助常开接点来实现自锁的。图 9-1 所示为自锁控制电路原理图。

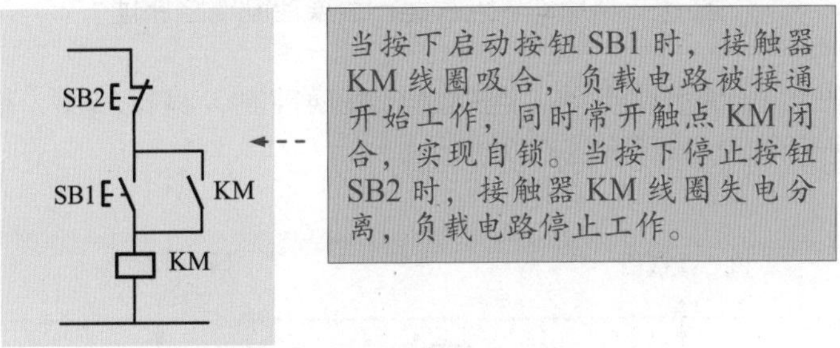
SB2
SB1
KM
KM
当按下启动按钮 SB1 时，接触器 KM 线圈吸合，负载电路被接通开始工作，同时常开触点 KM 闭合，实现自锁。当按下停止按钮 SB2 时，接触器 KM 线圈失电分离，负载电路停止工作。

图 9-1　自锁控制电路原理图

如果采用 PLC 程序实现互锁，其接线图、梯形图程序、指令语句表如图 9-2 所示（以西门子 PLC 为例）。

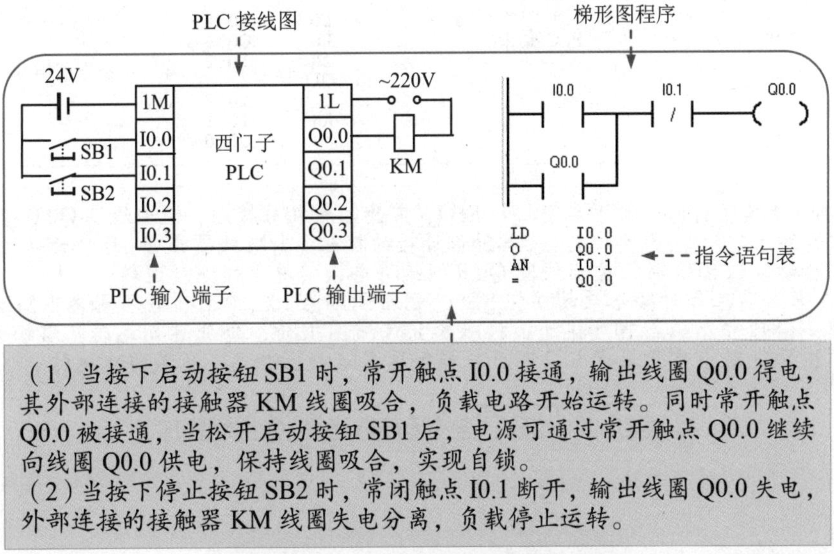
PLC 接线图
梯形图程序
24V
1M
I0.0
I0.1
I0.2
I0.3
SB1
SB2
西门子
PLC
1L
Q0.0
Q0.1
Q0.2
Q0.3
~220V
KM
I0.0
I0.1
Q0.0
Q0.0
LD　I0.0
O　Q0.0
AN　I0.1
=　Q0.0
指令语句表
PLC 输入端子
PLC 输出端子
（1）当按下启动按钮 SB1 时，常开触点 I0.0 接通，输出线圈 Q0.0 得电，其外部连接的接触器 KM 线圈吸合，负载电路开始运转。同时常开触点 Q0.0 被接通，当松开启动按钮 SB1 后，电源可通过常开触点 Q0.0 继续向线圈 Q0.0 供电，保持线圈吸合，实现自锁。
（2）当按下停止按钮 SB2 时，常闭触点 I0.1 断开，输出线圈 Q0.0 失电，外部连接的接触器 KM 线圈失电分离，负载停止运转。

图 9-2　自锁电路 PLC 控制程序

【案例 9-2】点动、连续运行互换 PLC 控制程序

点动、连续运行互换控制是指既可控制负载连续运转，也可控制负载按点动来运转。如图 9-3 所示为点动、连续运行互换控制电路原理。

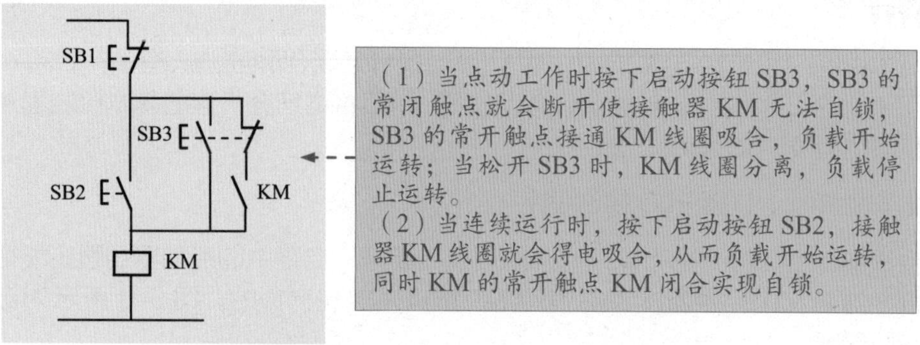
SB1
SB3
SB2
KM
KM
（1）当点动工作时按下启动按钮 SB3，SB3 的常闭触点就会断开使接触器 KM 无法自锁，SB3 的常开触点接通 KM 线圈吸合，负载开始运转；当松开 SB3 时，KM 线圈分离，负载停止运转。
（2）当连续运行时，按下启动按钮 SB2，接触器 KM 线圈就会得电吸合，从而负载开始运转，同时 KM 的常开触点 KM 闭合实现自锁。

图 9-3　点动、连续运行互换控制电路原理

如果采用 PLC 程序实现点动、连续运行互换控制，其接线图、梯形图程序、指令表如图 9-4 所示（以西门子 PLC 为例）。

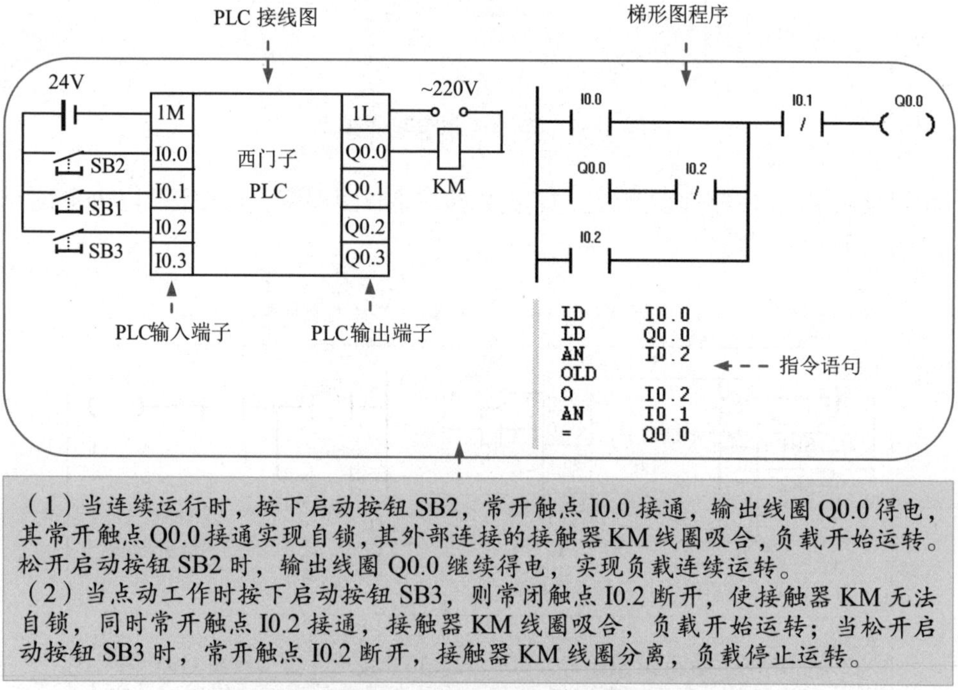
PLC 接线图
梯形图程序
24V
1M
I0.0
I0.1
I0.2
I0.3
SB2
SB1
SB3
西门子
PLC
1L
Q0.0
Q0.1
Q0.2
Q0.3
~220V
KM
I0.0
I0.1
Q0.0
Q0.0
I0.2
I0.2
PLC输入端子
PLC输出端子
LD I0.0
LD Q0.0
AN I0.2
OLD
O I0.2
AN I0.1
= Q0.0
指令语句
（1）当连续运行时，按下启动按钮 SB2，常开触点 I0.0 接通，输出线圈 Q0.0 得电，其常开触点 Q0.0 接通实现自锁，其外部连接的接触器 KM 线圈吸合，负载开始运转。松开启动按钮 SB2 时，输出线圈 Q0.0 继续得电，实现负载连续运转。
（2）当点动工作时按下启动按钮 SB3，则常闭触点 I0.2 断开，使接触器 KM 无法自锁，同时常开触点 I0.2 接通，接触器 KM 线圈吸合，负载开始运转；当松开启动按钮 SB3 时，常开触点 I0.2 断开，接触器 KM 线圈分离，负载停止运转。

图 9-4　点动、连续运行电路 PLC 控制程序

【案例 9-3】按钮互锁 PLC 控制程序

按钮互锁是将两个控制按钮的常闭触点相互连接的接线形式，是一种输入指令的互锁控制，按钮互锁电路原理图如图 9-5 所示。

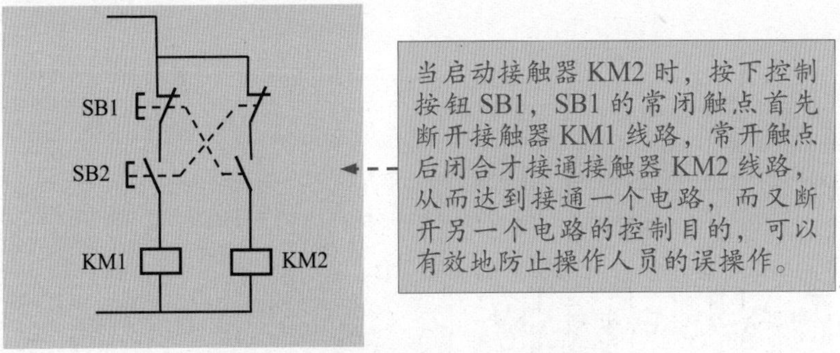

SB1
SB2
KM1
KM2
当启动接触器 KM2 时，按下控制按钮 SB1，SB1 的常闭触点首先断开接触器 KM1 线路，常开触点后闭合才接通接触器 KM2 线路，从而达到接通一个电路，而又断开另一个电路的控制目的，可以有效地防止操作人员的误操作。

图 9-5　按钮互锁电路原理图

如果采用 PLC 控制输入信号实现互锁，其接线图、梯形图程序、指令语句表如图 9-6 所示（以西门子 PLC 为例）。

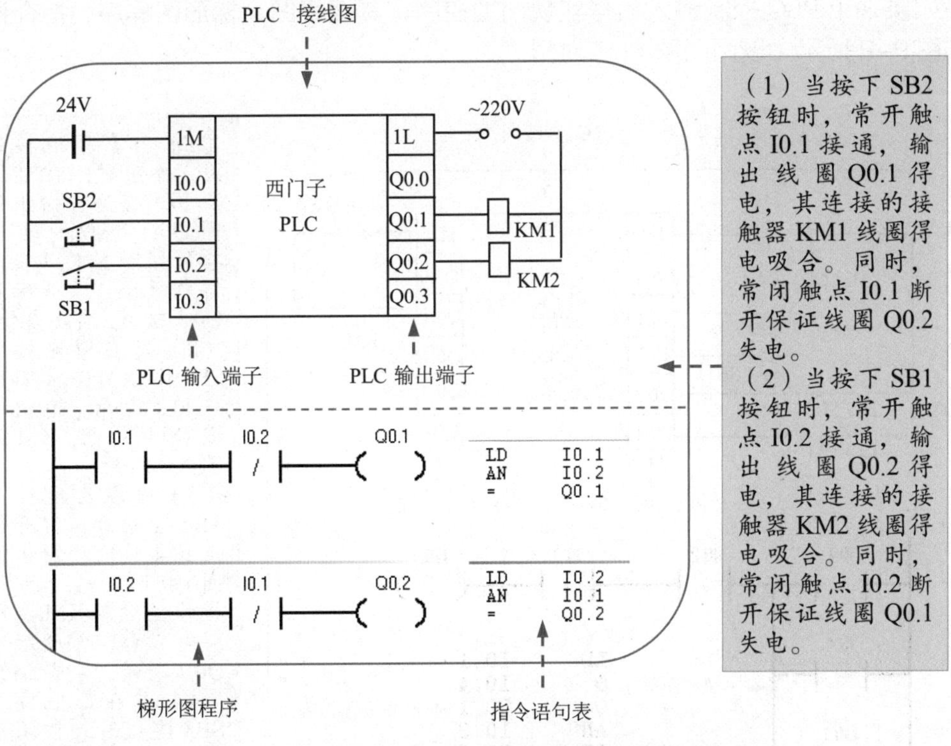

PLC 接线图
24V
1M
I0.0
I0.1
I0.2
I0.3
SB2
SB1
西门子
PLC
~220V
1L
Q0.0
Q0.1
Q0.2
Q0.3
KM1
KM2
PLC 输入端子
PLC 输出端子
I0.1
I0.2
Q0.1
LD I0.1
AN I0.2
= Q0.1
I0.2
I0.1
Q0.2
LD I0.2
AN I0.1
= Q0.2
梯形图程序
指令语句表
（1）当按下 SB2 按钮时，常开触点 I0.1 接通，输出线圈 Q0.1 得电，其连接的接触器 KM1 线圈得电吸合。同时，常闭触点 I0.1 断开保证线圈 Q0.2 失电。
（2）当按下 SB1 按钮时，常开触点 I0.2 接通，输出线圈 Q0.2 得电，其连接的接触器 KM2 线圈得电吸合。同时，常闭触点 I0.2 断开保证线圈 Q0.1 失电。

图 9-6　按钮互锁电路 PLC 控制程序

【案例 9-4】两地控制 PLC 控制程序

两地控制是指在两个地方分别设置操作按钮来控制同一台设备启动、停止。操作人员可以在任何一个地方启动或停止设备，也可以在一个地方启动设备，在另一个地方停止设备。图 9-7 所示为两地控制电路原理图。

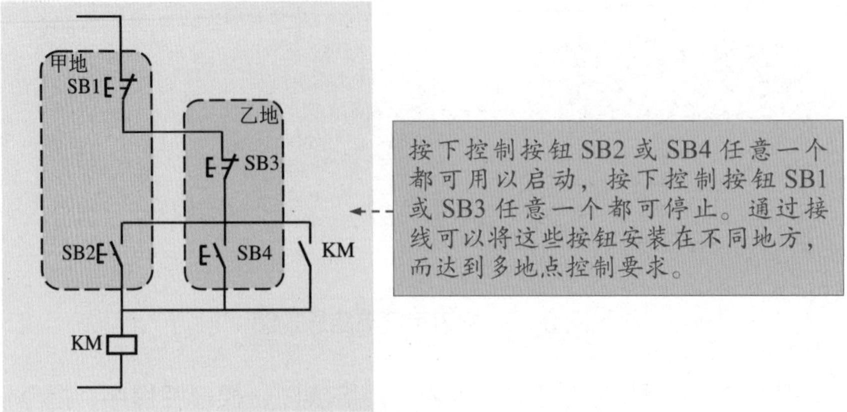
甲地
SB1
乙地
SB3
SB2
SB4
KM
KM
按下控制按钮 SB2 或 SB4 任意一个都可用以启动，按下控制按钮 SB1 或 SB3 任意一个都可停止。通过接线可以将这些按钮安装在不同地方，而达到多地点控制要求。

图 9-7　两地控制电路原理图

如果采用 PLC 控制输入信号实现两地控制，其接线图、梯形图程序、指令语句表如图 9-8 所示（以西门子 PLC 为例）。

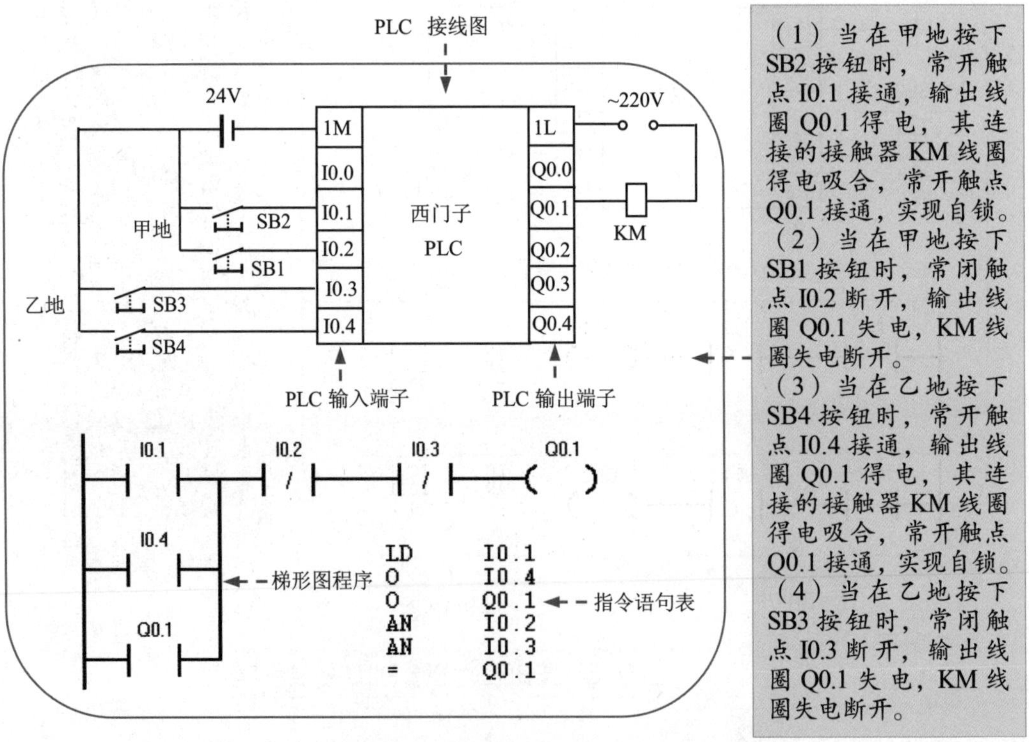
PLC 接线图
24V
~220V
1M
I0.0
I0.1
I0.2
I0.3
I0.4
1L
Q0.0
Q0.1
Q0.2
Q0.3
Q0.4
西门子
PLC
甲地
SB2
SB1
乙地
SB3
SB4
KM
PLC 输入端子
PLC 输出端子
I0.1
I0.2
I0.3
Q0.1
I0.4
Q0.1
梯形图程序
LD I0.1
O I0.4
O Q0.1
AN I0.2
AN I0.3
= Q0.1
指令语句表
（1）当在甲地按下 SB2 按钮时，常开触点 I0.1 接通，输出线圈 Q0.1 得电，其连接的接触器 KM 线圈得电吸合，常开触点 Q0.1 接通，实现自锁。
（2）当在甲地按下 SB1 按钮时，常闭触点 I0.2 断开，输出线圈 Q0.1 失电，KM 线圈失电断开。
（3）当在乙地按下 SB4 按钮时，常开触点 I0.4 接通，输出线圈 Q0.1 得电，其连接的接触器 KM 线圈得电吸合，常开触点 Q0.1 接通，实现自锁。
（4）当在乙地按下 SB3 按钮时，常闭触点 I0.3 断开，输出线圈 Q0.1 失电，KM 线圈失电断开。

图 9-8　两地控制电路 PLC 控制程序

【案例 9–5】有条件启动 PLC 控制程序

有条件启动控制程序是指面对一些有特定操作的任务时，要求一个操作地点不能完成启动控制必须两个以上操作地点才可以实现启动的电路。图 9–9 所示为有条件启动控制电路原理图。

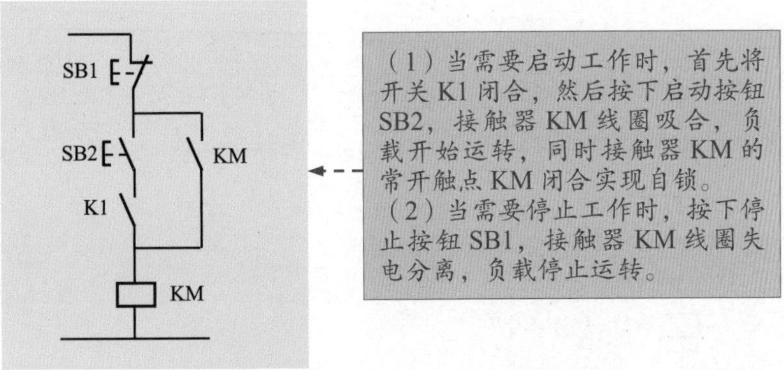
SB1
SB2
K1
KM
KM
（1）当需要启动工作时，首先将开关 K1 闭合，然后按下启动按钮 SB2，接触器 KM 线圈吸合，负载开始运转，同时接触器 KM 的常开触点 KM 闭合实现自锁。
（2）当需要停止工作时，按下停止按钮 SB1，接触器 KM 线圈失电分离，负载停止运转。

图 9–9　有条件启动控制电路原理图

如果采用 PLC 程序实现有条件启动，其接线图、梯形图程序、指令语句表如图 9–10 所示（以三菱 PLC 为例）。

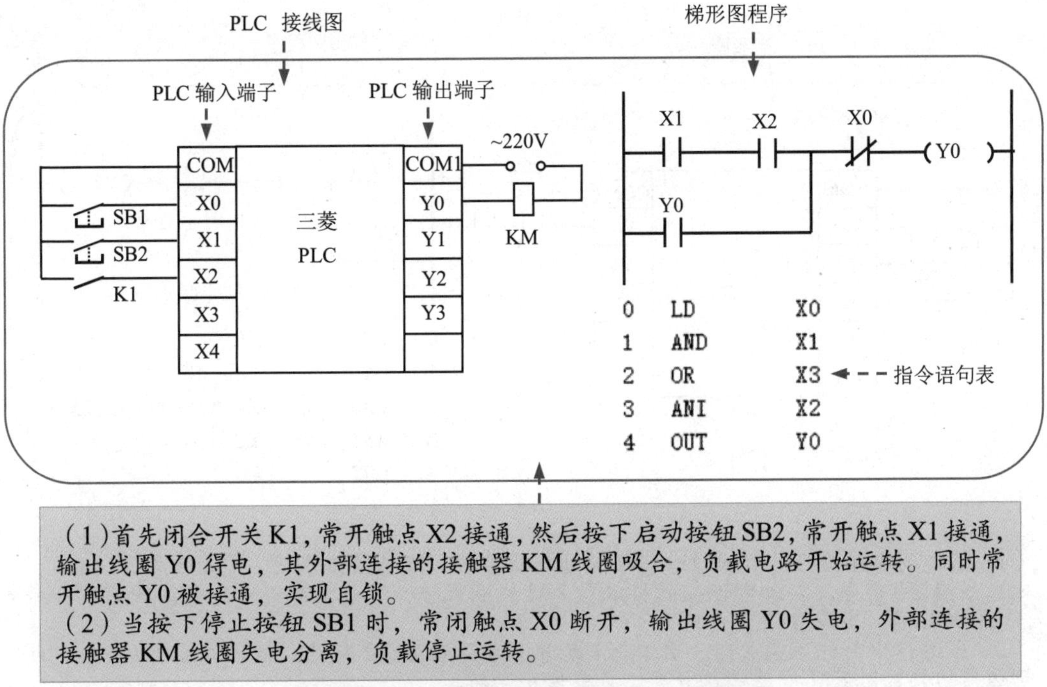
PLC 接线图
梯形图程序
PLC 输入端子
PLC 输出端子
COM
X0
X1
X2
X3
X4
三菱
PLC
COM1
Y0
Y1
Y2
Y3
~220V
KM
SB1
SB2
K1
X1
X2
X0
Y0
Y0
0 LD X0
1 AND X1
2 OR X3
3 ANI X2
4 OUT Y0
指令语句表
（1）首先闭合开关 K1，常开触点 X2 接通，然后按下启动按钮 SB2，常开触点 X1 接通，输出线圈 Y0 得电，其外部连接的接触器 KM 线圈吸合，负载电路开始运转。同时常开触点 Y0 被接通，实现自锁。
（2）当按下停止按钮 SB1 时，常闭触点 X0 断开，输出线圈 Y0 失电，外部连接的接触器 KM 线圈失电分离，负载停止运转。

图 9–10　有条件启动电路 PLC 控制程序

【案例 9-6】有条件启动、停止 PLC 控制程序

有条件启动、停止控制是指面对一些有特定操作的任务时，要求多个条件都满足才能实现启动。启动后，如有其中一个条件不能达到要求就会停止工作。图 9-11 所示为有条件启动、停止控制电路原理图。

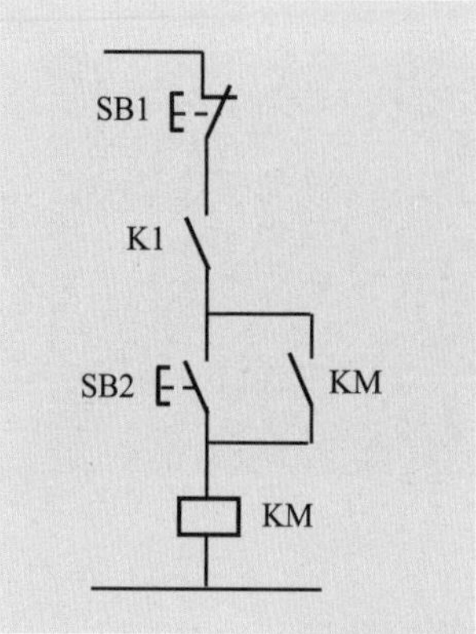
SB1
K1
SB2
KM
KM

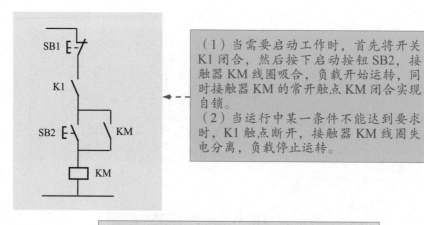

（1）当需要启动工作时，首先将开关 K1 闭合，然后按下启动按钮 SB2，接触器 KM 线圈吸合，负载开始运转，同时接触器 KM 的常开触点 KM 闭合实现自锁。
（2）当运行中某一条件不能达到要求时，K1 触点断开，接触器 KM 线圈失电分离，负载停止运转。

图 9-11　有条件启动、停止控制电路原理图

如果采用PLC程序实现有条件启动，其接线图、梯形图程序、指令语句表如图 9-12 所示（以三菱 PLC 为例）。

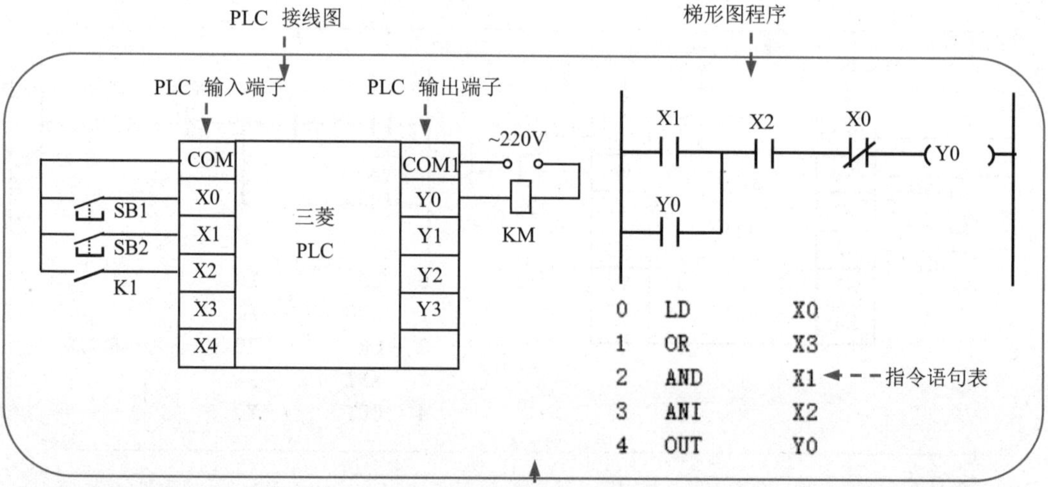
PLC 接线图
梯形图程序
PLC 输入端子
PLC 输出端子
COM
X0
X1
X2
X3
X4
SB1
SB2
K1
三菱
PLC
COM1
Y0
Y1
Y2
Y3
~220V
KM
X1
X2
X0
Y0
Y0
0 LD X0
1 OR X3
2 AND X1
3 ANI X2
4 OUT Y0
指令语句表

（1）首先闭合开关 K1，常开触点 X2 接通，然后按下启动按钮 SB2，常开触点 X1 接通，输出线圈 Y0 得电，其外部连接的接触器 KM 线圈吸合，负载电路开始运转。同时常开触点 Y0 被接通，实现自锁。
（2）当运行中条件不满足时，开关 K1 断开，常开触点 X2 断开，输出线圈 Y0 失电，外部连接的接触器 KM 线圈失电分离，负载停止运转。

图 9-12　有条件启动、停止电路 PLC 控制程序

【案例 9–7】按时间控制的自动循环 PLC 控制程序

按时间控制的自动循环是指启动设备后，经过一段时间（设定的时间）停止运转，然后再过一段时间后（设定的时间）又重新自动启动运转，就这样启动、停止、启动、停止循环。图 9–13 所示为按时间控制的自动循环电路原理图。

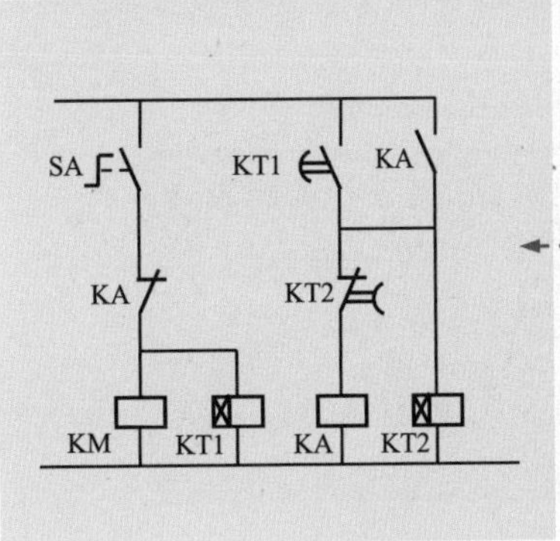
SA
KT1
KA
KA
KT2
KM
KT1
KA
KT2

（1）当接通 SA 后，接触器 KM 线圈和时间继电器 KT1 线圈同时得电吸合，时间继电器 KT1 开始延时，达到设定值后时间继电器 KT1 的延时闭合触点 KT1 接通，中间继电器 KA 和时间继电器 KT2 线圈得电吸合，中间继电器 KA 的辅助常开触点 KA 闭合实现自锁，此时，时间继电器 KT2 开始延时，同时中间继电器 KA 的常闭触点 KA 断开，接触器 KM 和时间继电器 KT1 的线圈分离，电动机停止。
（2）当时间继电器 KT2 达到设定值后，时间继电器 KT2 的延时断开触点 KT2 断开，中间继电器 KA 线圈失电分离，其常开触点 KA 断开，常闭触点 KA 闭合，接触器 KM 和时间继电器 KT1 线圈又得电吸合，电动机又开始运转，进入循环过程。

图 9–13　按时间控制的自动循环电路原理图

利用 PLC 实现按时间控制循环，只需接一个启动开关即可，其接线图、梯形图程序、指令语句表如图 9–14 所示（以西门子 PLC 为例）。

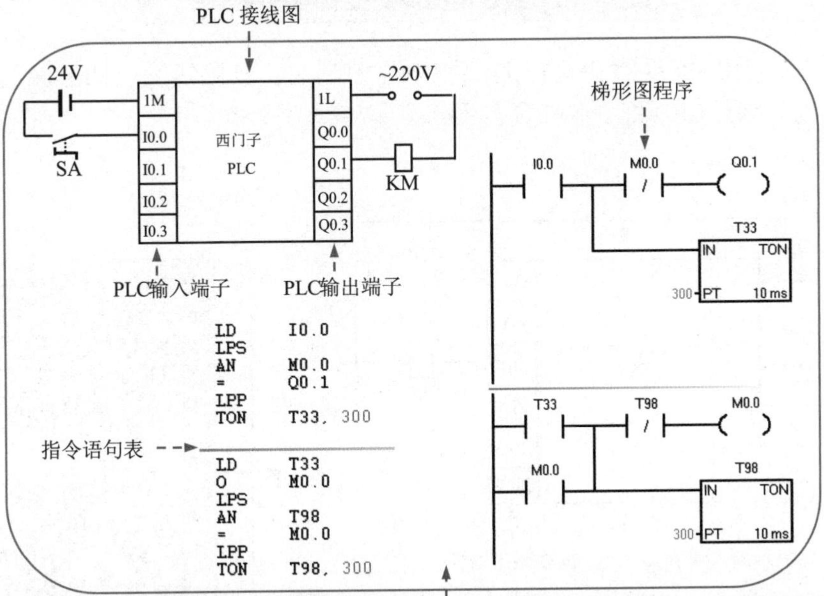
PLC 接线图
24V
1M
I0.0
I0.1
I0.2
I0.3
SA
西门子
PLC
~220V
1L
Q0.0
Q0.1
Q0.2
Q0.3
KM
PLC输入端子
PLC输出端子
梯形图程序
I0.0
M0.0
Q0.1
T33
IN TON
300 PT 10 ms
T33
T98
M0.0
M0.0
T98
IN TON
300 PT 10 ms
指令语句表
LD I0.0
LPS
AN M0.0
= Q0.1
LPP
TON T33, 300
LD T33
O M0.0
LPS
AN T98
= M0.0
LPP
TON T98, 300

（1）当接通 SA 后，常开触点 I0.0 接通，线圈 Q0.1 得电，其连接的接触器 KM 线圈吸合（电动机开始运转），同时定时器 T33 开始定时。
（2）3s 后，定时器 T33 动作，其常开触点 T33 接通，线圈 M0.0 得电，常开触点 M0.0 接通实现自锁。常闭触点 M0.0 断开，线圈 Q0.1 失电，其连接的接触器 KM 线圈失电分离（电动机停止运转）。
（3）同时，定时器 T98 开始定时，3s 后，定时器 T98 动作，其常闭触点 T98 断开，线圈 M0.0 失电，其常闭触点 M0.0 接通，线圈 Q0.1 又得电，其连接的接触器 KM 线圈又吸合（电动机又开始运转），同时定时器 T33 开始定时，进入循环过程。

图 9–14　按时间控制的自循环电路 PLC 控制程序

【案例 9-8】终止运行保护 PLC 控制程序

终止运行保护电路利用各种辅助继电器的常闭接点，串联接在停止按钮电路中，当运行设备达到某一种运行极限时，辅助继电器动作，接点断开，从而使设备停止运行。图 9-15 所示为终止运行保护控制电路原理图。

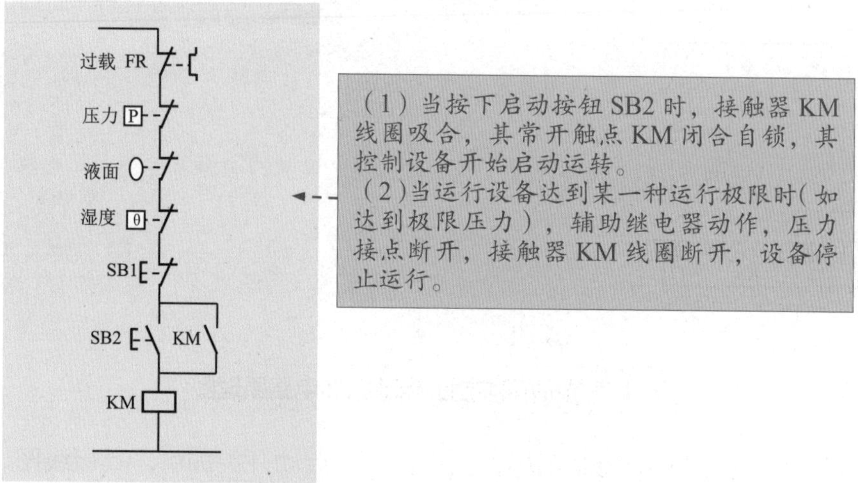
过载 FR
压力 P
液面
湿度 θ
SB1
SB2
KM
KM
（1）当按下启动按钮 SB2 时，接触器 KM 线圈吸合，其常开触点 KM 闭合自锁，其控制设备开始启动运转。
（2）当运行设备达到某一种运行极限时（如达到极限压力），辅助继电器动作，压力接点断开，接触器 KM 线圈断开，设备停止运行。

图 9-15　终止运行保护控制电路原理图

采用 PLC 程序实现终止运行的保护电路控制时，其接线图、梯形图程序、指令表如图 9-16 所示（以西门子 PLC 为例）。

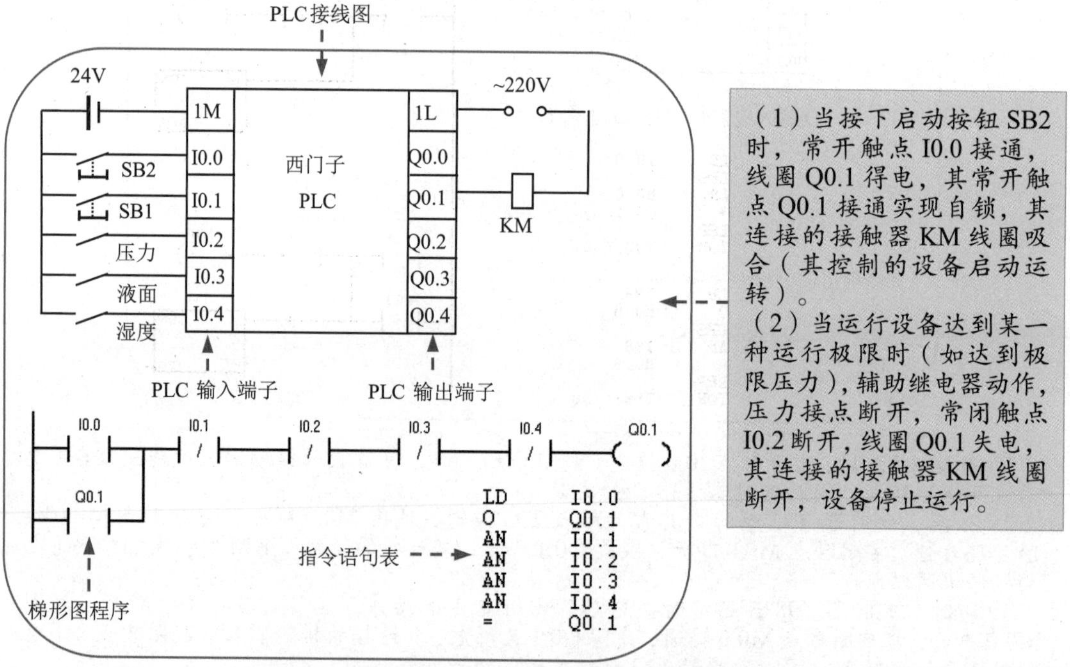
PLC 接线图
24V
~220V
1M
I0.0
I0.1
I0.2
I0.3
I0.4
SB2
SB1
压力
液面
湿度
西门子
PLC
1L
Q0.0
Q0.1
Q0.2
Q0.3
Q0.4
KM
PLC 输入端子
PLC 输出端子
I0.0
I0.1
I0.2
I0.3
I0.4
Q0.1
Q0.1
梯形图程序
指令语句表
LD I0.0
O Q0.1
AN I0.1
AN I0.2
AN I0.3
AN I0.4
= Q0.1
（1）当按下启动按钮 SB2 时，常开触点 I0.0 接通，线圈 Q0.1 得电，其常开触点 Q0.1 接通实现自锁，其连接的接触器 KM 线圈吸合（其控制的设备启动运转）。
（2）当运行设备达到某一种运行极限时（如达到极限压力），辅助继电器动作，压力接点断开，常闭触点 I0.2 断开，线圈 Q0.1 失电，其连接的接触器 KM 线圈断开，设备停止运行。

图 9-16　终止运行保护电路 PLC 控制程序

【案例 9-9】利用行程开关控制的自动循环 PLC 控制程序

利用行程开关控制自动循环电路是工业上常用的一种电路，该控制电路有两个行程开关，每个行程开关拥有一组常开触点。在图 9-17 所示的利用行程开关控制自动循环电路原理图中，SQ1 为正转到位限位停止的限位行程开关，SQ2 为反转到位限位停止的限位行程开关，SB2 为启动按钮，SB1 为停止按钮。

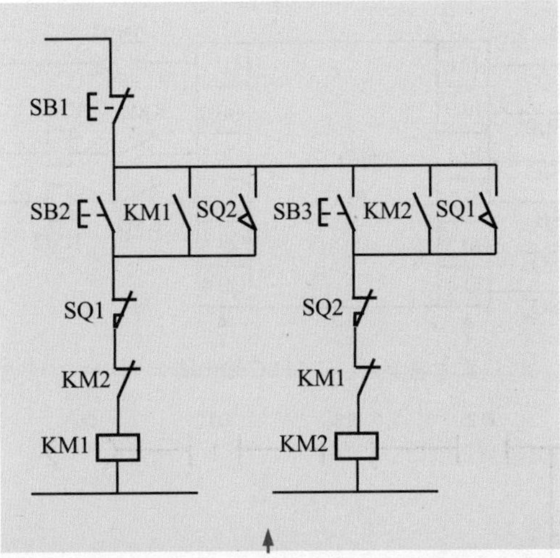

SB1
SB2
KM1
SQ2
SB3
KM2
SQ1
SQ1
SQ2
KM2
KM1
KM1
KM2

（1）当按下启动按钮 SB2，接触器 KM1 线圈吸合并实现自锁（电动机正转运行），当机械运行到限位开关 SQ1 时，SQ1 的常闭触点断开，SQ1 的常开触点接通，接触器 KM1 线圈断开，常闭触点 KM1 接通，而接触器 KM2 线圈得电吸合（电动机反转运行），并实现自锁，电动机反转。
（2）当机械运行到限位开关 SQ2，SQ2 的常闭触点断开，SQ2 的常开触点接通，此时，接触器 KM2 线圈断开，常闭触点 KM2 接通，接触器 KM1 线圈吸合（电动机又正转），重复上述的动作。

图 9-17　利用行程开关控制的自动循环电路原理图

如果采用 PLC 控制输入信号实现利用行程开关控制的自动循环，其控制电路有停止按钮 SB1、反向启动按钮 SB2、正向启动按钮 SB3、正向限位行程开关 SQ1、反向限位行程开关 SQ2、接触器 KM1、接触器 KM2。整个系统中总的输入点数为 5 个，输出点数为 2 个，其接线图、梯形图程序、指令表如图 9-18 所示（以西门子 PLC 为例讲解）。

（1）当按下启动按钮 SB2，常开触点 I0.0 接通，线圈 Q0.1 得电，常开触点 Q0.1 接通实现自锁。其连接的接触器 KM1 线圈接通吸合（电动机正转运行），常闭触点 KM1 断开保证接触器 KM2 线圈分离。
（2）当机械运行到限位开关 SQ1 时，SQ1 的常开触点接通，常闭触点 I0.3 断开，线圈 Q0.1 失电，接触器 KM1 线圈断开，其常闭触点 KM1 接通。同时常开触点 I0.3 接通，线圈 Q0.2 得电，常开触点 Q0.2 接通实现自锁。其连接的接触器 KM2 线圈接通吸合（电动机反转运行），常闭触点 KM2 断开保证接触器 KM1 线圈分离。

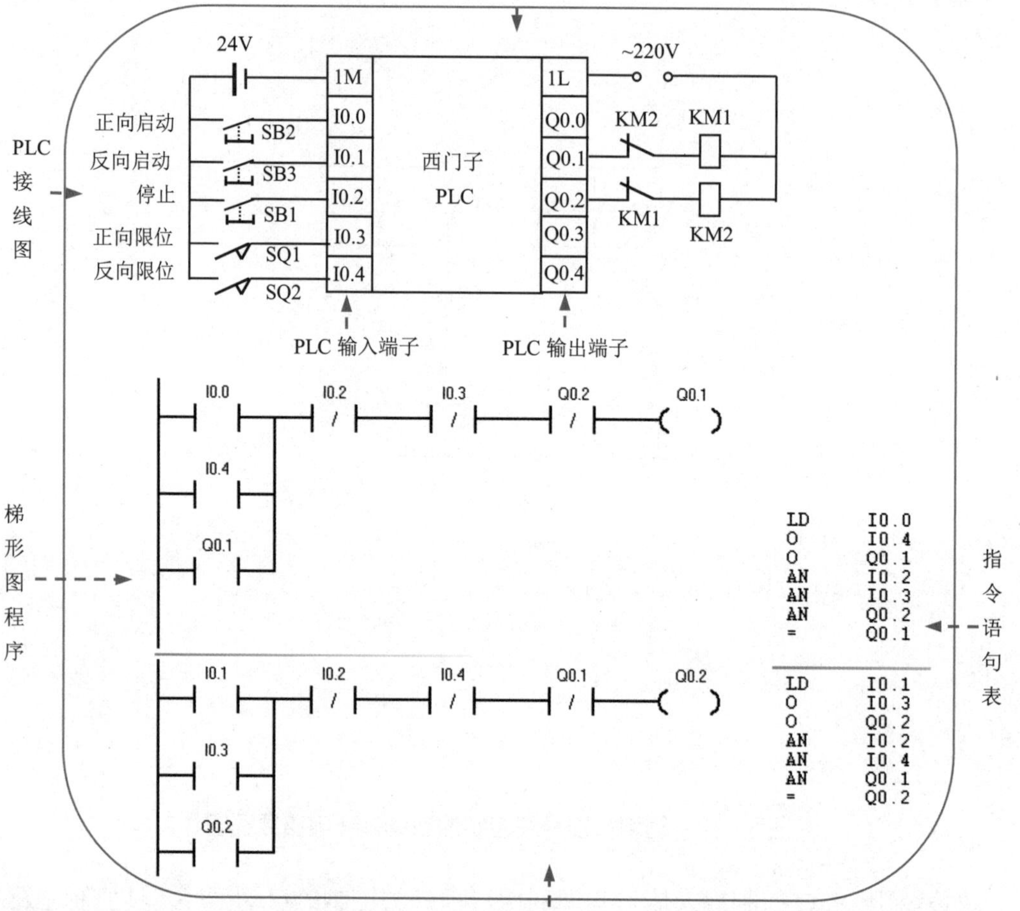
24V
~220V
1M
I0.0
I0.1
I0.2
I0.3
I0.4
1L
Q0.0
Q0.1
Q0.2
Q0.3
Q0.4
西门子
PLC
正向启动
SB2
反向启动
SB3
停止
SB1
正向限位
SQ1
反向限位
SQ2
KM2
KM1
KM1
KM2
PLC 接线图
PLC 输入端子
PLC 输出端子
I0.0
I0.2
I0.3
Q0.2
Q0.1
I0.4
Q0.1
I0.1
I0.2
I0.4
Q0.1
Q0.2
I0.3
Q0.2
梯形图程序
指令语句表

LD	I0.0
O	I0.4
O	Q0.1
AN	I0.2
AN	I0.3
AN	Q0.2
=	Q0.1
LD	I0.1
O	I0.3
O	Q0.2
AN	I0.2
AN	I0.4
AN	Q0.1
=	Q0.2

（3）当机械运行到限位开关 SQ2 时，SQ2 的常开触点接通，常闭触点 I0.4 断开，线圈 Q0.2 失电，接触器 KM2 线圈分离，其常闭触点 KM2 接通。同时常开触点 I0.4 接通，线圈 Q0.1 得电，常开触点 Q0.1 接通实现自锁。其连接的接触器 KM1 线圈接通吸合（电动机又开始反转运行），常闭触点 KM1 断开保证接触器 KM2 线圈分离。
（4）当按下停止按钮 SB1，常开触点 I0.2 接通，线圈 Q0.1 和 Q0.2 都失电，接触器 KM1 和 KM2 线圈都分离（电动机停止转动）。

图 9-18　自动循环控制 PLC 程序和指令表

【案例 9-10】延时启动 PLC 控制程序

延时启动控制电路在按下启动按钮后，会通过时间继电器来控制启动延迟的时间。图 9-19 所示为延时启动控制电路原理图。

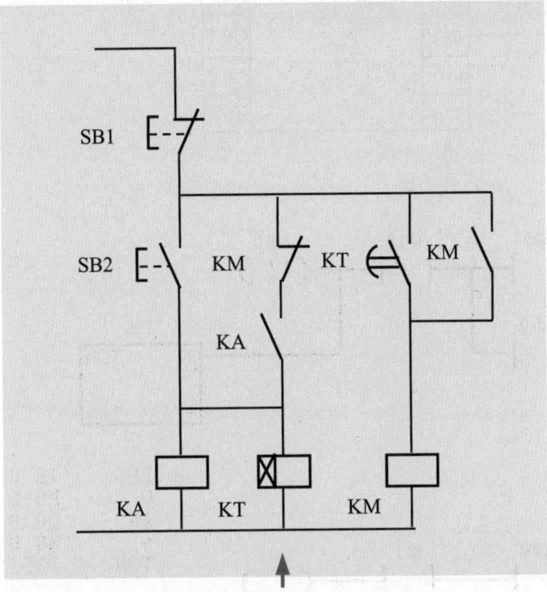
SB1
SB2
KM
KT
KM
KA
KA
KT
KM

（1）当按下启动按钮 SB2 时，中间继电器 KA 线圈得电吸合，其常开触点 KA 闭合接通，时间继电器 KT 线圈吸合，开始延时。
（2）一段时间后，当时间继电器达到设定值后，其延时闭合触点 KT 闭合接通，接触器 KM 线圈吸合，其常开触点 KM 闭合自锁，实现延时启动控制。

图 9-19　延时启动控制电路原理图

采用 PLC 程序实现延时启动时，其接线图、梯形图程序、指令语句表如图 9-20 所示（以西门子 PLC 为例）。

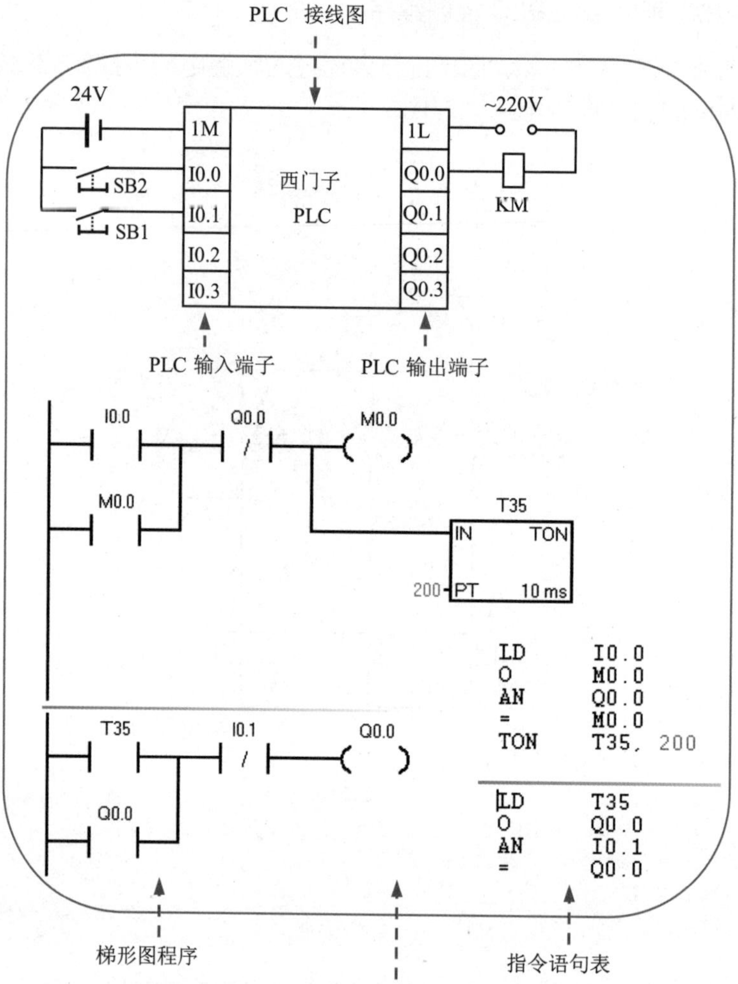
PLC 接线图
24V
~220V
1M
I0.0
I0.1
I0.2
I0.3
SB2
SB1
西门子
PLC
1L
Q0.0
Q0.1
Q0.2
Q0.3
KM
PLC 输入端子
PLC 输出端子
I0.0
Q0.0
M0.0
M0.0
T35
IN
TON
200
PT
10 ms
T35
I0.1
Q0.0
Q0.0
LD I0.0
O M0.0
AN Q0.0
= M0.0
TON T35, 200
LD T35
O Q0.0
AN I0.1
= Q0.0
梯形图程序
指令语句表

（1）当按下启动按钮 SB2 时，常开触点 I0.0 接通，线圈 M0.0 得电，其常开触点 M0.0 接通实现自锁。同时定时器 T35 开始定时。
（2）当 2s 后，定时器 T35 开始动作，其常开触点 T35 接通，线圈 Q0.0 得电，常开触点 Q0.0 接通实现自锁，其连接的接触器 KM 线圈吸合（其控制的设备启动），实现延时启动控制。

图 9-20　延时启动 PLC 控制程序和指令表

9.2 电动机 PLC 控制程序编程实战

用 PLC 控制电动机不但接线方式简单，而且通过 PLC 程序可以轻松改变电动机的控制方式。本节将重点讲解如何用 PLC 程序轻松控制电动机的工作。

【案例 9-11】电动机间歇循环运行 PLC 控制程序

间歇循环运行控制是指按时间控制的自动循环运行电路，这种电路主要用于自动喷泉等设备。图 9-21 所示为电动机间歇循环运行 PLC 控制电路原理图（以三菱 PLC 为例），表 9-1 所示为三菱 PLC 的 I/O 分配表。

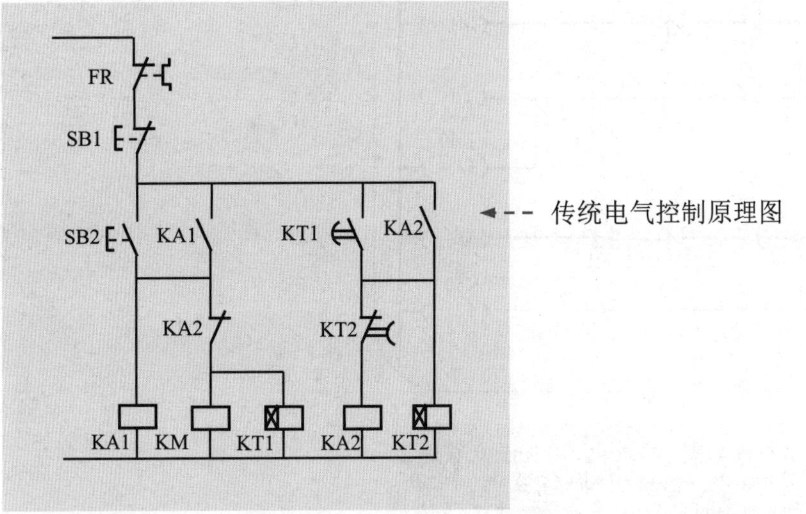
FR
SB1
SB2
KA1
KT1
KA2
KA2
KT2
KA1 KM KT1 KA2 KT2
传统电气控制原理图

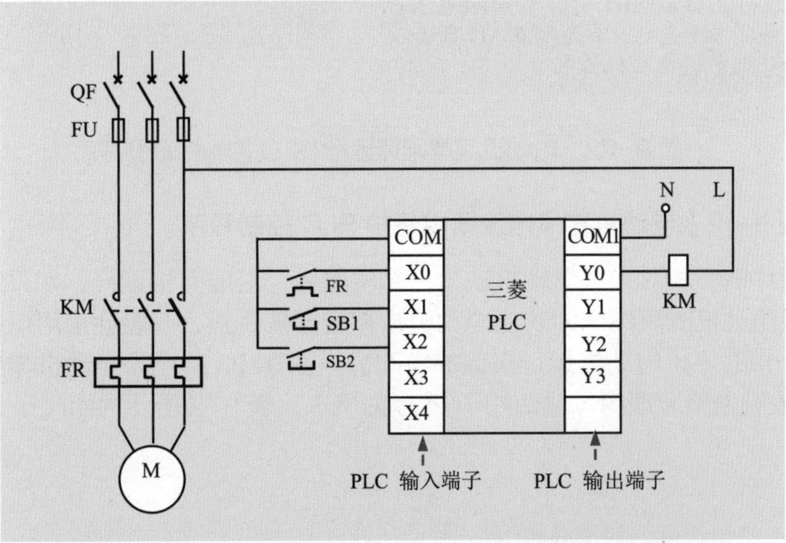
QF
FU
KM
FR
M
N
L
COM
X0
X1
X2
X3
X4
FR
SB1
SB2
三菱
PLC
COM1
Y0
Y1
Y2
Y3
KM
PLC 输入端子
PLC 输出端子

图 9-21 电动机间歇循环运行 PLC 控制电路原理图

表 9-1　三菱 PLC 的 I/O 分配表

名称	符号	输入点地址编号	名称	符号	输出点地址编号
热继电器	FR	X0	电动机接触器	KM	Y0
停止按钮	SB1	X1			
启动按钮	SB2	X2			

电动机间歇循环运行 PLC 控制梯形图程序如图 9-22 所示（以三菱 PLC 为例）。为方便了解，在梯形图各编程元件下方标注其对应在传统控制系统中相应的按钮、接触器触点、线圈等字母标识。

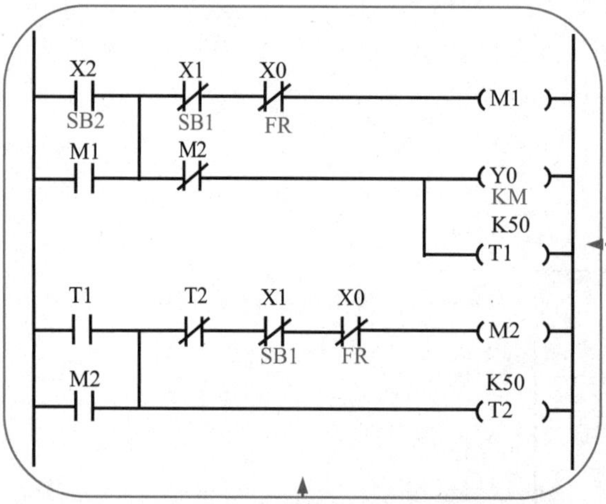

X2
SB2
X1
SB1
X0
FR
M1
M1
M2
Y0
KM
K50
T1
T1
T2
X1
SB1
X0
FR
M2
M2
K50
T2

（1）当按下启动按钮 SB2 时，常开触点 X2 接通，输出线圈 M1 得电，常开触点 M1 接通实现自锁。同时定时器 T0 开始计时，输出线圈 Y0 得电，其连接的接触器 KM 线圈得电吸合，电动机接通开始运转。
（2）5s 后，定时器 T1 动作，常开触点 T1 接通，定时器 T2 开始计时，同时输出线圈 M2 得电，常开触点 M2 接通实现自锁。常闭触点 M2 断开，定时器 T1 复位，输出线圈 Y0 失电，其连接的接触器 KM 线圈失电分离，电动机停止运转。
（3）5s 后，定时器 T2 动作，常闭触点 T2 断开，输出线圈 M2 失电，常开触点 M2 断开，由于定时器 T1 断电复位，常开触点 T1 断开，因此定时器 T2 断电复位。同时常闭触点 M2 接通，定时器 T0 开始计时，输出线圈 Y0 得电，电动机又重新开始运转。这样就实现了间歇循环运行的控制。

（4）当电动机过载时，热继电器 FR 触点接通，常闭触点 X0 断开，输出线圈 M1 失电，常开触点 M1 断开，输出线圈 Y0 失电，电动机停转。
（5）当按下停止按钮 SB1 时，常闭触点 X1 断开，输出线圈 M1 失电，常开触点 M1 断开，输出线圈 Y0 失电，电动机停转。

图 9-22　电动机间歇循环运行 PLC 控制梯形图程序

【案例 9-12】电动机零序电流断相保护 PLC 控制程序

在运行中的三相 380V 电动机缺少一相电源后，变成两相运行，如果运行时间过长则有烧毁电动机的可能。为防止电动机缺相运行被烧毁，一般会采用保护措施，在电源缺少一相时停止电动机运行来保护电动机。图 9-23 所示为电动机零序电流断相保护 PLC 控制电路原理图（以西门子 PLC 为例）。表 9-2 所示为西门子 PLC 的 I/O 分配表。

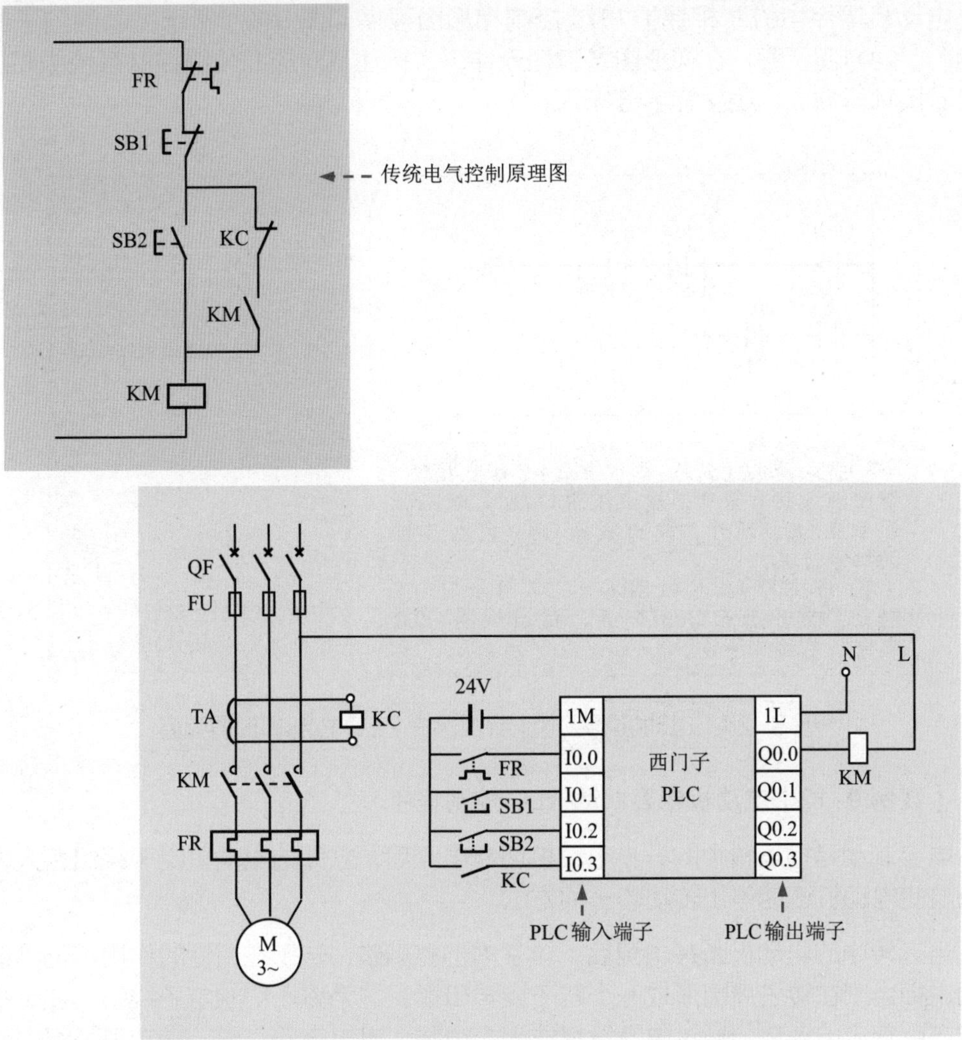
FR
SB1
传统电气控制原理图
SB2
KC
KM
KM
QF
FU
TA
KC
KM
FR
M
3~
N
L
24V
1M
I0.0
I0.1
I0.2
I0.3
FR
SB1
SB2
KC
西门子
PLC
1L
Q0.0
Q0.1
Q0.2
Q0.3
KM
PLC 输入端子
PLC 输出端子

图 9-23　电动机零序电流断相保护 PLC 控制电路原理图

表 9-2　西门子 PLC 的 I/O 分配表

名称	符号	输入点地址编号	名称	符号	输出点地址编号
热继电器	FR	I0.0	电动机 1 接触器	KM	Q0.0
停止按钮	SB1	I0.1			
启动按钮	SB2	I0.2			
电流继电器触点	KC	I0.3			

电动机零序电流断相保护 PLC 控制梯形图程序如图 9–24 所示（以西门子 PLC 为例）。为方便了解，在梯形图各编程元件下方标注其对应在传统控制系统中相应的按钮、接触器触点、线圈等字母标识。

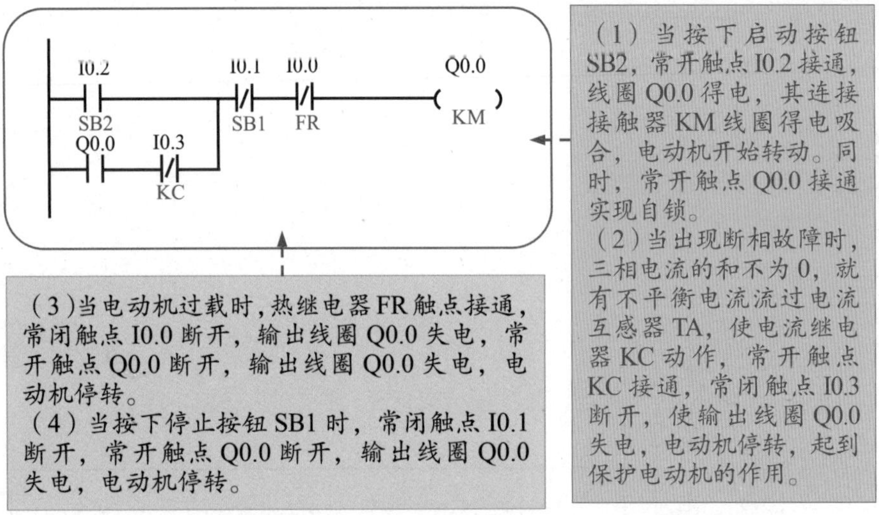
I0.2
SB2
I0.1
SB1
I0.0
FR
Q0.0
KM
Q0.0
I0.3
KC
（1）当按下启动按钮 SB2，常开触点 I0.2 接通，线圈 Q0.0 得电，其连接接触器 KM 线圈得电吸合，电动机开始转动。同时，常开触点 Q0.0 接通实现自锁。
（2）当出现断相故障时，三相电流的和不为 0，就有不平衡电流流过电流互感器 TA，使电流继电器 KC 动作，常开触点 KC 接通，常闭触点 I0.3 断开，使输出线圈 Q0.0 失电，电动机停转，起到保护电动机的作用。
（3）当电动机过载时，热继电器 FR 触点接通，常闭触点 I0.0 断开，输出线圈 Q0.0 失电，常开触点 Q0.0 断开，输出线圈 Q0.0 失电，电动机停转。
（4）当按下停止按钮 SB1 时，常闭触点 I0.1 断开，常开触点 Q0.0 断开，输出线圈 Q0.0 失电，电动机停转。

图 9–24　电动机零序电流断相保护 PLC 控制梯形图程序

【案例 9–13】电动机电容制动 PLC 控制程序

电容制动是指运转中的异步电动机切断电源后，立即给电动机定子绕组接入电容器来迫使电动机迅速停止转动的一种方法。

当运转中的电动机断开电源后，转子内仍有剩磁，转子在惯性的作用下仍然继续转动，相当于在转子周围形成一个转子旋转磁场。这个磁场切割定子绕组，在定子绕组中产生感应电动势，通过电容器组成闭合电路，对电容器充电，在定子绕组中形成励磁电流，建立一个磁场，与转子感应电流相互作用，产生一个阻止转子旋转的制动转矩，使电动机迅速停转，完成制动过程。

电容制动的优点是设备简单，制动迅速，无须外界供给电能。缺点是所用电容器耐压要求高，电容量要求大。一般用于 10kw 以下的小容量电动机制动频繁的场合。

图 9–25 为电动机电容制动 PLC 控制电路原理图（以三菱 PLC 为例），表 9–3 为三菱 PLC 的 I/O 分配表。

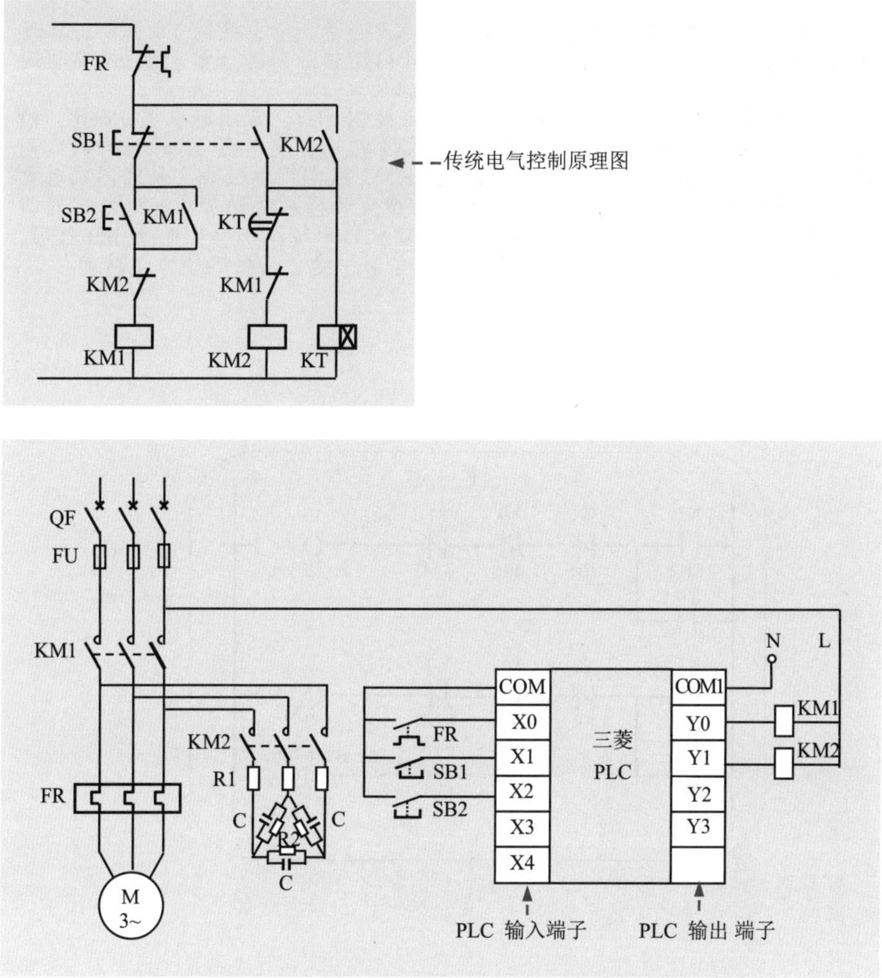
FR
SB1
KM2
SB2
KM1
KT
KM2
KM1
KM1
KM2
KT
传统电气控制原理图
QF
FU
KM1
KM2
R1
FR
C
C
C
M
3~
N
L
COM
X0
X1
X2
X3
X4
FR
SB1
SB2
三菱
PLC
COM1
Y0
Y1
Y2
Y3
KM1
KM2
PLC 输入端子
PLC 输出 端子

图 9-25　电动机电容制动 PLC 控制电路原理图

表 9-3　三菱 PLC 的 I/O 分配表

名称	符号	输入点地址编号	名称	符号	输出点地址编号
热继电器	FR	X0	电动机接触器	KM1	Y0
停止按钮	SB1	X1	电容接触器	KM2	Y1
启动按钮	SB2	X2			

电动机电容制动 PLC 控制梯形图程序如图 9-26 所示（以三菱 PLC 为例）。为方便了解，在梯形图各编程元件下方标注其对应在传统控制系统中相应的按钮、接触器触点、线圈等字母标识。

（1）当按下启动按钮 SB2 时，常开触点 X2 接通，输出线圈 Y0 得电，其连接的接触器 KM1 线圈得电吸合，电动机开始运转。同时，常开触点 Y0 接通实现自锁，常闭触点 Y0 断开，避免开始制动。
（2）当需要停止电动机运转时，按下停止按钮 SB1，常闭触点 X1 断开，输出线圈 Y0 失电，电动机停转；常开触点 X1 接通，定时器 T0 开始计时。同时，输出线圈 Y1 得电，其连接的接触器 KM2 线圈得电吸合，电容器制动电路与电动机相连接。电动机转子惯性转动产生的感应电动势，通过电容器回路形成感生电流，该电流产生的磁场与电动机转子绕组中感生电流相互作用，产生一个与旋转方向相反的制动转矩，使电动机受制动而迅速停止转动。

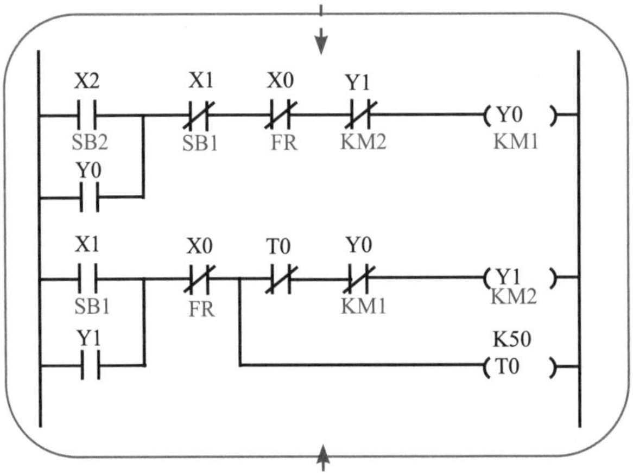
X2
X1
X0
Y1
Y0
SB2
SB1
FR
KM2
KM1
Y0
X1
X0
T0
Y0
Y1
SB1
FR
KM1
KM2
Y1
K50
T0

（3）5 秒钟后，定时器 T0 动作，常闭触点 T0 断开，输出线圈 Y1 失电，电容制动系统与电动机断开。同时，常开触点 Y1 断开，定时器 T0 失电复位。
（4）当电动机过载时，热继电器 FR 触点接通，常闭触点 X0 断开，输出线圈 Y0 失电，电动机停转。

图 9-26　电动机电容制动 PLC 控制梯形图程序

【案例 9-14】笼型异步电动机的 Y- Δ启动 PLC 控制程序（手动）

Y- △启动手动控制电路是指在笼型异步电动机启动时临时接成 Y（星形）低压启动，待电动机启动后接近额定转速时，再手动控制将定子绕组接成△（三角形）运行。一般适用于 20kW 以下的电动机启动。图 9-27 所示为笼型异步电动机的 Y- △启动 PLC 控制电路原理图（以三菱 PLC 为例）。表 9-4 所示为三菱 PLC 的 I/O 分配表。

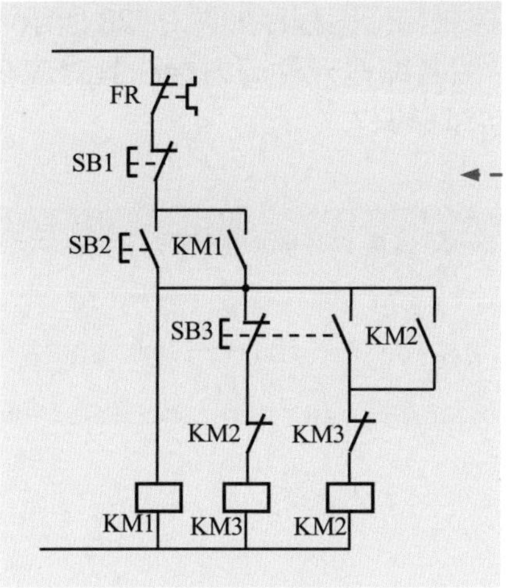
FR
SB1
SB2
KM1
SB3
KM2
KM2
KM3
KM1
KM3
KM2

传统电气控制原理图

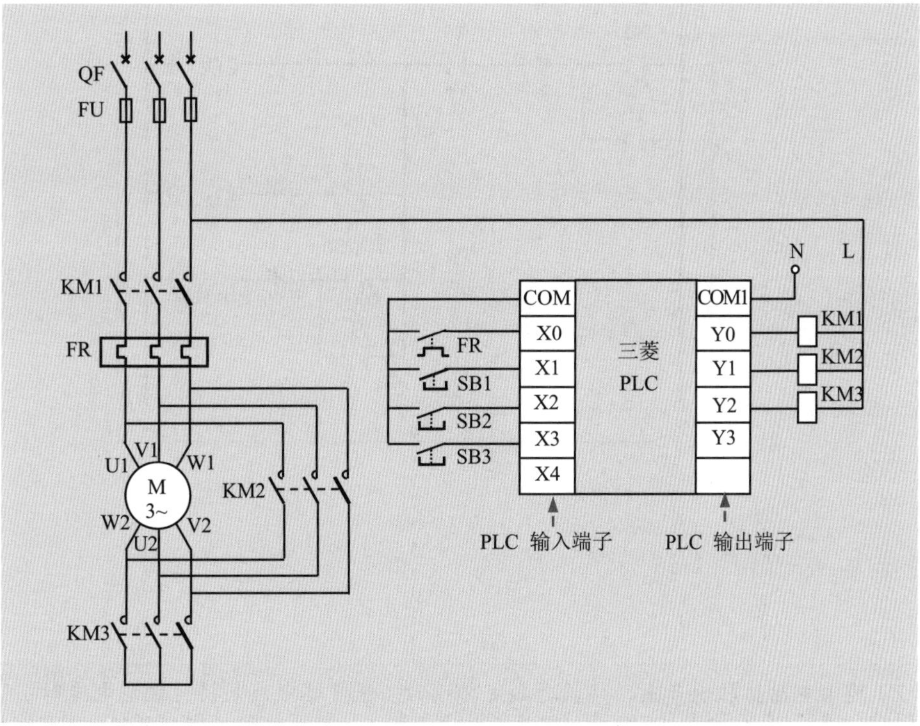
QF
FU
KM1
FR
U1
V1
W1
M
3~
W2
U2
V2
KM2
KM3
N
L
COM
X0
X1
X2
X3
X4
三菱
PLC
COM1
Y0
Y1
Y2
Y3
FR
SB1
SB2
SB3
KM1
KM2
KM3
PLC 输入端子
PLC 输出端子

图 9-27　笼型异步电动机的 Y- Δ启动手动控制 PLC 控制电路原理图

表 9-4　三菱 PLC 的 I/O 分配表

名称	符号	输入点地址编号	名称	符号	输出点地址编号
热继电器	FR	X0	电动机接触器 1	KM1	Y0
停止按钮	SB1	X1	电动机接触器 2	KM2	Y1
星形启动按钮	SB2	X2	电动机接触器 3	KM3	Y2
三角形运行按钮	SB3	X3			

笼型异步电动机的 Y– △启动手动控制 PLC 控制梯形图程序如图 9–28 所示（以三菱 PLC 为例进行讲解）。为方便了解，在梯形图各编程元件下方标注其对应在传统控制系统中相应的按钮、接触器触点、线圈等字母标识。

（1）当要启动电动机时，按下启动按钮 SB2，常开触点 X2 接通，输出线圈 Y0 得电，其连接的接触器 KM1 的线圈得电吸合，常开触点 Y0 接通实现自锁。同时输出线圈 Y2 得电，其连接的接触器 KM3 的线圈得电吸合。由于 KM1 闭合主触点接通电动机定子三相绕组的首端，KM3 闭合主触点将三对主触点将定子绕组尾端连在一起，电动机在 Y 形连接下低电压启动。同时，常闭触点 Y2 断开，避免接触器 KM2 被接通。

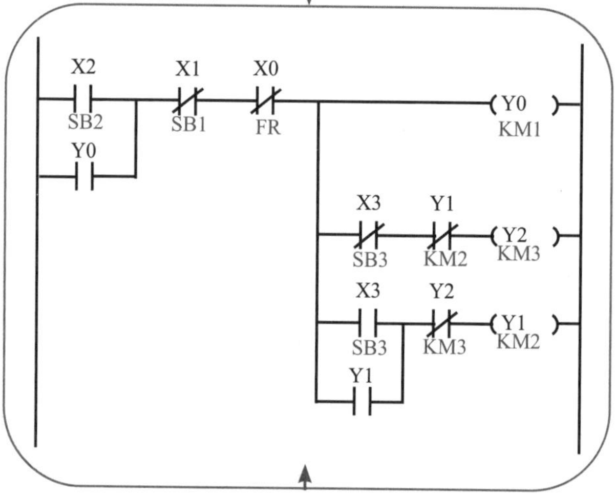
X2
SB2
Y0
X1
SB1
X0
FR
Y0
KM1
X3
SB3
Y1
KM2
Y2
KM3
X3
SB3
Y2
KM3
Y1
KM2
Y1

（2）随着电动机转速升高，待接近额定转速时（或观察电流表接近额定电流时），按下运行按钮 SB3，常闭触点 X3 断开，输出线圈 Y2 失电，其连接的接触器 KM3 线圈失电分离，将电动机三相绕组尾端连接打开。同时，常开触点 X3 接通，输出线圈 Y1 得电，常开触点 Y1 接通实现自锁，线圈 Y1 连接的接触器 KM2 线圈得电吸合。KM2 主触头闭合将电动机三相绕组连接成△，使电动机在△接法下运行，完成了 Y– △降压启动。另外，常闭触点 Y1 断开，避免接触器 KM3 被接通。

（3）当电动机过载时，热继电器 FR 触点接通，常闭触点 X0 断开，输出线圈 Y0、Y1、Y2 失电，电动机停转。

（4）当按下停止按钮 SB1 时，常闭触点 X1 断开，Y0、Y1、Y2 失电，电动机停转。

图 9–28　笼型异步电动机的 Y– △启动手动控制 PLC 控制梯形图程序

【案例 9-15】笼型异步电动机的 Y- Δ启动 PLC 控制程序（自动）

Y- △启动自动控制电路是指在笼型异步电动机启动时临时接成 Y（星形）低压启动，待电动机启动后接近额定转速时，自动将定子绕组接成△（三角形）运行。图 9-29 所示为笼型异步电动机的 Y- △启动 PLC 控制电路原理图（以三菱 PLC 为例进行讲解）。表 9-5 所示为三菱 PLC 的 I/O 分配表。

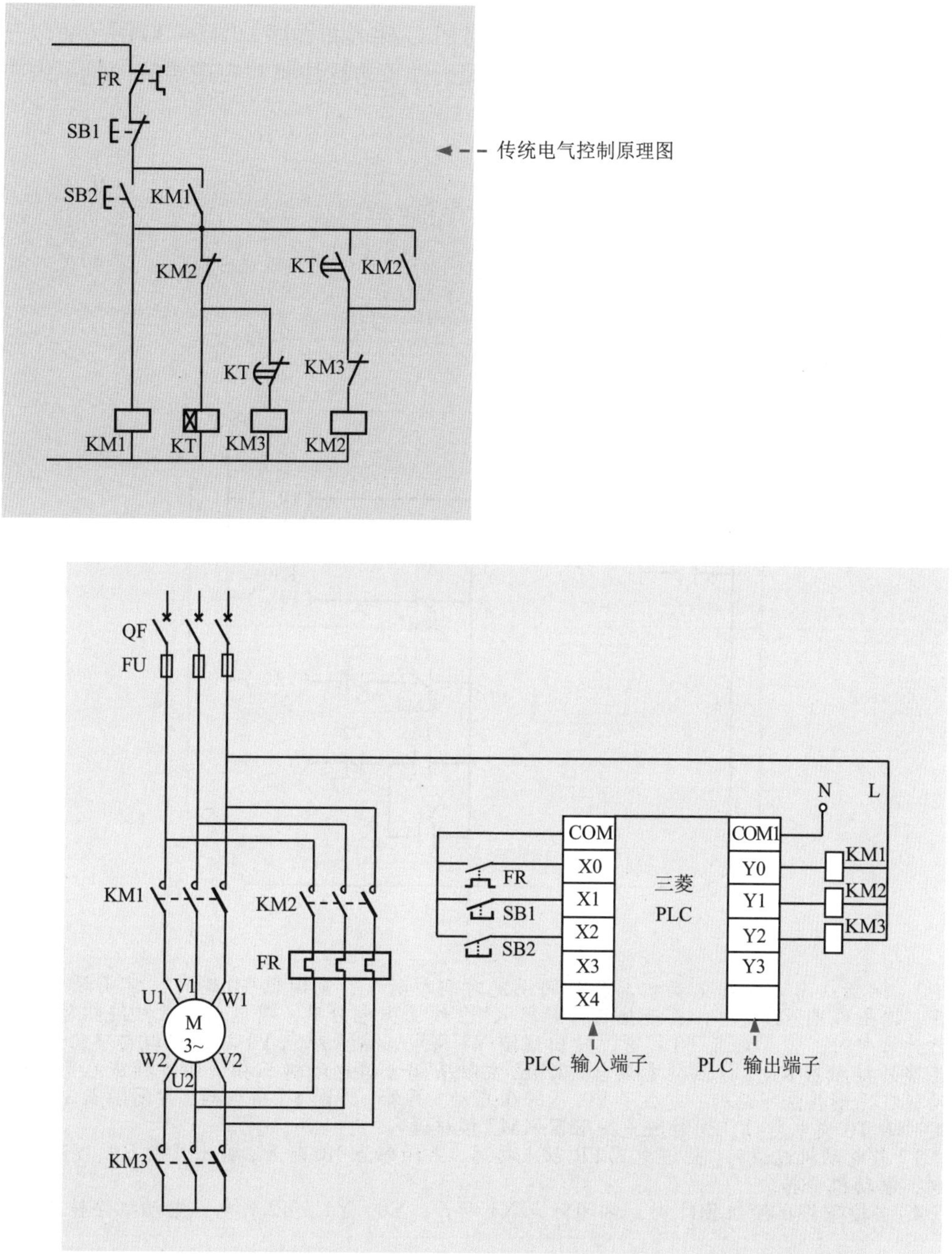

FR
SB1
SB2
KM1
KM2
KT
KM2
KT
KM3
KM1
KT
KM3
KM2
传统电气控制原理图
QF
FU
KM1
KM2
FR
U1
V1
W1
M
3~
W2
V2
U2
KM3
N
L
COM
X0
X1
X2
X3
X4
三菱
PLC
COM1
Y0
Y1
Y2
Y3
FR
SB1
SB2
KM1
KM2
KM3
PLC 输入端子
PLC 输出端子

图 9-29　笼型异步电动机的 Y- Δ启动自动控制 PLC 控制电路原理图

表 9–5　三菱 PLC 的 I/O 分配表

名称	符号	输入点地址编号	名称	符号	输出点地址编号
热继电器	FR	X0	电动机接触器 1	KM1	Y0
停止按钮	SB1	X1	电动机接触器 2	KM2	Y1
星形启动按钮	SB2	X2	电动机接触器 3	KM3	Y2
三角形运行按钮	SB3	X3			

笼型异步电动机的 Y– △启动自动控制 PLC 梯形图程序如图 9–30 所示（以三菱 PLC 为例）。为方便了解，在梯形图各编程元件下方标注其对应在传统控制系统中相应的按钮、接触器触点、线圈等字母标识。

（1）当要启动电动机时，按下启动按钮 SB2，常开触点 X2 接通，输出线圈 Y0 得电，其连接的接触器 KM1 的线圈得电吸合，常开触点 Y0 接通实现自锁。同时定时器 T0 开始计时，输出线圈 Y2 得电，其连接的接触器 KM3 的线圈得电吸合。由于 KM1 闭合主触点接通电动机定子三相绕组的首端，KM3 闭合主触点将三对主触点将定子绕组尾端连在一起，电动机在 Y 形连接下低电压启动。同时，常闭触点 Y2 断开，避免接触器 KM2 被接通。

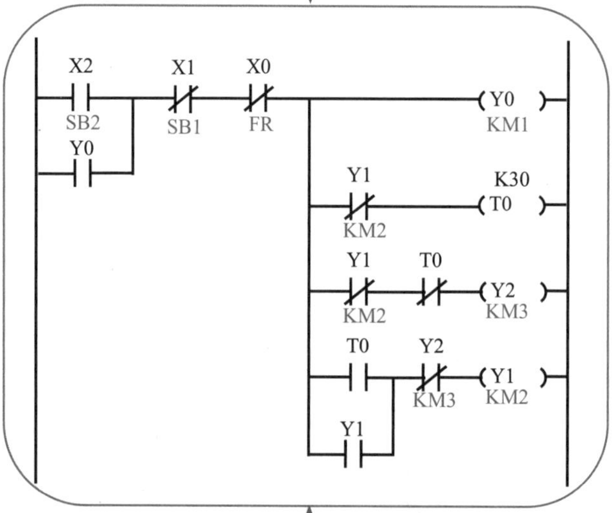
X2
X1
X0
Y0
SB2
SB1
FR
KM1
Y0
Y1
K30
T0
KM2
Y1
T0
Y2
KM2
KM3
T0
Y2
Y1
KM3
KM2
Y1

（2）3s 后（可以根据电动机启动时间设定时间参数），定时器 T0 动作，常闭触点 T0 断开，输出线圈 Y2 失电，其连接的接触器 KM3 线圈失电分离，将电动机三相绕组尾端连接打开。同时，常开触点 T0 接通，输出线圈 Y1 得电，常开触点 Y1 接通实现自锁，线圈 Y1 连接的接触器 KM2 线圈得电吸合。KM2 主触头闭合将电动机三相绕组连接成△形，使电动机在△形接法下运行，完成了 Y– △降压启动。另外，线圈 Y1 得电后，常闭触点 Y1 断开，定时器 T0 失电复位，同时避免接触器 KM3 被接通。
（3）当电动机过载时，热继电器 FR 触点接通，常闭触点 X0 断开，输出线圈 Y0、Y1、Y2 失电，电动机停转。
（4）当按下停止按钮 SB1 时，常闭触点 X1 断开，Y0、Y1、Y2 失电，电动机停转。

图 9–30　笼型异步电动机的 Y– △启动自动控制 PLC 梯形图程序

【案例 9-16】电动机自耦降压启动 PLC 控制程序（自动）

自耦降压启动是利用自耦变压器降低电动机端电压的启动方法。自耦变压器一般有两组抽头，可以得到不同的输出电压（一般为电源电压的 80% 和 65%），启动时使自耦变压器中的一组抽头接在电动机回路中，当电动机转速接近额定转速时，将自耦变压器切除，使电动机直接接在三相电源上进入运转状态。图 9-31 所示为电动机自耦降压启动 PLC 控制电路原理图（以西门子 PLC 为例）。表 9-6 所示为西门子 PLC 的 I/O 分配表。

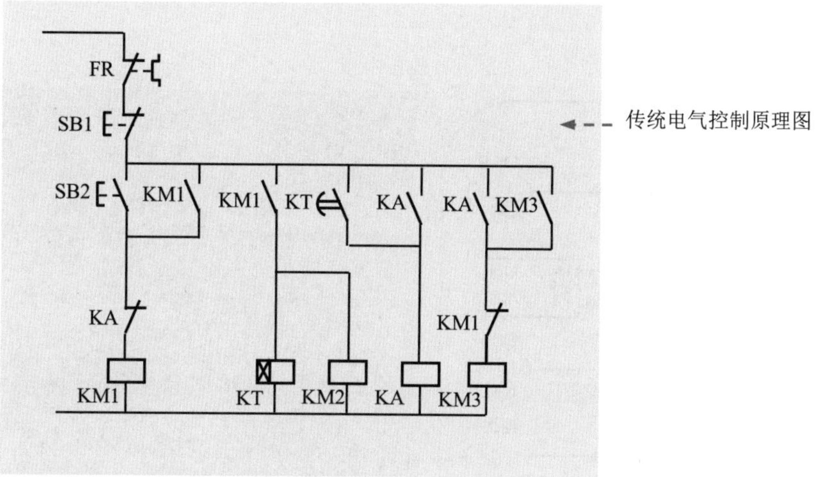

FR
SB1
SB2
KM1
KM1
KT
KA
KA
KM3
KA
KM1
KM1
KT
KM2
KA
KM3
传统电气控制原理图

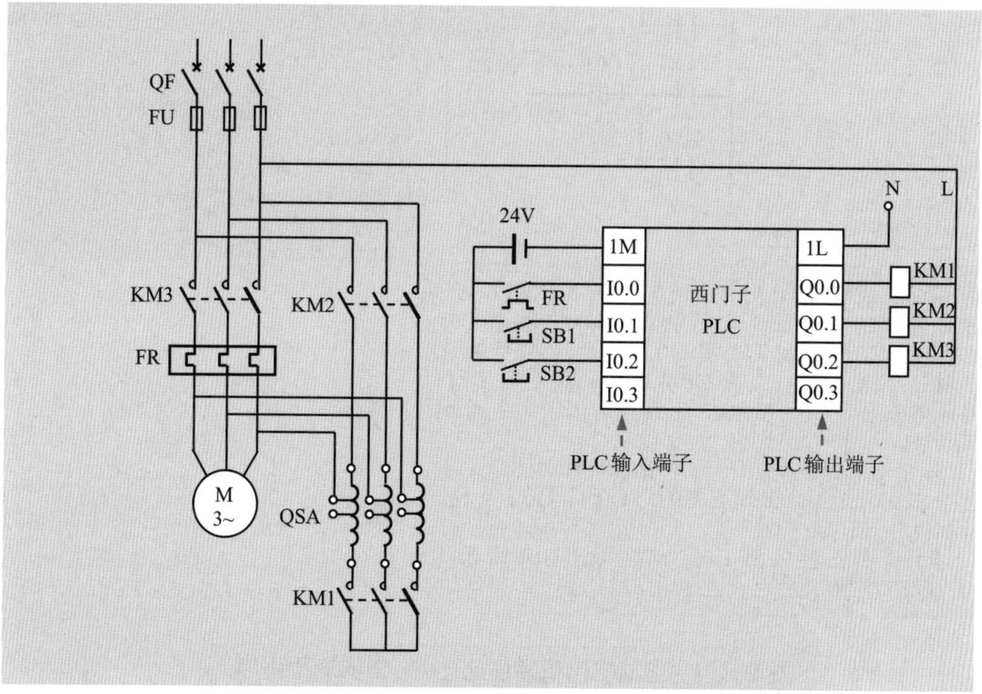

QF
FU
KM3
KM2
FR
M
3~
QSA
KM1
24V
N
L
1M
I0.0
I0.1
I0.2
I0.3
FR
SB1
SB2
西门子
PLC
1L
Q0.0
Q0.1
Q0.2
Q0.3
KM1
KM2
KM3
PLC输入端子
PLC输出端子

图 9-31　电动机自耦降压启动 PLC 控制电路原理图

表 9-6　西门子 PLC 的 I/O 分配表

名称	符号	输入点地址编号	名称	符号	输出点地址编号
热继电器	FR	I0.0	自耦变压器接触器 1	KM1	Q0.0
停止按钮	SB1	I0.1	自耦变压器接触器 2	KM2	Q0.1
启动按钮	SB2	I0.2	电动机接触器	KM3	Q0.2
运行按钮	SB3	I0.3			

电动机自耦降压启动 PLC 梯形图程序如图 9-32 所示（以西门子 PLC 为例）。为方便了解，在梯形图各编程元件下方标注其对应在传统控制系统中相应的按钮、接触器触点、线圈等字母标识。

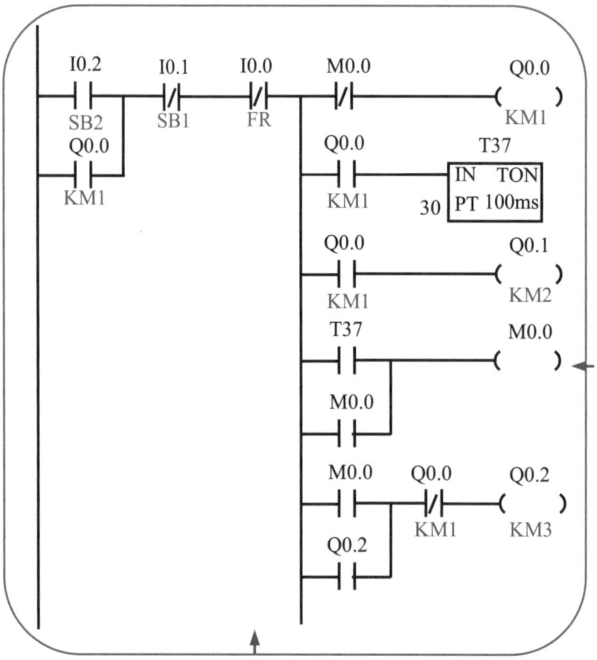
I0.2
SB2
Q0.0
KM1
I0.1
SB1
I0.0
FR
M0.0
Q0.0
KM1
Q0.0
KM1
T37
IN TON
30 PT 100ms
Q0.0
KM1
Q0.1
KM2
T37
M0.0
M0.0
M0.0
Q0.0
KM1
Q0.2
KM3
Q0.2

（1）当要启动电动机时，按下启动按钮 SB2，常开触点 I0.2 接通，输出线圈 Q0.0 得电，其连接的接触器 KM1 的线圈得电吸合，常开触点 Q0.0 接通实现自锁。KM1 主触头闭合将自耦变压器线圈接成星形。

（2）同时，常开触点 Q0.0 接通使定时器 T37 开始计时，输出线圈 Q0.1 得电，线圈 Q0.1 连接的接触器 KM2 的线圈得电吸合。由于 KM2 闭合主触点使自耦变压器的低压抽头（如 65%）将三相电压的 65% 接入电动机，使电动机在低电压启动。同时，常闭触点 Q0.0 断开，避免接触器 KM3 被接通。

（3）3s 后，定时器 T37 动作，常开触点 T37 接通，输出线圈 M0.0 得电，常开触点 M0.0 接通实现自锁。常闭触点 M0.0 断开，使输出线圈 Q0.0 失电，接触器 KM1 线圈失电分离，KM1 主触头分离，使自耦变压器线圈尾端连接打开。

（4）同时，线圈 Q0.0 失电，使常开触点 Q0.0 断开，定时器 T37 断电复位。常闭触点 Q0.0 接通，常开触点 M0.0 接通，输出线圈 Q0.2 得电，常开触点 Q0.2 接通实现自锁。线圈 Q0.2 连接的接触器 KM3 线圈得电吸合，使电动机在全压下运行，完成自耦降压启动。

（5）当电动机过载时，热继电器 FR 触点接通，常闭触点 I0.0 断开，输出线圈 Q0.0、Q0.1、Q0.2 失电，电动机停转。

（6）当按下停止按钮 SB1 时，常闭触点 I0.1 断开，Q0.0、Q0.1、Q0.2 失电，电动机停转。

图 9-32　电动机自耦降压启动 PLC 梯形图程序

【案例 9–17】双速电动机接触器调速 PLC 控制程序

图 9–33 所示为双速电动机接触器调速 PLC 控制电路原理图（以西门子 PLC 为例）。表 9–7 所示为西门子 PLC 的 I/O 分配表。

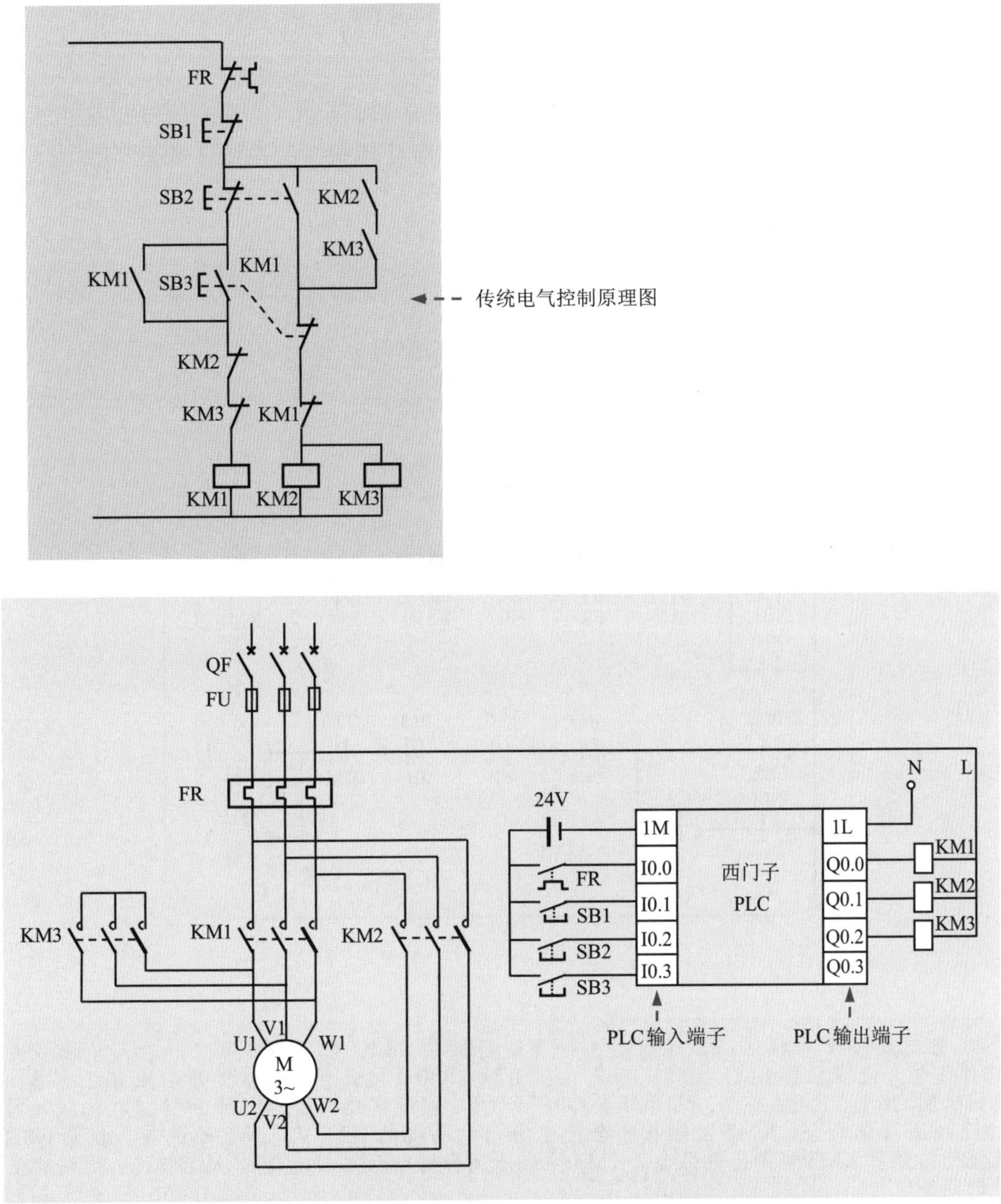
FR
SB1
SB2
KM2
KM3
KM1
SB3
KM1
KM2
KM3
KM1
KM1
KM2
KM3
传统电气控制原理图
QF
FU
FR
N
L
24V
1M
I0.0
I0.1
I0.2
I0.3
FR
SB1
SB2
SB3
西门子
PLC
1L
Q0.0
Q0.1
Q0.2
Q0.3
KM1
KM2
KM3
KM3
KM1
KM2
U1
V1
W1
M
3~
U2
V2
W2
PLC 输入端子
PLC 输出端子

图 9–33　双速电动机接触器调速 PLC 控制电路原理图

表 9-7　西门子 PLC 的 I/O 分配表

名称	符号	输入点地址编号	名称	符号	输出点地址编号
热继电器	FR	I0.0	电动机接触器 1	KM1	Q0.0
停止按钮	SB1	I0.1	电动机接触器 2	KM2	Q0.1
高速运行按钮	SB2	I0.2	电动机接触器 3	KM3	Q0.2
低速运行按钮	SB3	I0.3			

双速电动机接触器调速 PLC 梯形图程序如图 9-34 所示（以西门子 PLC 为例）。为方便了解，在梯形图各编程元件下方标注其对应在传统控制系统中相应的按钮、接触器触点、线圈等字母标识。

（1）当想要按△形接法低速启动时，按下启动按钮 SB3，常开触点 I0.3 接通，输出线圈 Q0.0 得电，其连接的接触器 KM1 的线圈得电吸合，常开触点 Q0.0 接通实现自锁。KM1 主触头闭合接通电源与 U1、V1、W1 的连接，电动机呈△形接法启动低速运行。同时，常闭触点 I0.3 断开，常闭触点 Q0.0 断开，避免接通接触器 KM2 和 KM3 主触点。

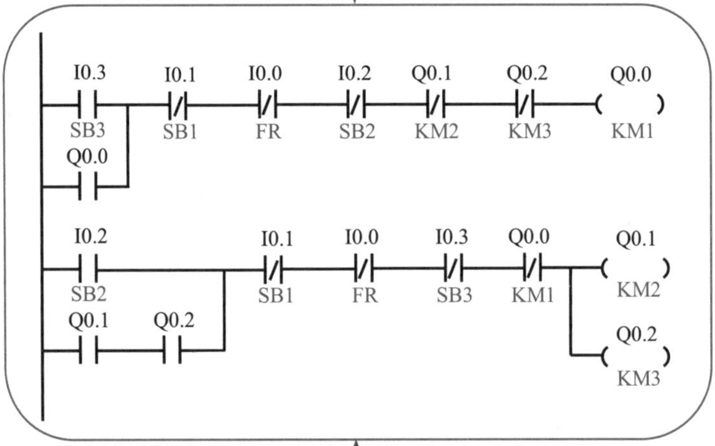

I0.3
SB3
I0.1
SB1
I0.0
FR
I0.2
SB2
Q0.1
KM2
Q0.2
KM3
Q0.0
KM1
Q0.0
I0.2
SB2
I0.1
SB1
I0.0
FR
I0.3
SB3
Q0.0
KM1
Q0.1
KM2
Q0.1
Q0.2
Q0.2
KM3

（2）当想要按 Y 形接法高速运行时，按下运行按钮 SB2，常闭触点 I0.2 断开，输出线圈 Q0.0 失电，使接触器 KM1 主触点分离，常闭触点 Q0.0 接通。同时，常开触点 I0.2 接通，输出线圈 Q0.1 和 Q0.2 得电，常开触点 Q0.1 和 Q0.2 接通实现自锁。线圈 Q0.1 连接的接触器 KM2 线圈得电吸合，KM2 主触点闭合使电源与电动机的 U2、V2、W2 端连接，线圈 Q0.2 连接的接触器 KM3 线圈得电吸合，KM3 主触点闭合将电动机 U1、V1、W1 相连，电动机呈 Y 形高速运行。

（3）常闭触点 Q0.2 断开，常闭触点 I0.2 断开，避免接通接触器 KM1 主触点。

（4）当电动机过载时，热继电器 FR 触点接通，常闭触点 I0.0 断开，输出线圈 Q0.0、Q0.1、Q0.2 失电，电动机停转。

（5）当按下停止按钮 SB1 时，常闭触点 I0.1 断开，Q0.0、Q0.1、Q0.2 失电，电动机停转。

图 9-34　双速电动机接触器调速 PLC 梯形图程序

9.3 日常 PLC 控制应用程序编程实战

在工厂、小区等日常生活场所中，也会经常用到 PLC，PLC 控制器可以用在控制水箱、矿井水位监测、工厂仓库门自动开关、小区照明系统控制等多方面。本节将重点讲解如何用 PLC 程序轻松控制各种应用。

【案例 9–18】停电保护系统 PLC 控制程序

突发性停电导致设备停止工作，电力恢复设备自动启动运转的情况下有可能造成生产线的混乱，引发事故。为避免此类事故，需要对停电状况下采取保护措施。下面结合 PLC 程序来设计一个保护系统。图 9–35 所示为停电保护系统 PLC 控制原理图（以三菱 PLC 为例）。表 9–8 所示为三菱 PLC 的 I/O 分配表。

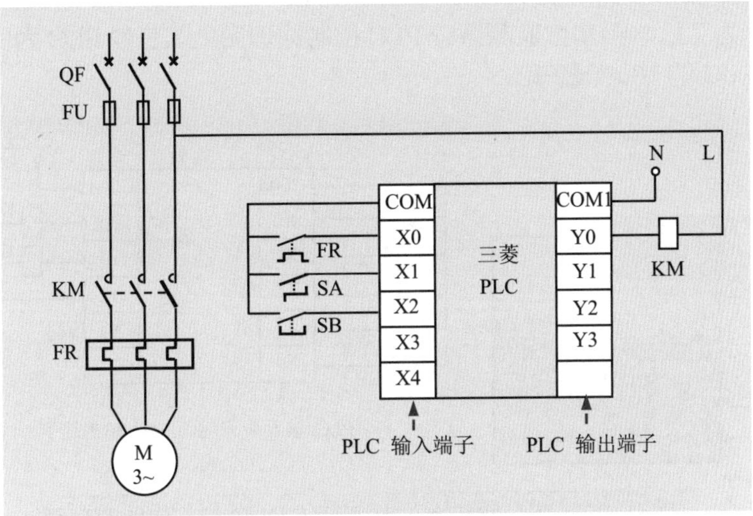
QF
FU
N
L
COM
X0
X1
X2
X3
X4
FR
SA
SB
三菱
PLC
COM1
Y0
Y1
Y2
Y3
KM
KM
FR
M
3~
PLC 输入端子
PLC 输出端子

图 9–35　停电保护系统 PLC 控制电路原理图

表 9–8　三菱 PLC 的 I/O 分配表

名称	符号	输入点地址编号	名称	符号	输出点地址编号
热继电器	FR	X.0	电动机接触器	KM	Y0
手动开关	SA	X1			
复位启动按钮	SB	X2			

停电保护系统 PLC 梯形图程序如图 9–36 所示（以三菱 PLC 为例进行讲解）。为方便了解，在梯形图各编程元件下方标注其对应在传统控制系统中相应的按钮、接触器触点、线圈等字母标识。

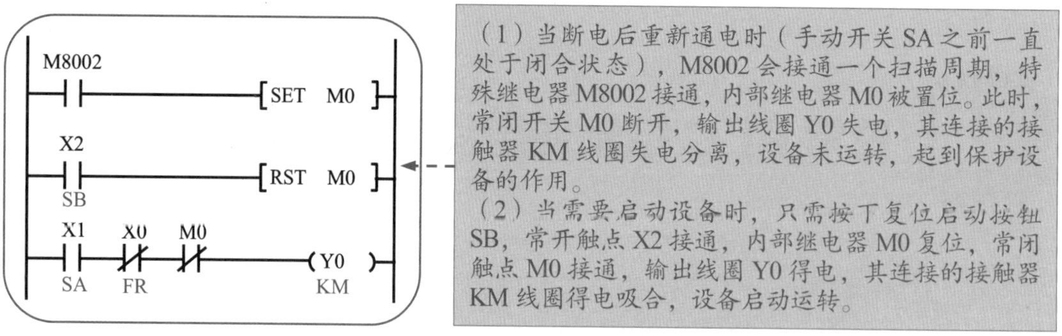
M8002
SET M0
X2
RST M0
SB
X1 X0 M0
Y0
SA FR KM
（1）当断电后重新通电时（手动开关 SA 之前一直处于闭合状态），M8002 会接通一个扫描周期，特殊继电器 M8002 接通，内部继电器 M0 被置位。此时，常闭开关 M0 断开，输出线圈 Y0 失电，其连接的接触器 KM 线圈失电分离，设备未运转，起到保护设备的作用。
（2）当需要启动设备时，只需按下复位启动按钮 SB，常开触点 X2 接通，内部继电器 M0 复位，常闭触点 M0 接通，输出线圈 Y0 得电，其连接的接触器 KM 线圈得电吸合，设备启动运转。

图 9–36　停电保护系统 PLC 梯形图程序

【案例 9–19】工厂水箱水位监测系统 PLC 控制程序

工厂生产用水箱水位过低会影响正常的生产，过高会发生溢水事故，因此需要实时监测工厂水箱中的水位情况，当水位异常时自动发出警报。水箱水位监测系统具体要求为：在水箱水位低于正常水平下限时开始自动给水，如果水位低于最低水位，发出警报。如果水位高于正常水平上限，开始向外排水。如果高于最高水位，发出报警。图 9–37 所示为工厂水箱水位监测系统 PLC 控制原理图（以三菱 PLC 为例）。表 9–9 所示为三菱 PLC 的 I/O 分配表。

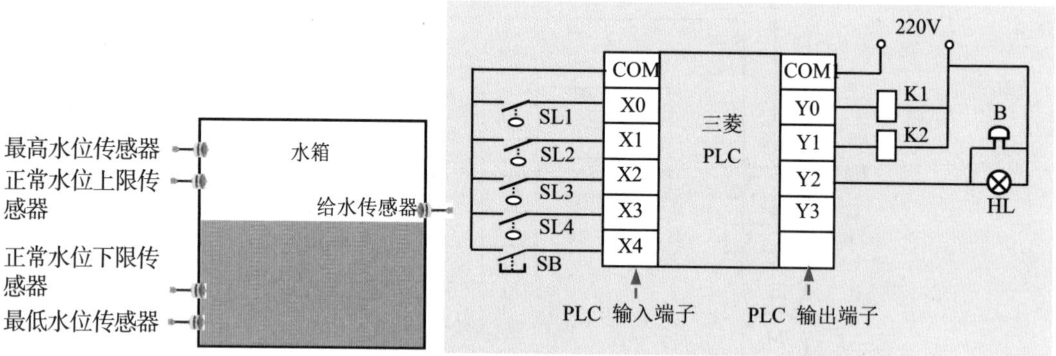
最高水位传感器
正常水位上限传感器
正常水位下限传感器
最低水位传感器
水箱
给水传感器
220V
COM
X0
X1
X2
X3
X4
SL1
SL2
SL3
SL4
SB
三菱
PLC
COM
Y0
Y1
Y2
Y3
K1
K2
B
HL
PLC 输入端子
PLC 输出端子

图 9–37　工厂水箱水位监测系统 PLC 控制电路原理图

表 9–9　三菱 PLC 的 I/O 分配表

名称	符号	输入点地址编号	名称	符号	输出点地址编号
最低水位传感器开关	SL1	X0	给水电动阀门继电器	K1	Y0
正常水位下限传感器开关	SL2	X1	排水电动阀门继电器	K2	Y1
正常水位上限传感器开关	SL3	X2	报警灯和电铃	HL/B	Y3
最高水位传感器开关	SL4	X3			
给水传感器开关	SL5	X4			
复位按钮	SB	X5			

工厂水箱水位监测系统 PLC 梯形图程序如图 9–38 所示（以三菱 PLC 为例）。

为方便了解，在梯形图各编程元件下方标注其对应在传统控制系统中相应的按钮、接触器触点、线圈等字母标识。

（1）当水箱水位处于正常水位时，正常水位下限传感器开关 SL2 和最低水位传感器开关 SL1 处于闭合状态，此时常闭触点 X1 断开，输出线圈 Y0 失电，常闭触点 X0 断开，定时器未接通。
（2）当水箱水位处于正常水位下限传感器和最低水位传感器之间时，正常水位下限传感器开关 SL2 断开，常闭触点 X1 接通，由于给水传感器开关处于断开，常闭触点 X4 接通状态，输出线圈 Y0 得电，其连接的给水电动阀门继电器 K1 线圈吸合，给水电动阀开始向水箱内供水。同时，常开触点 Y0 接通实现自锁；当水位达到给水传感器时，给水传感器开关闭合，常闭触点 X4 断开，输出线圈 Y0 失电，其连接的给水电动阀门继电器 K1 线圈失电分离，给水电动阀门关闭停止向水箱内供水。

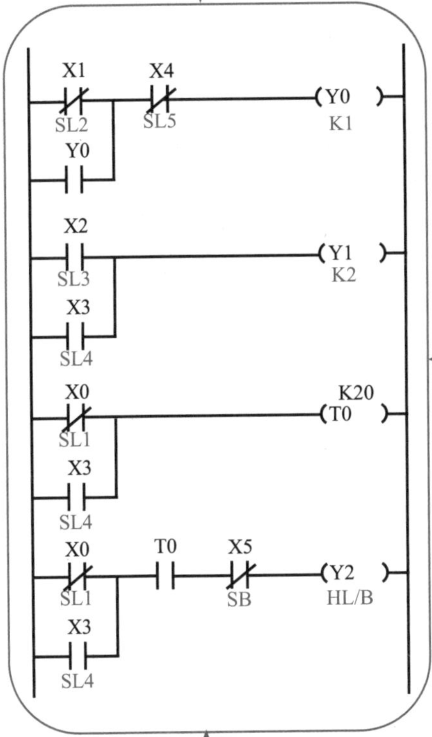

X1
X4
Y0
SL2
SL5
K1
Y0
X2
Y1
SL3
K2
X3
SL4
X0
K20
T0
SL1
X3
SL4
X0
T0
X5
Y2
SL1
SB
HL/B
X3
SL4

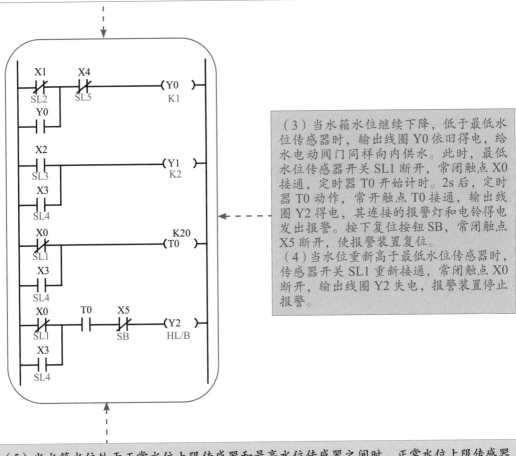

（3）当水箱水位继续下降，低于最低水位传感器时，输出线圈 Y0 依旧得电，给水电动阀门同样向内供水。此时，最低水位传感器开关 SL1 断开，常闭触点 X0 接通，定时器 T0 开始计时。2s 后，定时器 T0 动作，常开触点 T0 接通，输出线圈 Y2 得电，其连接的报警灯和电铃得电发出报警。按下复位按钮 SB，常闭触点 X5 断开，使报警装置复位。
（4）当水位重新高于最低水位传感器时，传感器开关 SL1 重新接通，常闭触点 X0 断开，输出线圈 Y2 失电，报警装置停止报警。

（5）当水箱水位处于正常水位上限传感器和最高水位传感器之间时，正常水位上限传感器开关 SL3 接通，常开触点 X2 接通，输出线圈 Y1 得电，其连接的排水电动阀门继电器 K2 线圈吸合，排水电动阀门开始向水箱外排水。当水箱水位低于正常水位上限传感器时，正常水位上限传感器开关 SL3 断开，常开触点 X2 断开，输出线圈 Y1 失电，其连接的排水电动阀门继电器 K2 线圈失电分离，排水电动阀门关闭停止向水箱外排水。
（6）当水箱水位继续上升，高于最高水位传感器时，输出线圈 Y1 依旧得电，排水电动阀门同样向外排水。此时，最高水位传感器开关 SL4 断开，常开触点 X3 接通，定时器 T0 开始计时。当 2s 后，定时器 T0 动作，常开触点 T0 接通，输出线圈 Y2 得电，其连接的报警灯和电铃得电发出报警。按下复位按钮 SB，常闭触点 X5 断开，使报警装置复位。

图 9-38　工厂水箱水位监测系统 PLC 梯形图程序

【案例 9-20】矿井地下水水位监测系统 PLC 控制程序

矿井地下水是煤矿开采过程中影响开采安全的重要因素，因此需要实时监测矿井中的地下水水位情况，并自动发出报警。矿井地下水水位监测系统具体要求为：当矿井地下水水位在正常值范围时，绿色灯亮，当矿井地下水水位高于警戒水位时，立即启用备用水泵排水，同时，红色灯亮且电铃发出报警声（为了保险采用超声波水位传感器和投入式液位传感器同时监测水位）。图 9-39 所示为矿井地下水水位监测系统 PLC 控制原理图（以西门子 PLC 为例）。表 9-10 所示为西门子 PLC 的 I/O 分配表。

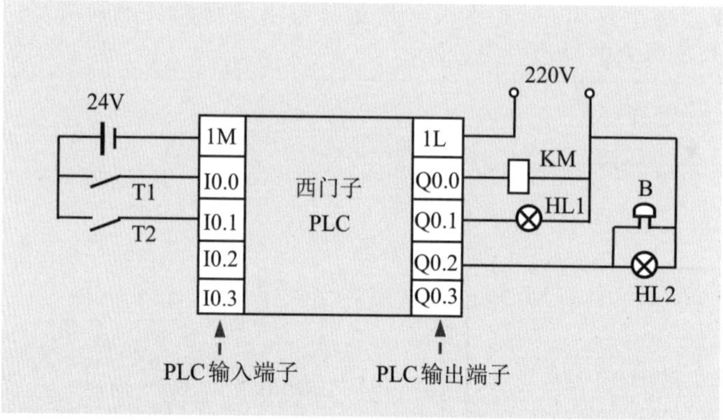
220V
24V
1M
1L
KM
I0.0
西门子
PLC
Q0.0
T1
HL1
B
I0.1
Q0.1
T2
I0.2
Q0.2
I0.3
Q0.3
HL2
PLC输入端子
PLC输出端子

图 9-39　矿井地下水水位水监测系统 PLC 控制电路原理图

表 9-10　西门子 PLC 的 I/O 分配表

名称	符号	输入点地址编号	名称	符号	输出点地址编号
超声波水位传感器开关	T1	I0.0	备用水泵接触器	KM	Q0.0
液下水位传感器开关	T2	I0.1	水位正常指示灯（绿色）	HL1	Q0.1
			水位超警戒线报警灯（红色）和电铃	HL2/B	Q0.2

矿井地下水水位监测系统 PLC 梯形图程序如图 9-40 所示（以西门子 PLC 为例）。为方便了解，在梯形图各编程元件下方标注其对应在传统控制系统中相应的按钮、接触器触点、线圈等字母标识。

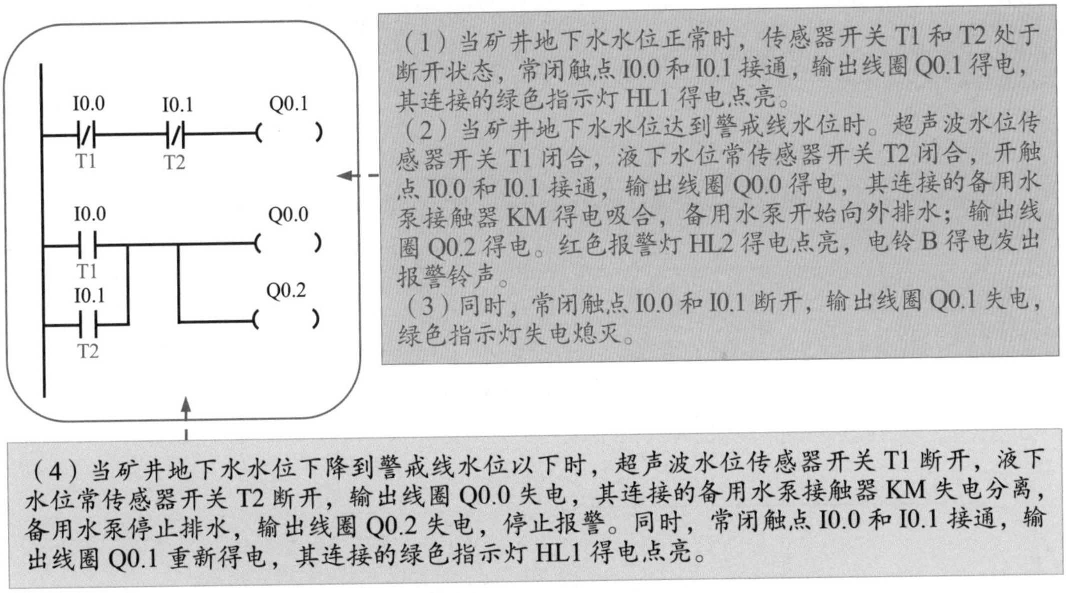

I0.0
I0.1
Q0.1
T1
T2
I0.0
Q0.0
T1
I0.1
Q0.2
T2
（1）当矿井地下水水位正常时，传感器开关 T1 和 T2 处于断开状态，常闭触点 I0.0 和 I0.1 接通，输出线圈 Q0.1 得电，其连接的绿色指示灯 HL1 得电点亮。
（2）当矿井地下水水位达到警戒线水位时。超声波水位传感器开关 T1 闭合，液下水位常传感器开关 T2 闭合，开触点 I0.0 和 I0.1 接通，输出线圈 Q0.0 得电，其连接的备用水泵接触器 KM 得电吸合，备用水泵开始向外排水；输出线圈 Q0.2 得电。红色报警灯 HL2 得电点亮，电铃 B 得电发出报警铃声。
（3）同时，常闭触点 I0.0 和 I0.1 断开，输出线圈 Q0.1 失电，绿色指示灯失电熄灭。
（4）当矿井地下水水位下降到警戒线水位以下时，超声波水位传感器开关 T1 断开，液下水位常传感器开关 T2 断开，输出线圈 Q0.0 失电，其连接的备用水泵接触器 KM 失电分离，备用水泵停止排水，输出线圈 Q0.2 失电，停止报警。同时，常闭触点 I0.0 和 I0.1 接通，输出线圈 Q0.1 重新得电，其连接的绿色指示灯 HL1 得电点亮。

图 9-40　矿井地下水水位监测系统 PLC 梯形图程序

【案例 9-21】工厂仓库门自动开关系统 PLC 控制程序

工厂仓库门自动开关控制系统中使用超声波传感器检测是否有车辆需要进入仓库，然后由光电传感器检测车辆是否已经进入大门。图 9-41 所示为工厂仓库门自动开关系统 PLC 控制原理图（以西门子 PLC 为例）。表 9-11 所示为西门子 PLC 的 I/O 分配表。

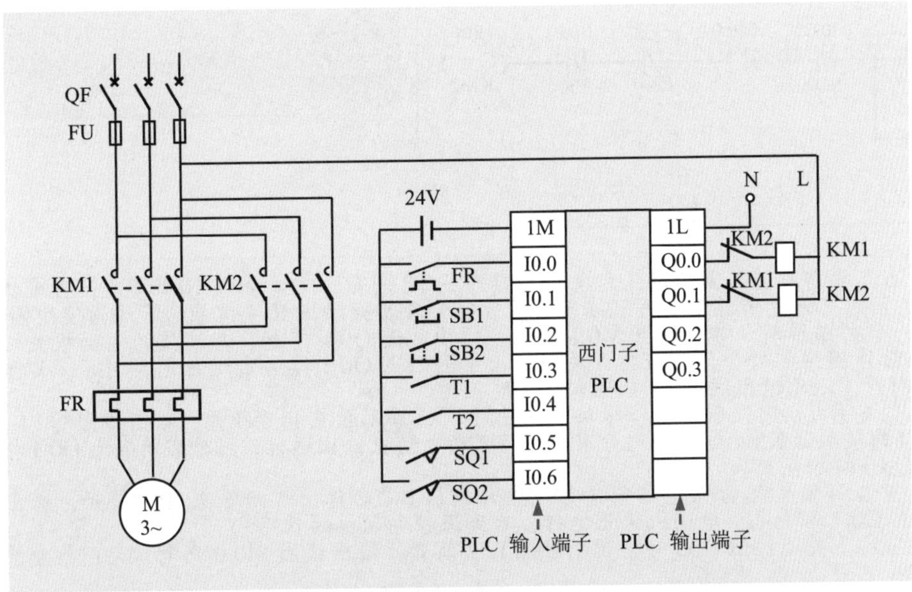

QF
FU
KM1
KM2
FR
M
3~
24V
FR
SB1
SB2
T1
T2
SQ1
SQ2
1M
I0.0
I0.1
I0.2
I0.3
I0.4
I0.5
I0.6
西门子
PLC
1L
Q0.0
Q0.1
Q0.2
Q0.3
N
L
KM2
KM1
KM1
KM2
PLC 输入端子
PLC 输出端子

图 9-41　工厂仓库门自动开关系统 PLC 自动控制电路原理图

表 9-11　西门子 PLC 的 I/O 分配表

名称	符号	输入点地址编号	名称	符号	输出点地址编号
热继电器	FR	I0.0	电动机开门接触器	KM1	Q0.0
启动按钮	SB1	I0.1	电动机关门接触器	KM2	Q0.1
关闭按钮	SB2	I0.2	大门上限位开关	SQ1	I0.5
超声波传感器开关	SB3	I0.3	大门下限位开关	SQ2	I0.6
光电传感器开关	SB4	I0.4			

工厂仓库门自动开关系统 PLC 自动控制梯形图程序如图 9-42 所示（以西门子 PLC 为例）。为方便了解，在梯形图各编程元件下方标注其对应在传统控制系统中相应的按钮、接触器触点、线圈等字母标识。

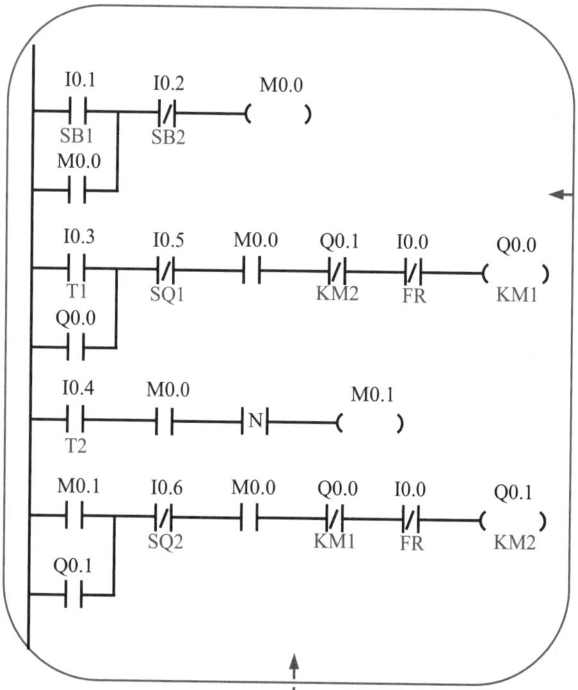

I0.1
SB1
M0.0
I0.2
SB2
M0.0
I0.3
T1
Q0.0
I0.5
SQ1
M0.0
Q0.1
KM2
I0.0
FR
Q0.0
KM1
I0.4
T2
M0.0
N
M0.1
M0.1
Q0.1
I0.6
SQ2
M0.0
Q0.0
KM1
I0.0
FR
Q0.1
KM2

（1）当启动仓库门控制系统时，按下启动按钮 SB1，常开触点 I0.1 接通，输出线圈 M0.0 得电，常开触点 M0.0 接通并自锁，大门控制系统启动。
（2）当有车辆接近大门时，超声波传感器接收到识别信号，开关 T1 接通，常开触点 I0.3 接通，由于常开触点 M0.0 已接通，因此输出线圈 Q0.0 得电，其连接的电动机开门接触器 KM1 线圈得电吸合，开始打开大门，而常开触点 Q0.0 接通实现自锁。同时，常闭触点 Q0.0 断开，避免输出线圈 Q0.1 得电，实现互锁。
（3）当开启大门时接触到门上限位开关 SQ1 时，常闭触点 I0.5 断开，输出线圈 Q0.0 失电，其连接的接触器 KM1 线圈失电分离，大门驱动电动机停止运行，同时常闭触点 Q0.0 接通，线圈 Q0.1 解除互锁。

（4）当车辆前端进入大门时，光电传感器开关 T2 闭合，常开触点 I0.4 接通；当车辆后端进入大门时，光电传感器开关 I0.4 断开，此时，在常开触点 I0.4 信号的下降沿使线圈 M0.1 得电一个扫描周期。常开触点 M0.1 接通，输出线圈 Q0.1 得电，其连接的电动机关门接触器 KM2 线圈得电吸合，开始打开关闭，而常开触点 Q0.1 接通实现自锁。同时，常闭触点 Q0.1 断开，避免输出线圈 Q0.0 得电，实现互锁。
（5）当关闭大门时接触到门下限位开关 SQ2 时，常闭触点 I0.6 断开，输出线圈 Q0.1 失电，其连接的接触器 KM2 线圈失电分离，大门驱动电动机停止运行，同时常闭触点 Q0.1 接通，线圈 Q0.0 解除互锁。
（6）当大门驱动电动机过热保护时，热继电器 FR 动作，常闭触点 I0.0 断开，输出线圈 Q0.0 和 Q0.1 都失电，电动机停止运行，起到保护电动机的作用。
（7）当按下关闭按钮 SB2 时，常闭触点 I0.2 断开，输出线圈 M0.0 失电，大门控制系统停止运行。

图 9-42　工厂仓库门自动开关系统 PLC 自动控制梯形图程序

【案例 9-22】小区照明系统 PLC 控制程序

小区照明系统主要用来控制路灯照明、景观灯、活动区照明等。将路灯照明（包括非通宵路灯照明和通宵路灯照明）、景观灯、活动区照明通过 PLC 控制，将各个区域照明延时启动以维护电网的稳定。

在本案例的设计方案中，对三个区域照明都用“光控”和“钟控”予以控制，这样一来，可根据光线强度和作息时间自动开关，来达到节能作用；同时对路灯照明、景观灯、活动区照明接入手动控制，方便维修人员检修和特殊照明。

图 9-43 所示为小区照明系统 PLC 控制原理图（以三菱 PLC 为例）。表 9-12 所示为三菱 PLC 的 I/O 分配表。

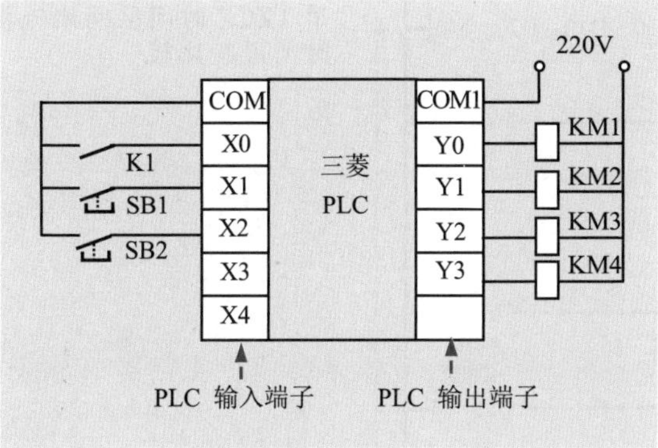
220V
COM
X0
X1
X2
X3
X4
K1
SB1
SB2
三菱
PLC
COM1
Y0
Y1
Y2
Y3
KM1
KM2
KM3
KM4
PLC 输入端子
PLC 输出端子

图 9-43　小区照明系统 PLC 控制电路原理图

表 9-12　三菱 PLC 的 I/O 分配表

名称	符号	输入点地址编号	名称	符号	输出点地址编号
光控传感器开关	K1	X0	光控路灯接触器（通宵照明）	KM1	Y0
手动启动按钮	SB1	X1	钟控路灯接触器（非通宵照明）	KM2	Y1
手动关闭按钮	SB2	X2	活动区照明灯接触器	KM3	Y2
			景观灯接触器	KM4	Y3

小区照明系统 PLC 梯形图程序如图 9-44 所示（以三菱 PLC 为例）。为方便了解，在梯形图各编程元件下方标注其对应在传统控制系统中相应的按钮、接触器触点、线圈等字母标识。

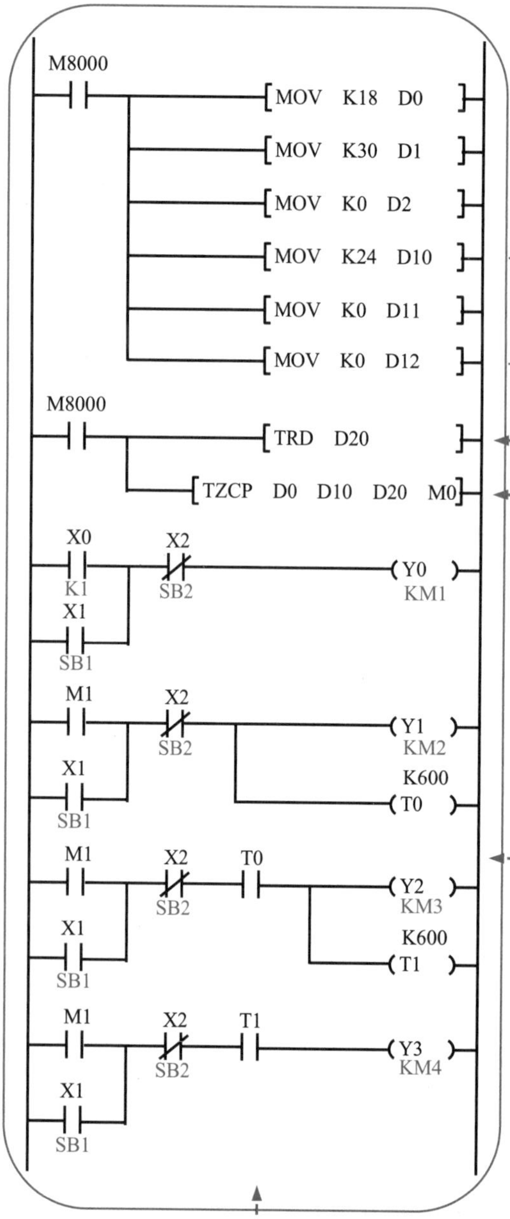
M8000
MOV K18 D0
MOV K30 D1
MOV K0 D2
MOV K24 D10
MOV K0 D11
MOV K0 D12
M8000
TRD D20
TZCP D0 D10 D20 M0
X0
K1
X2
SB2
Y0
KM1
X1
SB1
M1
X2
SB2
Y1
KM2
X1
SB1
K600
T0
M1
X2
SB2
T0
Y2
KM3
X1
SB1
K600
T1
M1
X2
SB2
T1
Y3
KM4
X1
SB1

指定下限时间 18 点 30 分 0 秒并传输给 D0、D1、D2

指定上限时间 14 点 0 分 0 秒并传输给 D10、D11、D12

将 PLC 的实时时间数据读入到指定存储器 D20~D26

用 TZCP 时间区间比较指令将实时时间与指定时间进行比较

（1）当光弱到一定程度后，光控传感器开关 K1 闭合，常开触点 X0 接通，输出线圈 Y0 得电，其连接的光控路灯接触器 KM1 线圈得电吸合，通宵照明的路灯被点亮。当清晨自然光强度一定时，光控传感器开关 K1 断开，常开触点 X0 断开，输出线圈 Y0 失电，通宵照明路灯熄灭。

（2）由程序 TZCP 时间区间比较指令可知，当时间小于 18 点 30 分时，触点 M0 得电，当时间大于等于 18 点 30 分，小于等于 24 点 0 分时，触点 M1 得电，当时间大于 24 点 0 分时，触点 M2 得电。

（3）常开触点 M1 得电后，输出线圈 Y1 得电，其连接的钟控路灯接触器 KM2 线圈吸合，钟控部分的路灯被点亮（非通宵照明的路灯）。同时定时器 T0 开始计时。

（4）60s 后，定时器 T0 动作，常开触点 T0 接通，输出线圈 Y2 得电，其连接的活动区照明灯接触器 KM3 线圈得电吸合，活动区照明灯被点亮。同时定时器 T1 开始计时。

（5）60s 后，定时器 T1 动作，常开触点 T1 接通，输出线圈 Y3 得电，其连接的景观灯接触器 KM4 线圈得电吸合，景观灯被点亮。

（6）当按下手动启动按钮 SB1 后，常开触点 X1 接通，所有灯都会被点亮。当按下手动关闭按钮 SB2 后，常闭触点 X2 断开，所有灯都会被关闭。

图 9-44　小区照明系统 PLC 梯形图程序

【案例 9-23】工厂产品加工流水线上步进电动机 PLC 控制程序

工厂生产流水线自动化控制是 PLC 编程的用武之地，PLC 控制在提高工厂生产效能方面发挥着巨大作用。通过设计好的相应编程指令，仅需人工操作启动或停止按钮，即可实现多台步进电动机的控制。下面我们来看一个具体的实践案例。

某工厂产品加工流水线要求步进电动机 1 转动 20s 后停止，步进电动机 2 在步进电动机 1 开始转动 10s 后开始转动，步进电动机 2 转动 30s 后停止，步进电动机 3 在步进电动机 2 开始转动 10s 后开始转动，步进电动机 3 转动 50s 后停止。

图 9-45 所示为工厂产品加工流水线上步进电动机 PLC 控制原理图（以三菱 PLC 为例）。表 9-13 所示为三菱 PLC 的 I/O 分配表。

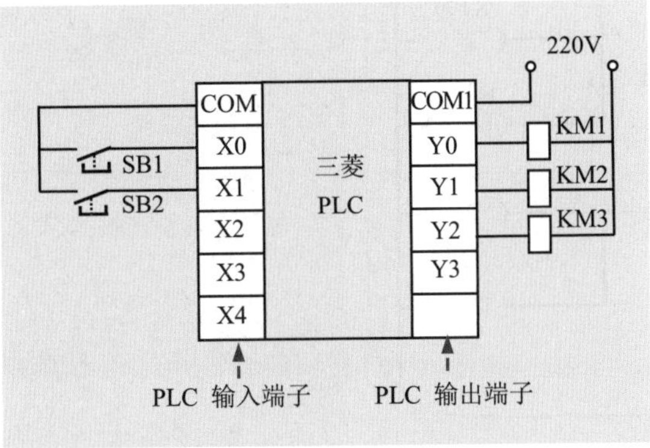
220V
COM
X0
X1
X2
X3
X4
SB1
SB2
三菱
PLC
COM1
Y0
Y1
Y2
Y3
KM1
KM2
KM3
PLC 输入端子
PLC 输出端子

图 9-45　工厂产品加工流水线上步进电动机 PLC 控制电路原理图

表 9-13　三菱 PLC 的 I/O 分配表

名称	符号	输入点地址编号	名称	符号	输出点地址编号
启动按钮	SB1	X0	步进电动机 1 接触器	KM1	Y0
停止按钮	SB2	X1	步进电动机 2 接触器	KM2	Y1
			步进电动机 3 接触器	KM3	Y2

工厂产品加工流水线上步进电动机 PLC 梯形图程序如图 9-46 所示（以三菱 PLC 为例）。为方便了解，在梯形图各编程元件下方标注其对应在传统控制系统中相应的按钮、接触器触点、线圈等字母标识。

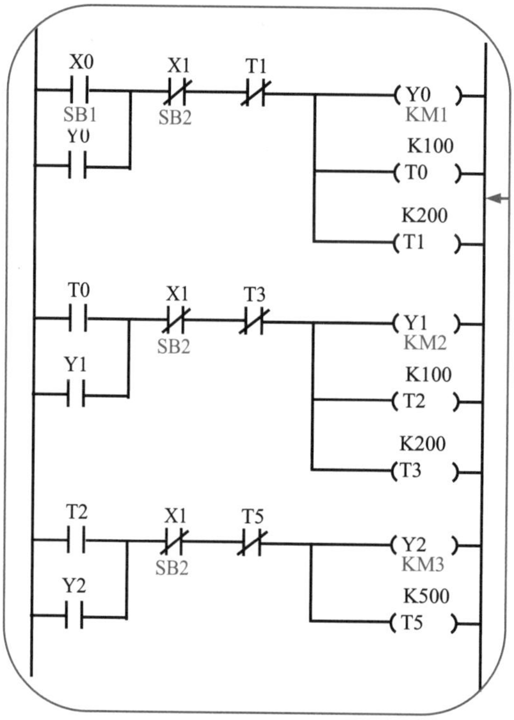

X0
X1
T1
Y0
SB1
SB2
KM1
Y0
K100
T0
K200
T1
T0
X1
T3
Y1
SB2
KM2
Y1
K100
T2
K200
T3
T2
X1
T5
Y2
SB2
KM3
Y2
K500
T5

（1）当按下启动按钮 SB1 时，常开触点 X0 接通，输出线圈 Y0 得电，其连接的步进电动机 1 接触器 KM1 线圈得电吸合，步进电动机 1 开始转动。常开触点 Y0 接通实现自锁。同时，定时器 T0 和 T1 开始计时。

（2）10s 后，定时器 T0 动作，常开触点 T0 接通，输出线圈 Y1 得电，其连接的步进电动机 2 接触器 KM2 线圈得电吸合，步进电动机 2 开始转动。常开触点 Y1 接通实现自锁。同时，定时器 T2 和 T3 开始计时。

（3）20s 后，定时器 T1 动作，常闭触点 T0 断开，输出线圈 Y0 失电，其连接的步进电动机 1 接触器 KM1 线圈失电分离，步进电动机 1 停止转动。

（4）同时，定时器 T2 动作，常开触点 T2 接通，输出线圈 Y2 得电，其连接的步进电动机 3 接触器 KM3 线圈得电吸合，步进电动机 3 开始转动。常开触点 Y2 接通实现自锁。同时，定时器 T5 开始计时。

（5）30s 后，定时器 T3 动作，常闭触点 T3 断开，输出线圈 Y1 失电，其连接的步进电动机 2 接触器 KM2 线圈失电分离，步进电动机 2 停止转动。

（6）70s 后，定时器 T5 动作，常闭触点 T5 断开，输出线圈 Y2 失电，其连接的步进电动机 3 接触器 KM3 线圈失电分离，步进电动机 3 停止转动。

（7）当按下停止按钮 SB2 后，常闭触点 X1 断开，所有正在转动的步进电动机都会停止转动。

图 9-46　工厂产品加工流水线上步进电动机 PLC 梯形图程序

【案例 9-24】计数电路 PLC 控制程序

一个计数电路要求电路启动后，Q0.0 有输出，Q0.1 的输出状态是合上 1s，关断 1s，连续计数 10 次后，Q0.0 和 Q0.1 停止输出，Q0.2 在第 10 个脉冲时合上 1s 后关断。图 9-47 所示为计数电路 PLC 控制原理图（以西门子 PLC 为例）。表 9-14 所示为西门子 PLC 的 I/O 分配表。

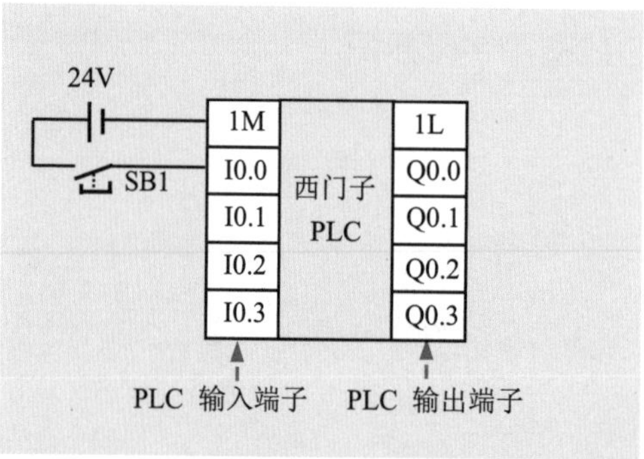

24V
SB1
1M
I0.0
I0.1
I0.2
I0.3
西门子
PLC
1L
Q0.0
Q0.1
Q0.2
Q0.3
PLC 输入端子
PLC 输出端子

图 9-47　计数电路 PLC 控制电路原理图

表 9-14　西门子 PLC 的 I/O 分配表

名称	符号	输入点地址编号
启动按钮	SB1	I0.0

计数电路 PLC 梯形图程序如图 9-48 所示（以西门子 PLC 为例）。为方便了解，在梯形图各编程元件下方标注其对应在传统控制系统中相应的按钮、接触器触点、线圈等字母标识。

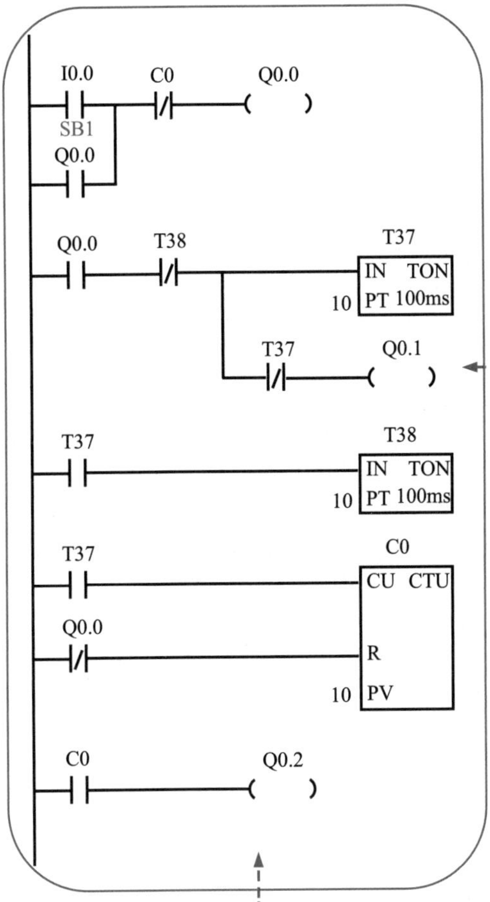
I0.0
C0
Q0.0
SB1
Q0.0
Q0.0
T38
T37
IN TON
10 PT 100ms
T37
Q0.1
T37
T38
IN TON
10 PT 100ms
T37
C0
CU CTU
Q0.0
R
10 PV
C0
Q0.2

（1）当按下启动按钮 SB1 启动计数电路，常开触点 I0.0 接通，输出线圈 Q0.0 得电输出，常开触点 Q0.0 接通实现自锁。
（2）同时，定时器 T37 开始计时，输出线圈 Q0.1 得电输出。
（3）1s 后，定时器 T37 动作，常闭触点 T37 断开，输出线圈 Q0.1 失电停止输出。同时，定时器 T38 开始计时，计数器 C0 计数 1 次。
（4）1s 后，定时器 T38 动作，常闭触点 T38 断开，定时器 T37 复位。同时，常闭触点 T37 重新闭合，常开触点 T37 断开，定时器 T38 复位，常闭触点 T38 重新闭合，定时器 T37 又开始计时。

（5）1s 后，定时器 37 动作，重复第（4）和（5）步的动作。就这样输出线圈 Q0.1 重复地输出 1s、断开 1s，计数器 C0 不断地计数。
（6）当计数器 C0 计数 10 次时，计数器 C0 动作，常开触点 Q0.2 得电输出，常闭触点 C0 断开，输出线圈 Q0.0 失电停止输出。常闭触点 Q0.0 接通，计数器 C0 复位。常开触点 Q0.0 断开，定时器 T37 复位，同时定时器 T38 也复位。

图 9-48　计数电路 PLC 梯形图程序

【案例 9–25】除尘风机运转监控系统 PLC 控制程序

除尘风机运转监控系统主要用来对风机运转装置进行监视，如果风机的运转情况出现异常，会根据不同情况闪烁或长亮相应颜色的信号灯，以达到报警作用。

在本案例的风机运转监控系统设计方案中，设定共有三台风机，如果三台风机中有两台在工作，黄色信号灯以 1s 的频率闪烁；如果只有一台风机工作或二台风机都不工作，则红色信号灯长亮，同时发出报警铃声。

图 9–49 所示为除尘风机运转监控系统 PLC 控制原理图（以西门子 PLC 为例）。表 9–15 所示为西门子 PLC 的 I/O 分配表。

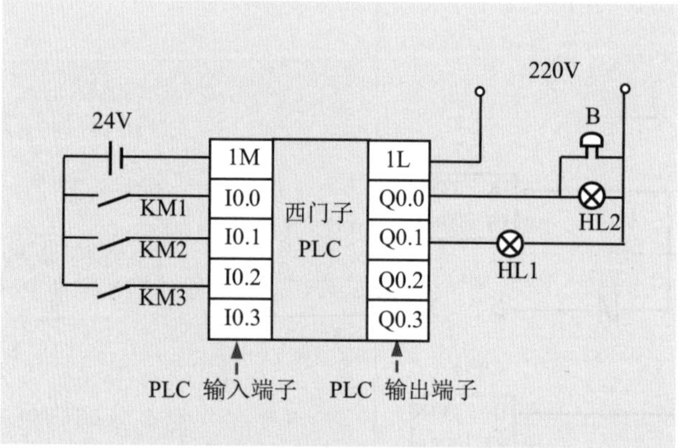
220V
24V
B
1M
I0.0
I0.1
I0.2
I0.3
KM1
KM2
KM3
西门子
PLC
1L
Q0.0
Q0.1
Q0.2
Q0.3
HL2
HL1
PLC 输入端子
PLC 输出端子

图 9–49 除尘风机运转监控系统 PLC 控制电路原理图

表 9–15 西门子 PLC 的 I/O 分配表

名称	符号	输入点地址编号	名称	符号	输出点地址编号
风机 1 接触器辅助开关	KM1	I0.0	红色信号灯和电铃	HL2/B	Q0.0
风机 2 接触器辅助开关	KM2	I0.1	黄色信号灯	HL1	Q0.1
风机 3 接触器辅助开关	KM3	I0.2			

除尘风机运转监控系统 PLC 梯形图程序如图 9–50 所示（以西门子 PLC 为例）。了方便了解，在梯形图各编程元件下方标注其对应在传统控制系统中相应的按钮、接触器触点、线圈等字母标识。

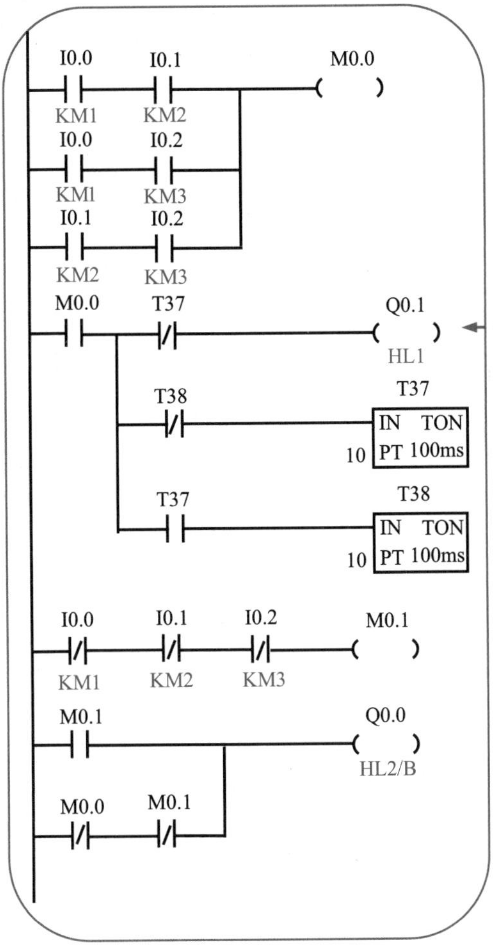
I0.0
I0.1
M0.0
KM1
KM2
I0.0
I0.2
KM1
KM3
I0.1
I0.2
KM2
KM3
M0.0
T37
Q0.1
HL1
T38
T37
IN TON
10 PT 100ms
T37
T38
IN TON
10 PT 100ms
I0.0
I0.1
I0.2
M0.1
KM1
KM2
KM3
M0.1
Q0.0
HL2/B
M0.0
M0.1

（1）当任意两个风机运转时，即风机接触器辅助开关 KM1、KM2、KM3 任意两个接通，那么常开触点 I0.0、I0.1、I0.2 中会有两个接通，则输出线圈 M0.0 得电。常开触点 M0.0 接通，输出线圈 Q0.1 得电，其连接的黄色灯 HL1 被点亮，定时器 T37 开始计时。同时常闭触点 M0.0 断开，线圈 Q0.0 失电。

（2）1s 后，定时器 T37 动作，常闭触点 T37 断开，输出线圈 Q0.1 失电，其连接的黄色信号灯熄灭。同时常开触点 T37 接通，定时器 T38 计时。

（3）1s 后，定时器 T38 动作，常闭触点 T38 断开，定时器 T37 复位，常闭触点 T37 重新接通，输出线圈 Q0.1 得电，黄色信号灯重新点亮。同时常开触点 T37 重新断开，定时器 T38 复位，常闭触点 T38 重新接通，T37 开始计时。这样，黄色信号灯会一直闪烁。

（4）当三个风机都不转时，风机接触器辅助开关 KM1、KM2、KM3 都断开，常闭触点 I0.0、I0.1、I0.2 都接通，输出线圈 M0.1 得电，常开触点 M0.1 接通，输出线圈 Q0.0 得电，其连接的红色信号灯和电铃得电开始报警。

（5）当三个风机中只有任意一个运转，输出线圈 M0.0 和 M0.1 失电，常闭触点 M0.0 和 M0.1 接通，输出线圈 Q0.0 得电，常开触点 M0.1 接通，输出线圈 Q0.0 得电，其连接的红色信号灯和电铃得电开始报警。

图 9-50　除尘风机运转监控系统 PLC 梯形图程序